直升机飞行原理

周孔轩　叶昆鹏　　主　编
刘丹星　钱　勃　　副主编

航空工业出版社
北　京

内 容 提 要

本书从直升机飞行实际出发，系统地介绍直升机的飞行原理。全书共分为5个专题：第1专题介绍直升机空气动力学基础内容；第2专题介绍直升机的飞行力学内容，包括直升机的平衡、稳定性和操纵性能；第3专题介绍悬停、空域和起落航线等直升机基础飞行课目；第4专题介绍直升机特殊情况的处置原理；第5专题针对直升机不同条件下的飞行进行分析介绍。

本书从飞行人员的知识结构、技能需求和认知规律出发，系统地介绍直升机飞行原理的基本内容与实践方法。可作为直升机飞行员与有志于从事直升机飞行的相关人员的教材，也可供专（兼）职航空理论教员和成熟直升机飞行员使用。

图书在版编目（CIP）数据

直升机飞行原理/周孔轩，叶昆鹏主编. --北京：航空工业出版社，2023. 10

ISBN 978-7-5165-3154-9

Ⅰ. ①直… Ⅱ. ①周… ②叶… Ⅲ. ①直升机-飞行原理 Ⅳ. ①V275

中国版本图书馆CIP数据核字（2022）第155189号

直升机飞行原理

Zhishengji Feixing Yuanli

航空工业出版社出版发行

（北京市朝阳区京顺路5号曙光大厦C座四层 100028）

发行部电话：010-85672666 010-85672683

北京富泰印刷有限责任公司印刷 全国各地新华书店经售

2023年10月第1版 2023年10月第1次印刷

开本：710×1000 1/16 字数：412千字

印张：20.5 定价：98.00元

《直升机飞行原理》
编写组

主　编： 周孔轩　叶昆鹏

副主编： 刘丹星　钱　勃

编　者： 翟　琛　傅　益　孙生生　苑　飞
郭　鹏　靳婉梅　赵兴成　李　诚
王　向　陈　飞　郝虎昌　李肖肖
安静丹

前　言

在天空中自由飞翔是人类自古就有的梦想。从鲁班制作飞鸟到莱特兄弟发明飞机，从中国古代竹蜻蜓的设计到西科斯基直升机的出现，古今中外，人类历经了从了解飞行原理到操控航空器飞行的伟大历程。大自然没有赋予人类一双翅膀，但人类用理想和追求为自己打造了一双翅膀。这双翅膀来源于人类对飞行原理的执著探究，发展于人类对飞行原理的创新实践。

直升机作为一种现代航空器，以其不受起降场地限制的特点和优越的低空飞行性能，成为了现代航空世界不可或缺的装备，甚至在遥远的火星，人类都已尝试使用直升机。飞行拓展了人类的活动维度——从二维空间提升到了三维空间，并以加快人类对时间利用效率的方式，让人类认知了四维空间的进入方式。在三维空间里，三轴六自由度全向运动是一种能力，相对于在地面二维运动的交通工具，直升机的运动是三维的。在地球表面能够沿前后、左右、高度方向全向运动，并且能够自如地绕三轴进行俯仰、滚转和偏航转动。当前能够实现三轴六自由度全向运动的最常见的载人飞行器，无疑是直升机。研究直升机飞行原理，对于人类认知飞行意义重大，并且是实践直升机飞行操纵的必由之路。让更多的人实现飞行梦想，让更多的人掌握直升机飞行原理，并自由、安全地操控直升机飞行，是我们这批从事直升机飞行事业的飞行人员、航空理论教员，以及航空专业技术人员的理想、使命和情怀。

本书编写紧密贴近直升机飞行实际，并结合编者20多年来直升机飞行原理教学经验，从飞行人员的知识结构、技能需求和认知规律出发，系统地介绍了直升机飞行原理的基本内容与实践方法。直升机空气动力分析的理论基础，建立在大气层内飞行的相关基本假设上。

在介绍相关理论假设后，重点对气流的流动特性、桨叶的空气动力特性进行了分析，并结合直升机飞行的特点，分析了旋翼的空气动力特性和近地面飞行可能会遇到的地面效应等问题。直升机的平衡与操纵相关内容，通过介绍重心与坐标轴系，为飞行者构建了基于“飞行姿态、飞行轨迹”视角开展“力和力矩”分析的基础。并在此基础上，分析了后续飞行操纵中飞行者需要重点关注的稳定性、操纵性和飞行品质问题。直升机基本飞行操控原理相关内容，我们重点为飞行者构建“飞行操控—姿态轨迹—力和力矩”三者之间的关系，为飞行者提供一种分析飞行操控原理的实用方法，帮助飞行者解决“我要飞到哪里去，我飞行时的姿态是什么样的，要产生什么样的力才能够改变飞行轨迹，要什么样的力矩才能够改变飞行姿态，要如何操控才能够改变力和力矩，我的操控会对姿态和轨迹产生什么样的影响，操控出现干扰后如何修正”等问题。直升机飞行特殊情况处置相关内容，我们重点对直升机的涡环状态、旋翼失速、自转着陆、尾桨故障和直升机的振动等内容，从特情产生机理、处置原理、改出方法和预防措施方面进行阐述。直升机不同条件下的飞行，我们基于流场数值模拟和气流可视化技术的相关研究成果，重点对山区、城市、海上等环境下的气流环境特征进行科学分析，使飞行员能够依据科学方法快速判断所处的气流环境，保障安全飞行。

本书可供直升机飞行员与有志于从事直升机飞行的相关人员使用。由于编写时间较短，成书过程仓促，加上水平有限，书中难免有错误和不妥之处，敬请读者批评指正。

编　者

2023 年 5 月

目　　录

第1专题　直升机空气动力学基础

第2专题　直升机飞行力学基础

第3专题 直升机基础课目飞行

第 4 专题　直升机特殊情况处置

第5专题 直升机不同条件下的飞行

第1专题

直升机空气动力学基础

第1章　空气动力学基础理论

1.1　空气动力学一般介绍

1.1.1　空气动力学的基本任务

空气动力学（简称气动力或气动）与气体动力学是研究气体与物体之间有相对运动时气体运动的基本规律，以及气体与物体之间作用力的科学。

空气动力学与气体动力学首先与飞机（直升机）的产生、发展联系在一起。在这个意义上，这门科学对于航空航天专业来讲涉及飞行器的飞行性能、稳定性和操纵性问题。

气体相对于物体的运动，可以在物体的外部进行，例如，空气流过翼型表面、导弹表面和螺旋桨等；也可以在物体的内部进行，像空气在风洞内部、进气道内部或者叶轮机械内部的流动。在这些外部或内部流动中，尽管空气的具体运动和研究运动的目的有所不同，但它们都有一些共同的流动现象，遵循一些共同的流动规律，例如，满足质量守恒、牛顿第二定律、能量守恒和热力学第一定律、第二定律等。

研究空气动力学与气体动力学的基本任务是，不仅要认识这些流动所发生的一些现象的基本实质，而且要找出这些共同的基本规律在空气动力学与气体动力学中的表述，并且研究如何应用这些规律能动地解决飞行器以及各种动力装置中的气体动力问题。

1.1.2　直升机的主要气动部件

尽管直升机的种类很多，但现今最常见的还是单旋翼带尾桨式直升机，下面就以这种形式的直升机为例来介绍直升机的主要气动部件。单旋翼带尾桨式直升机主要包括以下五大气动部件。

（1）机身

机身是一个基体。它既用于支持和固定直升机的各种部件和设备，使之成为一个整体，又用于装载人员、货物、燃油和滑油等。

直升机属于低速飞行器，其机身并不刻意要求采用类似高速飞行器的低阻外形，因此形状五花八门，这就使其空气动力也变得较为复杂。正常飞行中，直升机机身会产生一个总空气动力，不同的飞行状态，总空气动力的大小和方向是不同的。我们可在气流坐标轴系中，将此空气动力分解为升力、阻力和侧力。实践证明，不论形状如何，绝大部分飞行状态下直升机机身的升力都是很小的，主要产生阻力和侧力。

（2）旋翼

旋翼是由动力装置驱动旋转而产生气动力的部件，它既是升力面，又是操纵面；既能产生沿旋翼轴方向向上的拉力，又可以通过操纵自动倾斜器产生近似水平方向的拉力。所以，它是直升机最关键的气动部件。

（3）尾桨

尾桨用于平衡旋翼的反作用力矩（或称反扭矩），并可操纵直升机改变方向。它一般由尾桨毂和尾桨叶两部分组成。大多数直升机的尾桨是安装在机身末端的小螺旋桨，少数直升机的尾桨为风扇式，它安装在尾梁末端的尾桨涵道内（如直9①、“小羚羊”直升机）。尾桨的旋转平面一般与旋翼的旋转面互相垂直。

（4）平尾

平尾又称水平安定面。对于单旋翼带尾桨式直升机，平尾是必不可少的气动部件。大部分直升机的平尾安装在尾梁后部，有的直升机平尾安装在尾斜梁或垂尾上。平尾在飞行中产生向上或向下的空气动力，有助于保持直升机的俯仰平衡，改善直升机的纵向稳定性。

（5）垂尾

垂尾又称垂直安定面，安装在尾梁的后部，对于单旋翼带尾桨式直升机来说，垂尾并非必不可少。直升机前飞时，垂尾会产生侧向空气动力，可以减轻尾桨的载荷，在尾桨故障时平衡旋翼反扭矩，增加直升机前飞时的方向稳定性。

1.2 低、高速气流特性

直升机在大气中的飞行，依赖于直升机的旋翼等部件所受空气给它的作用力，这些作用力都是空气与直升机发生相对运动时产生的。要弄清这些力产生的原因和变化规律，首先要了解气流特性。

空气静止、物体运动，物体静止、空气流动，这两种情况虽然现象不同，但其物理本质是一样的，空气与物体之间都有相对运动。空气相对于物体的流动，称为相对气流（简称气流）。作用于物体上的空气动力，即由相对气流所决定。气流速度相同，物体和空气的相对位置不变，两种情况下的空气动力就相同。通常规定，气流速度小于等于声速（旧称音速）的 0.3 倍称为低速气

① 根据 HB 6126—1987《航空主机产品型号命名》的规定：直升机（Z）如Z9统一不加短线。

流，大于声速的 0.3 倍称为高速气流。

1.2.1　气流的基本概念

研究气流特性时，必须具备有关气流的基本知识，对气流的一些基本概念，如连续介质、流场、流谱等有所了解。

1.2.1.1　连续介质假设

空气是由空气分子组成的。空气分子之间存在间隙，它们不断地作无规则的运动。在这种运动中，空气分子两次碰撞之间所走过的平均路程，称为空气分子的平均自由程。在一般飞行器飞行的高度范围内，空气分子的平均自由程与飞行器的特征长度（表示飞行器尺寸大小的有代表性的长度，如旋翼的直径）相比，是微乎其微的。研究空气和直升机的相互作用时，不必研究每个空气分子对直升机的作用力，即可以抛开微观的无规则的分子运动，只研究空气微团对直升机的作用力。所谓空气微团，是指含有较多空气分子的很小的一团空气，它相对飞行器尺寸来讲，为无限微小，所表现出来的性能不是每个分子的行为，而是整个空气的总体属性。有了空气微团的概念，就可以把空气看成是由空气微团组成的没有间隙的连续体，这就是连续介质假设。有了这个假设，我们就可以把空气的压强 p（物体单位面积上所承受的空气的垂直作用力，单位为 Pa，工程上习惯称为压力）、密度 ρ（单位体积空气的质量，单位为 kg/m^3）、温度 T（空气的冷热程度，单位用摄氏温度℃或热力学温度 K 表示）、速度 V 等状态参数看作是空间坐标及时间的连续函数，便于用数学工具分析研究气流的力学问题。

1.2.1.2　流场、定常流动与非定常流动

空气、水等都是流体。流体所占据的空间称为流场。研究流体的运动，并不具体看某一流体微团如何运动，而是分析流场中各固定空间点流体的运动情况，再综合流场中所有空间点的运动参数变化的情况，从而找到流体的运动规律。

流场中每一固定点的位置可用确定的空间直角坐标（x、y、z）来表示，流动规律用不同瞬时（t）各点流体的状态参数描述。显然，流体的状态参数（压力、密度、速度等）都是空间位置和时间的函数。

流场中流体的流动，有定常流动和非定常流动两种形式。对于流场中任一固定点来说，如果流体的任何状态参数均不随时间（t）变化，那么这种流动就是定常流动；反之，如果流体的状态参数随时间变化，这种流动便是非定常流动。例如，河面中间各点水的流速都不随时间变化，是定常流动；桥墩后面形成的漩涡（如图 1－1 所示）、汽车行驶时车后的涡流等，都是非定常流动。

对于定常流动，状态参数仅是空间位置的函数。

对于非定常流动，流场中各物理量不仅是空间位置的函数，同时还是时间的函数。

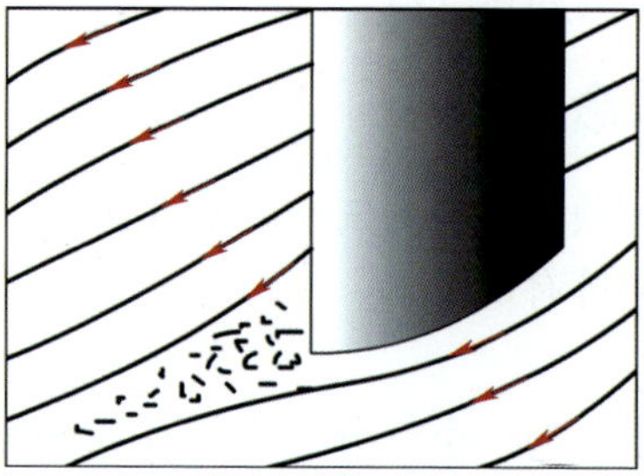

图 1－1　水流过桥墩的情形

从数学上说，x、y、z、t 四个量都是自变量，但在物理意义上，空间变量和时间变量是不一样的。前者的通用术语称为“维”。有三个空间变量的流动称为三维流动或空间流动（简称三维流）；有两个空间变量的称为二维流动或平面流动（简称二维流）；只有一个空间变量的称为一维流动（简称一维流）。

1.2.1.3　流线、流管和流谱

（1）流线

流线能直观描述流场上的流动情况。它是指这样一条曲线：在某一瞬间，凡处于该曲线上的流体微团的速度方向都与该曲线相应点的切线相重合，这条曲线称为流线。因为空间每一点在某一指定瞬时只能有一个速度方向，所以，不能有两条流线同时通过一点，即两条流线不能相交。通常，画若干条流线来显示流场在某一瞬时的流动情况。

流体微团在流场中的运动轨迹称为轨线。在定常流动中，流线的形状和位置不随时间变化，轨线就与流线重合；在非定常流动中，流线的形状和位置要随时间变化，轨线与流线不重合。

（2）流管

通过流场中任一闭合曲线 C（不是流线，且包含流量）上各点作为流线，由这些流线所围成的管子称为流管（如图 1－2 所示）。

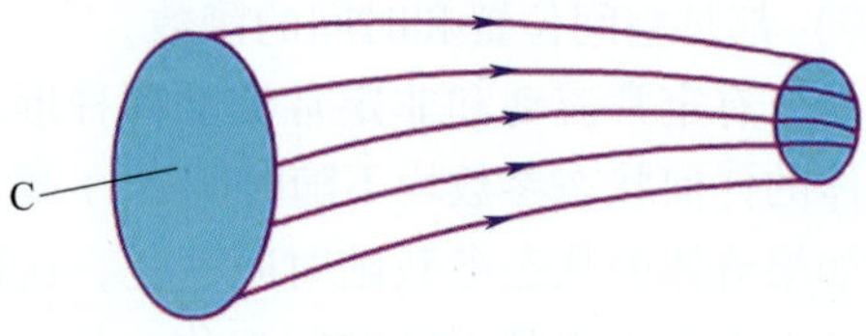

图 1－2　流管

由于流管表面是由流线所组成，两条流线又不能相交，因此，流体不能穿越流管表面。这样，流管就好像刚体管壁一样，把流体的流动局限在流管之内或流管之外。

(3) 流线谱

由许多流线及涡流组成的反映流体流动全貌的图形，称为流线谱。从烟风洞试验（过去也常写为“实验”）中，可以直接看到空气流过桨叶剖面或其他各种物体剖面时的流谱（如图1－3所示）。空气相对于物体剖面的流动是二维流，其流谱是二维流谱，也称为剖面流谱。

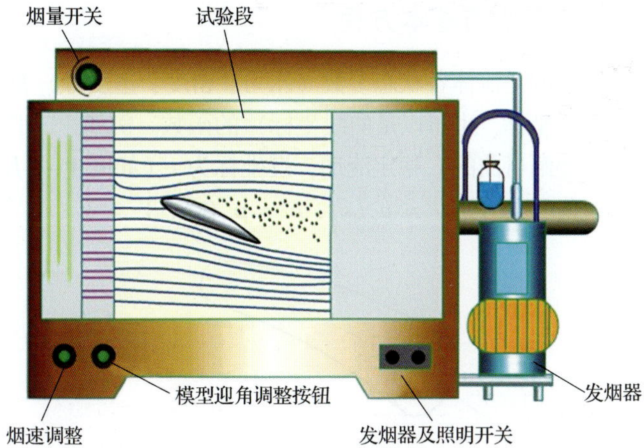

图1－3　烟风洞试验

图1－4是从烟风洞试验中描绘出来的几个典型物体的剖面流谱。这些流谱虽各不相同，但确有其共同特点。

①在低速气流中，剖面流谱的形状是由物体的剖面形状和物体在气流中的关系位置共同决定的。试验表明，改变气流速度的大小，流谱形状并不发生变化。

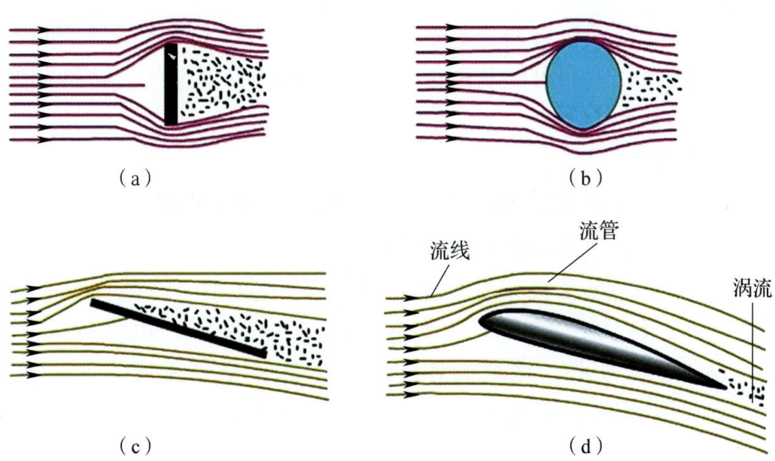

图1－4　几个典型物体的剖面流谱

②剖面流谱中，两条相邻流线可以看作是一个流管的管壁，两条流线中间的空气就好像顺着管子流动一样。物体表面凸起的地方，两条流线间的距离缩小，说明流管变细；气流受到阻挡的地方，如物体剖面的前部，流管变粗。

③物体后面产生涡流，好似行驶中的汽车车后的涡流一样。涡流区的大小取决于物体的剖面形状及物体在相对气流中的关系位置。

1.2.2 一维定常流动的基本方程

一维定常流动指的是流体各状态参数（压力、密度、速度等）都只是一个空间坐标（既可以是直线坐标，也可以是曲线坐标）的函数。例如，一股气流如果沿气流中心线（可以是逐渐弯曲的）稳定流动，设坐标为 s（如图 1－5 所示），那么各横截面上的状态参数可表示为 $p = p(s)$，$\rho = \rho(s)$，$V = V(s)$ 等。

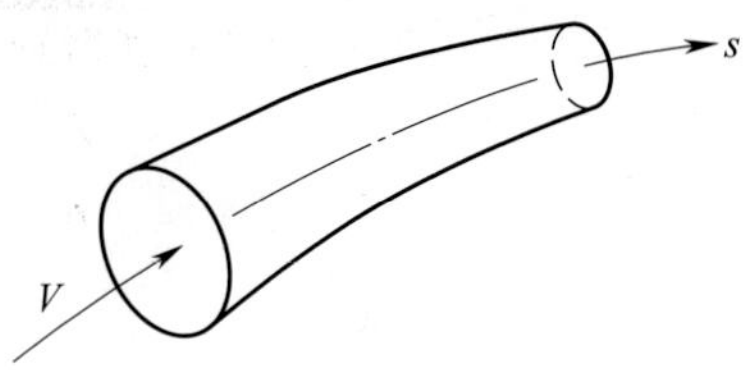

图 1－5 一维流动

在一般的空间流动中，流动都不是一维的。但是，我们可以将整个流场划分成许多流管，在每一个十分细的流管中，流体的流动就可以近似看成是一维的。在许多实际管道流动中，虽然在同一坐标 s 处的截面上各状态参数并不均一，但通常采用在截面上取平均参数的方法，将实际管道的流动当作一维流来处理。

对于一维定常流动，有两个基本方程，建立了上述各状态参数间的数量关系，根据这些关系，就有可能从理论上来研究和计算低速气流特性问题。这就是连续方程和伯努利方程。

1.2.2.1 连续方程

连续方程是质量守恒定律应用于运动流体所得到的数学关系式，又称质量方程。它是空气动力学中最基本又最常用的方程之一。

在图 1－6 所示的流管中，任取两个垂直于管轴 s 的截面 $a-b$、$c-d$，构成区域 $abdc$，称为控制区。气流由截面 $a-b$ 流入，由截面 $c-d$ 流出。设截面 $a-b$ 的面积为 A_1，该截面处的流速为 V_1，空气密度为 ρ_1；截面 $c-d$ 的面积为 A_2，该截面处的流速为 V_2，空气密度为 ρ_2。那么，单位时间内经截面 $a-b$ 流入的空气质量为 $\rho_1 V_1 A_1$，经截面 $c-d$ 流出的空气质量为 $\rho_2 V_2 A_2$。

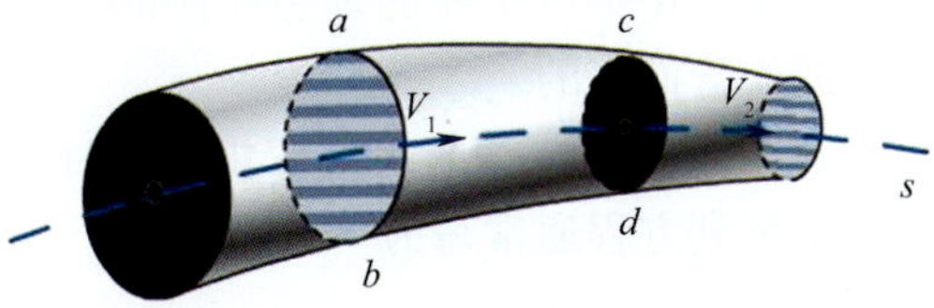

图 1－6　空气在流管中流动

对于定常流动，流管中任何部分的空气都不会中断流动，也不会堆积起来，也就是说，流入截面 $a-b$ 和流出截面 $c-d$ 的空气质量应该正好相等。即

$$\rho_1 V_1 A_1 = \rho_2 V_2 A_2$$

因为 $abdc$ 控制区是任取的一段，所以，沿流管恒有

$$\rho VA = \dot{m} \text{ (kg/s)}$$

式中，$\dot{m}$ 是常数，等于单位时间流过同一流管任一截面的空气质量，称为流量。在一维定常流动中，单位时间通过同一流管任一截面的流体质量都相等。

在低速气流中，空气密度基本不随流速变化。这种密度不随流速变化的气流称为不可压缩气流或非压缩气流。如果将空气密度（ρ）看作是不变的数，那么，沿流管恒有

$$V_1 A_1 = V_2 A_2 = VA = C$$

式中，C 也是一个常数，（单位为 m^3/s），等于单位时间流过同一流管任一截面的空气体积。在不可压缩的一维定常流动中，单位时间通过同一流管任一截面的流体体积都相等。

在不可压缩的一维定常流动中，同一流管各截面上的流速与截面积成反比。即流管粗的地方流速慢，流管细的地方流速快。这种现象，在日常生活中也常常可以看到，如穿堂风比院子里的风大，河水在河道窄的地方比在河道宽的地方流得快等。

1.2.2.2　伯努利方程

伯努利（Bernoulli）方程是伯努利定理的数学表达式。伯努利定理是由瑞士物理学家丹尼尔·伯努利首先提出的，以后又由许多科学家做了发展和推广。这个表达式是空气动力学中又一个重要的方程。

（1）方程表达式

对于一维定常流动，在流管上沿坐标 s 截取微段流体进行受力分析（参见方程的推导），可得出微分形式的动量方程

$$\mathrm{d}p + \rho V \mathrm{d}V + \rho g\ \mathrm{d}h = 0$$

式中，h 为 s 的铅垂高度。在不可压缩流体中，密度 ρ 是常数，因而上式对 s 积分得

$$p + \frac{1}{2}\rho V^2 + \rho g h = \text{常数}$$

称为伯努利方程，它适用于一切不可压缩的理想流体的一维定常流动。其中的常数也是针对同一流线或流管而言的。

对于气体（如空气）来说，当流动的高度变化不大时，重力的影响一般可以略去。所以，气体的伯努利方程通常写为

$$p+\frac{1}{2}\rho V^{2}=\text{常数}$$

（2）方程的物理意义

伯努利方程是根据物理学中的动量定理得来的，但它却反映了流体的能量关系。

式中第一项 p 是压强，习惯上又称静压或压力。本来，流体的质量密度乘以高度产生压强，现在反过来，$p/\rho g$ 就是流体在垂直压力管中的上升高度。所以，压强 p 是一种尚未表现为高度的势能，是单位体积空气所具有的势能，常称为压力能。

式中第二项 $\frac{1}{2}\rho V^{2}$ 常称为动压，代表单位体积空气具有的动能，与压强 p 有相同的量纲。动压是蕴藏在气流内部的能量，只有当流速减慢时，才会以压力能的形式表现出来。动压有时用符号 q 表示。

式中的第三项 ρgh 是单位体积流体所具有的重力势能，对于气流来说，常常忽略不计。

对于空气，静压（p）与动压 $\left(\frac{1}{2}\rho V^{2}\right)$ 之和就是单位体积空气的总机械能，常称为总压（旧称全压），用符号 p_0 表示。于是，气体的伯努利方程又可写成

$$p+\frac{1}{2}\rho V^{2}=p_{0}$$

伯努利方程表明，空气在低速一维定常流动中，同一流管的各个截面上，静压与动压之和（总压）都相等，即伯努利定理。由此可知，在同一流管中，流速快的地方，压力（p）小；流速慢的地方，压力（p）大。减小的压力转变成了动压；增加的压力，来自动压。所以说，伯努利方程是自然界机械能守恒定律在气体的低速定常流动问题上的表达式，故又称为低速气流的能量方程。

需要注意的是，所说总压不变（p_0 为常数）指的是：当来流的气流参数（V_∞、p_∞、ρ_∞）确定时，整个流场的总压为定值，即不随位置不同而改变。一旦来流参数变化，则整个流场中的总压值要变化，而各点之间的总压仍相等，只是等于一个新的数值。如图 1－7 所示，点 1、点 2、点 3 等点的静压与动压之和都相等，即

$$p_{\infty}+\frac{1}{2}\rho V_{\infty}^{2}=p_{2}+\frac{1}{2}\rho V_{2}^{2}=p_{3}+\frac{1}{2}\rho V_{3}^{2}$$

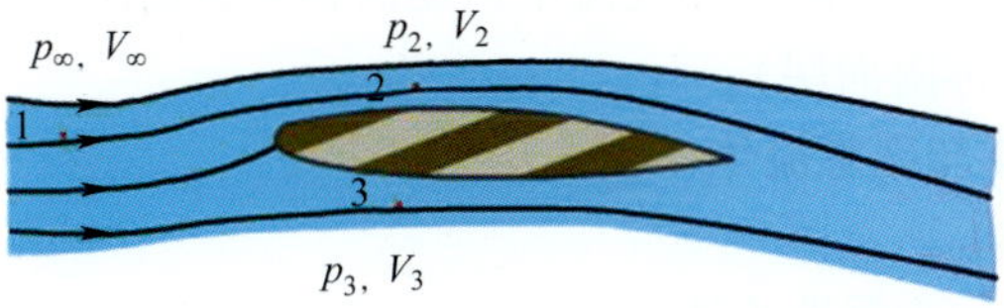

图 1-7　定常流场中各点总压都相等

(3) 方程使用条件

方程在如下条件下适用：

①气流是连续、定常的；

②流动中的空气与外界没有能量交换；

③气流中的摩擦可忽略；

④空气的密度没有变化。

总之，伯努利方程反映了一维定常不可压理想流体的速度和压力的关系。结合连续方程和伯努利方程，可得到如下结论：在低速气流中，空气稳定地流过一个粗细不同的流管时，流管细的地方，流速快，压力小；流管粗的地方，流速慢，压力大。这就是低速气流的主要特性。这一特性是分析直升机低速飞行时，空气动力产生和变化的基本依据。

另外，还可以应用伯努利方程的原理来测量直升机的飞行速度：设在直升机上的空速管，通过总压孔和静压孔分别感受气流的总压和静压，传到空速表，利用总压和静压之差（$p_0 - p$）即动压$\left(\frac{1}{2}\rho V_\infty^2\right)$的作用，使空速表指针偏转，指示相应的速度。空速表根据动压大小指示的速度，称为表速（$V_{表}$）。表速相同，说明动压相等。

需要说明的是，空速表的刻度是按海平面标准大气的密度（ρ_0）制定的，与表速对应的动压是$\frac{1}{2}\rho_0 V_{表}^2$。因此，只有在海平面（或密度为$\rho_0$）飞行时，表速才是真实的速度，当飞行条件改变，密度不同时，表速的指示数与真实的速度就不同了。实际飞行中，直升机相对于空气的速度称为真速（$V_{真}$），又称飞行速度或空速。如果直升机飞行高度为 H（密度为 ρ_H），实际动压应为$\frac{1}{2}\rho_H V_{真}^2$，用空速表指示时，就要等值地换算成空速表对应的动压，指示数为 $V_{表}$。忽略仪表存在的各种误差，真、表速的换算关系为

$$V_{真} = V_{表}\sqrt{\rho_0/\rho_H}$$

1.2.3　低速边界层

实际流体都有黏性，在运动中也必然会出现一些与理想流体不同的现象和

规律。这种不同，一般只限于在气流中运动的物体表面附近的一个薄层区域内，这就是边界层（旧称附面层）。

1.2.3.1 黏性流体与理想流体

（1）黏性流体

有黏性的流体称为黏性流体。

水有黏性，可以通过河水观察。河中间的水流得比岸边快，离河岸越近，水流得越慢，紧贴岸边，水基本上是不流动的。这是因为水有黏性，紧贴岸边的水像被岸边黏住一样，流速为零。这层流速为零的水又会通过黏性影响与它邻近的外层水，使其流速减慢。

空气也有黏性，可通过图 1－8 所示的试验证明。试验模型有两个彼此靠近但不接触的圆盘，上圆盘用支柱悬挂，下圆盘装在电机上。开动电机使下圆盘转动一段时间后，上圆盘也会随之转动起来。这是因为，当下圆盘转动时，紧贴其表面的一层空气像被黏住一样，随盘面一起转动。这层转动的空气又会带动上层空气转动起来。这样，两圆盘间的空气一层层相继转动，以至带动上圆盘也转动起来。显然，这是相邻空气层相互牵扯的结果。这种当空气内部发生相对运动时，相邻两个运动速度不同的空气层相互牵扯的特性称为空气的黏性。

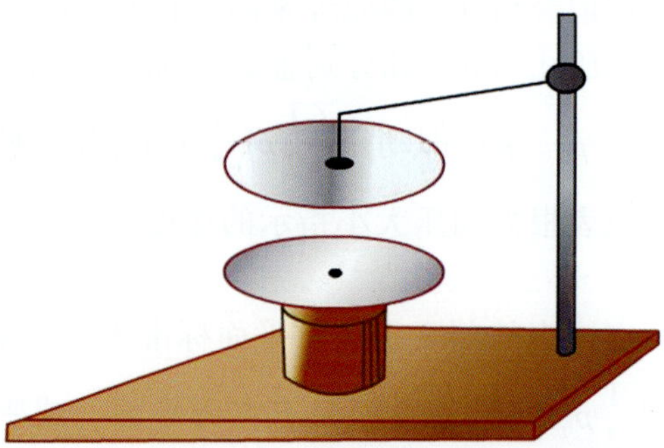

图 1－8　空气黏性试验

空气有黏性的根本原因是空气分子的不规则运动所引起的动量交换。为了便于说明问题，设想把上述两圆盘间的空气划分成若干层，取出其中两个相邻的空气层来研究。如图 1－9 所示，流速大的下层空气，其分子具有较大的动量（流速乘分子质量），由于不规则运动而进入上层时，通过分子间掺和与碰撞，增大了上层空气分子的动量，使上层空气得到加速；而流速小的上层空气，其分子的动量也小，由于不规则运动进入下层时，减小了下层空气分子的动量，使下层空气减速。流速不同的相邻空气层分子进行动量交换的结果是空气层之间产生相互牵扯的特性，致使空气具有黏性。

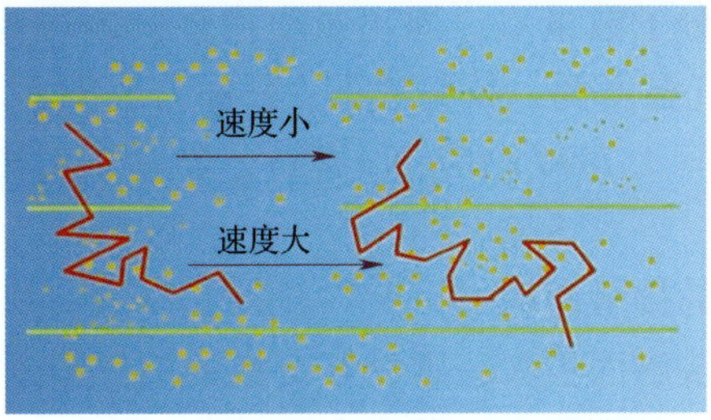

图1－9　相邻两个流速不同的空气层

（2）黏性力

相邻两个流速不同的空气层相互牵扯的作用力，称为空气的黏性力，又称空气的内摩擦力。黏性力的大小可用牛顿黏性力公式计算。即

$$F=\mu\frac{\mathrm{d}V}{\mathrm{d}y}S$$

式中：F——空气的黏性力，N；

$\mathrm{d}V/\mathrm{d}y$——相邻两空气层的速度梯度，(1/s)；

S——相邻两空气层的接触面积，m^2；

μ——［动力］黏度（工程上习惯称黏性，旧称［动力］黏性系数）（$N\cdot s/m^2$）。它表示单位面积、单位速度梯度所产生的黏性力。其大小与气体性质和温度有关。

空气黏性力的大小取决于三个因素。

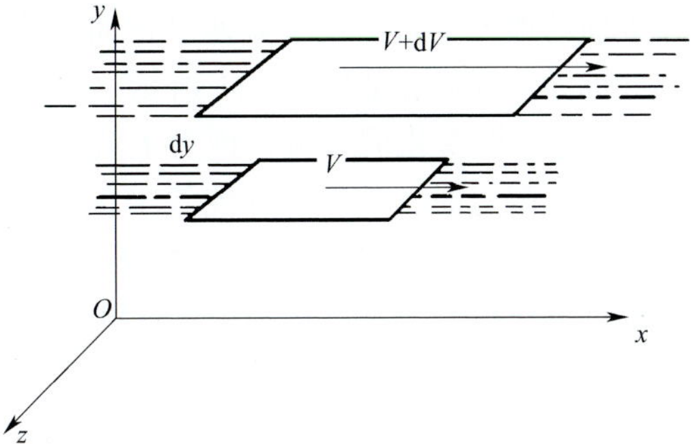

图1－10　速度梯度

①相邻两空气层的速度梯度

速度梯度大，表示相邻两空气层中的分子动量差别大，不规则运动时的动量交换多，即相互牵扯的作用力大，因而黏性力就大；反之，速度梯度小，黏性力也小。

②空气温度

空气温度高，则空气分子不规则运动的速度大，在相同的时间内，相邻空气层之间相互交换的分子数量多，即动量交换多，表现为黏度（μ）增大，黏性力增大；反之，空气温度低，黏度减小，黏性力也减小。例如，对空气来说，$T=288.15$ K 时，$\mu=1.7894\times10^{-5}\mathrm{N\cdot s/m^2}$；$T=273.15$ K 时，$\mu=1.7126\times10^{-5}\mathrm{N\cdot s/m^2}$。

③相邻两空气层的接触面积

两空气层之间的接触面积大，则相互交换的空气分子多，动量交换多，因而黏性力大；反之，接触面积小，黏性力也小。

（3）理想流体

黏度等于零的流体称为理想流体。

真实的流体都具有黏性，这给流体运动的数学描述和处理带来很大困难。但在许多情况下，由于流体的黏度较小，如水和空气等，其流体性质与理想情况十分接近。引入理想流体的概念，就可以较清晰地揭示流体运动的主要特性，较方便地进行数学处理，而所得结果与实际情形的偏差不大。如果必须考虑黏性影响，则可以对集中反映黏性的边界层进行分析，再对理想的情况加以修正即可。

1.2.3.2 边界层的产生及性质

（1）边界层的产生

空气流过物体时，由于物体表面不是绝对光滑的，加之空气具有黏性，所以，紧贴物体表面的一层空气受到阻滞，流速减小为零。这层流速为零的空气又通过黏性的作用影响上一层空气的流动，使上层空气流速减小。如此一层影响一层，在紧贴物体表面的地方，就出现了流速沿物面法线方向逐渐增大的薄层空气，这一薄层空气称为边界层，如图 1－11 所示（图中的法向尺寸放大了许多倍）。沿物面法线流速不再变化的气流，称为主流。严格地说，沿物面法线向外，只有当离开物面无限远时，其流速才能等于主流速度，即黏性影响属于全流场。但在实际上，速度的增大，主要是在物面附近的一个薄层内完成的。故一般定义，沿物面各点的法线上，速度达到主流速度的 99% 处，即为边界层的边界。如图 1－11 中的虚线所示。应该注意，边界层边界线并不是流线。由

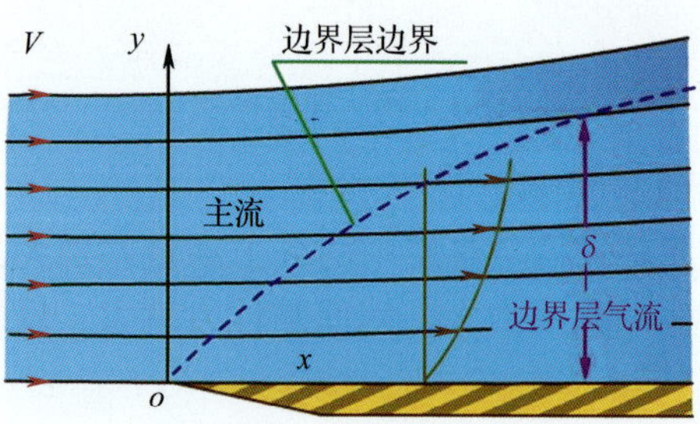

图 1－11　平板表面的边界层

边界层边界到物面的垂直距离为边界层厚度，常用 δ 表示。边界线之外的主流不再考虑黏性的影响，可以当作理想流体来处理。因此，黏性的影响可认为是仅局限于边界层内的，整个流场的黏性影响，可以通过边界层来体现。

（2）边界层的特性

①空气沿物面流过的路程越远，边界层就越厚。

空气沿物面流动时，紧贴边界层的主流空气不断受到边界层内空气黏性的影响，逐渐减速变成边界层内的气流。所以，空气沿物面流动的路程越远，边界层也就越厚。一般气流流过物面前缘 1～2m 处，边界层的厚度约为数毫米到数十毫米。

②边界层内沿物面法线方向各点的压力不变，且等于主流的压力。

图 1－12 是桨叶某一截面的边界层示意图。沿表面法线 P_1Q_1 或 P_2Q_2 方向，压力不变，即 P_1 点的压力等于 Q_1 点的压力；P_2 点的压力等于 Q_2 点的压力。

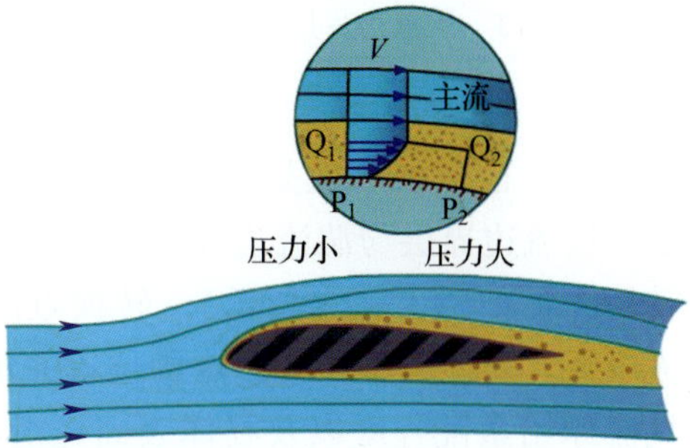

图 1－12　桨叶的边界层

边界层内气流速度沿物面法线方向是变化的，为什么压力却是相等的呢？这是因为在边界层内，各层空气之间相互摩擦，使边界层内空气的部分动能（动压）转化为热能，散逸到周围去了，并没有转化为压力能。有了这一结论，就可以用理想流体理论来计算物面上的压力了。

1.2.3.3　层流边界层和湍流（旧称紊流）边界层

（1）层流边界层和湍流边界层的不同特点

边界层按其流动特点，可分为层流边界层和湍流边界层（如图 1－13 所示）。在层流边界层内，空气分层流动，各层互不混淆，空气微团没有强烈的上下乱动现象；在湍流边界层内，空气微团上下乱动明显，各层之间强烈混合，呈现局部的微小旋涡，速度也出现脉动，是一种紊乱的流动。

层流边界层和湍流边界层的厚度不同，速度分布情形也不同。在湍流边界层中，空气微团的上下乱动较强，各层间的动量交换增多，因而湍流边界层的厚度较大；对层内而言，会使相邻各层之间的流速差减小，因而沿法线方向的速度梯度减小。但是，在湍流边界层靠近物面的部分，空气微团的上下乱动受到限制，流动仍属于层流，称为层流底层。层流底层的流速差别要比层流边界层的大，因而湍流边界层在物面处的速度梯度也比较大。即

$$\left(\frac{dV}{dy}\right)_{h=0湍} > \left(\frac{dV}{dy}\right)_{h=0层}$$

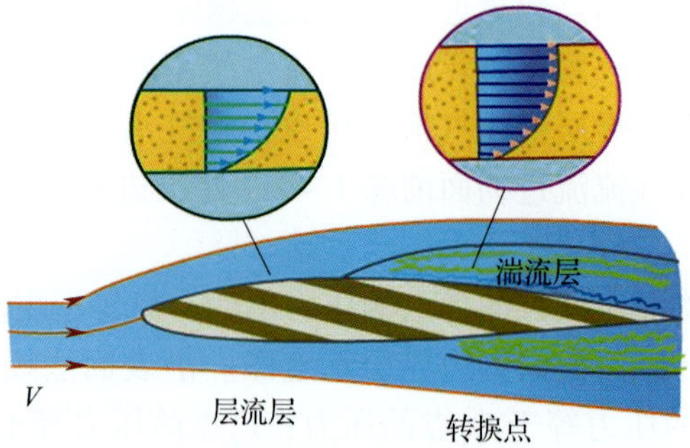

图 1－13　层流边界层和湍流边界层

（2）转捩点

贴近物体表面的边界层，前一段一般是层流边界层，流过一段距离之后，就会转变为湍流边界层。层流边界层与湍流边界层之间的一个过渡区，通常把它看成是一点，称为转捩点（如图 1－13 所示）。转捩点的位置靠前，表明边界层的层流段短，湍流段长。同一翼型，转捩点的位置并不是固定不变的，它随气温、来流速度、气流原始紊乱程度以及物体表面光滑程度等因素而改变。如果来流速度大，原始紊乱程度大，物体表面粗糙，边界层空气便容易产生局部的微小旋涡而由层流变为湍流，这时转捩点必然靠前；如果气温高，则黏度大，层流边界层流动的稳定性增强，不易转变为湍流，转捩点必然靠后。

1.2.3.4　边界层的分离

空气流过一曲面（如桨叶上表面）时，如图 1－14 所示，从前缘起，主流流管逐渐变细，流速逐渐加快，压力逐渐减小，存在顺压梯度（$\partial p/\partial x<0$）；至某一点，流管最细，流速最快，压力最小（$\partial p/\partial x = 0$）；此后，流管变粗，

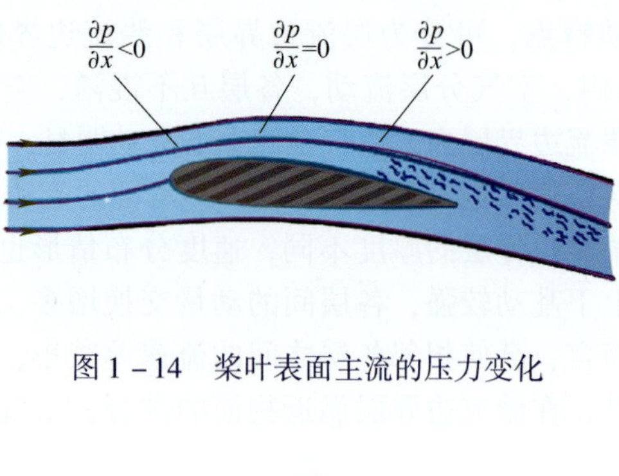

图 1－14　桨叶表面主流的压力变化

流速减慢，压力又逐渐增大，存在逆压梯度($\partial p/\partial x>0$)。由于边界层内沿物面法线方向各点的压力不变，且等于主流压力，所以，桨叶表面从前缘至后缘的压力变化规律与主流的压力变化相同。桨叶表面压力最低的一点（E）称为最低压力点（如图 1－15 所示）。这就是说，在最低压力点之前，为顺压梯度段；在最低压力点之后，为逆压梯度段。显然，在最低压力点（E）处，压力梯度$\partial p/\partial x=0$。

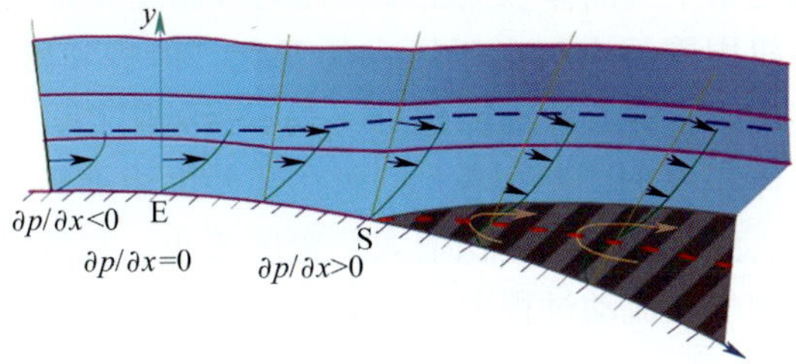

图 1－15　边界层的分离

边界层内的空气在沿桨叶表面流动的过程中，其速度一方面受摩擦的影响要不断减小；另一方面还会受到沿途压力变化的影响。在顺压梯度段，边界层底层的空气在顺压的作用下加速，但由于摩擦的影响，速度增加不多。在逆压梯度段，边界层底层的空气会受到摩擦和逆压的双重作用，速度减小很快，及至流到某一点（图 1－15 中的 S 点）时，非常贴近桨叶表面的一层空气流速减小为零，即 S 点的速度梯度（$\partial V/\partial y$）$_{y=0}$。过 S 点再往后，边界层底层的空气在逆压的继续作用下，开始倒流。倒流而上的空气与顺流而下的空气相遇，使边界层空气拱起而脱离表面，并被主流卷走，产生大量旋涡。边界层气流不能紧贴表面流动，形成边界层分离，又称气流分离，如图 1－15 所示。边界层气流开始离开表面的 S 点称为分离点。

逆压梯度是产生分离的根本原因。此外，它还可以使边界层厚度增加，转捩点前移。由于湍流边界层各层流速差别小，层内流体平均动量大，在逆压梯度段向前推进的能力强，因此，在同样的逆压梯度下，湍流边界层不易发生气流分离。也就是说，湍流边界层的分离点比层流的靠后一些。

1.2.4　高速气流特性

在航空发展史上，曾遇到过“声障”（旧称音障）的现象，说明飞行器的高速飞行与低速飞行是截然不同的。直升机旋翼高速旋转时，相对气流会高速流过桨叶尖部，这和气流高速流过飞机的情况相同，也会产生一些特殊现象。这些现象产生的原因是：我们研究低速气流特性时，假设空气是不可压缩的流体，空气密度、温度均不随速度的变化而变化。实际上，空气是可压缩流体，具有可压缩的特性，并且随着气流流速的增加，压缩性的影响会越来越大，流速超过声速，气流特性还会出现一些不同于低速情况的质的差别。因此，研究高速气流的特性，必须考虑空气的压缩性。

1.2.4.1 空气压缩性

生活中的一些现象告诉我们，空气的体积是可以改变的。例如，用力压皮球，可以把它压瘪；有凹坑的乒乓球放在热水里，凹下去的部分会重新鼓起来。空气的压缩性，就是指空气的体积或密度在压力或温度变化时可以改变的特性。

飞行中，直升机周围的空气由于压力的变化，体积和密度也将随之改变。例如，空气流过桨叶时，在桨叶前缘部分，气流受到阻挡，流速减慢，压力升高，空气被压缩，体积减小，密度增大；而在桨叶上表面，由于流管收敛，流速加快，压力降低，空气膨胀，体积增大，密度减小。空气动力学中所说的压缩性，就是指由于空气在流动过程中，气流本身的压力和温度发生变化所引起的密度变化。

空气是否容易压缩，可以用比值 $\mathrm{d}p/\mathrm{d}\rho$ 表示，它表示空气改变一个单位密度所需的空气压力增量。$\mathrm{d}p/\mathrm{d}\rho$ 小，说明压力变化量一定时，密度变化量大，即空气容易压缩；反之，$\mathrm{d}p/\mathrm{d}\rho$ 大，说明空气难以压缩。

1.2.4.2 气流马赫数

气流马赫数与声速有关。而声速是声波的传播速度。

（1）声速

声波的传播速度称为声速。它是扰动波中传播最慢的。声速代表了弱扰动波的传播速度。在不同的介质中，声速是不一样的，介质的可压缩性越小，声速越大。例如，声速在金属中就比在水中快，在水中又比在空气中快。这是因为，较易压缩的空气在受到撞击时，体积要缩小得比较多，压力才会升高起来，不能立即挤压邻近的空气，造成弱扰动波向外传播比较慢。

空气动力学中，声速专指弱扰动波在空气中的传播速度，用 c（旧用 a）表示。其大小可用下式表示，即

$$c = \sqrt{\mathrm{d}p/\mathrm{d}\rho}$$

或

$$c = \sqrt{\kappa RT}$$

对于空气，$\kappa = 1.4$，$R = 287$ J/（kg·K）。可得空气中声速的计算公式，即

$$c = 20\sqrt{T} = 20\sqrt{273 + t}$$

由以上不难看出，声速的大小实质上表示了空气压缩性的大小。气温高，空气难压缩，声速就快；反之，气温低，空气容易压缩，声速就慢。

（2）马赫数

声速的大小只表示空气压缩的难易程度，至于直升机周围空气密度变化的

多少，还与相对气流速度有关。因此，全面衡量空气压缩量的大小，需要同时考虑气流速度和声速两个因素。

①马赫数的概念

气流速度与当地声速的比值称为气流马赫数（Ma，旧用 M）。

$$Ma = \frac{V}{c}$$

式中：V 为气流速度；c 为当地声速。

如果气流速度 V 表示直升机的飞行速度，c 表示该飞行高度的声速，则飞行速度与该高度声速的比值，称为飞行马赫数，用 Ma_{∞} 表示。如某型直升机在 $H = 1000$m 的最大平飞速度为 260km/h，即 72. 22m/s，则算得其飞行马赫数为 0. 21。

由于对流层中声速随高度增加而减小，使得飞行高度变化时，相同的飞行速度将对应于不同的飞行马赫数，而相同的飞行马赫数也将对应于不同的飞行速度。

直升机某个部位处的气流马赫数与飞行马赫数不完全一样，例如，在旋翼桨尖处，气流速度与直升机的飞行速度显然不同，因而其气流马赫数与飞行马赫数也不相同。仍以某型直升机的情况为例，由于其在额定工作状态下的旋翼转速为 191. 4r/min，此时的桨尖速度为 213. 3 m/s，因此前行桨叶尖部的迎面相对气流速度为 285. 52m/s，而该高度上的声速为 337. 2 m/s，最后算得桨尖气流马赫数为 0. 85。为区别起见，往往把某处的 Ma 称为局部马赫数。

②Ma 的物理意义

气流马赫数的大小综合表达了气流速度和声速对空气密度变化量的影响，即反映了空气压缩的程度。气流马赫数大，表明气流速度大或声速小。速度大所引起的压力变化大，导致气流密度变化大，空气的压缩量大；反之，气流马赫数小，空气的压缩量就小。

一般来说，当 $Ma \leqslant 0.3$ 时，此时可将气体当作不可压缩流体来处理。这就是前面所说的低速气流；$Ma > 0.3$ 时，由于空气密度变化量较大，空气压缩性对空气动力的影响较大，此时空气密度的变化不能再忽略不计，这就属于高速气流的范围。可见，气流马赫数是空气流动时压缩性强弱的标志。

$Ma < 1$，表明气流速度小于当地声速，称为亚声速流；$Ma > 1$，表明气流速度大于当地声速，称为超声速流；$Ma = 1$，称为等声速流。

1.3　桨叶的空气动力特性

旋翼是直升机上产生空气动力的最主要部件，在它的组成部分中，桨叶是产生空气动力的主要来源。无论是旋翼旋转还是有风吹过桨叶，只要桨叶与空气有相对运动，桨叶上就会受到空气动力的作用。

桨叶的空气动力既取决于桨叶的形状，也取决于空气的流动特性。

分析桨叶的空气动力，首先要了解桨叶的形状和主要参数。

1.3.1 桨叶的形状

1.3.1.1 桨叶平面形状

桨叶平面形状常见的有：矩形、梯形、混合梯形和桨尖后掠形等几种（如图 1－16 所示）。

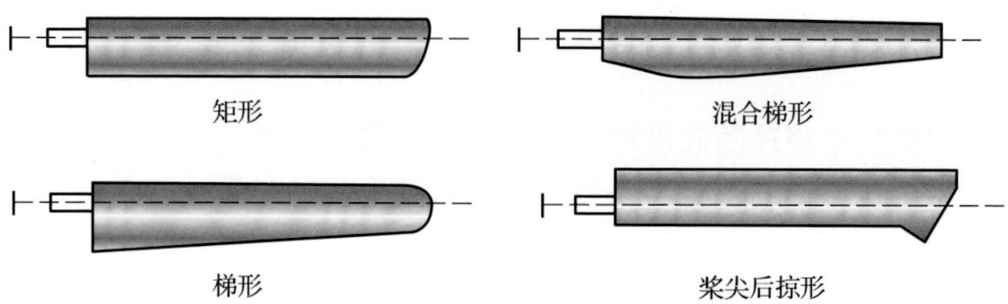

图 1－16 常见的桨叶平面形状

较普遍采用的是矩形和混合梯形。矩形桨叶的空气动力性能虽不如梯形桨叶好，但矩形桨叶制造简单，所以仍得到广泛应用。为了使桨叶适合高速气流条件，有些直升机采用桨尖后掠形桨叶。后掠形桨尖设计，推迟了桨尖产生局部激波，改善了桨叶桨尖的气动性能，可提高直升机的飞行速度，增强跨声速作战的能力。

采用后掠形桨叶的典型直升机有 EH101 直升机和“山猫”直升机。1986 年 8 月 11 日英国韦斯特兰“山猫”验证机，由飞行员特雷弗·埃金顿驾驶，创一项直升机速度世界纪录——15/25km 闭合航线平均速度 400.87km/h，成为第一种速度超过 400km/h 的直升机。

1.3.1.2 桨叶截面形状

桨叶的截面形状同机翼的截面形状相似，称为桨叶翼型。桨叶翼型常见的有：平凸型、双凸型和对称型（如图 1－17 所示）。桨叶翼型的特点，一般用相对厚度、最大厚度位置、相对弯度、最大弯度位置等参数来说明。

1.3.1.3 桨叶的几何扭转

为使空气动力沿整个桨叶分布比较均匀，减小由于诱导速度分布不均匀引起的附加功率损失，通常都把桨叶做成具有负的几何扭转，即从桨根到桨尖，桨叶安装角逐渐减小，如图 1－17 所示。

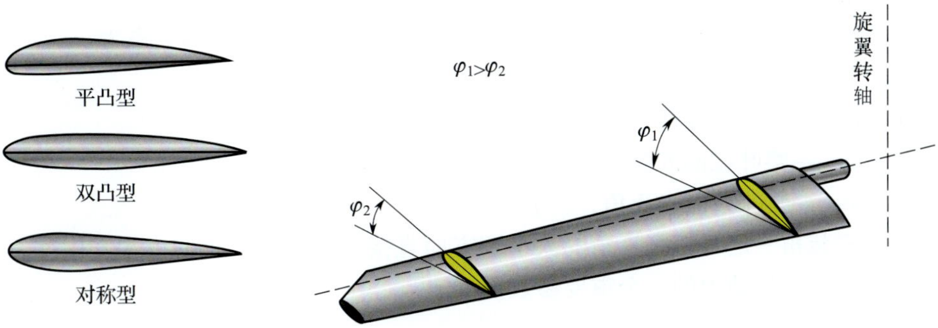

图1－17　桨叶的截面形状和几何扭矩

1.3.2　桨叶的主要参数

1.3.2.1　桨叶截面安装角和桨距

桨叶某一截面翼弦与桨毂旋转平面之间的夹角称为该截面的安装角（或桨叶角），用 φ 表示（如图1－18所示）。相对于桨毂旋转平面，桨叶前缘高于后缘，安装角（φ）为正；反之为负。这里把桨叶半径等于0.7R处截面（称特性截面）的安装角称为该桨叶的桨距。各片桨叶的桨距的平均值，称为旋翼的总距，用 φ_7 表示。

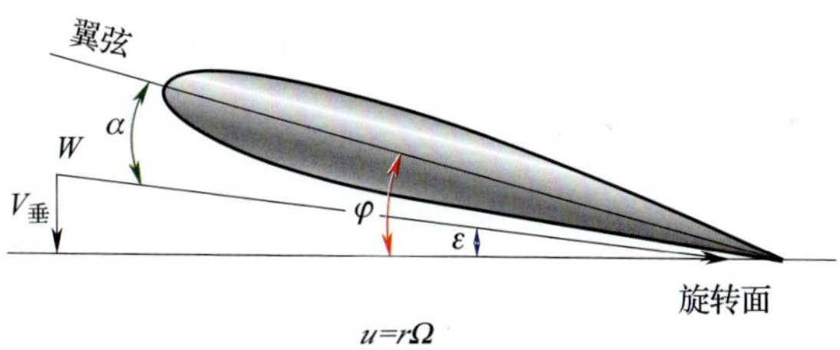

图1－18　垂直上升中的桨叶安装角、桨叶迎角和来流角

飞行员通过直升机的操纵系统可以改变旋翼的总距和各片桨叶的桨距状态，总距的变化范围为2°～14°。

1.3.2.2　桨叶截面迎角

桨叶旋转时，桨叶截面的相对气流合速度（W）与其翼弦之间的夹角，称为桨叶截面迎角，用 α 表示（如图1－18所示）。相对气流从翼弦线的下方吹来，迎角为正。通常把特性截面处的迎角称为桨叶迎角，用 α_7 表示。

1.3.2.3　桨叶截面来流角

相对气流合速度方向与桨毂旋转平面一般是不平行的，如图1－18所示，它与桨毂旋转平面的夹角，称为来流角，用 ε 表示。相对气流从上方吹向桨毂旋转平面，ε 为正；反之，从下方吹向桨毂旋转平面，ε 为负。从图 1－18 中可以看出，桨叶截面安装角、桨叶截面迎角、来流角三者之间的关系为

$$\alpha = \varphi - \varepsilon$$

式中：α——桨叶截面迎角，(°)；

φ——桨叶截面安装角，(°)；

ε——桨叶截面来流角，(°)。

当安装角一定时，来流角的大小和方向直接影响桨叶迎角的大小，因此它是影响旋翼空气动力的一个重要参数。

1.3.3 桨叶的升力

桨叶的升力是旋翼拉力的主要来源，旋翼拉力不仅支托直升机在空中飞行，飞行员操纵直升机改变飞行状态，常常也是通过改变拉力的大小和方向来完成的。因此，研究升力的产生和变化具有重要意义。

1.3.3.1 桨叶升力的产生

以空气流过具有正迎角的双凸翼型桨叶为例，定性说明桨叶升力的产生。如图 1－19 所示，空气流到桨叶前缘，分成上、下两股，分别沿桨叶上、下表面流过。由于桨叶有一定正迎角，上表面又比较凸出，所以，上表面的流线弯曲大，流管变细，流速加快，压力减小；下表面的流管变粗，流速减慢，压力增大。于是，桨叶上、下表面出现压力差。上、下表面压力差在垂直于相对气流方向的总和就是桨叶的升力，用 Y[①] 表示。升力的作用点（升力作用线与翼弦的交点）称为压力中心。

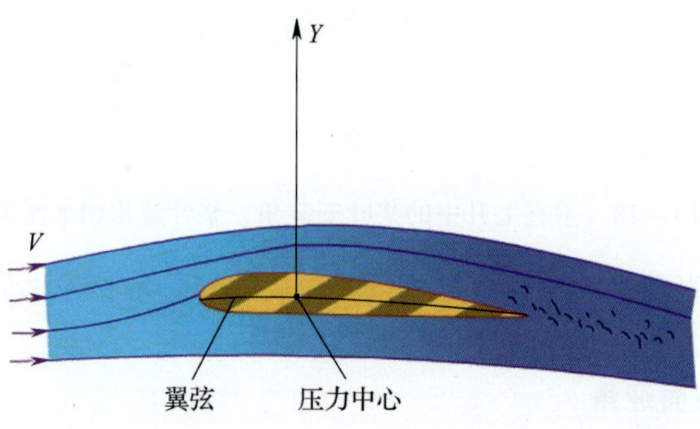

图 1－19　桨叶升力的产生

① 根据 GB/T 16638.4—2008《空气动力学　概念、量和单位》的规定：升力用 L 表示，阻力用 D 表示，侧力用 C 或 Y_a 表示。本书仍按习惯未进行改动。

桨叶升力产生的原理也可以用作用与反作用定律来说明。空气流过桨叶时，由于翼型形状和迎角的影响，气流速度方向要发生变化，如图 1－20 所示，流过翼型的气流速度 W' 较气流在翼型前的速度 W 下倾一个角度。气流方向发生变化，是由于翼型给予迎面来的空气以向下的作用力，使其产生向下的速度变化。根据作用和反作用定律，空气自然对桨叶翼型有一个向上的作用力，这个力就是升力。

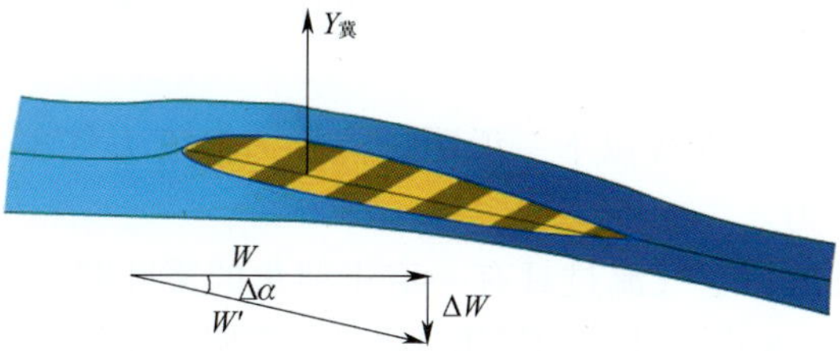

图 1－20　升力产生原理

1.3.3.2　桨叶的压力分布

分析桨叶的空气动力时，仅仅从总体上知道桨叶上、下表面的压力变化是不够的，还要研究桨叶表面各点压力的分布情况。

（1）测量桨叶压力分布的方法

根据气流流过桨叶翼型的流线谱，再应用气流的基本定律，就可以从理论上分析出桨叶表面每一点所受压力的大小，从而得到桨叶表面压力分布的情况。为了更形象直观地知道桨叶表面的压力变化，通常采用试验的方法来测定。

选用一段双凸型桨叶试件，以一定迎角置于风洞气流中（如图 1－21 所示），在桨叶上、下表面各钻一排小孔，用软管分别连到多管气压计上。气压计

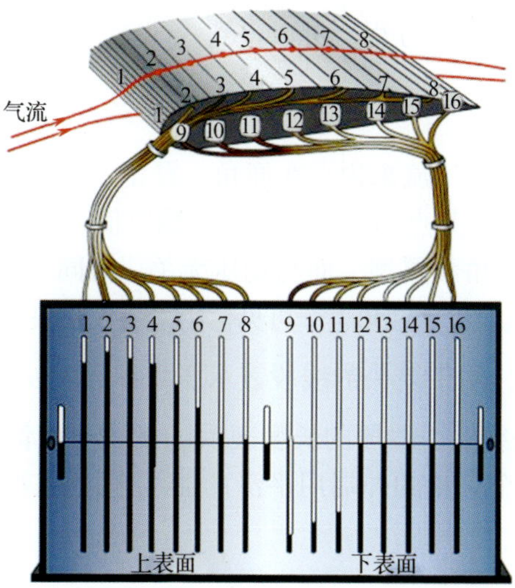

图 1－21　测量桨叶表面各点压力的试验

上的0管管口液面感受的是大气压力。其他各管与桨叶表面各测量点相通，感受各点的压力。试验时可测量各管液柱面与0管液柱面的高度差 Δh。根据空气流过桨叶时气压计各液柱的高度变化，可以算出桨叶表面各点处的气流静压与大气压力之差 Δp。Δp 称为剩余压力

$$\Delta p = p - p_{\infty}$$

$\Delta p < 0$，液柱在0－0线以上，说明该点压力小于大气压力；此时的 Δp 称为吸力或负压力。

$\Delta p > 0$，液柱在0－0线以下，说明该点压力大于大气压力；此时的 Δp 称为正压力，简称压力。

由试验可以看出，空气流过具有一定正迎角的桨叶时，与上表面各测量点（见图1－21中的1～8点）相连的气压计液柱均被吸至0－0线以上，说明桨叶上表面各点压力普遍小于大气压力；与下表面各点（见图1－21中的9～16点）相连的气压计液柱均被压至0－0线以下，说明桨叶下表面各点压力普遍大于大气压力。由此可以进一步说明，桨叶升力是由桨叶上、下表面压力差产生的。

（2）压力分布的表示方法——压力分布图

为了形象地看出桨叶表面的吸力和压力，可根据上述试验测出的结果画出压力分布图。在绘制压力分布图时，不是直接画出桨叶表面各点的压力数值，而是画出各点的压力系数（$\bar{p}$）①。所谓压力系数，指的是剩余压力与远前方气流动压的比值。即

$$\bar{p} = \frac{\Delta p}{\frac{1}{2}\rho V^2}$$

根据伯努利方程和连续方程，可以得到

$$\bar{p} = 1 - \frac{A_{\infty}^2}{A^2}$$

不难看出，对于低速气流来说，在迎角、翼型一定时，流谱一定，A_{∞}^2/A^2 是一个确定值，即桨叶表面某点的压力系数是一确定值。这就是说，翼型表面各点的压力系数仅取决于迎角和翼型，而与动压无关。对同一桨叶来说，翼型是不变的，这时压力系数就只取决于迎角了。可见，压力系数反映了压力变化的本质特征。

如图1－22所示，用带箭头的线段表示压力系数（$\bar{p}$），将各测量点所测得的 $\bar{p}$ 画在对应点的法线上，线段的长度表示 $\bar{p}$ 的大小，箭头向外为吸力，箭头向里为正压力。将各个矢量的外端用平滑的曲线连接起来，便是用矢量法表示的压力分布图。

① 根据GB 3101—1993《量和单位》的规定：系数（coefficients）具有不同量纲；因数或因子（factors）具有相同量纲（即量纲为一）。但工程上有些术语仍未区分。

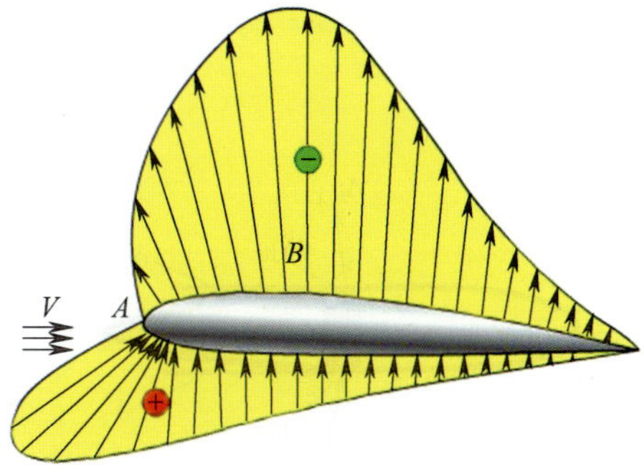

图 1－22　用矢量法表示的翼型压力分布图

在图 1－22 中，压力最低，即吸力最大的一点（B 点）是最低压力点；在前缘附近，流速为零，压力最高的一点（A 点），是驻点。驻点的 $\bar{p}=1$。

显然，桨叶表面某处的压力系数（$\bar{p}$）与远前方气流动压的乘积（$\bar{p}\cdot\frac{1}{2}\rho_\infty V_\infty{}^2$）就是该点的剩余压力（$\Delta p$）。桨叶表面各处剩余压力（吸力或正压力）在垂直于相对气流方向分力的合力就是桨叶的升力。

有了压力分布图，便可以知道桨叶各部位所产生的升力在桨叶总升力中所占的比值。图 1－22 表明：

①桨叶的升力大部分靠上表面的压力减小（吸力）获得，小部分靠下表面的压力增大（正压力）获得。由上表面吸力所形成的升力一般占总升力的 60%～80%，而由下表面正压力所形成的升力只占总升力的 20%～40%。如果下表面产生的也是吸力，则桨叶下表面不仅不产生升力，而且起减小升力的作用。此时桨叶的升力全靠上表面的吸力获得。

②桨叶上表面前半部产生的吸力大，后半部产生的吸力小。所以，桨叶上表面前半部对升力的产生贡献最大。

1.3.3.3　桨叶升力公式及影响升力的因素

（1）桨叶升力公式

升力的数量变化，可以用升力公式来表明。下面推导翼型升力的计算公式。

沿桨叶半径取一微段（Δr）桨叶（即翼型）。可近似认为流向该小段桨叶的相对气流速度和迎角都是均匀的，因而沿半径的压力分布也是均匀的，这样只考虑沿翼弦方向的压力变化，从而使问题得到简化。

如图 1－23 所示，在桨叶翼型上取宽度为 dx 的微段，在微面积 dS（d$S=\Delta r$dx）上近似认为压力均匀分布。设上表面的面积为 $dS_{上}$，下表面面积为 $dS_{下}$，它们的切线与翼弦（此处为 x 轴）的夹角分别记为 $\delta_{上}$、$\delta_{下}$。则作用在该微段上垂直于翼弦的分力为 $\Delta p_{下}dS_{下}\cos\delta_{下}-\Delta p_{上}dS_{上}\cos\delta_{上}$，而平行于翼弦方向的分力较小，忽略不计。

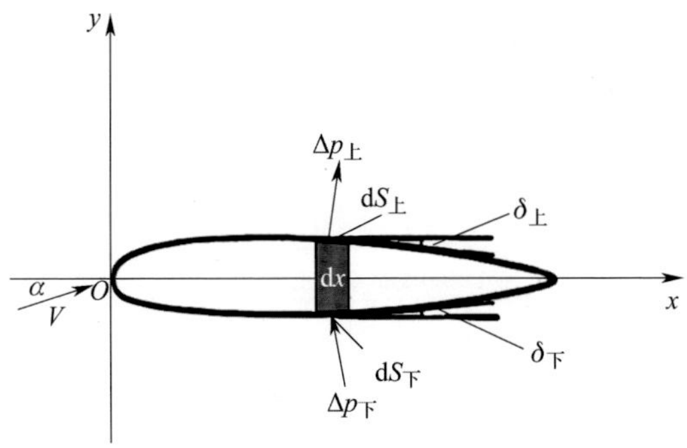

图 1－23　单位长度机翼上的升力

经过积分得桨叶微段的升力公式为

$$Y = C_y \frac{1}{2} V^2 S$$

式中：C_y——微段桨叶的升力系数；

S——微段桨叶的面积。

升力公式虽然是从一小段桨叶求得的，但它对整个桨叶都是适用的，甚至是一般飞机机翼的升力公式，以及飞机的升力公式等，在形式上都同样适用，只是将公式中的各量都换成对应的参数即可。

（2）影响桨叶升力的因素

由升力公式可以看出，升力的大小与升力系数、相对气流动压、桨叶面积成正比。桨叶翼型升力系数的大小取决于桨叶翼型形状和迎角，它综合表达了迎角、桨叶翼型等因素对升力的影响。因此，在低速飞行时，影响桨叶升力的因素有迎角、桨叶翼型、桨叶面积和相对气流动压等。这里侧重分析迎角和桨叶翼型对桨叶升力的影响。

①桨叶迎角对升力的影响

在一定的迎角范围内，增大迎角，升力系数增大。这是因为，随着迎角增大，桨叶上表面流线更加弯曲，流管更为收缩，流速进一步加快，吸力不断增大；而桨叶下表面气流更加受阻，流管越来越粗，流速不断减小，正压力不断增大（如图 1－24（B）、图 1－24（C）所示），两者都使 C_y 随 α 增大而增大。当迎角增大到某一迎角时，升力系数增至最大。升力系数最大的迎角称为临界迎角（$\alpha_{临}$）。

超过临界迎角后，迎角再继续增大，升力系数反而减小。这是因为，随着迎角增大，桨叶上表面边界层的逆压梯度增大，导致分离点前移，涡流区扩大；当迎角超过临界迎角后，由于分离点迅速前移，涡流区迅速扩大，使上表面空气不能紧贴机翼表面流动，流线变得平直，流管变粗，流速减慢，造成上表面前缘至中央部位的吸力大幅度减小（如图 1－24（D）所示）。此时，虽然桨叶下表面前

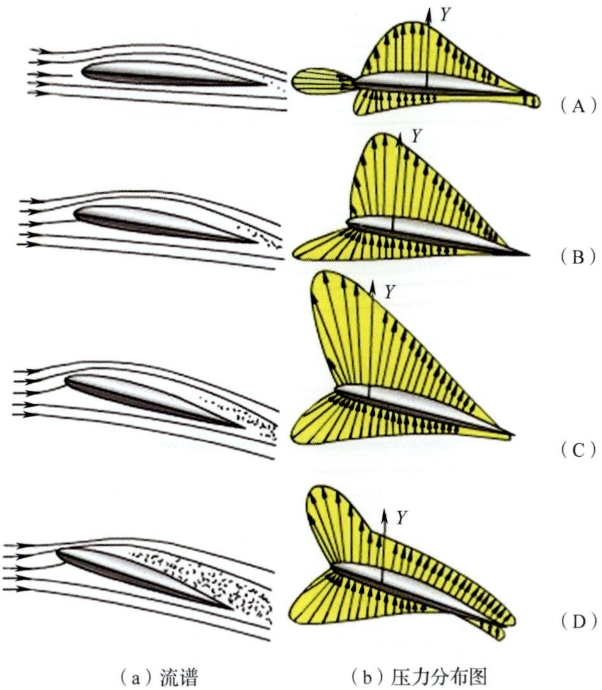

图 1－24　不同迎角下的翼型流谱、压力分布和升力

半部的流管随迎角增大仍进一步变粗，流速继续减慢，正压力稍有增大；但由于桨叶升力大部分靠上表面吸力产生，上表面吸力大幅度减小，致使升力系数减小。

在其他因素不变时，升力随迎角的变化规律与升力系数随迎角的变化规律相同。

改变迎角，不仅升力的大小发生变化，而且压力中心会移动。由图 1－24 可以看出，迎角增大时，桨叶上表面前半部吸力增加的比例大于后半部吸力增加的比例；下表面前半部正压力增加的比例大于后半部正压力增加的比例，从而使压力中心前移。超过临界迎角后，由于桨叶上表面前部吸力大幅度减小，后部吸力稍有增加，又使压力中心后移。

②翼型形状对升力的影响

比较图 1－25 三种翼型的流谱，可以看出，在相对厚度、迎角相同的情况下（如零度迎角），上表面的流管，平凸翼型最细，双凸翼型次之，对称翼型最粗；下表面的流管，平凸翼型最粗，双凸翼型次之，对称翼型最细。这是由于平凸翼型相对弯度最大，双凸翼型次之，对称翼型为零。流谱不同，压力分布也不同。上表面的压力系数，平凸翼型最小（即吸力最大），双凸翼型次之，对称翼型最大；下表面的压力系数，平凸翼型最大（即正压力最大），双凸翼型次之，对称翼型最小。所以，平凸翼型升力系数最大，双凸翼型次之，对称翼型最小。

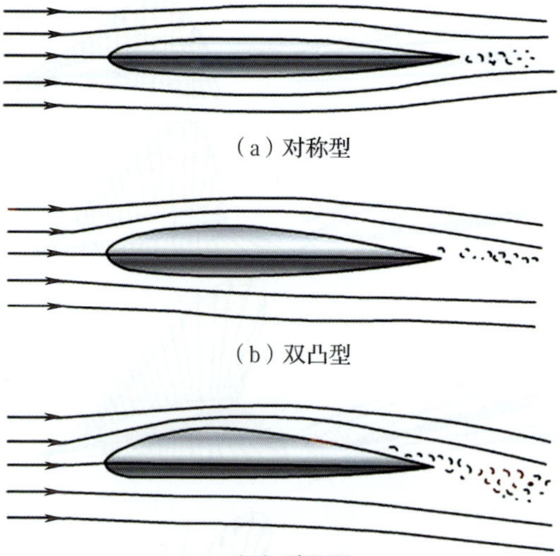

（a）对称型

（b）双凸型

（c）平凸型

图1－25　不同翼型的流谱

在其他因素不变时，升力系数最大的平凸翼型桨叶升力也最大；升力系数最小的对称翼型桨叶升力也最小。图1－26为相对厚度相同的平凸翼型、双凸翼型在相同迎角下的压力分布和升力。

对于实际桨叶，有不同的桨叶翼型的选择和平面外形的优化（即旋翼气动设计），对旋翼桨叶升力的影响也不同。

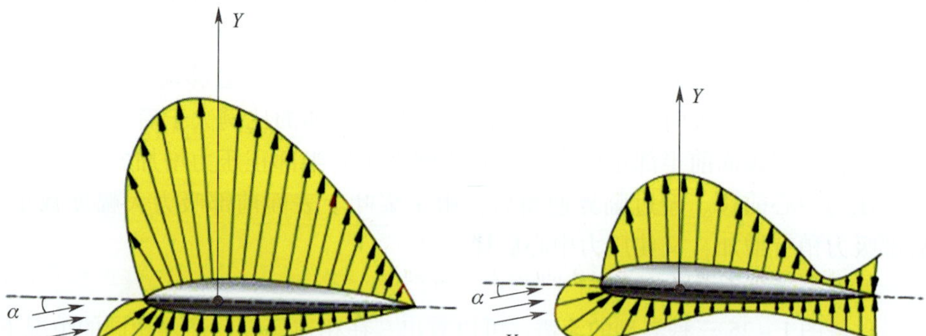

（a）平凸型　　（b）双凸型

图1－26　不同翼型的压力分布和升力

③相对气流动压的影响

动压包括空气密度和相对气流速度两个方面。空气密度和相对气流速度增大，动压即随之增大，作用在桨叶上表面的吸力和下表面的压力就增大，所以升力也就增大。

流过桨叶的相对气流速度由旋翼的转速和直升机的前进速度共同决定。而空气密度的大小取决于直升机的飞行高度。

对同一机型的直升机来说，桨叶翼型和面积一般是不变的，空气密度又取决于飞行高度和环境温度，飞行员无法控制。所以，旋翼转速和桨叶迎角是影响升力大小的两个主要因素。由于现代直升机的旋翼转速是自动调节并保持恒定的，因而飞行员改变桨叶升力的主要方法是改变桨叶的迎角。即在飞行中，改变桨叶升力主要就是通过操纵总距杆或驾驶杆，改变桨叶角，从而改变桨叶迎角来实现的。

（3）桨叶升力系数及升力系数曲线

升力系数（C_y）是表征翼型升力特性优劣的一个重要参数。它综合了翼型、桨叶迎角和气流马赫数的影响，反映各种桨叶翼型或同一种桨叶翼型在不同迎角和气流马赫数下产生升力的能力。

对某一直升机，桨叶翼型一般是不变的。目前的直升机旋翼转速不是很高，除桨尖外，空气压缩性的影响不大，因此，分析升力系数的问题，通常是分析升力系数随迎角的变化规律。

升力系数是通过风洞试验来测定的。根据风洞试验测出的某种翼型各迎角下的升力系数值，可以画出该翼型升力系数随迎角变化的曲线，称为升力系数曲线。

图 1－27 是两种翼型（某直升机的旋翼桨叶即采用 NACA23012 翼型，尾桨桨叶采用 NACA0012 翼型）的升力系数曲线。升力系数曲线不仅表达了升力系数随迎角变化的规律，而且从曲线上可以查出任意迎角的升力系数值，还可以查出零升迎角、临界迎角和求出升力系数曲线斜率等。

①零升迎角（α_0）

升力系数为零的迎角，称为零升迎角。即图中曲线与横坐标的交点对应的迎角。翼型不同，零升迎角的大小也不同。对称翼型的零升迎角为零，非对称翼型的零升迎角为一小负迎角。

②临界迎角（$\alpha_{临}$）和最大升力系数（$C_{y\max}$）

升力系数曲线最高点对应的迎角为临界迎角，对应的升力系数值为最大升力系数。

影响最大升力系数的因素较多，主要有翼型的相对弯度（$\bar{f}$）、最大弯度位置（$\bar{x}_f$）、相对厚度（$\bar{t}$）①、前缘半径（r）等。试验表明，$\bar{f}$ 较大，$C_{y\max}$ 较大。$\bar{f}$ 相同，$\bar{x}_f = 15\%$，$C_{y\max}$ 最大。$\bar{t}$ 过大过小，$C_{y\max}$ 都会减小，普通翼型，

① 根据 GB/T 16638.3—2008《空气动力学　概念、量和单位》的规定：弦长用 c 表示，厚度用 t 表示，相对厚度用 $\bar{t} = t/c$ 表示，弯度用 f 表示，展长用 b 表示。

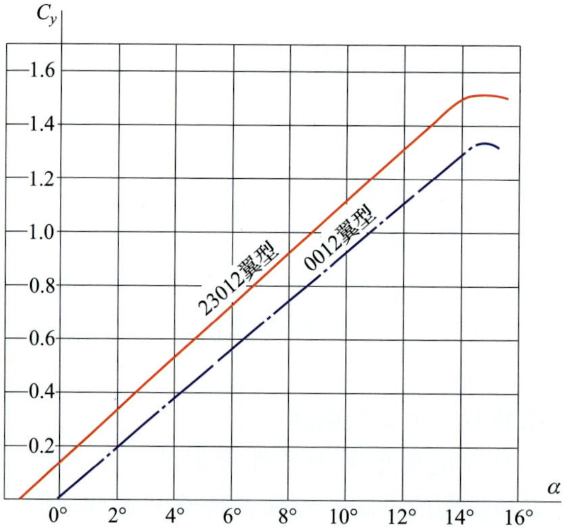

图 1－27　桨叶翼型升力系数曲线

$\bar{t}=9\%\sim14\%$ 时，$C_{y\max}$ 有最大值。同一薄翼型，r 较大的，$C_{y\max}$ 较大。$C_{y\max}$ 越大，说明翼型产生升力的能力越大。

③升力系数曲线斜率（C_y^{α}）

升力系数曲线斜率是指增加单位迎角时的升力系数增量。即

$$C_y^{\alpha}=\frac{\partial C_y}{\partial \alpha}$$

在中小迎角范围内，由于桨叶上表面的气流分离还不显著，升力系数与迎角成线性关系，C_y^{α} 等于常数。各种桨叶的 C_y^{α} 值是由试验确定的，若已知 C_y^{α}，可利用下式估算中小迎角下的升力系数

$$C_y = C_y^{\alpha}\ (\alpha-\alpha_0)$$

迎角增大到一定程度，桨叶上表面的气流分离逐渐明显，升力系数随迎角变化随之变缓，C_y^{α} 变小。迎角增至临界迎角，升力系数增至最大，此时 $C_y^{\alpha}=0$。超过临界迎角 $\alpha_{临}$，再增大迎角，桨叶上表面的气流分离更为严重，C_y 减小，C_y^{α} 变为负值。

1.3.4　桨叶的阻力

空气流过桨叶产生升力的同时，还会产生与相对气流方向相同的阻力。在低速飞行中，就桨叶翼型而言，阻力按形成原因可分为摩擦阻力和压差阻力两种。

1.3.4.1　桨叶阻力的产生

（1）摩擦阻力

摩擦阻力产生的原因是空气具有黏性。

飞行中，气流流过旋翼桨叶，与桨叶表面发生摩擦形成的阻力，即桨叶的摩擦阻力。我们知道，气流流过物体时，由于空气具有黏性，会在物体表面形成边界层，在边界层底层，具有显著的法向速度梯度，因而物体和空气之间就会产生黏性摩擦力，其方向与物面相切，起阻碍桨叶运动的作用。翼型表面各处摩擦力在相对气流方向上投影的总和，就是整个桨叶的摩擦阻力。

（2）压差阻力

由于空气黏性作用导致桨叶前后压力不等而形成的阻力，便是桨叶的黏性压差阻力，简称压差阻力。它是空气黏性间接造成的一种压力形式的阻力。

空气流过桨叶时，由于气流分离，在其后部产生涡流区。涡流区内压力降低，原因是：在涡流区内，空气迅速旋转，同时发生摩擦，一部分机械能不可逆转地转变成热能而散失，使其压力降低，甚至形成负压区（低于未扰动的大气压力）。这样，在桨叶前后形成压力差，构成了压差阻力。边界层的分离区越大，压差阻力就越大。

飞行中，直升机的机身、尾翼等其他部分也会产生压差阻力。机上各部分之间相互干扰也会引起气流分离，从而引起阻力的增加，称为干扰阻力。

1.3.4.2　桨叶阻力公式及影响阻力的因素

（1）桨叶阻力公式

桨叶的摩擦阻力和压差阻力之和称为桨叶的翼型阻力。翼型阻力的大小，可用阻力公式计算。类似于升力的表达式，阻力公式为

$$X = C_x \frac{1}{2}\rho V^2 S$$

式中，C_x为翼型阻力系数。由公式可以看出，阻力的大小与翼型阻力系数、相对气流动压、桨叶面积成正比例关系。翼型阻力系数综合表达了桨叶迎角、桨叶翼型形状和桨叶表面光滑程度等因素对阻力的影响。

（2）影响阻力的因素

①桨叶迎角对阻力的影响

摩擦阻力基本上不随迎角变化。

在中、小迎角下，改变迎角，压差阻力变化不大；在大迎角下，迎角增大，桨叶后缘涡流区明显扩大，使压差阻力明显增大；超过临界迎角后，增大迎角，桨叶表面发生严重的气流分离，分离点迅速前移，涡流区迅速扩大，桨叶后缘压力减小很多，导致压差阻力急剧增大。

②桨叶翼型对阻力的影响

翼型形状决定逆压梯度的大小，翼型不同，压差阻力不同。比较而言，平凸翼型的气流分离较双凸翼型和对称翼型的大，因而压差阻力较大；对称翼型的压差阻力最小。对整个物体而言，尖头尖尾的流线型物体，由于能够有效减小涡流区，故其压差阻力最小；钝头尖尾物体的头部压力要增大，压差阻力要

大一些；切尾旋成体（即尾端是一个突然中止的断面的旋成体）的气流会在端面上发生分离，形成底部低压区，使压差阻力增大。

1.3.4.3 桨叶阻力系数和阻力系数曲线

（1）阻力系数

桨叶的摩擦阻力和压差阻力之和称为桨叶的翼型阻力。

翼型阻力系数可通过试验方法确定，即在某一动压下测定阻力大小，按照下述公式计算即可

$$C_x = \frac{X}{\frac{1}{2}\rho V^2}$$

显然，桨叶翼型阻力系数为桨叶的摩擦阻力系数与压差阻力系数之和，即

$$C_{x型} = C_{x摩} + C_{x压}$$

（2）阻力系数曲线

对同一机型直升机来说，桨叶的形状一般是不变的，所以，低速飞行时，桨叶的翼型阻力主要由迎角决定，翼型阻力系数则只随迎角变化。阻力系数随迎角变化的曲线称为阻力系数曲线，如图 1－28 所示。不同翼型具有不同的翼型阻力曲线，从图中可以查出该翼型各迎角下的阻力系数，同时，从图中还可以看出阻力系数随迎角变化的规律：迎角增大，阻力系数不断增大。并且，在小迎角下，阻力系数较小，且增大得较慢；在大迎角下，增大得较快；超过临界迎角以后，急剧增大。这是因为，摩擦阻力系数基本不随迎角变化，在小迎角下，压差阻力系数小且变化不大，即摩擦阻力起主导作用；在大迎角下，特别是超过临界迎角后，压差阻力系数急剧增加，即压差阻力起主导作用。

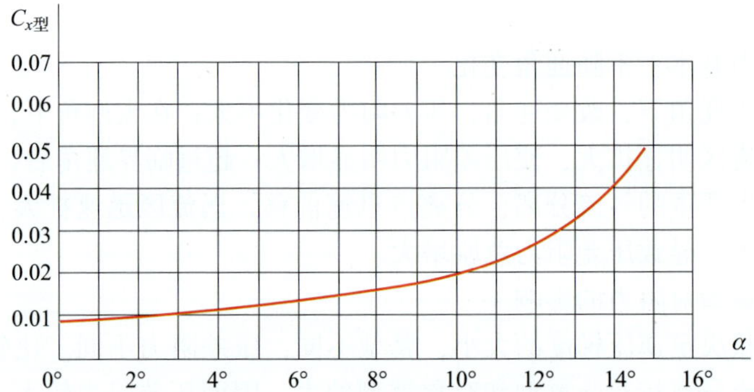

图 1－28 翼型阻力系数曲线

1.3.5　桨叶的升阻比和极曲线

衡量桨叶气动性能的好坏，不能单从它的升力或阻力一个方面来看，必须把两者结合起来，进行对比和综合分析。升阻比和极曲线能较全面地反映桨叶或某种翼型的气动性能，是表征桨叶空气动力性能的重要参数和曲线。

1.3.5.1　桨叶升阻比

（1）升阻比的概念

升阻比（K）就是同一迎角下升力与阻力的比值。升阻比越大，说明同一迎角下的升力比阻力大的倍数越大，或取得同一升力的情况下的翼型阻力越小。因此，它是衡量桨叶（或翼型）气动性能好坏的一个重要指标。升阻比大，表明气动性能好；反之则差。

升阻比可用公式表示为

$$K = \frac{Y}{X} = \frac{C_y \frac{1}{2}\rho V^2}{C_x \frac{1}{2}\rho V^2}$$

或

$$K = \frac{C_y}{C_x}$$

可见，桨叶升阻比也就是同一迎角下桨叶升力系数和阻力系数之比。对于同一桨叶，翼型不变，在低速气流条件下，其升力系数和阻力系数只随迎角而改变，所以，升阻比也只随迎角变化。

（2）升阻比曲线

升阻比（K）随迎角（α）变化的关系曲线，称为升阻比曲线。

由风洞试验可测得翼型在不同迎角下的升力系数和阻力系数，并可算出各迎角下的升阻比，以升阻比为纵轴，以迎角为横轴，即可画出升阻比曲线，如图 1－29 所示。

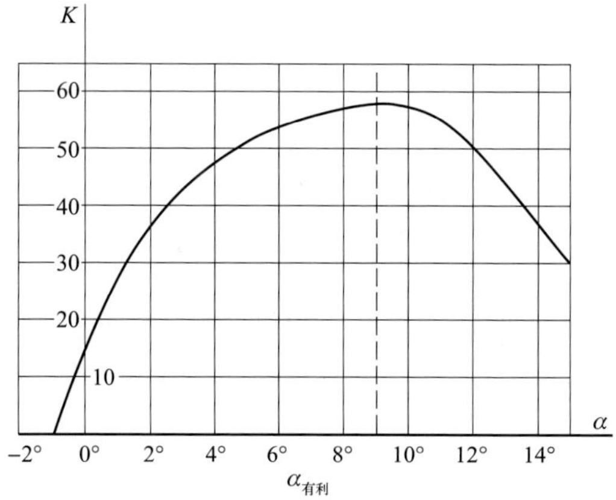

图 1－29　NACA23012 翼型的升阻比曲线

升阻比曲线表达了升阻比随迎角而变化的规律。从曲线上可以看出：从零升迎角开始，迎角增大，升阻比增大；迎角增至某一迎角，升阻比达到最大；超过这一迎角，迎角再增大，升阻比反而减小。升阻比最大的迎角称为有利迎角 $\alpha_{有利}$。升阻比随迎角之所以有这种规律，是由于在中小迎角下，升力系数斜率是一个常数，而阻力系数随迎角增加得慢，增加的比例小于升力系数增加的比例；在大迎角下，阻力系数增加得快，增加的比例大于升力系数增加的比例；超过临界迎角，升力系数减小，阻力系数急剧增加。

1.3.5.2 桨叶翼型的极曲线

(1) 极曲线的概念

以横坐标表示阻力系数，纵坐标表示升力系数，迎角为参变量，把升力系数和阻力系数随迎角变化的规律用一条曲线表示出来，这条曲线称为翼型的极曲线，如图 1－30 所示为两种不同翼型的极曲线。

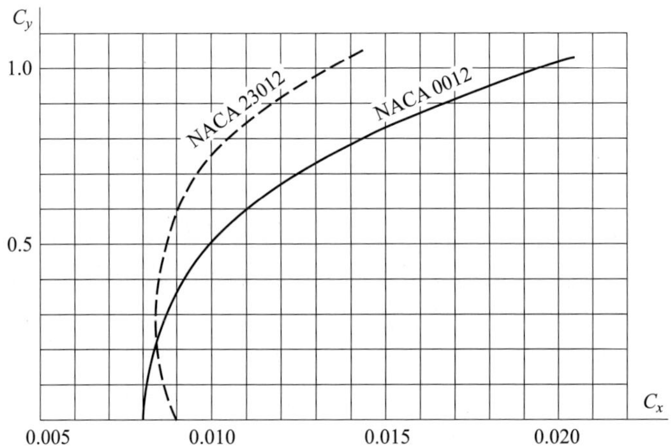

图 1－30　翼型的极曲线

曲线上每一点代表一个迎角。因此，翼型的极曲线综合表达了翼型的空气动力特性。

(2) 极曲线的用途

①可查出该桨叶翼型的零升迎角、临界迎角、有利迎角及其对应的升力系数、阻力系数值。

曲线与横坐标交点的迎角为零升迎角，对应的升力系数为零，横坐标值为零升迎角时的阻力系数；曲线最高点的迎角称为临界迎角，对应最大升力系数，横坐标为临界迎角时的阻力系数；从原点向曲线作切线，切点的迎角称为有利迎角，对应的升力系数和阻力系数的比值最大，为有利迎角时的升阻比。

②可看出升力系数、阻力系数、升阻比随迎角的变化规律。

从零升迎角开始至临界迎角，迎角增加，升力系数增大，阻力系数也增大。

但是，在有利迎角以内，曲线向右弯曲小，说明升力系数增加的比例大于阻力系数增加的比例，升阻比增大；超过有利迎角，曲线向右弯曲大，说明升力系数增加的比例小于阻力系数增加的比例，升阻比减小。超过临界迎角，升力系数减小，阻力系数则急剧增大，曲线会向右斜下方弯曲，升阻比迅速减小。

③可查出各迎角下的升阻比

同升力系数曲线联合使用，查出某一迎角的升力系数后，在极曲线上查出对应阻力系数，两者的比值就是该迎角的升阻比。

1.3.6　桨叶的气动力矩特性

桨叶的气动力矩主要指桨叶升力对桨叶轴线所构成的俯仰力矩。迎角改变时，气动力矩会随之改变。了解桨叶的气动力矩特性，有助于对桨叶工作原理的深入理解。

1.3.6.1　桨叶的零升力矩

非对称翼型的桨叶在零升迎角时，虽然产生的升力为零，但桨叶上、下表面的压力并不对称（如图1－31（a）所示），这时，桨叶上仍作用着由两个方向相反、大小相等的力（F_1和F_2）构成的力偶，此力偶即为该桨叶的零升力矩，用M_{z0}表示。试验结果表明，翼型越不对称，零升力矩越大；接近对称的翼型，零升力矩较小。而完全对称的翼型处于零升迎角时，其上、下表面压力分布完全一样，所以升力和零升力矩均为零（如图1－31（b）所示）。一般来说，零升力矩为下俯力矩，作用是减小桨叶迎角。

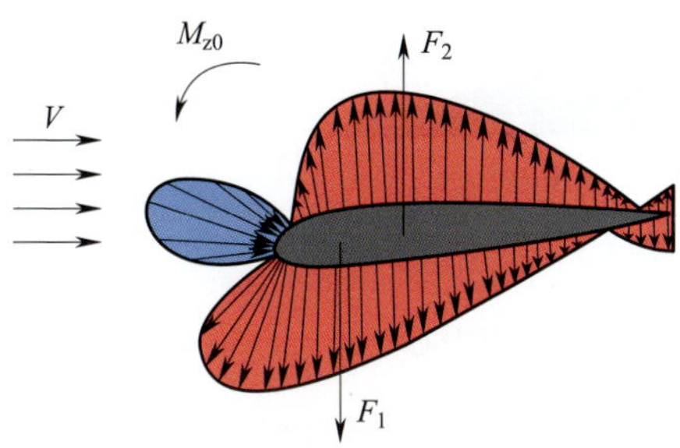

（a）非对称翼型

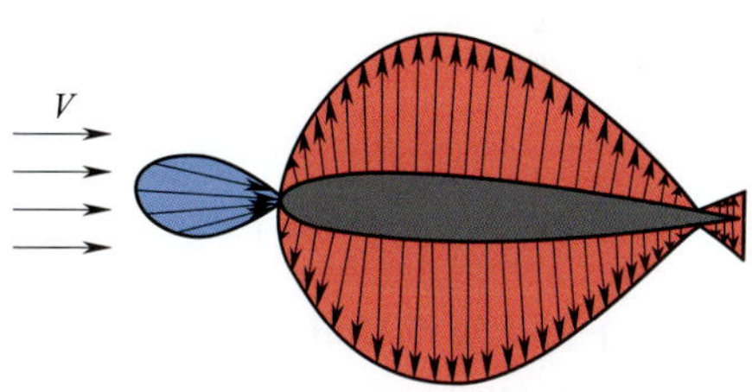

（b）对称翼型

图1－31　不同翼型在零升迎角时的压力分布与气动力矩

1.3.6.2　翼型的焦点

翼型的焦点（focus，F），就是迎角改变时桨叶附加升力的作用点。

在图1－32中，实线表示在某一迎角下，桨叶翼型沿翼弦方向的压力分布；虚线表示迎角增加后的压力分布。可以看出，迎角改变，桨叶上表面前部的压力变化明显，因而附加升力的作用点（焦点）位于翼型的前部。

试验表明，在小于临界迎角的范围内，焦点不随迎角而改变。翼型不同，焦点位置各有差别；同一翼型，在高速气流中会因马赫数不同而改变。现代桨叶翼型，其焦点位置大都位于距翼型前缘的22% ~25%弦长的地方。

既然焦点位置是固定的，那么在桨叶上任选一点（如桨叶前缘或桨叶刚性轴在翼型上的投影点），则其与焦点的相对位置不随之变化。力臂不变，那么迎角改变时产生的俯仰力矩只须根据附加升力的大小、正负即可确定。

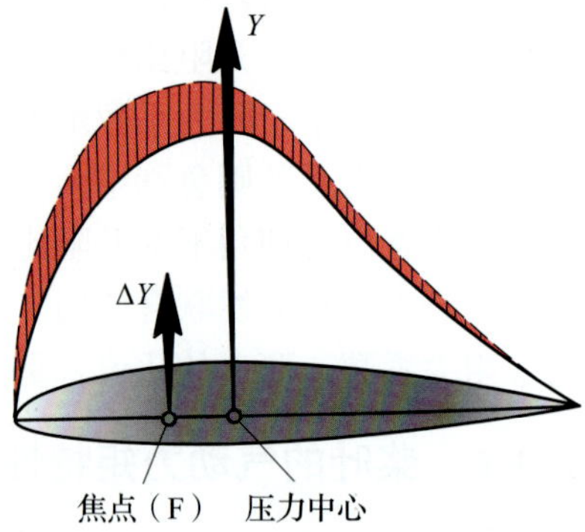

图1－32　翼型的焦点

对于非对称翼型桨叶，当迎角从零升迎角增加时，桨叶所产生的附加升力，其大小虽然和总升力相等，但并不作用于同一点。因为，总升力是由附加升力（ΔY）、构成零升力矩的力F_1和F_2这三个力所合成的（如图1－33所示），这个合力（即总升力）必然位于附加升力作用点的后边。桨叶总升力的作用点就是压力中心，因此，非对称翼型桨叶的压力中心随迎角的加大而前移，并位于焦点之后。

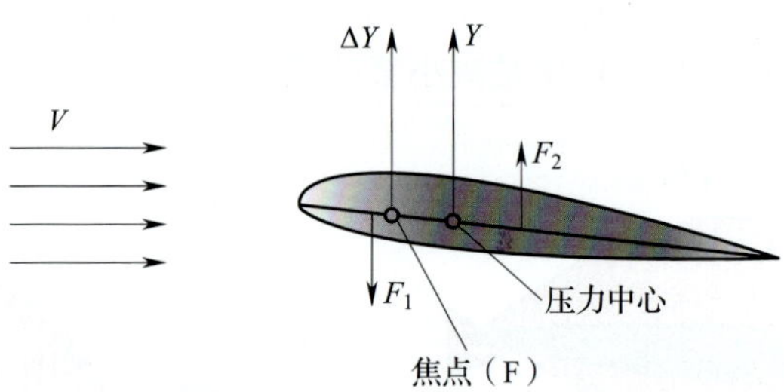

图1－33　非对称翼型的焦点和压力中心

对于对称翼型桨叶，在零升迎角时的升力和零升力矩都为零，故当迎角从零升迎角开始增加时，它所产生的附加升力就是它的总升力，而且翼型的焦点（F）也就是压力中心，两者重合。

1.3.6.3　桨叶的气动力矩及其随迎角的变化

（1）桨叶的气动力矩

桨叶升力（Y）对翼型上任一点A的力矩为

$$M_A = Y \cdot X$$

已知$Y = C_y \frac{1}{2}\rho V^2 S$，代入上式得

$$M_A = (C_y \cdot X)\frac{1}{2}\rho V^2 S$$

可以看出，在桨叶面积、相对气流速度和空气密度不变的条件下，桨叶气动力矩的大小只取决于升力系数 C_y 和压力中心到 A 点的距离 X。由于压力中心是随迎角变化而移动的，A 点是任选的，所以桨叶气动力矩的大小，只取决于迎角的大小和所选 A 点的位置。

为了便于分析问题，力臂 X 的长度，通常用 X 占翼型弦长（简称翼弦）c 的百分数来表示，$\bar{X} = X/c$，于是

$$M_A = (C_y\bar{X})\frac{1}{2}\rho V^2 Sc$$

式中，$C_y\bar{X}$ 代表迎角和任选 A 点位置对翼型力矩的影响。为简便起见，令

$$C_{mA} = C_y\bar{X}$$

并称为力矩系数。这样，翼型的力矩公式就可以写为

$$M_A = C_{mA}\frac{1}{2}\rho V^2 Sc$$

（2）桨叶翼型的力矩系数随迎角的变化

以双凸翼型为例，当迎角从零升迎角 α_0 增大至某一迎角 α 时，在桨叶翼型焦点处产生附加升力 ΔY，其大小与总升力 Y 相等。此时桨叶上对 A 点构成的力矩，应等于作用在焦点上的升力对 A 点的力矩与零升力矩之和，即

$$M_A = -Y(X_F - X_A) + M_0$$

可以写为

$$M_A = (C_{m0} - C_y(\bar{X}_F - \bar{X}_A))\frac{1}{2}\rho V^2 Sc$$

可见

$$C_{mA} = C_{m0} - C_y(\bar{X}_F - \bar{X}_A)$$

式中：C_{m0}——翼型零升力矩系数；

$\bar{X}_F$——翼型焦点到翼型前缘的距离占该翼型弦长的百分数；

$\bar{X}_A$——任选 A 点到翼型前缘的距离占该翼型弦长的百分数。

可以看出，翼型的力矩系数是由翼型的零升力矩系数 C_{m0}、升力系数 C_y、翼型的焦点位置 $\bar{X}_F$ 和任选 A 点的位置 $\bar{X}_A$ 四个因素确定的。但对一个给定的翼型来说，翼型的零升力矩系数和焦点位置都是一定的，所以，翼型的力矩系数只随所选 A 点的位置和迎角而变。A 点位置不同，翼型力矩系数随迎角变化的规律也有所区别。

A 点位于翼型焦点上时（$\bar{X}_F = \bar{X}_A$），迎角改变，翼型的力矩系数保持不变，

等于零升力矩系数。

A 点位于翼型焦点之前（$\overline{X}_F > \overline{X}_A$），迎角增大，翼型的下俯力矩系数增大。

A 点位于翼型焦点之后（$\overline{X}_F < \overline{X}_A$），迎角增大，翼型的下俯力矩系数减小或上仰力矩系数增大。

综上所述，如果将 A 点选定在翼型的焦点上，则绕 A 点的力矩系数始终等于零升力矩系数。也就是说，桨叶升力对该点的力矩，与升力系数（或迎角）的改变无关。在桨叶的构造设计上，通常都把桨叶的轴向铰轴线尽量靠近翼型的焦点。这样，桨叶在工作时，就不会因迎角改变而引起过大的气动力矩变化，从而保证桨叶很好工作。如果桨叶翼型是对称的（即 $C_{m0}=0$），那么，把桨叶的轴向铰设在翼型的焦点上，就会在任何迎角下，桨叶升力对该轴向铰的力矩都为零。由于这个特点，有些直升机的桨叶采用对称翼型，如有些直升机的旋翼桨叶就采用对称翼型 NACA0012。

1.3.7 高速空气动力特性

随着相对气流速度的增大，空气压缩性的影响越来越大，致使桨叶的高速空气动力特性不同于低速。

1.3.7.1 翼型的亚声速空气动力特性

对于亚声速气流，虽然流动规律没有发生本质性变化，但空气压缩性的影响已不容忽视，否则会导致较大的误差。

（1）空气压缩性对翼型表面压力分布的影响

在不可压缩气流中，翼型表面的压力系数分布仅取决于迎角和翼型，而与气流马赫数的大小无关，其压力系数分布如图 1－34 中虚线所示。但在亚声速可压缩气流中，空气流过翼型表面，吸力区的流速增加，会引起密度的减小，压力还会有额外的降低，即吸力有额外升高。同理，在正压区，正压力有额外升高。因此，由于空气压缩性的影响，在亚声速可压缩气流中，翼型表面有“吸处更吸、压处更压”的特点，压力系数分布如图 1－34 中实线所示。且气流马赫数越大，压缩性的影响越明显。

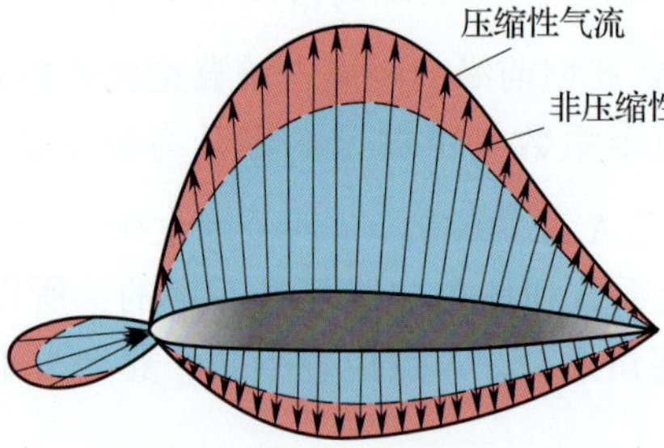

图 1－34　压缩性气流与非压缩性气流中的翼型压力分布

（2）翼型的亚声速空气动力特性

①飞行马赫数（Ma）增大，升力系数和升力系数斜率增大

理论计算表明，在亚声速阶段，薄翼型桨叶在中小迎角下的压力系数可按普朗特－葛劳渥（Prandtl－Glauert）公式作近似计算，即

$$\bar{p}_{可压} = \frac{\bar{p}_{不可压}}{\sqrt{1 - Ma^2}}$$

式中：$\bar{p}_{可压}$——考虑压缩性时翼型表面的压力系数；

$\bar{p}_{不可压}$——不考虑压缩性时翼型表面的压力系数；

Ma——飞行马赫数。

整理得

$$C_y = \frac{C_{y不可压}}{\sqrt{1 - Ma^2}}$$

再对迎角求导得

$$C_y^{\alpha} = \frac{C_y^{\alpha}}{\sqrt{1 - Ma^2}}$$

由于 $Ma<1$，则 $1-Ma^2<1$，所以，在亚声速阶段，桨叶的升力系数和升力系数斜率都随 Ma 的增大而增大。

②Ma 增大，临界迎角和最大升力系数减小

气流马赫数增大，空气压缩性使桨叶上表面的额外吸力增加，如图 1－35 所示，最低压力点的压力更小，逆压梯度增大，导致边界层空气更容易倒流。这就有可能在比较小的迎角下，出现严重的气流分离，使桨叶的临界迎角和最大升力系数减小。

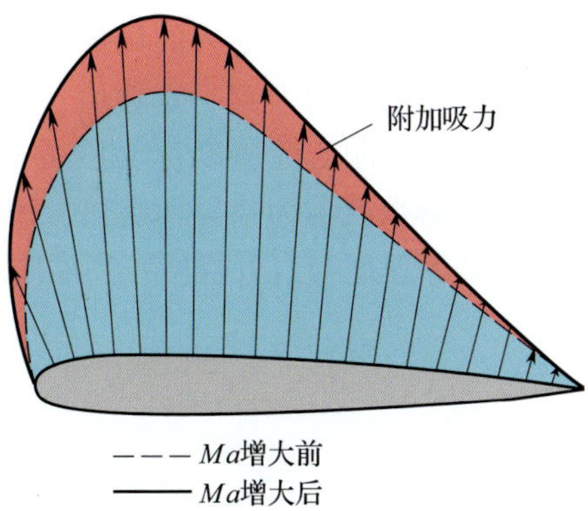

图 1－35　Ma 增大后，翼型的压力分布

③Ma 增大，阻力系数基本不变

气流马赫数增大，一方面，前缘压力额外增加，压差阻力系数增大，但增

大有限。另一方面，*Ma* 增大表明气流速度大或声速小，而声速小说明温度低，空气的黏性小，从而使摩擦阻力减小，但减小也有限。于是，两种阻力的增减大体相抵，使桨叶翼型的阻力系数基本不随气流马赫数变化。

④*Ma* 增大，压力中心前移

按照普朗特–葛劳渥公式分析，整个翼型表面的压力系数都按比例增大，压力分布的形状没有变化，其压力中心位置基本不变。但是，更为精确的理论计算需要用到卡门–钱学森公式，即

$$\bar{p}_{可压} = \frac{\bar{p}_{不可压}}{\sqrt{1 - Ma^2} + \dfrac{1 - \sqrt{1 - Ma^2}}{2}\bar{p}_{不可压}}$$

在翼型上表面前段，由于$\bar{p}_{不可压}$绝对值较大，则$\bar{p}_{可压}$绝对值增大的倍数多；而在后段，绝对值增大的倍数少。这样，随气流马赫数的增大，压力中心就会逐渐向前移动。

1.3.7.2 翼型的跨声速空气动力特性

在气流速度增大以至接近声速的过程中，虽然来流马赫数仍小于1，但在翼型表面的局部地区，却有可能出现超声速气流并产生激波。直升机旋翼高速旋转时，桨叶表面也可能出现这种情况。这种在流场中某一部分为超声速流，而其他部分仍为亚声速流的情况，其相对气流称为跨声速气流。在跨声速范围出现局部超声速区和局部激波，会显著改变翼型表面的压力分布，导致翼型空气动力特性发生急剧变化。

（1）临界马赫数（$Ma_{临}$）

选取一段即定翼型的桨叶，当气流流过该桨叶时，在桨叶表面流管收敛的地方，局部流速必然大于气流速度。气流速度逐步增大，局部流速也不断加快，尽管气流速度尚低于声速，上表面流管最细处的局部流速却可能增大到与该处的声速相接近以至相等。当气流速度增大到一定数值，翼型表面最低压力点的气流速度等于该点的声速，这时的飞行速度称为临界速度，用 $V_{临}$ 表示，如图 1–36 所示。此时的气流马赫数就称为临界马赫数，用 $Ma_{临}$ 表示。显然，桨叶的临界马赫数就是桨叶的临界速度与直升机所在高度声速（c）的比值。即

$$Ma_{临} = \frac{V_{临}}{c}$$

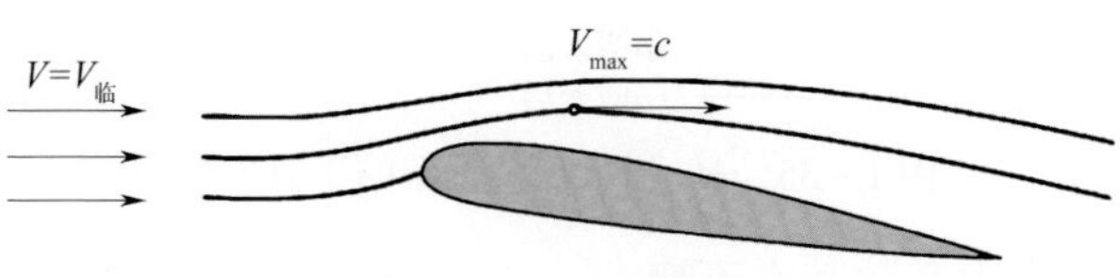

图 1–36　临界速度

显然，此时临界速度小于声速，因而，临界马赫数也就小于1。

若气流马赫数小于 $Ma_{临}$，则翼型表面各点气流速度都低于声速，气流特性没有发生质变。若气流马赫数大于 $Ma_{临}$，则气流进入跨声速范围，翼型表面就会出现局部超声速区，并产生局部激波。在超声速区内，气流特性发生质变。因此，$Ma_{临}$ 的大小，可用来说明桨叶翼型上表面出现局部超声速气流时机的早晚，可以作为桨叶翼型空气动力特性即将发生显著变化的标志。

$Ma_{临}$ 的高低会因迎角的大小而不同。迎角增大，$Ma_{临}$ 降低；迎角减小，$Ma_{临}$ 提高。在迎角一定的条件下，$Ma_{临}$ 的大小取决于翼型的形状。相对厚度和中弧曲度大的翼型，$Ma_{临}$ 的值要小一些；薄而接近对称的翼型，$Ma_{临}$ 大。例如某型直升机旋翼桨叶所采用的 NACA23012 翼型，当迎角为 3.5°时，$Ma_{临}$ 为 0.75；迎角为 7°时，$Ma_{临}$ 为 0.65。桨叶外段所采用的 NACA23011 翼型和尾桨叶采用的NACA0012翼型，其 $Ma_{临}$ 要大一些。

（2）局部激波的产生和发展

①局部激波的产生

当气流马赫数大于 $Ma_{临}$ 时，在等声速点的后面，流管扩张，空气膨胀加速，出现局部超声速区。在超声速区内，压力下降，比大气压力小得多，但翼型后缘处的压力却接近大气压力。这种较大的逆压梯度，必然以较强的压力波的形式，逆着翼型表面的气流向前传播。由于强压力波的传播速度大于当地声速，又因翼型表面的部分地区气流速度已超过局部声速，所以逆着超声速气流向前传播的压力波，就只能稳定在波速等于流速的某一位置。于是，翼型上表面出现一个压力突增的分界面，这个分界面就是局部激波，如图 1－37 所示。气流通过局部激波后，即减速为亚声速气流，压力、温度、密度突然升高。显然，局部激波前，等声速线后是局部超声速区，其他则是亚声速区。

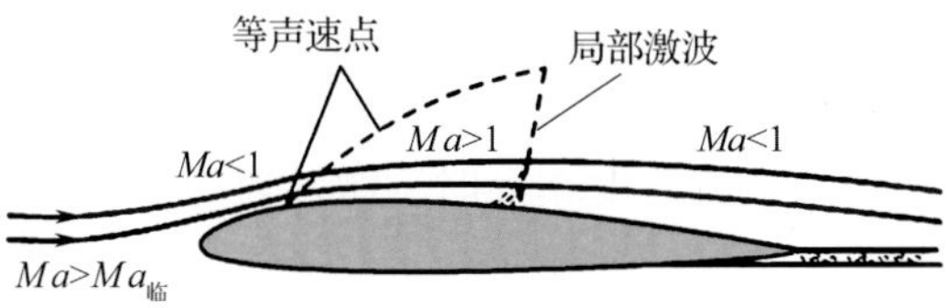

图 1－37　翼型局部激波的产生

可见，超过 $Ma_{临}$，流动情况发生了质变，流场中既有超声速流，也有亚声速流，还存在局部激波。气流在局部超声速区按超声速气流规律变化，而在局部超声速区和局部激波以外的区域按亚声速气流规律变化。

②局部激波的发展

为了便于了解桨叶翼型局部超声速区和局部激波随气流马赫数的增大而发展的一般规律，现以接近对称的薄翼型，在小正迎角下的试验结果为例来说明。

气流以正迎角流过桨叶，桨叶翼型上表面的局部流速比下表面大，所以，当气流马赫数超过 $Ma_{临}$后，翼型上表面首先出现范围较小的局部超声速区和强度较弱的局部激波，如图 1－38（a）所示。

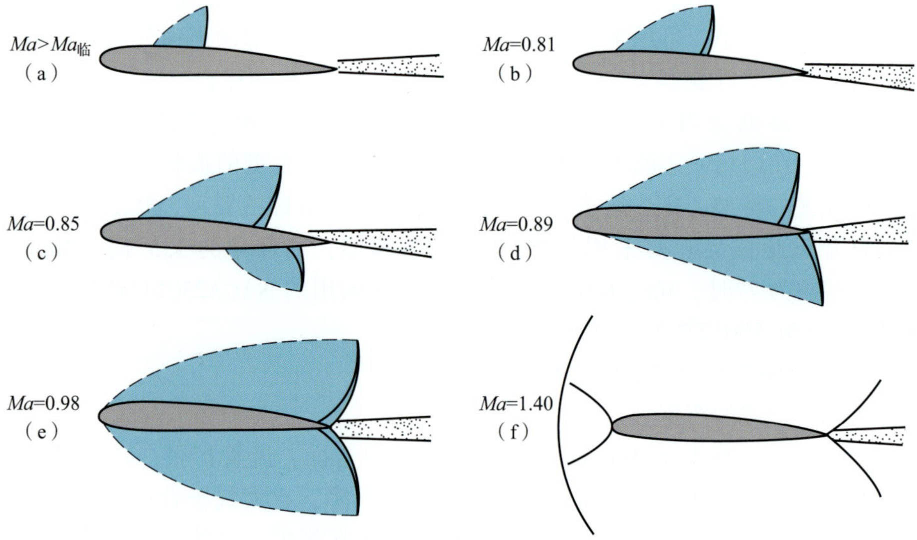

图 1－38　翼型局部激波的发展

气流马赫数增大，在翼型上表面激波前各点的气流速度都普遍加快，原来没有达到声速的，增加到了声速，致使等声速点前移。同时超声速区内的气流速度超过声速更多，迫使局部激波后移。等声速点前移和局部激波后移，都会使超声速区扩大，如图 1－38（b）所示。局部激波后移的原因是：气流马赫数增大，局部超声速区的气流速度也增大，于是气流速度大于激波向前的传播速度，使得局部激波向后缘推移。这时，超声速区扩大，激波前的压力更为降低，使局部激波前后的压力差增大，激波强度增强，传播速度加快。当激波传播速度增大到与波前的超声速气流速度相等时，激波就稳定在一个新的位置上，而不再向后移动。

气流马赫数再增大，翼型下表面也出现了局部超声速区和局部激波，如图 1－38（c）所示。因为试验中的翼型接近对称型，且为正迎角，所以下表面等声速点的位置比上表面的靠后一些，局部超声速区和局部激波的位置也同样靠后。

气流马赫数继续增大，翼型上、下表面的等声速线都前移，局部激波都后移，局部超声速区都扩大，但下表面的局部激波比上表面的后移得快些，如图 1－38（d）所示。这是因为，接近对称的薄翼型，处在正迎角下，上表面流线弯曲程度大一些，下表面流线弯曲程度小一些。因此，上表面的流管沿途扩张得较快，压力沿弦向的变化也比较大；而下表面后段流管沿途扩张得比较慢，压力沿弦向的变化也比较小。在气流马赫数增大的过程中，假如上、下表面的局部激波后移同样的距离，下表面局部激波前后压力差自然增加得少一些，波速也自然加快得少一些。由此可见，下表面的局部激波，要比上表面的局部激波向后移动更多的距离才能停下来。所以说，翼型下表面的局部激波比上表面的向后移动得快一些。因此，当气流马赫数增大至一定程度时，下表面的局部激波先移到后缘。

气流马赫数增大至接近 1 时，上表面的局部激波也移到后缘。此时，翼型后缘出现两道斜激波，称后缘激波。翼型上、下表面几乎全是超声速区了，如图 1－38（e）所示。

气流马赫数大于 1 以后，翼型前缘出现前缘激波，后缘激波更向后倾斜，这时已是超声速气流了。

（3）翼型的跨声速升力特性

①升力系数随气流马赫数的变化

图 1－39 为翼型升力系数随气流马赫数变化的典型曲线。从图中可以看出，在跨声速阶段，随着飞行马赫数的增大，升力系数先增大，随后减小，接着又增大。升力系数之所以有如此起伏的变化，是翼型上、下表面出现了局部超声速区和局部激波的结果。

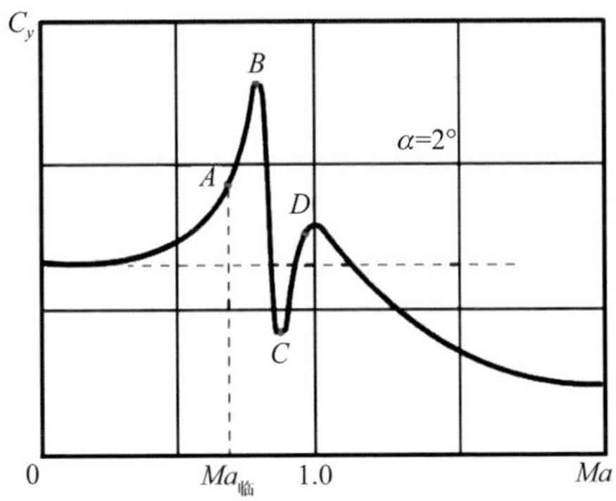

图 1－39　升力系数随马赫数的变化

气流马赫数小于临界马赫数时，翼型上、下表面全是亚声速气流，升力系数按亚声速规律变化，即马赫数增大，升力系数增大。如图 1－39 中 A 点以前的一段曲线所示。

气流马赫数增大到临界马赫数（对应于图中 A 点）后，随着马赫数的继续增大，局部激波的发展进入第一个阶段：上表面局部激波产生并发展，且位置在翼型中后段。在超声速区内，流速不断增加，压力不断减小，吸力会不断增大。这种迅速增加的额外吸力，导致升力系数迅速增大，如图 1－39 中曲线 *AB* 段所示。

Ma_{∞} 进一步增大，局部激波的发展进入第二个阶段：下表面局部激波产生，并与上表面局部激波同时发展，但下表面局部激波的位置在后部，且发展较快。于是，下表面超声速区的压力降低，导致翼型下表面产生较大的附加吸力，使升力系数随 *Ma* 的增大而减小，如图 1－39 中 *BC* 段所示。

局部激波的发展随 *Ma* 的增大进入第三个阶段：下表面的局部激波发展到后缘，上表面局部激波继续单独发展。向上的附加吸力随 *Ma* 的增大又不断增大，如图 1－39 中 *CD* 所示。

Ma 大于 1 后，进入超声速阶段，翼型出现前缘和后缘激波，翼型上、下表面均处于超声速气流中。从图 1－39 中 *D* 点以后的曲线可以看出，在超声速气流中，随 *Ma* 的增大，升力系数不断减小。

②升力随 Ma_{∞} 的变化

根据升力公式，升力的大小不仅与升力系数成正比，还与气流速度（或 Ma_{∞}）的平方成正比，即升力的变化趋势和升力系数的变化趋势不完全一致，因而升力随 *Ma* 变化的情况较复杂。但总的说来，随着 Ma_{∞} 的增大，升力系数增大，则升力迅速增长；当 *Ma* 增大到一定程度，以至升力系数下降，则升力可能降低，也可能不降低。这就要看升力系数下降与速度增长的程度谁大谁小而定。如果升力系数的下降取得支配地位，则升力随 *Ma* 的增大而减小。反之，如果升力系数下降不多，而速度的增长居于主要地位，则升力随 Ma_{∞} 的增大而上升，只是增加的不如原先那样快而已。

（4）局部激波对阻力的影响

当 Ma_{∞} 超过桨叶的 $Ma_{临}$ 以后，由于桨叶表面出现了局部激波，还会引起桨叶空气阻力急剧增加。这种因出现激波而产生的额外阻力称为激波阻力（简称波阻），其阻力系数称为波阻系数。

①跨声速波阻产生的原因

当 Ma_{∞} 超过桨叶翼型的 $Ma_{临}$ 后，在桨叶表面上会出现局部超声速区和局部激波。由于局部超声速区内的压力减小，即吸力增大，而且吸力增大的地方位于桨叶中后段表面，故总的增加的吸力方向向后倾斜，如图 1－40 所示。由于增加的吸力向后倾斜，使翼型前后压力差额外增加。这种由于增加的吸力向后倾斜所产生的阻力，是跨声速阶段激波阻力产生的主要原因。

另外，激波与边界层干扰而引起的边界层气流分离，也是波阻产生的原因之一。我们知道，翼型表面存在边界层，边界层内流速不同，在底层流速减小为零。这样，在翼型表面形成的局部激波实际上并不能与桨叶表面直接接触，只能存在于边界层的超声速外层及其以外的主流中。激波前后的压力差会传入边界层的亚声速底层，形成激波波面前后的逆压，如果 Ma_{∞} 足够大，局部激波足够强，就会迫使边界层底层的空气倒流，在激波处形成气流分离。分离后的涡流区内压力降低，使得桨叶前后的压力差更为增加，从而导致波阻的增加。

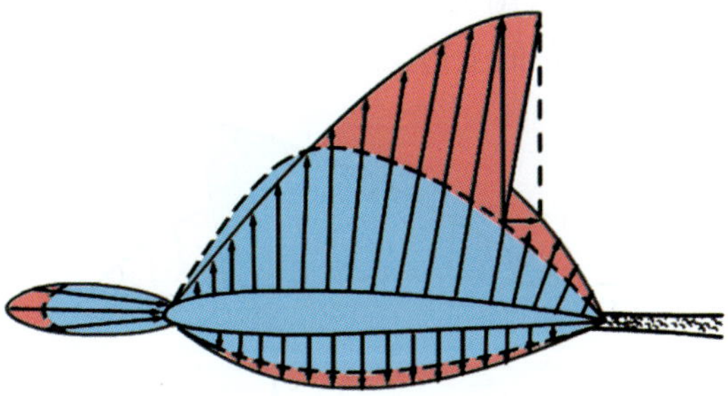

图 1－40　波阻的产生

②阻力系数随 Ma_{∞} 的变化

在 $Ma_{临}$ 之前，阻力系数基本不随 Ma_{∞} 变化（如图 1－41*AB* 段所示）；接近 $Ma_{临}$ 时，阻力系数才稍有增加。Ma_{∞} 超过 $Ma_{临}$ 不多时，翼型上表面的局部超声速区范围很小，附加吸力还不大，向后倾斜得也不厉害，翼型前后压力差额外增加得不多，使阻力系数开始增加得比较缓慢。

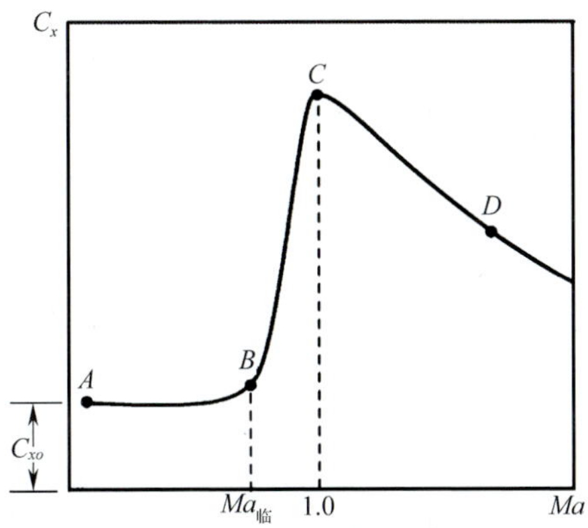

图 1－41　阻力系数随马赫数的变化

随着 Ma_{∞} 进一步增大，翼型上表面的局部激波逐渐后移，超声速区不断扩大，附加吸力越到后面越大，并且越向后倾斜；另外，下表面也产生局部超声速区和局部激波，附加吸力也向后倾斜。这就使翼型前后压力差显著增加，导致阻力系数急剧增加，如图 1－41 中曲线 *BC* 段所示。

显然，在迎角和翼型一定的条件下，在跨声速范围，阻力系数随 Ma_{∞} 的增大一直增加。Ma_{∞} 增到 1 附近时，阻力系数达到最大。

③在不同迎角下，阻力系数随 Ma_∞ 的变化

前面已讲过，迎角增大，$Ma_{临}$ 降低，翼型表面也就更早地出现局部超声速区和局部激波。迎角越大，阻力系数开始急剧增长的 Ma 也相应减小。而且迎角越大，翼型上表面的吸力增大，更加向后倾斜（如图 1－42 所示），致使桨叶前后压力差增大，阻力系数增大。如图 1－43 所示，大迎角下的阻力系数随着 Ma 的变化曲线位于小迎角的上边。

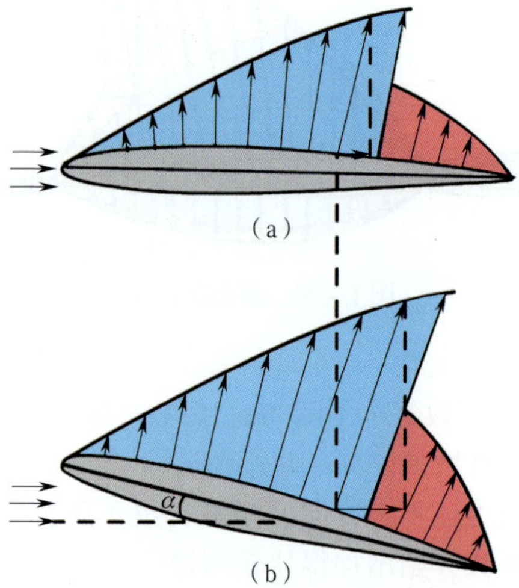

图 1－42　在大、小迎角下压力分布比较

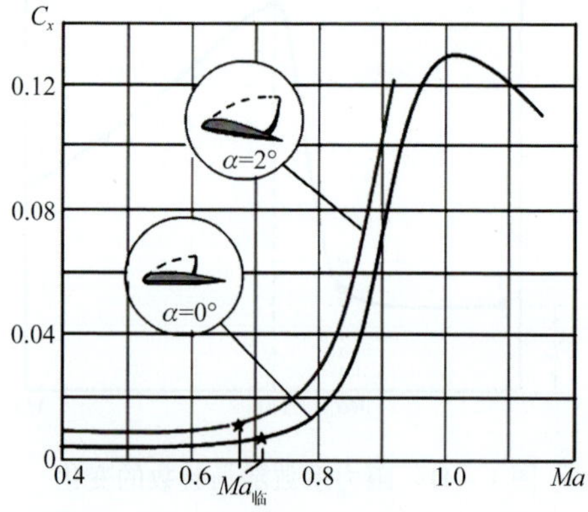

图 1－43　不同迎角下阻力系数随着 Ma 的变化而变化

1.3.7.3　翼型的超声速空气动力特性

在超声速阶段，随 Ma_∞ 的逐步增大，升力系数不断下降，这从图 1－39 中 D 点以后的曲线可以看出；阻力系数逐渐下降，这从图 1－41 中曲线 CD 段可以看出；压力中心位置基本不随 Ma_∞ 变化，这从图 1－39 中 D 点以后的曲线可

以看出。

目前，直升机以平飞最大速度飞行，旋翼前行桨叶尖部的迎面相对 Ma_∞，都尚未达到该飞行高度的声速。例如，某型直升机在 1000m 高度上的平飞最大速度为 260km/h（72.22m/s），在额定工作状态下旋翼转速为 192.4r/min，此时桨尖速度为 213.3m/s，因此，前行桨叶尖部的迎面相对来流速度为 285.52m/s，而该高度上的声速为 337.2m/s，最后算得桨尖 Ma_∞ 约为 0.85。鉴于这种实际情况，超声速阶段空气动力特性的变化只给出上述结论，其道理不再详述。

由上述可见，超过桨叶的 $Ma_{临}$后，桨叶表面出现了局部超声速区和局部激波，桨叶阻力急剧增大，升力大小和压力中心位置发生频繁改变。这种空气动力恶化的情况，如果出现在正在工作的旋翼桨叶上，就会引起直升机强烈振动，以及操纵困难和结构损坏等一系列问题。鉴于这种情况，目前直升机的旋翼桨叶，尚不允许超过其 $Ma_{临}$。

为了不使旋翼桨叶在工作中出现局部激波，当前所采取的主要措施，一是尽量提高桨叶外段翼型的 $Ma_{临}$，如采用薄而接近对称的高速翼型和扭转桨叶等；二是旋翼的桨尖速度加以限制，使其工作马赫数小于 $Ma_{临}$。由于这个缘故，直径大的旋翼，就必须使用慢转速工作。尾桨的直径比旋翼的小，则其最大工作转速就可以高一些。

另外，桨叶表面不光洁，例如，油漆层脱落、蒙皮划伤、油泥污垢不加以清洗等，都会引起边界层变厚。这就相当于桨叶翼型变厚，导致桨叶的 $Ma_{临}$降低，桨叶提前产生局部超声速区和局部激波，阻力系数会提前增大，相同 Ma_∞ 下的波阻也比粗糙度小时为大。如果维护工作不好，桨叶表面产生局部变形，在变形的凸起部分就会引起气流速度的额外增加，以至 $Ma_{临}$降低，使波阻提前产生。它们都会使旋翼需用功率增大，导致直升机最大飞行速度降低，影响直升机的飞行性能。因此，要注意保持桨叶表面的光洁，不使其变形。

第2章 旋翼的空气动力特性

旋翼为直升机提供升空和飞行的空气动力。旋翼旋转时，桨叶作旋转运动，从而产生空气动力。但是，旋翼的运动与固定翼飞机的机翼不同，旋翼的桨叶除了绕旋翼轴旋转外，还要随直升机一同作直线或曲线运动，因此旋翼桨叶的空气动力要比机翼复杂得多。

2.1 旋翼的结构形式和主要参数

旋翼除了运动形式及所产生的空气动力比固定翼飞机的机翼要复杂外，在结构上也有自己的特点。在研究旋翼空气动力以前，有必要先了解旋翼的结构形式、几何特性和工作状态的主要参数。

2.1.1 旋翼的结构形式

旋翼的结构形式，主要是指旋翼桨叶和桨毂连接的不同方式。传统的旋翼由桨毂和桨叶组成，桨叶用于产生拉力，桨毂主要用于安装桨叶并带动桨叶作旋转运动。在直升机的发展历程中，曾得到实际应用且具有代表性的旋翼结构形式，主要有铰接式（关节式）、无铰式（无关节式）、万向接头式等。随着科学技术的进步、新材料和新技术的广泛应用，新的旋翼结构形式还将不断出现(如无轴承式旋翼)。

2.1.1.1 铰接式旋翼

铰接式旋翼，是目前最常见的一种结构形式。它的桨毂具有三个铰（即三个关节）：水平铰（水平关节）、垂直铰（垂直关节）和轴向铰（轴向关节）。这样，桨叶同桨毂连接后，就能分别绕三个铰作三种转动。

如图2－1所示，桨叶绕水平铰可以上下活动，这种运动称为桨叶挥舞运动；桨叶绕垂直铰的前后转动，称为桨叶摆振运动；桨叶绕轴向铰转动，称为桨叶的变距运动。因此，水平铰、垂直铰和轴向铰又分别称为挥舞铰、摆振铰和变距铰。

铰接式旋翼的桨叶绕水平铰的挥舞运动和绕垂直铰的摆振运动，不仅能满足对旋翼的操纵需要，而且能使桨叶根部承受的弯矩大为减小，因而有利于改善桨叶的受力状况，延长使用寿命。正因为如此，铰接式旋翼得到了极为广泛的采用。

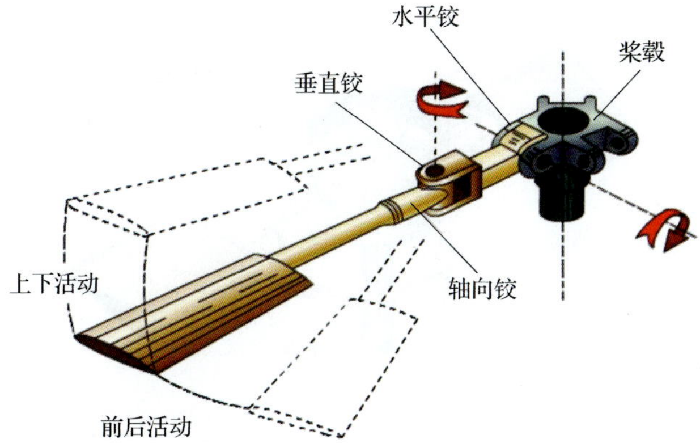

图 2－1　铰接式旋翼

2.1.1.2　半铰接式旋翼

半铰接式旋翼，通常是指跷跷板式和万向接头式。跷跷板式旋翼通常只有两片桨叶，且两片桨叶连成一体共用一个水平铰。这样，旋翼的两片桨叶，不仅能前后摆动，而且像个跷跷板可一上一下地上下挥动，如图 2－2 所示。这种半铰接式旋翼存在的问题是：每片桨叶不能独立按自己的挥舞规律挥舞，又因为没有垂直铰，所以旋翼在工作中承受的载荷较大，同时振动也较大，因此只适宜用作尾桨或小型直升机的旋翼。

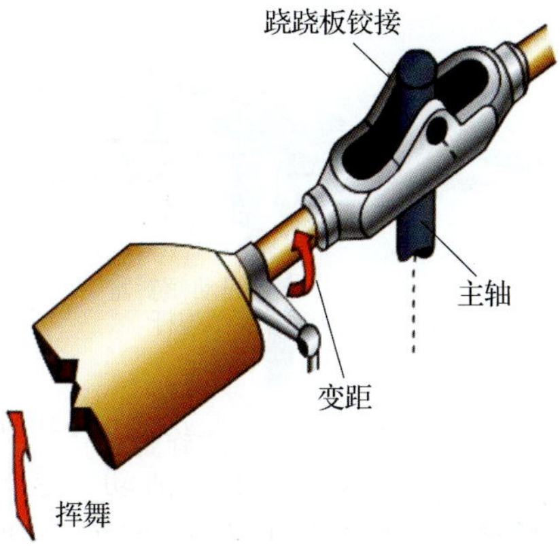

图 2－2　跷跷板式旋翼

万向接头式旋翼的结构比较简单，它的桨叶与桨毂相连并具有轴向铰用于改变桨叶角。同桨叶相连的桨毂下环通过一对轴销与桨毂的上环相连，上环则用另一对轴销与桨毂的轴套相连，轴套由旋翼轴带动旋转，同轴套相连的这对轴销起水平铰的作用。万向接头式旋翼的结构原理，如图 2－3 所示。

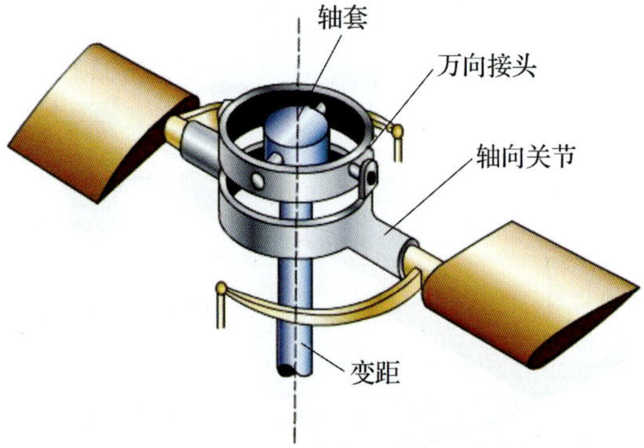

图 2 – 3　万向接头式旋翼

2.1.1.3　无铰式旋翼

该旋翼结构形式取消了水平铰及垂直铰，但仍带有轴向铰（如图 2 – 4 所示）。这样，在挥舞方向和摆振方向上桨叶都是固连的，桨叶的挥舞和摆振运动是通过结构的弯曲变形来实现的，而在变距方向上则与铰接式相同。无铰式旋翼克服了铰接式旋翼的固有缺点，使旋翼结构简化，增大了旋翼操纵功效和角速度阻尼，从而改善了直升机驾驶品质，提高了直升机的机动性能。

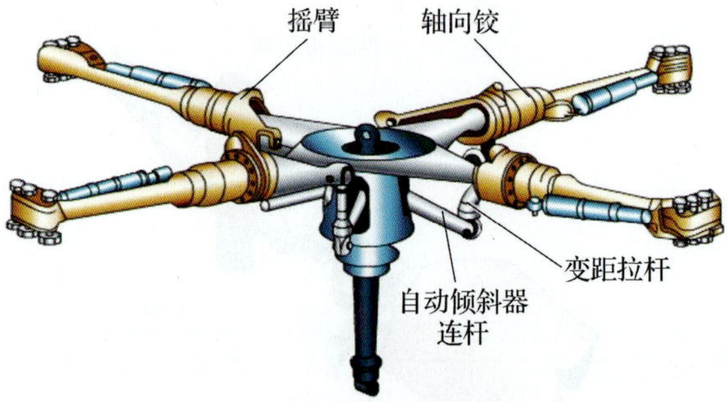

图 2 – 4　无铰式旋翼

2.1.1.4　星形柔性桨毂旋翼

星形柔性桨毂旋翼，是用弹性轴承代替三个铰，并由层压弹性轴承和复合材料的星形板实现桨叶的挥舞、摆振和变距运动。即用柔性元件来取代各铰，故这种形式的旋翼又称三向柔性桨毂旋翼。

图 2 – 5 为某型直升机的星形柔性桨毂旋翼的结构图。桨毂的壳体是一个整体的玻璃钢中央星形件，星形件伸出的支臂在挥舞方向是柔性的，而在摆振和扭转方向上是刚性的。星形件内端中央槽内装有球面层压弹性轴承，星形件支

臂外端装有球关节轴承。桨叶在挥舞载荷作用下连同夹板组件一起绕弹性轴承中心上下挥舞，而星形件柔性臂也产生弯曲变形。当桨叶上有摆振载荷作用时，桨叶连同夹板组件一起绕弹性轴承中心前后摆动。桨叶的变距运动，则由变距拉杆经摇臂作用到夹板上的扭转力矩，使弹性轴承产生扭转变形，从而改变桨叶角的大小来实现。

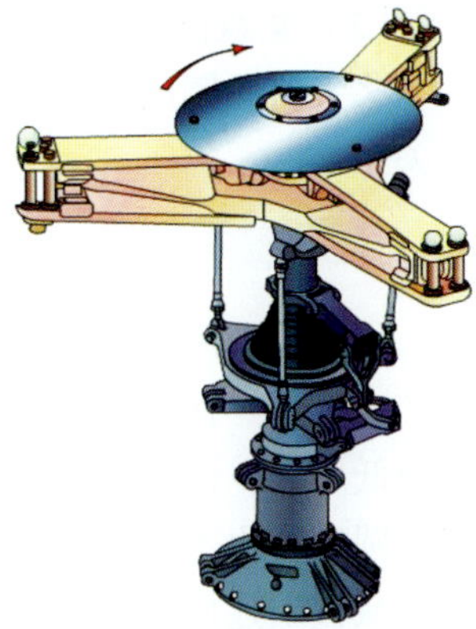

图 2 –5　星形柔性桨毂

2.1.1.5　无轴承式旋翼

前面所述无铰式旋翼，并非真正“无铰”“无轴承”，因为它们仍然保留了轴向铰（即变距轴承）。无轴承式旋翼（BMR）取消了轴向铰，变为真正的无铰式旋翼（见图 2 –6）。无轴承式旋翼的主要优点是结构简单，零件数大大减少，取消了高载荷的弹性轴承，改善了可靠性，减轻了重量①，并使桨毂阻力大为减小。

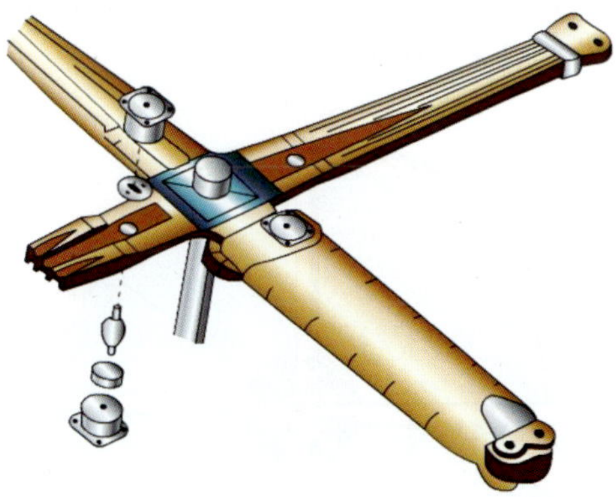

图 2 –6　无轴承式旋翼

2.1.2　旋翼的主要参数

2.1.2.1　旋翼直径和桨盘面积

（1）旋翼直径

旋翼旋转时，如果不考虑桨叶挥舞，桨尖所画圆的直径，就是旋翼直径，用 D 表示。桨尖离桨毂中心的距离称为旋翼半径，用 R 表示。目前直升机旋翼直径（D）在 7 ~35m 之间。

① 根据 GB 3102.3—1993《量和单位》规定：本书“重量”为“质量”（mass）概念，其法定计量单位为千克（kg）。

（2）桨盘面积

桨尖所画圆的面积称为桨盘面积，用 F 表示。桨盘面积与旋翼直径或半径的关系是

$$F = \frac{\pi}{4}D^2 \quad 或 \quad F = \pi R^2$$

旋翼工作时，整个桨盘面积并不都能有效地产生拉力。桨毂以及桨叶根部不产生拉力。而桨尖部分，由于气流可以从桨叶下表面高压区通过桨尖流向上表面低压区，因而使桨尖部分的上下压力差减小，可以认为桨盘外部的一个狭窄的圆环处也不产生拉力。可见，实际产生拉力的并不是整个桨盘面积，而应从中减去上述两个不产生拉力的部分。

通常认为半径在 $r_0 =$ （0.2 ~0.25）R 以内和 $r_1 =$ （0.97 ~0.98）R 以外的这两部分面积不产生拉力（如图 2 -7 所示）。故实际产生拉力的桨盘面积（即桨盘有效面积）应为

$$F_{有效} = \pi r_1^2 - \pi r_0^2 = (\bar{r}_1^2 - \bar{r}_0^2)\pi R^2 = \kappa\pi R^2$$

式中，$\kappa = \bar{r}_1^2 - \bar{r}_0^2$ 称为桨盘面积的有效系数，又称拉力损失系数。通常 $\kappa =$ 0.91 ~0.94，计算中一般取 $\kappa =$ 0.92。

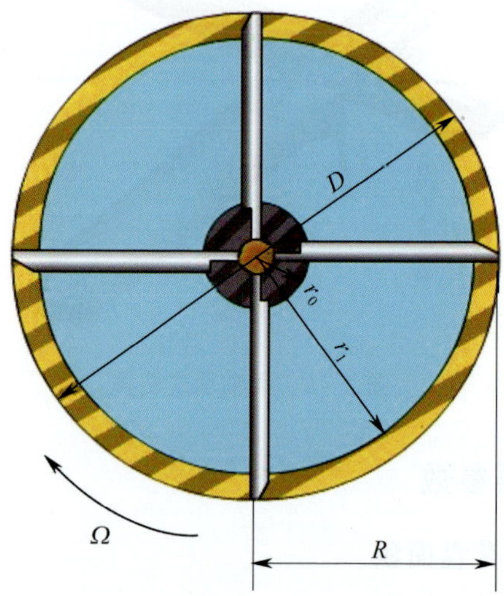

图 2 -7　旋翼直径和桨盘面积

2.1.2.2　桨盘载荷和旋翼实度

（1）桨盘载荷

直升机的飞行重量与桨盘面积的比值，称为桨盘载荷，用 P 表示。即

$$P = \frac{W}{F}$$

式中：P——桨盘载荷，（kg/m^2）；

W——直升机的飞行重量，kg；

F——旋翼桨盘面积，m^2。

桨盘载荷是决定直升机飞行性能的一个重要参数。桨盘载荷越大，表明单位桨盘面积所承受的飞行重量越大。为了保证旋翼能产生足够的拉力而又不致使桨叶负荷过大，桨盘载荷应具有适当的数值。现代直升机的桨盘载荷一般为 $15\sim50kg/m^2$。

（2）旋翼实度

所谓旋翼实度，是指各片桨叶实占面积与整个桨盘面积的比值。旋翼实度又称旋翼充填系数，用 σ 表示。如 k 为桨叶片数，则

$$\sigma = \frac{kF_{叶}}{F}$$

式中：k——桨叶片数；

$F_{叶}$——一片桨叶的面积，m^2；

F——旋翼的桨盘面积，m^2。

旋翼实度是一个抽象的数值，表示旋翼桨盘面积被其桨叶遮盖（或充填）的程度。从上述公式可以看出，旋翼实度（σ）的大小，取决于旋翼的桨叶片数 k、桨叶的宽度 b 以及旋翼的半径 R 等因素；旋翼实度过大，表明桨叶的片数多或每片桨叶的宽度大，这样旋翼的旋转阻力势必要大；旋翼实度过小，表明桨叶的片数少或宽度小，这样旋翼桨叶就不能产生足够的拉力。为了保证旋翼能产生足够的拉力而又不致使旋转阻力过大，旋翼实度不宜过大也不宜过小。现代直升机旋翼实度为 0.04～0.11。

对于矩形桨叶，弦长 b（即桨叶宽度）沿旋转半径方向不变，则旋翼实度为

$$\sigma = \frac{kF_{叶}}{F} = \frac{kbR}{\pi R^2} = \frac{kb}{\pi R}$$

例如，某型直升机，$k = 5$，$b = 0.52m$，$R = 10.644m$，可算得旋翼实度为 0.0777。

2.1.2.3　旋翼转速和桨尖速度

旋翼每分钟旋转的圈数，称为旋翼转速，用 n 表示。旋翼转动的快慢也可用角速度 Ω 来表示，角速度是旋翼每秒所转过的弧度。角速度与旋翼转速的关系为

$$\Omega = 2\pi\left(\frac{n}{60}\right) = \frac{\pi n}{30}\ (rad/s)$$

旋翼旋转中，任一截面的圆周速度（u），其数值应等于旋翼的旋转角速度

(Ω) 和该截面至旋转中心半径 (r) 的乘积。即

$$u = \Omega r$$

显然，在旋翼转速一定的条件下，越靠近桨尖的截面，其圆周速度越大（见图 2－8），位于桨尖的圆周速度，称为旋翼的桨尖速度，用 u_R 表示，即

$$u_R = \Omega R = \frac{\pi n}{30} R$$

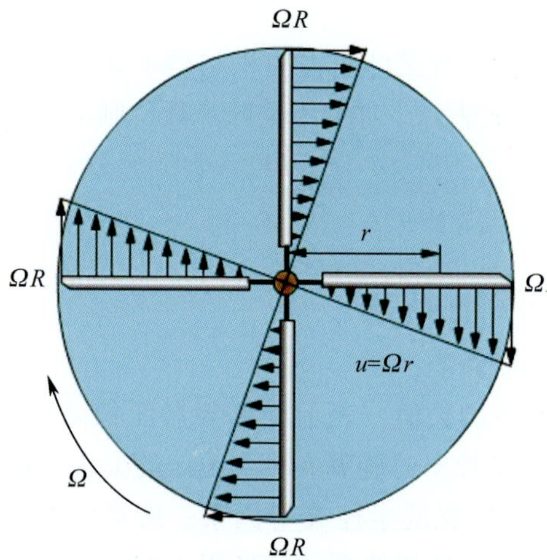

图 2－8　桨叶各截面的圆周速度

2.1.2.4　桨毂旋转平面和桨尖平面

旋翼旋转时，桨毂所在平面称为桨毂旋转平面或构造旋转平面，它与旋转轴垂直。研究旋翼的工作时，桨毂旋转平面是一个很重要的基准平面，所以，桨毂旋转平面又称基准平面，常用 $S-S$ 表示，如图 2－9 所示。

图 2－9　桨毂旋转平面和桨尖旋转平面

旋翼旋转时，桨叶向上挥舞，旋翼的旋转轨迹是一个倒置的圆锥，通常称为旋转锥体。桨尖轨迹圆则是旋翼锥体的底面，称为桨尖平面或桨盘，用 $D-D$ 表示。这一平面也是分析旋翼气动问题时的一个重要基准面，如图2－9所示。

增大桨尖速度可以增大旋翼的拉力，但桨尖速度的最大允许值也不能过大。桨尖速度过大，可能会因空气压缩性的影响，在桨尖处产生局部激波。目前旋翼的桨尖速度多为180～220m/s。

2.1.2.5　旋翼迎角

相对气流方向与直升机桨毂旋转平面之间的夹角，称为旋翼迎角（如图2－10所示）。旋翼迎角用 α_S 来表示，其范围为 $-180° \sim +180°$。

图2－10　旋翼迎角

飞行状态不同，旋翼迎角的正负和大小也不相同。若气流自下而上吹向桨毂旋转平面，则旋翼迎角为正；反之，气流自上而下吹向桨毂旋转平面，则旋翼迎角为负。

直升机垂直下降时，旋翼迎角为90°。当直升机沿倾斜轨迹作下滑飞行时，旋翼迎角为小于90°的正迎角，而作平飞或爬升飞行时，旋翼迎角大都为负迎角。

2.2　旋翼的拉力

旋翼拉力是直升机赖以飞行的力量。旋翼在产生拉力的同时，还伴随着产生诱导速度，而诱导速度的大小，又与旋翼拉力及所需功率密切相关。因此，研究直升机的飞行问题，必须了解旋翼拉力和诱导速度的产生及其变化规律。

2.2.1 旋翼拉力产生的机理

直升机飞行时，桨叶与空气有相对运动，桨叶上会产生升力，各片桨叶的升力在旋翼锥体轴线上的分力之和，就是旋翼的拉力。由于旋翼运动及其产生空气动力的复杂性，因而出现了从不同角度研究旋翼拉力产生的理论，一般有三种：动量理论（滑流理论）、叶素理论（机翼理论）和涡流理论。以下只用前两种理论进行分析，并在此基础上分析影响旋翼拉力的因素。

2.2.1.1 旋翼拉力的产生

（1）用动量理论分析拉力的产生

在研究整个旋翼的拉力和变化时，用动量理论来说明比较方便。

旋翼工作时，空气从旋翼的上方流进旋翼的旋转面，经过旋翼给空气施加向下的作用以后，又以较大的速度流出旋翼的旋转面，如图 2－11 所示。若单位时间内流进和流出旋转面的空气质量相同，因流进旋转面的空气速度小，所以动量小；流出旋转面的空气速度大，所以动量大。这种动量的变化是由于旋翼给空气施加了向下的作用力的结果。根据牛顿第三定律可知，空气会给旋翼一个大小相等、方向相反（即向上）的反作用力。这个力就是旋翼的拉力，用 T 表示。

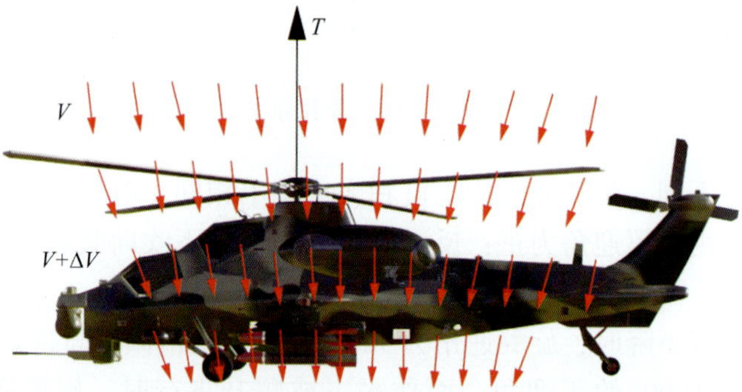

图 2－11　旋翼拉力的产生（动量理论）

根据动量定理，旋翼拉力的大小与单位时间内流经旋翼旋转面的空气质量（$m/\Delta t$）和速度增量（ΔV）有关，如果单位时间内流经旋翼旋转面的空气质量一定，则速度增量越大，拉力也越大；如果速度增量一定，则单位时间内流经旋翼旋转面的空气质量越多，拉力也越大。拉力的大小可用公式表示为

$$T=\frac{m}{\Delta t}\cdot \Delta V$$

（2）用叶素理论分析拉力的产生

在研究单个桨叶拉力的产生和变化时，用叶素理论来说明比较方便。

叶素理论是将每片旋翼桨叶沿径向分解成无限多个叶素，每个叶素相当于一段微小的桨叶，所有叶素拉力的总和就是旋翼拉力。

下面以直升机悬停状态为例，从分析一个叶素的拉力入手，研究旋翼拉力的产生和变化规律。

我们从旋转的旋翼上取出一小段长度为 dr 的桨叶，研究它与空气的相对运动和作用在它上面的空气动力（如图 2－12 所示）。这段桨叶的长度为 dr，弦长为 c，其投影面积则为（$c \cdot \mathrm{d}r$）。当相对气流合速度（W）以一定的迎角流过桨叶时，作用于这段桨叶上的升力为

$$\mathrm{d}Y = C_y \frac{1}{2}\rho W^2 c\mathrm{d}r$$

从上式可以看出，当空气密度和小段桨叶的投影面积（$c \cdot \mathrm{d}r$）一定时，作用在桨叶上的升力（dY）与相对气流合速度（W）的平方成正比，与该段桨叶的迎角（α）成正比（在临界迎角范围内，C_y与 α 成正比）。

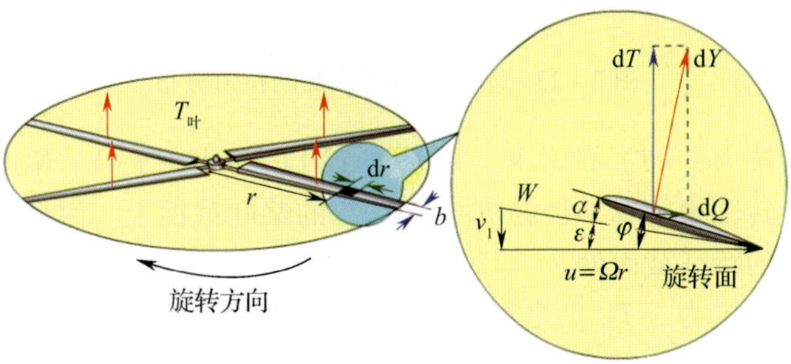

图 2－12　旋翼拉力的产生（叶素理论）

对旋翼具有实际意义的是空气动力在旋转轴方向上的分力。我们一般将小段桨叶的升力（dY）在旋转轴上的分量（dT），称为该段桨叶的拉力。显然，各段桨叶的升力和它的拉力是两个不同的概念，它们的大小和方向都不同。桨叶的升力垂直于相对气流合速度（W），而各段桨叶的相对气流与桨毂旋转平面的夹角（ε）一般是各不相同的，因此其升力方向也是各不相同的。然而，各段桨叶拉力（dT）的方向则是一致的，都与旋转轴方向平行。如图 2－12 所示，每段桨叶的升力（dY）与它的拉力（dT）有下列关系

$$\mathrm{d}T = \mathrm{d}Y \cdot \cos \varepsilon$$

通常来流角（ε）都很小，可以近似认为 $\cos \varepsilon = 1$，即各段桨叶的拉力在数值上近似等于它的升力。因此，影响桨叶升力大小的因素也就是影响桨叶拉

力大小的因素。

必须说明的是，各段桨叶所产生的拉力（或升力）大小又是不相等的。一般来说，越接近桨尖，桨叶的相对气流速度越大，产生的拉力（或升力）也越大。但对于带有一定扭转角的桨叶来说，因桨尖的安装角小，加之受桨尖涡流的影响，其截面迎角减小，故桨尖产生的拉力并非最大。一般桨叶拉力的分布情况大致如图 2－13 所示。

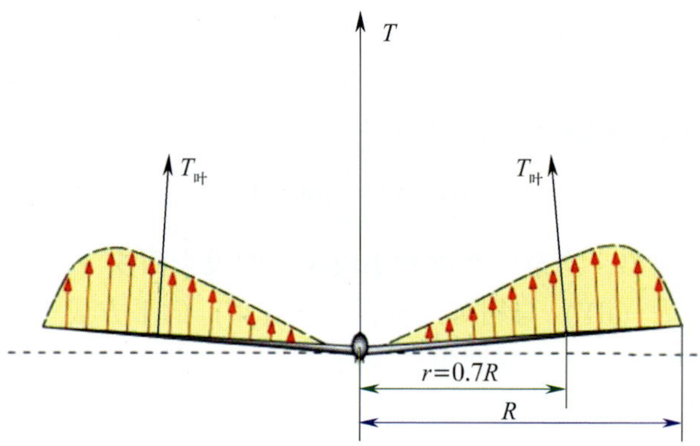

图 2－13　垂直上升时桨叶的拉力分布

各段桨叶拉力（dT）的总和，就是该桨叶的拉力（$T_{叶}$）。桨叶拉力的着力点，位于距旋转轴为旋翼半径的 70%～75% 的桨叶截面上。因此，通常认为拉力作用在桨叶的特征截面处。

所有桨叶的拉力（$T_{叶}$）之和，就是该旋翼的总拉力（T）。因此，旋翼拉力可以用下式表示

$$T = k \cdot T_{叶}$$

上面我们分别采用动量理论和叶素理论分析了拉力的产生，它们分别从不同的侧面揭示旋翼拉力的本质。在实际应用中，都有各自的方便之处，同时又可以相互补充。

2.2.1.2　旋翼拉力公式

根据叶素理论和桨叶升力公式，可以写出轴流状态下旋翼的拉力公式为

$$T = C_T \frac{1}{2}\rho\,(\Omega R)^2\,(\pi R^2)$$

式中：C_T——拉力系数；

R——旋翼半径，m；

Ω——旋翼的旋转角速度，(rad/s)。

πR^2 即为桨盘面积，ΩR 为桨尖速度。根据前面的分析，旋翼的拉力系数不但与桨叶的翼型和桨叶的迎角有关，而且还与旋翼实度成正比。对于一般的旋

翼来说，其拉力系数可用下式作近似计算

$$C_T = 0.3\sigma C_{y7}$$

式中：C_{y7}——各桨叶的特性截面（$r=0.7R$）处升力系数的平均值，它取决于桨叶翼型和该截面平均迎角的大小；

σ——旋翼实度。

应该指出，一般飞机在直线飞行中，随着飞行速度的改变，必须相应地改变机翼的迎角，以改变升力系数，才能保持其飞行轨迹。如飞行速度增大，必须减小迎角；飞行速度减小，则必须增大迎角。但对于直升机来说，飞行速度不论是增大还是减小，旋翼的拉力系数（C_T）保持基本不变，才能保持旋翼的拉力与直升机的重力基本相等。因为对于同型的直升机，其旋翼实度、半径一定，旋翼转速不变时，要保持旋翼拉力，必须使拉力系数保持不变，这就要求桨叶的平均迎角（α_7）不随飞行速度变化，直线飞行中，若因某些因素的改变，而导致桨叶迎角发生变化，必须操纵旋翼总距，仍使桨叶的平均迎角基本保持不变。

2.2.1.3　影响旋翼拉力的因素

轴流状态下的旋翼拉力公式能较普遍地反映影响旋翼拉力的因素。因此，影响旋翼拉力的因素主要有：旋翼转速、旋翼半径、空气密度、拉力系数等。直升机前飞时，前飞速度也会影响旋翼拉力的大小。

（1）旋翼转速对拉力的影响

旋翼转速 n（或角速度 Ω）增加，桨叶的相对气流合速度（W）就增大，故旋翼拉力增大。旋翼拉力与旋翼转速的平方成正比。现代直升机一般都采用恒速旋翼，当发动机的工作状态确定之后，旋翼转速基本保持不变，所以，飞行中一般不用调整转速的方法改变旋翼拉力大小。

（2）旋翼半径对拉力的影响

旋翼半径增大，既增大了桨叶面积，又增大了桨尖圆周速度（ΩR），故使旋翼拉力增大。旋翼拉力与旋翼半径的四次方成正比，因此，为了增大拉力，旋翼直径都做得很大。

直升机的直径和转速是相互影响的，直径越大，转速就越低。这主要是受桨尖速度的限制，如果桨尖速度超过其临界马赫数（$Ma_{临}$），桨尖部分就会出现局部超声速气流而产生局部激波，造成气动性能恶化。从 $V_{尖\max} = Ma_{临} \cdot c = \omega D/2$（$c$ 为当地声速）可知，$\omega = 2cMa_{临}/D$，显然，旋翼直径和转速成反比。所以，直升机的旋翼多采用大直径、小转速或大转速、小直径。

（3）空气密度对拉力的影响

空气密度增大，旋翼旋转时单位时间内流过桨叶的空气质量多，各片桨叶产生的拉力大，旋翼拉力也就增大。旋翼拉力与空气密度成正比。

(4) 拉力系数对拉力的影响

旋翼拉力系数（C_T）是一个综合影响因素，它综合反映了桨叶根尖拉力损失、拉力沿桨叶分布不均匀性、旋翼实度、桨叶翼型和迎角等因素对旋翼拉力的影响。这里着重分析特征截面迎角（α_7）对旋翼拉力的影响。

对给定翼型，在临界迎角范围内，升力系数随迎角的增加而增大。所以，桨叶特征截面的迎角增大，拉力系数增大，旋翼拉力就增大。

特征截面的迎角（α_7）可通过操纵总距杆改变特征截面的桨叶角（φ_7）来实现。一般来说，上提总距杆，φ_7增大，则 α_7增大；反之，下放总距杆，α_7因 φ_7的减小而减小。飞行中，改变旋翼拉力大小主要是靠操纵总距杆，进而改变桨叶迎角来实现的。如果上提总距杆动作过猛，φ_7增大过多，可能使 α_7超过其临界迎角，导致桨叶产生严重的气流分离。这时旋翼拉力非但不能增大，反而还要降低。这种超过桨叶临界迎角后拉力下降的现象，称为旋翼“失速”。因此，操纵直升机的动作要尽量柔和，切忌飞行中造成旋翼失速。

(5) 前飞速度对拉力的影响

前飞速度增加，直升机的旋翼拉力增大。前飞速度增加时，单位时间内流入旋翼桨盘的空气的量增加，产生同样诱导速度的条件下，通过旋翼桨盘空气的动量变化量增大，空气对旋翼的反作用力即拉力也随之增大。

2.2.2 旋翼的诱导速度

这里以直升机的悬停状态为例，说明旋翼诱导速度的概念及诱导速度与拉力的关系。

2.2.2.1 诱导速度的概念

由旋翼滑流理论可知，旋翼旋转时，处于旋翼上方的空气，将从上方被吸入桨盘内。空气通过桨盘受到桨叶作用后，会一面旋转一面向下加速流动。由于旋翼的转速较小，滑流扭转作用小得多。如不考虑滑流扭转，通常把空气受旋翼作用向下流动所增加的速度称为诱导速度，诱导速度以 $v_{诱}$ 表示。受旋翼作用的这股气流，称为滑流。其速度为直升机的相对气流速度与诱导速度的矢量和，以 $\boldsymbol{V}_{滑}$表示（如图 2－14（a）所示）。

如图 2－14（b）所示，滑流里各截面的诱导速度是各不相同的，在桨盘上方越远的地方，诱导速度越小，在桨盘下方的一定范围内，诱导速度较大。即使在旋翼桨盘平面上，诱导速度的大小也是不均匀的。如图 2－15 所示，诱导速度不仅沿桨叶径向变化，而且还随时间和旋翼的方位角不同而变化。一般来说，靠近桨叶外段的诱导速度大于桨叶内段的诱导速度；在某一瞬间，桨叶所在的方位诱导速度要大些，桨叶不在的方位诱导速度要小些。

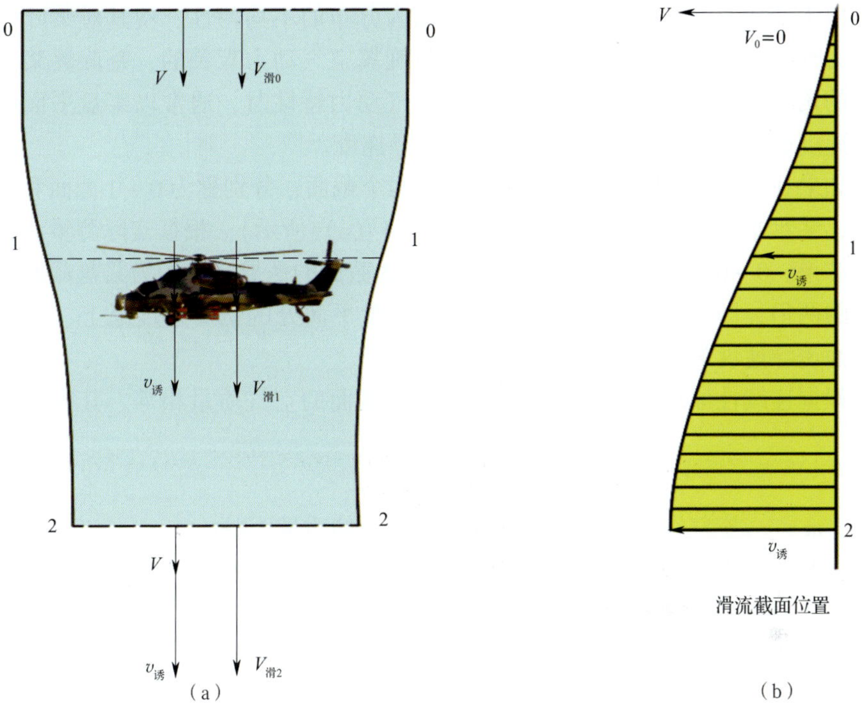

图2-14　垂直上升中，旋翼的滑流速度及诱导速度

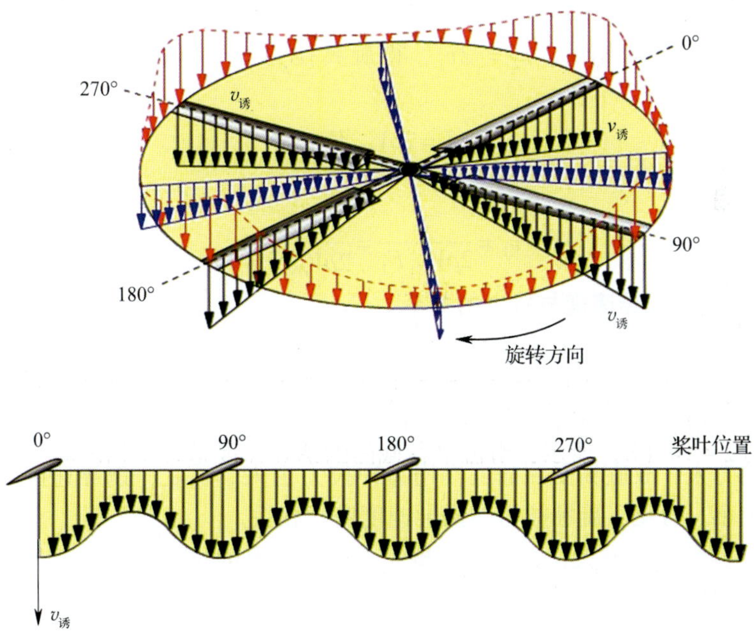

图2-15　旋翼桨盘、桨叶诱导速度分布

由于诱导速度在滑流中和在桨盘平面内分布的不均匀性，使其对桨叶的空气动力性能产生很大的影响。一般直接与旋翼空气动力有关的，是旋翼桨盘平面上的诱导速度，所以，在研究旋翼总空气动力特性时，通常以桨盘平面内的诱导速度的平均值（v_1）来作为旋翼的诱导速度。

如果在滑流的上、下很远的地方各取两个截面，分别称为0－0截面和2－2截面，桨盘平面称为1－1截面（如图2－14（a）所示）。根据实际测量和理论计算结果，0－0截面的诱导速度为零，2－2截面的诱导速度约为桨盘截面诱导速度的两倍，即 $v_2 \approx 2v_1$。或者说，旋翼桨盘平面处的诱导速度是上、下远方两截面诱导速度的平均值。

根据连续性原理，在单位时间内通过各截面的空气质量相等。其数学表达式为

$$m = \rho\ (V_{滑})\ A$$

式中：m ——空气在单位时间内流过任意截面的质量，kg；

A ——所取截面的面积，m^2；

$V_{滑}$——所取截面的滑流速度，(m/s)。

根据动量定理可知，物体在单位时间内的动量变化等于作用于该物体的力。因此，旋翼作用于空气的力（T'），可以用下式表示

$$T' = \rho V_{滑1} F_1\ (V_{滑2} - V_{滑0})\ = \rho V_{滑1} F_1 v_2$$

根据作用与反作用原理，旋翼对空气的作用力与空气对旋翼的反作用力大小相等、方向相反。$v_2 = 2v_1$，得旋翼拉力与桨盘平面诱导速度的关系式

$$T = 2\rho V_{滑1} F_1 v_1$$

或写成

$$v_1 = \frac{T}{2\rho V_{滑1} F_1} = \frac{T}{2\rho V_{滑1} \pi R^2}$$

2.2.2.2 旋翼诱导速度与拉力的关系

旋翼旋转时，不断地推动空气，给空气一个向下的作用力，使空气向下加速流动，从而产生了诱导速度。在飞行状态一定的条件下，旋翼给空气的作用力，可通过旋翼诱导速度的大小表现出来。诱导速度大，表明旋翼向下推动空气的作用力大，故旋翼受到的反作用力即拉力也大。反之，诱导速度小，则旋翼拉力也小。可见，旋翼拉力与诱导速度密切相关。

（1）旋翼拉力越大，诱导速度越大。因为旋翼的拉力越大，就是旋翼对空气的作用力越大，故诱导速度越大。

（2）空气密度越小，诱导速度越大。单位时间内流过桨盘的空气质量减少，在旋翼对空气作用力不变的情况下（即滑流的动量变化相同），诱导速度

必然增大。由此可见，在其他条件相同的情况下，飞行高度升高，诱导速度增大。

（3）飞行速度越大，诱导速度越小。因为飞行速度增大，$V_{滑1}$也增大，即在单位时间内流过桨盘的空气质量增多，故诱导速度减小。

在悬停状态（$V=0$），桨盘平面内的滑流速度（$V_{滑1}$）就是该平面的诱导速度（v_1）。这时，诱导速度的公式为

$$v_1=\sqrt{\frac{T}{2\rho\pi R^2}}$$

由于单位时间内流过桨盘平面的空气质量较少，故诱导速度较大。

2.3　旋翼的旋转阻力和所需功率

旋翼旋转时，桨叶产生拉力的同时，还会产生旋转阻力。为了保证旋翼的稳定旋转，必须消耗一定的功率。因此，了解旋翼旋转阻力产生的原因、影响因素和不同情况下旋翼所需功率的变化，对正确选择旋翼工作状态及发动机工作状态是很重要的。

2.3.1　旋翼旋转阻力的产生

阻止旋翼旋转的空气动力，称为旋转阻力。旋转阻力用 Q 表示。旋翼的旋转阻力与桨毂旋转平面平行，方向同桨叶旋转方向相反。按其产生的原因不同，旋转阻力可分为翼型旋转阻力、诱导旋转阻力、上升旋转阻力、废阻旋转阻力和波阻旋转阻力。

2.3.1.1　翼型旋转阻力

旋翼旋转时，空气沿相对气流合速度（W）方向流过桨叶各截面，由于空气具有黏性，加之桨叶表面不可能绝对光滑，因此形成摩擦阻力，同时，桨叶前后产生的压力差会形成压差阻力。摩擦阻力和压差阻力之和称为翼型空气阻力，用 X 表示，其方向与相对气流合速度（W）方向一致。翼型空气阻力（X）在桨毂旋转平面上的分力，称为翼型旋转阻力（简称型阻），用 $Q_{型}$ 表示，如图 2－16 所示。

2.3.1.2　诱导旋转阻力

旋翼旋转产生拉力时，桨毂旋转平面内就有诱导速度（v_1），诱导速度会使来流角（ε）增大一个角度（ε_1）。这时，相对气流合速度（W）偏离桨毂旋转平面，引起桨叶升力（$Y_{叶}$）向桨叶后缘倾斜（如图 2－17 所示）。由此产生的旋转阻力，叫作诱导旋转阻力（简称诱阻），用 $Q_{诱}$ 表示。

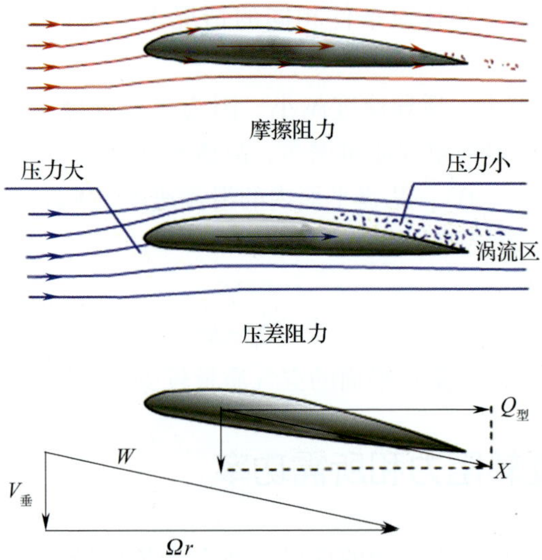

图 2－16　翼型旋转阻力

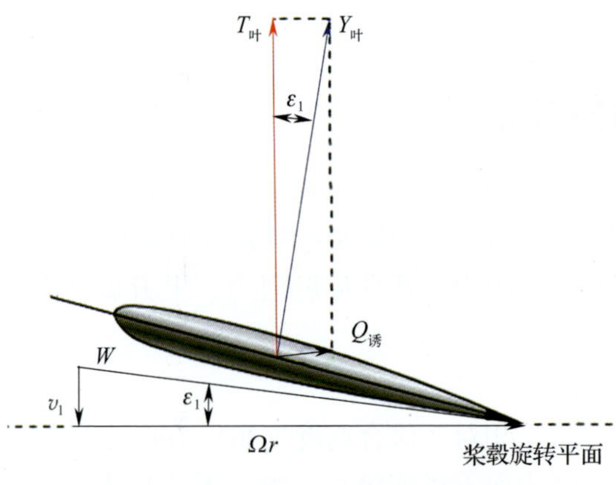

图 2－17　悬停中的诱导旋转阻力

诱导旋转阻力是伴随着旋翼拉力而产生的旋转阻力，只要有旋翼拉力存在，就必然有诱导旋转阻力存在。旋翼拉力越大，则诱导速度也就越大，那么，桨叶来流角也会相应增大，桨叶升力（$Y_{叶}$）会更加向后倾斜，致使诱导阻力增加。

2.3.1.3　上升旋转阻力

如图 2－18 所示，直升机垂直上升时，上升率为 V_y，这时，由上升率引起的相对气流合速度的方向与诱导速度（v_1）方向相同，引起桨叶截面相对气流合速度（W）进一步向下倾斜一个角度（ε_2），使桨叶升力（$Y_{叶}$）向后的倾斜角增大，旋转阻力增大。由此原因所增加的旋翼旋转阻力，称为上升旋转阻力，用 $Q_{升}$表示。

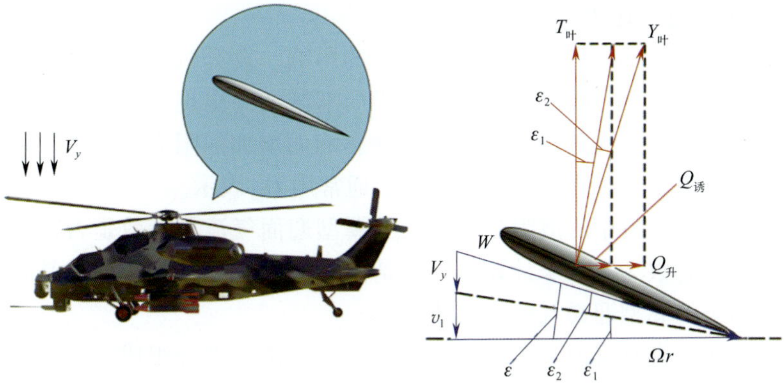

图 2 - 18　上升旋转阻力

如果直升机垂直下降，则 V_y 小于零，下降率引起的相对气流速度方向与诱导速度方向相反，使桨叶截面相对气流合速度（W）向下的倾斜角减小，从而导致桨叶升力（$Y_叶$）向后的倾斜角减小，桨叶旋转阻力减小，相当于上升旋转阻力小于零。

2.3.1.4　废阻旋转阻力

直升机水平前飞时，除了要产生上述三种旋转阻力外，还要产生废阻力（简称废阻）。

所谓废阻力，就是直升机以一定速度前飞时，机身、起落架、桨毂等部件所产生的空气阻力之和。现在以直升机水平飞行为例，说明废阻旋转阻力的形成。

为了克服机身等部件产生的空气阻力，直升机水平前飞时，旋翼锥体必须相应地向前倾斜一个角度，这时直升机相对气流合速度在旋翼锥体轴线方向的分速度（$V_垂$），其方向与诱导速度（v_1）方向一致，使桨叶来流角（ε）增大一个角度（ε_3），由此原因所产生的旋翼阻力称为废阻旋转阻力，用 $Q_废$ 表示，如图 2 - 19 所示。

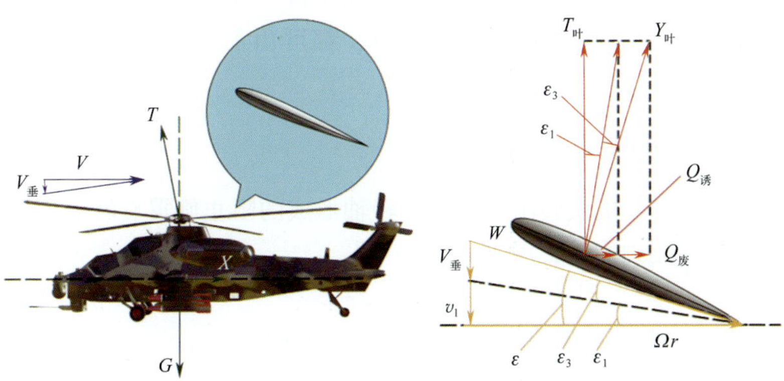

图 2 - 19　废阻旋转阻力

2.3.1.5 波阻旋转阻力

以上讨论中，都没有涉及空气压缩性的影响。直升机飞行中，当翼型的迎面气流速度增加到某一临界值以后，由于局部激波的出现及发展，翼型的阻力系数开始急剧增大。这种由于空气压缩性影响而增加的阻力，即为波阻。由波阻引起的旋转阻力，称为波阻旋转阻力。通常用 $Q_{波}$表示。

直升机垂直飞行中的波阻，是以桨尖翼型迎面气流马赫数是否达到翼型阻力突增临界马赫数为起点来计算的。所谓阻力突增临界马赫数，就是阻力系数开始急剧增长的翼型迎面气流马赫数。

综上所述，直升机前飞时，旋翼的旋转阻力由五部分组成，即翼型旋转阻力（$Q_{型}$）、诱导旋转阻力（$Q_{诱}$）、上升旋转阻力（$Q_{升}$）、废阻旋转阻力（$Q_{废}$）和波阻旋转阻力（$Q_{波}$）之和。对单片桨叶来讲

$$Q_{叶} = Q_{型} + Q_{诱} + Q_{升} + Q_{废} + Q_{波}$$

当然，这五种旋转阻力并不是在所有的飞行状态下都同时存在，在某种飞行状态下，上式中的某些项可能为零。大致有以下几种情况。

一般在小速度飞行时，前行桨尖速度远没有达到临界速度，可以不考虑空气压缩性的影响，因此，波阻旋转阻力就不存在，即 $Q_{波} = 0$，则有

$$Q_{叶} = Q_{型} + Q_{诱} + Q_{升} + Q_{废}$$

水平飞行时，上升率为零，当然就没有上升旋转阻力，则有

$$Q_{叶} = Q_{型} + Q_{诱} + Q_{废} + Q_{波}$$

垂直飞行时，飞行速度为零，当然就没有废阻旋转阻力和波阻旋转阻力，即 $Q_{废} = 0$，$Q_{波} = 0$，则有

$$Q_{叶} = Q_{型} + Q_{诱} + Q_{升}$$

直升机在悬停时，升降率为零，$Q_{升} = 0$，则有

$$Q_{叶} = Q_{型} + Q_{诱}$$

由此可知，直升机悬停、垂直上升或下降、平飞等，均可看作前飞状态的特例，这些飞行状态下的旋转阻力，都可由前飞状态下旋转阻力推导而得。

2.3.2 旋翼的旋转阻力力矩

旋翼旋转时产生的旋转阻力对旋翼转轴形成的阻止旋翼旋转的力矩，称为旋翼桨叶的旋转阻力力矩，用 $M_{叶}$表示。即

$$M_{叶} = Q_{叶} \cdot L$$

式中：$M_{叶}$——一片桨叶的旋转阻力力矩，（N · m）；

$Q_{叶}$——一片桨叶的旋转阻力，N；

L——桨叶旋转阻力着力点至旋翼转轴的距离，m。

旋翼各片桨叶的旋转阻力力矩之和，即为旋翼的旋转阻力力矩，对于 k 片桨叶的旋翼而言，可用下式表示

$$M_{旋翼} = kM_{叶}$$

2.3.3　旋翼的所需功率

为了保证旋翼在一定转速下稳定工作，克服旋转阻力力矩所需要消耗的功率，称为旋翼的所需功率，用 $N_{需}$ 表示。

由力学得知，旋转物体的所需功率，同其旋转角速度和旋转阻力力矩的关系为

$$N_{需} = M_{旋翼}\Omega$$

已知 $M_{旋翼} = kQ_{叶}L$，将其代入上式，得

$$N_{需} = kLQ_{叶}\Omega$$

式中：$N_{需}$——旋翼所需功率，kW；

k——桨叶片数；

L——桨叶旋转阻力力矩的力臂，m；

$Q_{叶}$——桨叶的旋转阻力，kgf[①]；

Ω——旋翼旋转角速度，(rad/s)。

旋翼旋转克服桨叶翼型旋转阻力、诱导旋转阻力、上升旋转阻力、废阻旋转阻力和波阻所消耗的功率，分别称为翼型阻力功率（$N_{型}$）、诱导阻力功率（$N_{诱}$）、上升阻力功率（$N_{升}$）、废阻力功率（$N_{废}$）和波阻功率（$N_{波}$）。

旋翼所需功率（$N_{需}$），也可写成如下形式

$$N_{需} = N_{型} + N_{升} + N_{诱} + N_{废} + N_{波}$$

对某些飞行状态，上式中有些项可能为零。因此，旋翼所需功率的表达式具有不同形式，例如，在不考虑空气压缩性时，$N_{波} = 0$，故

$$N_{需} = N_{型} + N_{升} + N_{诱} + N_{废}$$

水平飞行时，因 $N_{升} = 0$，故

$$N_{需} = N_{型} + N_{诱} + N_{废} + N_{波}$$

垂直飞行时，因飞行速度不大，可以认为 $N_{废} = 0$，$N_{波} = 0$，故

$$N_{需} = N_{型} + N_{升} + N_{诱}$$

悬停时，$N_{升} = 0$，$N_{废} = 0$，$N_{波} = 0$，故

$$N_{需} = N_{型} + N_{诱}$$

必须指出，旋翼所需功率的大小，不能依据项数的多少来定，必须根据不同的飞行状态的各项所需功率的总和来定。在研究旋翼所需功率的变化时，应该注

① 1kgf（千克力）≈9.8N。

意这一点。需要特别指出的是，关于诱导阻力功率的问题。我们知道，旋翼要产生拉力，就会产生诱导速度，必须消耗诱导阻力功率，诱导阻力功率随诱导速度的增大而增大。在悬停时，诱导速度比较大，诱导阻力功率损失也比较大，占旋翼所需功率的60% ~70%。可见，尽可能地降低诱导阻力功率的消耗是十分有意义的，这也是直升机的旋翼半径总是做得比较大的另一个重要原因。

2.3.4　影响旋翼所需功率的因素

旋翼的所需功率，取决于桨叶产生的升力和空气阻力。因此，凡是影响桨叶升力和阻力大小及方向的因素，都会影响旋翼的所需功率。下面重点分析几个与飞行有关的影响因素。

2.3.4.1　直升机的重量对所需功率的影响

直升机重量增加，克服重力需要的拉力增大。所需拉力增大，诱导速度和来流角也会增大，使桨叶升力增大和向后倾斜，诱导旋转阻力和诱导阻力功率增加。这就是直升机的载重量增加时，必须使用大功率的道理。

2.3.4.2　垂直飞行对所需功率的影响

直升机以一定速度作垂直上升时，由于上升所引起的相对气流速度（V_y）和诱导速度方向一致，一方面会使相对气流合速度（W）更加偏离桨毂旋转平面，来流角增大，桨叶迎角减小，拉力减小。为保持拉力仍基本等于重力，使直升机作等速上升，必须增大桨叶的安装角，以保持桨叶迎角不变。另一方面，由于垂直上升产生一定的上升阻力，使所需功率增大，必须相应地增大输出功率，以取得功率平衡。

同理，直升机以一定下降率作垂直下降时，所需功率比悬停时略小。这是因为在垂直下降中，相对气流速度和旋翼的诱导速度方向相反，使桨叶相对气流合速度偏离桨毂旋转平面的程度减小，即来流角减小，桨叶迎角增大，拉力增大，为了保持一定下降率，应下放总距杆，减小桨叶角，因而旋翼旋转阻力和旋翼所需功率也会相应减小。

2.3.4.3　前飞速度对所需功率的影响

平飞中，旋翼所需功率除用来克服诱导旋转阻力、翼型旋转阻力以外，还要用来克服直升机各部分在平飞中所产生的空气阻力，在大速度飞行时还要克服波阻。

前飞速度增大，旋翼前行桨叶的相对气流合速度增大，翼型旋转阻力增大。后行桨叶相对气流合速度减小，翼型旋转阻力减小。但对整个旋翼来说，可以认为克服翼型旋转阻力所消耗的功率基本上不随飞行速度而变化。

悬停中诱导速度是很大的，旋翼克服诱导旋转阻力的所需功率也很大。随着飞行速度增加，单位时间内通过旋翼的空气质量增多，根据质量守恒原理，产生同样大的拉力，就必须减小诱导速度。当旋翼拉力一定时，前飞速度越大，前飞诱导速度越小。诱导速度减小，来流角减小，桨叶升力向后倾斜量也减小，因而诱导旋转阻力减小，所以，随前飞速度增大，旋翼所需诱阻功率减小。

飞行速度增大时，机身、起落架等所产生的空气阻力增加，废阻力功率也会相应增大。当飞行速度增大到一定数值，前行桨叶上会产生局部激波，进而形成波阻，使波阻功率显著增大。

2.3.4.4 空气密度对所需功率的影响

空气密度增大，翼型旋转阻力增加，故翼型阻力功率和废阻力功率增大。但空气密度增大，单位时间内通过旋翼的空气质量增多，获得同样大的拉力，诱导速度减小，因而克服诱导旋转阻力所消耗的功率减小。

2.3.4.5 旋翼桨叶外形、表面粗糙度（旧称光洁度）对所需功率的影响

旋翼桨叶特别是桨尖部分，常以较大速度作旋转运动，如果桨叶出现变形、表面划伤、压痕等，都会使旋翼的翼型旋转阻力和消耗于翼型旋转阻力的功率增加，致使旋翼的所需功率增大。

2.4 地面效应

2.4.1 地面效应的概念

当直升机贴近地面进行悬停或低速飞行时，在一定的功率下，旋翼产生的拉力较远离地面时有所增加，或产生一定的拉力，旋翼的所需功率较远离地面时有所减小。这种现象称为旋翼的地面效应，又称气垫效应。

2.4.2 地面效应的成因

形成地面效应的原因，从物理意义上讲，是因为直升机贴近地面飞行且飞行速度不大时，由于旋翼旋转时，被旋翼排向下方的空气受到地面阻挡，不能像远离地面悬停时那样自由地消散到空间去。这样，旋翼下方的气流受地面阻挡的影响，流速减慢，静压力增大，即增大了旋翼桨叶上、下表面的压力差，从而使旋翼拉力增大，如图 2－20 所示。

从旋翼基本理论来看，产生地面效应现象，是由于地面的存在显著地影响了旋翼诱导速度的大小及其分布。诱导速度向下垂直于地面的分量在接近地面时受到地面阻挡变为零，因而旋翼桨盘处的诱导速度（v_1）也必定小于远离地面的自由大气中的情况。根据滑流理论，旋翼的诱导功率为 Tv_1。由于地面的阻挡，旋翼诱导速度（v_1）减小，因而产生同样的拉力（T）所需诱导功率也随之减小。

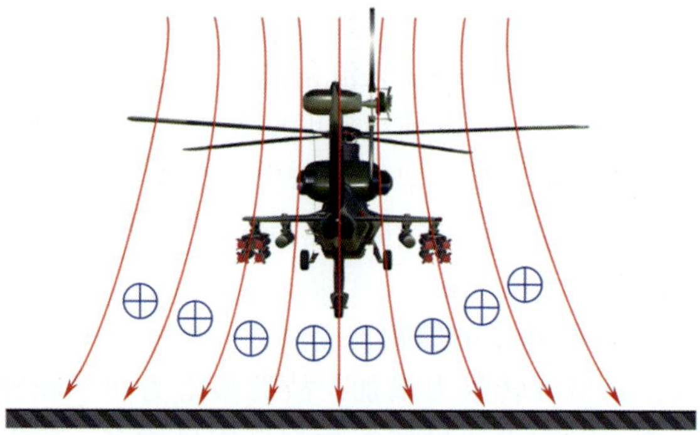

图 2－20　旋翼地面效应原理

2.4.3　影响地面效应的因素

理论与实践证明，地面效应主要与旋翼离地高度、飞行速度及地面状况有关。

2.4.3.1　飞行高度

当直升机悬停时，悬停高度（通常为机轮至地面的高度）越低，旋翼气流受地面的阻挡作用就越强，地面效应就越显著；反之亦然。理论和飞行实践证明，在悬停状态下，当旋翼离地面高度（悬停高度与机高之和）等于旋翼直径时，地面效应仅能使旋翼拉力增加约 1%。所以，通常以旋翼离地面的距离等于旋翼直径时作为地面效应的影响范围，当旋翼离地面的高度大于旋翼直径时，地面效应即基本消失。

2.4.3.2　风或飞行速度

直升机以一定速度作贴地飞行或在有风的条件下邻近地面悬停，由于流过旋翼的气流同无风悬停时不同（如图 2－21 所示），地面效应的作用会减弱。飞行速度或风速越大，旋翼气流顺风向后倾斜越多，地面效应也就越弱。当飞行速度达到 $2v_1$ 时，地面效应完全消失。形象地说，地面效应好像被吹掉了一样。例如，某型直升机 v_1 约为 11m/s，贴地飞行速度达 79km/h，地面效应即消失。

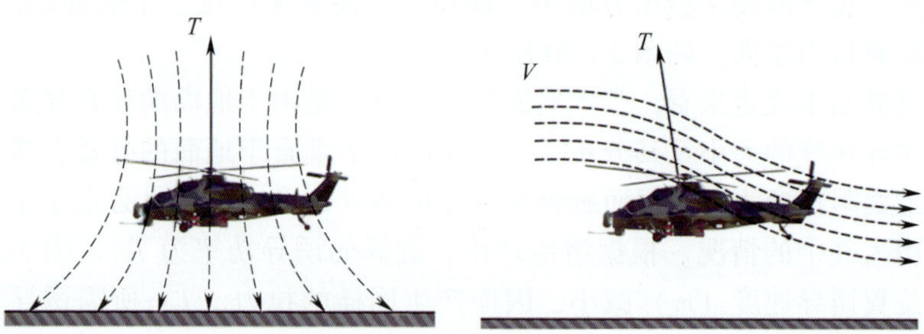

图 2－21　流过旋翼的气流

必须指出，尽管逆风悬停或前飞时地面效应减弱，但由于风和前飞速度的存在，使空气自动流入旋翼，这就能大大提高旋翼的效能，从而增大旋翼的拉力。其数值比因地面效应消失而减小的拉力要大得多。这就是直升机采用逆风起飞、着陆能增大载重量的原因。

直升机由悬停转入前飞之后，虽然地面效应随飞行速度的增加而迅速减小甚至消失，但是在低速阶段（前进比 $\mu < 0.08$），有一部分旋翼尾流在地面限制下而折向前方并与前方相对气流会合，因而在旋翼前部形成地面涡，如图 2－22 所示。随着飞行速度的微小改变，地面涡的强度以及与旋翼的相对位置也发生变化，这使得旋翼入流速度的大小及分布变化剧烈，因而旋翼的气动特性，如旋翼俯仰力矩、滚转力矩以及所需功率等都随之变化。这种地面涡引起的旋翼气动特性的不规则变化，使直升机的操纵更加复杂。

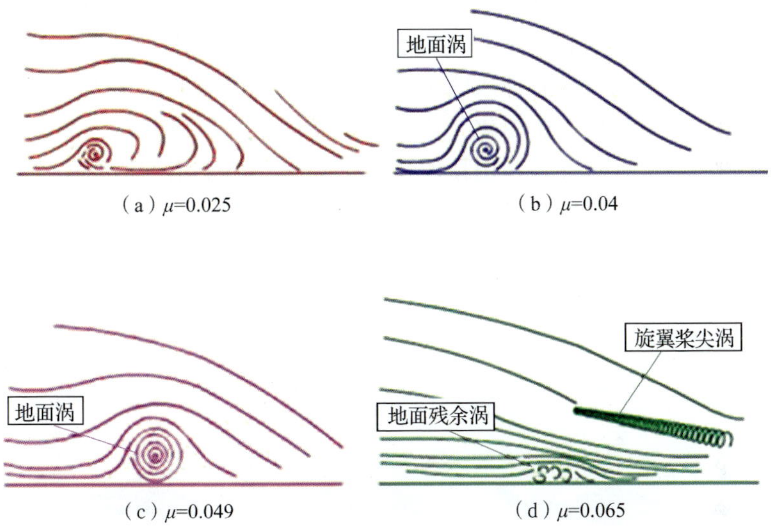

图 2－22　低速贴地飞行时的地面涡

2.4.3.3　机场标高与场面情况

机场场面至海平面的垂直距离，称为机场标高。直升机在标高高的机场悬停，由于空气密度小，被旋翼排向下方的气流受阻后静压增加得也小，所以，地面效应减弱，地面效应的高度范围也就降低。例如，某型直升机位于标高为 500m 的机场悬停，在悬停高度为 15m 时地面效应消失，但在标高为 2000m 的机场悬停，当悬停高度为 10m 时，地面效应就已经消失了。

在高原机场直升机的最大载重量要减少，其原因之一是标高高，地面效应减弱。

此外，地面状况不同，地面效应对拉力的影响也不一样。灌木丛、森林、深草地等场地对旋翼气流的阻挡作用不强，地面效应也就很弱，不应再考虑地面效应对拉力的影响。

2.4.4 地面效应对飞行的影响

由于地面效应的存在，在一定的功率下，旋翼产生的拉力较远离地面时有所增加，因此，在起降场地净空条件许可的情况下，直升机多采用有地效垂直起降方式。在直升机自转垂直降落时，地面效应能起减速作用，可稍减小垂直着陆速度。

此外，地面效应能增加直升机悬停时的稳定性。这是因为：当直升机在地面效应范围内悬停时，如果由于外界干扰而发生了倾斜，这时旋翼桨盘跟着倾斜，其桨盘降低部分因离地面近，产生拉力大；而桨盘抬起部分因离地面远，产生拉力小，从而形成恢复力矩。使直升机自动恢复平衡。

在利用地面效应邻近地面的飞行中，必须注意地形、地貌的变化。例如，在邻近地面的飞行中遇到突然下凹的地形，地面效应迅速消失，会引起旋翼拉力的突然减小，直升机就有掉入凹坑的危险。又如地形的起伏不平，地面效应的强弱会随着地形起伏发生变化，这会使直升机处于颠簸状态，造成操纵上的困难。再如，当直升机准备在山顶的平地上降落，由于用不适当的小速度平飞接近这个山顶，当旋翼的前半部到达山顶上空时，地面效应的作用使旋翼的前半部的拉力突然增大，以致产生强烈的上仰力矩，而当直升机以低空低速飞越山顶后，在峡谷处地面效应突然消失，就会引起直升机突然下掉高度。这些情况都易引起直升机失去控制，危及安全（如图 2 – 23 所示）。

图 2 – 23　地面效应突然变化时对直升机飞行的影响

2.5 旋翼的工作原理

直升机飞行所需要的拉力是通过旋翼旋转而产生的。旋翼工作时，桨叶受到空气动力和惯性力两个方面力的作用，特别是前飞时，桨叶既旋转又前进，会出现旋翼周向相对气流的不对称现象，使桨叶的受力情况更加复杂，产生周期性变化。这些变化既是有害的，也是可以利用的。

2.5.1　旋翼和桨叶的相对气流

旋翼旋转时，桨叶与空气之间存在着相对运动，并产生空气动力。空气相对于物体的流动称为相对气流。为了研究旋翼和桨叶的相对气流，首先介绍一下旋翼的构造坐标系。

2.5.1.1　旋翼构造轴系

研究旋翼的相对气流所使用的坐标系是旋翼构造轴系。

旋翼构造轴系是以旋翼构造平面——桨毂旋转平面（$S-S$）为基准，以桨毂中心（$O_{S毂}$）为原点所建立的直角坐标系，如图2－24所示。

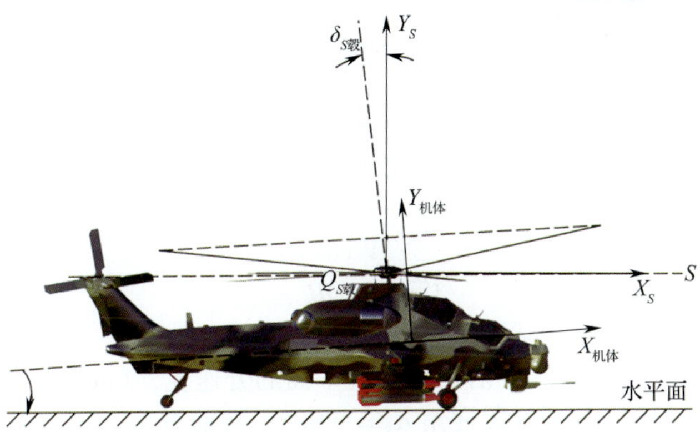

图2－24　旋翼构造轴系

纵轴（$O_{S毂}X_S$）——沿桨毂旋转平面与机身纵向对称面的交线方向，以指向机头方向为正；

立轴①（$O_{S毂}Y_S$）——沿旋翼的构造旋转轴，以指向上方为正；

横轴（$O_{S毂}Z_S$）——与$O_{S毂}X_S$和$O_{S毂}Y_S$两轴垂直，以指向$\varphi=90°$方位为正。即左旋旋翼，按左手定则确定，指向左侧为正；右旋旋翼，按右手定则确定，指向右侧为正。

图中，O为直升机重心，$OX_{机体}$为机体纵轴，$OY_{机体}$为机体立轴。

2.5.1.2　轴流状态下旋翼和桨叶的相对气流

所谓旋翼的轴流状态，是指远处未受扰动的相对气流，沿旋翼的转轴（即旋翼构造轴系的立轴）方向流向旋翼的状态。直升机作垂直升、降或悬停时，都可以认为旋翼是处于轴流状态。

① 根据GB/T 16638.2—2008《空气动力学　概念、量和单位》的规定：坐标轴系用纵轴（x）、横轴（y）和竖轴（z）表示。本书仍按习惯将竖轴用立轴（y）表示。

（1）旋翼的相对气流

研究旋翼的工作状态要从分析旋翼的相对气流入手。

直升机作水平飞行或沿任意倾斜轨迹飞行时，吹向旋翼的相对气流，其速度（V）可分为两个分量（如图2-25所示）。其中，平行于桨毂旋转平面分量为 $V\cos\alpha_S$，垂直于桨毂旋转平面的分量为 $V\sin\alpha_S$。

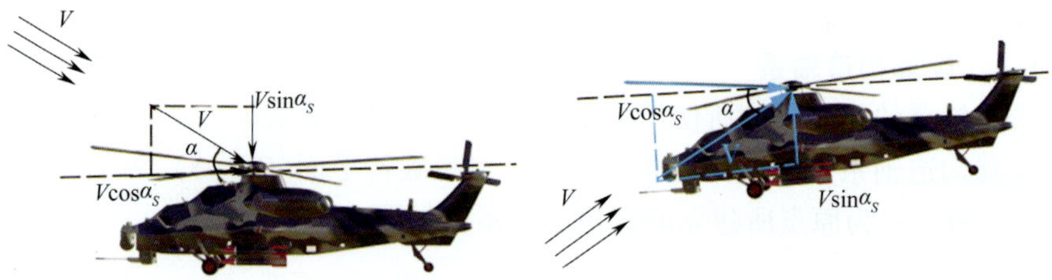

图2-25　飞行速度的分解

①平行于桨毂旋转平面的速度系数（μ）

平行于桨毂旋转平面的相对气流分速度同旋翼桨尖圆周速度的比值，称为速度系数（μ），又称前进比。即

$$\mu = \frac{V\cos\alpha_S}{\Omega R}$$

式中：α_S——旋翼迎角，（°）；

$V\cos\alpha_S$——相对气流沿桨毂旋转平面的分速度，（m/s）。

在轴流状态下，由于旋翼迎角 $\alpha_S = \pm 90°$，故前进比 $\mu = 0$。

②垂直于桨毂旋转平面的轴向速度系数（λ）

垂直于桨毂旋转平面的相对气流速度，是由诱导速度（$v_{诱}$）和 $V\sin\alpha_S$ 两部分组成的。它与桨尖圆周速度的比值，称为轴向速度系数（λ），又称轴向来流系数，或称流入比。即

$$\lambda = \frac{V\sin\alpha_S - v_{诱}}{\Omega R}$$

注意，按旋翼构造轴系规定，旋翼诱导速度（$v_{诱}$）是向下的，故为负值。在轴流状态下，$\alpha_S = \pm 90°$，故 $V\sin\alpha_s = \pm V$（此时 V 取绝对值）。因此，在轴流状态下，流入比（λ）为

$$\lambda = \frac{\pm V - v_{诱}}{\Omega R}$$

可见，直升机在垂直下降时，$\alpha_S = 90°$，$\lambda = \frac{V - v_{诱}}{\Omega R}$，一般情况下，直升机下降速度（$V$）不大，所以 $V < v_{诱}$，故 λ 通常为负值。只是在直升机下降速度很大时，$V > v_{诱}$，这时 λ 才会出现正值。而在垂直上升时，$\alpha_S = -90°$，$\lambda = \frac{-V - v_{诱}}{\Omega R}$，此时，$\lambda$ 值总为负值。

（2）桨叶的相对气流

在轴流状态下，桨叶的相对气流合速度（W）是桨叶旋转引起的周向气流速度（u）、直升机垂直升降速度（V_y）和旋翼诱导速度（$v_{诱}$）的矢量合成，即$\boldsymbol{W}=\boldsymbol{u}+\boldsymbol{V}_y+\boldsymbol{v}_{诱}$。其中，周向气流对于桨叶的空气动力特性具有重要意义。因此，这里主要讨论桨叶的周向气流分布及变化。

旋翼桨叶任一截面的周向来流速度是由桨叶旋转造成的，其大小就是该截面的周向速度，即

$$u = \Omega r$$

式中：r为桨叶截面的旋转半径，m。

由上式可知，周向来流速度的大小正比于桨叶截面半径和旋翼转速。从图2－26中可以看出，桨尖的周向气流速度最大，越靠近旋转轴的桨叶截面周向气流速度越小，旋转轴处为零。当转速一定时，周向来流速度沿桨叶展向呈三角形分布，且各片桨叶相同，如图2－26所示（图（a）为左旋旋翼，图（b）为右旋旋翼）。对桨叶某个截面来说，其周向来流速度是定值，不随桨叶的方位角不同而改变。在轴流状态下，旋翼桨叶的周向来流速度相对于旋翼旋转中心是对称的。

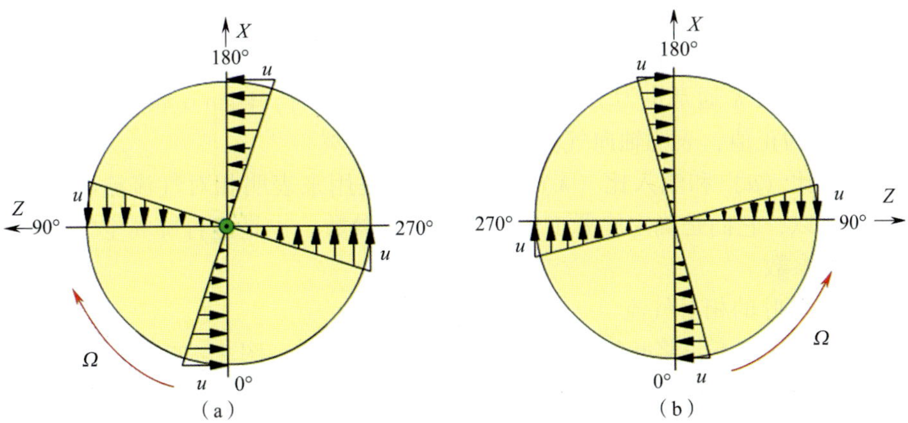

图2－26　轴流状态下的桨叶周向来流速度分布

为了说明旋翼桨叶所在的位置，通常规定，从上方俯视旋翼，以桨叶在直升机正后方的方位角（φ）为0°，顺旋翼旋转方向计算方位角。例如，对左旋（符合左手定则，拇指为旋翼旋转轴方向，四指为旋翼旋转方向）旋翼直升机，桨叶在正左方为90°，正前方为180°，正右方为270°；而右旋（符合右手定则，拇指为旋翼旋转轴方向，四指为旋翼旋转方向）旋翼直升机，桨叶在正右方为90°，正前方为180°，正左方为270°。米－8、直9等都为左旋旋翼直升机。直8、UH－60“黑鹰”等都是右旋旋翼直升机。

除了周向来流速度（u）外，在轴流状态下，桨叶还存在沿旋翼桨毂旋转轴（即垂直于旋转平面）方向的来流速度（$V_{垂}$），其大小取决于空气被旋翼推动而向下流动的速度，即诱导速度（v_i）以及直升机的垂直升降速度（V_y）等因素。显而易见

$$V_{垂} = v_i \pm V_y$$

式中，V_y的正负值应这样来选取：直升机垂直上升时，因上升形成的相对气流速度（V_y），其方向与v_i相同，故这时V_y应取正值；直升机垂直下降时，V_y应取负值。

因此，在轴流状态下，桨叶截面的相对气流合速度（W），就是由u和$V_{垂}$这两个速度合成的。

2.5.1.3　斜流状态下旋翼和桨叶的相对气流

所谓旋翼的斜流状态，是指未受旋翼扰动的相对气流，其方向同旋翼转轴（即旋翼构造轴系的立轴）不平行，而是斜着吹向旋翼的一种状态。直升机作前飞、爬升或下滑时，旋翼都处在斜流状态下工作。

（1）旋翼的相对气流

直升机在平飞或爬升时，旋翼迎角（α_S）是负值，$V\sin\alpha_S$为负值，因而旋翼的λ值总是负的，轴向气流是自上往下流入旋翼。直升机处于下滑状态时，旋翼迎角为正值，$V\sin\alpha_S$为正值。由于直升机下降速度一般不大，$V\sin\alpha_S$一般小于$v_{诱}$，故λ通常也为负值。只是在大速度下降时，$V\sin\alpha_S$值才会大于$v_{诱}$，此时λ才为正值，表明轴向气流自下而上流入旋翼。

前进比（μ）和流入比（λ）的大小，都是用来表明相对气流流入旋翼的情况。所以，它们是确定旋翼工作条件的重要参数，也是进行旋翼空气动力计算的基本参数。

（2）桨叶的相对气流

在斜流状态下，桨叶的周向相对气流是不对称的。图2－27中分别标出了左旋旋翼和右旋旋翼的方位角（φ）的几个特殊位置。

直升机前飞时，可以认为旋翼处于斜流状态，在此状态下，桨叶截面的周向来流速度（u），是由旋翼旋转和直升机前飞所引起的周向来流速度合成的，如图2－27（a）所示。图中的$V\cos\alpha_S$为前飞速度在桨毂旋转平面上的投影，它对桨叶截面形成的周向速度分量为$V\cos\alpha_S\sin\varphi$。显然，桨叶截面的周向来流速度应为

$$u = \Omega r + V\cos\alpha_S \sin\varphi$$

水平飞行中，旋翼迎角通常很小，可以认为$\cos\alpha_S\approx 1$，于是

$$u = \Omega r + V\sin\varphi$$

式中：V——直升机的前飞相对气流速度，（m/s）；

φ——桨叶所在的方位角，(°)。

斜流状态下桨叶截面的周向来流速度，也可用旋翼的前进比表达为

$$u = \Omega r + \mu\ \Omega R \sin\varphi$$

由上式可见，直升机前飞时，旋翼桨叶的周向来流速度，其大小是随旋翼转速、旋转半径、飞行速度和桨叶所在方位角诸因素而改变的。桨叶截面的周向来流速度随方位角的变化，如图 2－27（b）所示。

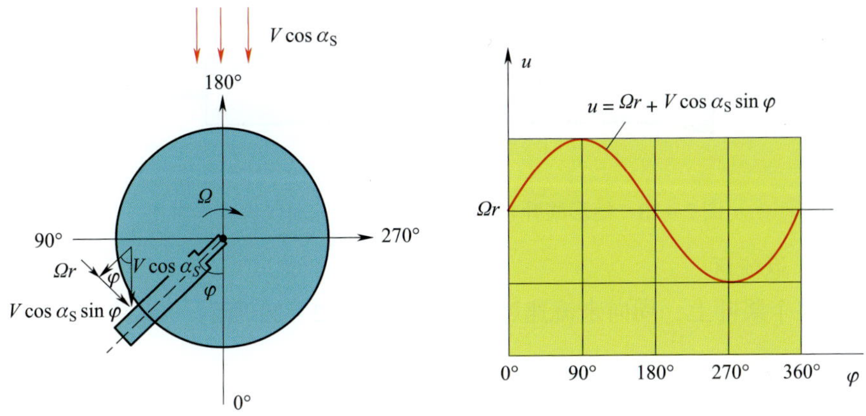

图 2－27　前飞时桨叶截面的周向来流速度

对于某些直升机来说，由于前飞速度高，使用普通桨叶在桨尖的位置会达到超声速的情况，将降低旋翼的气动性能，也限制了飞行速度。为了保证武装直升机的高速飞行，采用后掠式旋翼桨叶结构。不少国家先后开始了旋翼新型桨尖形状，并且已在欧洲的 EC－135，美国的 AH－64“阿帕奇”和 S－92 等先进直升机上装备了后掠、后掠尖削或下反桨尖，采用适当的桨尖形状，有效地改善旋翼的气动特性，已成为直升机空气动力学研究热点。

直升机前飞时，在旋翼旋转平面上，前行桨叶的相对气流要大于后行桨叶，而在 90°位置相对气流达到最大，为

$$W_{90^\circ} = \Omega r + V_{前飞}$$

如图 2－28 所示，后掠式桨叶桨尖处的最大相对气流速度为

$$W_{90^\circ} = \Omega r + V_{前飞}\sin\theta$$

式中，θ 为桨叶后掠角。

可以看出，相同的前飞速度下，后掠式桨叶桨尖处相对气流速度小于矩形普通桨叶，也就是说，当矩形桨叶桨尖达到 $Ma_{临}$ 时，后掠式桨叶桨尖还未到，这样就提高了直升机飞行的最大速度。

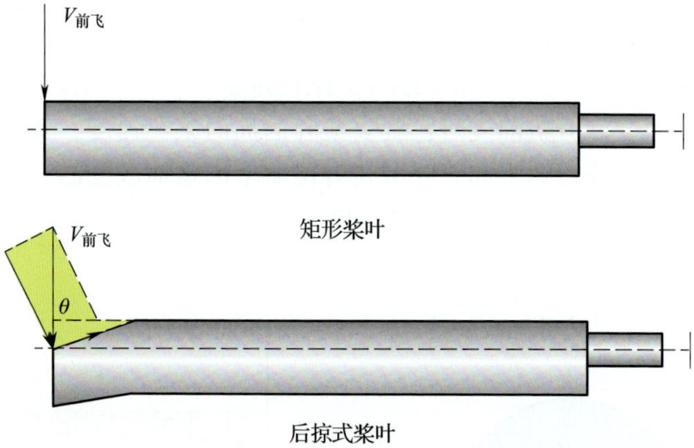

图 2-28　矩形桨叶与后掠式桨叶桨尖相对气流速度对比

(3) 返流区

在整个桨叶上，周向来流速度的分布，如图 2-29 所示。

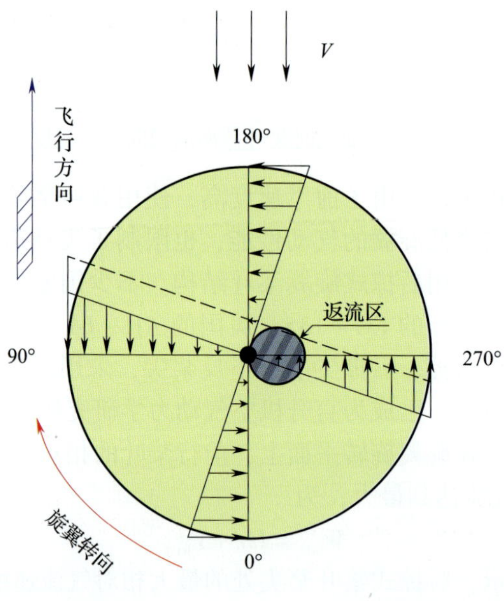

图 2-29　斜流状态下（前飞时）桨叶截面周向来流速度

由图 2-29 可以看出，在 $\varphi = 0° \rightarrow 90° \rightarrow 180°$ 的前行桨叶区，因桨叶逆风旋转，桨叶各截面的周向来流速度在 Ωr 的基础上均增加 $V \sin \varphi$，因此，在 90° 方位，旋翼旋转产生的相对气流与因直升机前飞所产生的相对气流方向是一致的，所以桨叶的相对气流速度为最大。在 $\varphi = 180° \rightarrow 270° \rightarrow 360°$ 的后行桨叶区内，因桨叶顺风旋转，桨叶各截面的周向来流速度，在 Ωr 的基础上均减小

$V\sin\varphi$,所以，桨叶在270°方位旋翼旋转产生的相对气流与因前飞所产生的相对气流方向是相反的，所以桨叶的相对气流速度为最小。

以桨叶尖端的截面为例，如旋转所产生的相对气流速度为200m/s，直升机以50m/s的速度飞行，则

在90°方位

$$W_{90^\circ}=\Omega r+V_{前飞}=200+50=250\ (\mathrm{m/s})$$

在270°方位

$$W_{270^\circ}=\Omega r-V_{前飞}=200-50=150\ (\mathrm{m/s})$$

这种桨叶的周向相对气流速度左右不等的现象，称为旋翼相对气流的不对称性。旋翼相对气流不对称的情形，可以用旋翼工作状态特性系数（前进比μ）来衡量。即μ值越大，旋翼相对气流的不对称性越大；μ值越小，旋翼相对气流的不对称性越小。

桨叶各截面因旋转而产生的相对气流速度的大小，和该截面至旋转轴的距离（即半径）有关。越靠近桨叶根部，由旋转而产生的相对气流速度越小。在后行桨叶区，由于前飞所引起的相对气流速度（$V\sin\varphi$），在靠近桨叶根部的某个区域内，将会大于因旋翼旋转而产生的相对气流速度，即桨根处Ωr小于$V\sin\varphi$的一段桨叶上，周向气流不是由桨叶前缘流向桨叶后缘，而是由桨叶后缘流向桨叶前缘。这种反向流动的气流，称为返流。旋翼上存在返流的区域称为返流区（如图2－29的阴影部分所示），它会给旋翼的气动特性带来不良的影响。

在返流区的边界上，桨叶截面的周向气流速度为零。根据这个条件可确定返流区域及其边界为

$$u=\Omega r+V\sin\varphi\leqslant 0$$

$$r\leqslant-\frac{V}{\Omega}\sin\varphi$$

或

$$r\leqslant-\mu R\sin\varphi$$

事实上，取$\varphi=270^\circ$，$\sin\varphi=-1$时，求得的r值，即为旋翼返流区的直径（d）。于是，返流区直径（d）可用下式表达

$$d=\mu R=\frac{V}{\Omega}$$

上式表明，返流区是一个在后行桨叶区内直径等于V/Ω或μR的圆形区域，如图2－29所示。

由于直升机的最大飞行速度较小（$\mu_{max}<0.4$），返流区在旋翼旋转面积中所占的比例甚小（小于5%），而且返流区内的气流速度也很小，加之桨叶结构上所采取的措施（即在$r/R<0.2$的范围内通常没有翼型剖面），因此，返流区

对旋翼气动性能的影响，一般可以忽略不计。

综上所述，在斜流状态下，旋翼前行桨叶区的周向来流速度比后行桨叶区的要大，而且在后行桨叶区内还有返流区的存在。即是说旋翼的周向气流速度会出现不对称。前飞速度（或μ值）越大，返流区越大，表明旋翼周向气流速度的不对称分布越严重。

另外，返流区的大小同飞行速度和旋翼旋转速度有关，当前飞速度为零时，也就是直升机在无风悬停或垂直升降的情况下，旋翼桨叶转到不同的方位，桨叶各截面的周向相对气流速度都没有变化。在数值上等于该截面旋转运动的圆周速度，不存在返流区（如图2－30（a）所示）。当前飞速度不等于零而且一定时，转速越大，返流区越小；转速一定时，前飞速度越大，返流区越大。例如，桨叶自180°方位转向270°方位的过程中，前飞所引起的相对气流对桨叶相对气流的影响不断增大，故旋翼上的返流区逐渐扩大。桨叶自270°方位转向360°方位，前飞速度对桨叶相对气流的影响不断减小，故旋翼上的返流区又逐渐缩小。如图2－30（b）、（c）所示。如果返流区超过允许范围，旋翼拉力将降低，所以，直升机的最大允许速度受返流区的限制。

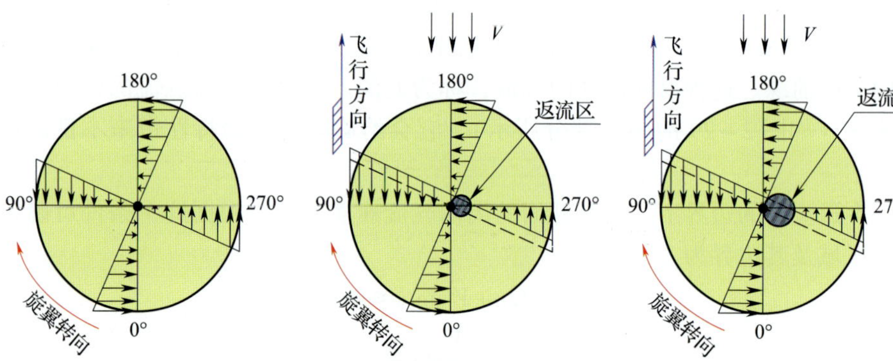

（a）悬停状态无返流区　（b）前飞速度小返流区小　（c）前飞速度大返流区大

图2－30　前飞速度对旋翼返流区的影响

综上所述，μ值越大，返流区也越大；μ值越小，返流区也越小。

在旋翼返流区内，由于桨叶周向相对气流是反向的，会产生向下的拉力。当直升机不超过最大允许速度飞行时，旋翼返流区处在允许范围内，甚至处在没有桨叶的桨毂部分，这对飞行影响不大。如果直升机超过最大允许速度飞行，返流区将超过允许范围。这不仅会使旋翼拉力降低，而且每片桨叶的空气动力会产生显著的周期性变化。此时，若立即减小飞行速度或增大转速，即可恢复正常。

在斜流状态下，桨叶各截面除了有与桨毂旋转平面平行的周向来流速度外，还有同旋转平面垂直的垂直速度（$V_{垂}$），即有轴向相对气流速度。$V_{垂}$可用下面

公式表示，即

$$V_{垂} = v_{诱} \pm V_{挥} \pm V_y$$

式中，V_y为直升机前飞时的升降速度，其正负值规定同前。桨叶的挥舞速度（$V_{挥}$）正负值规定为：桨叶上挥时，因挥舞产生的相对气流速度（$V_{挥}$）的方向与诱导速度（$v_{诱}$）的方向相同，这时 $V_{挥}$应取正值；反之，桨叶下挥时，$V_{挥}$取负值。

因此，斜流状态下，流向桨叶截面的相对气流合速度（W），应为周向来流速度（u）和轴向气流速度（$V_{垂}$）两者的矢量合成。

直升机前飞时，旋翼既旋转又前进，造成旋翼周向来流速度不对称。下面将从这一运动特点入手，分析由此产生的矛盾及其解决方法，并研究旋翼桨叶的挥舞运动及所引起的旋翼锥体倾斜等问题。

2.5.2　旋翼水平铰的作用与桨叶的挥舞运动

2.5.2.1　旋翼水平铰的作用

直升机前飞时，由于旋翼周向气流的不对称，在周向气流速度大的一边，桨叶产生的拉力大；在周向气流速度小的一边，桨叶产生的拉力小。这样，就形成了旋翼左右两边拉力的不对称。如果直升机的旋翼没有水平铰，桨叶与桨毂采用刚性连接，旋翼拉力不对称就会形成较大的横侧不平衡力矩，迫使直升机向一侧倾斜（如图 2-31 所示）。

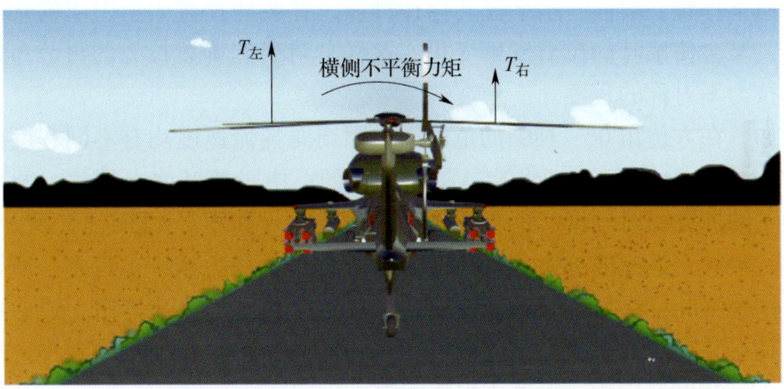

图 2-31　旋翼无水平铰的直升机前飞时所产生的横侧不平衡力矩

此外，没有水平铰的旋翼，桨叶拉力会使桨叶根部受到很大的弯矩。当直升机前飞时，因周向气流不对称，引起桨叶拉力发生周期性的变化，它使桨叶根部受到的弯矩也发生周期性变化。这种周期性变化的弯矩称为交变弯矩（如图 2-32 所示）。桨叶在交变弯矩作用下，很容易疲劳损坏。现在有各种办法来克服上述固接式桨叶的缺陷，应用最广泛的办法就是采用具有水平铰的旋翼。

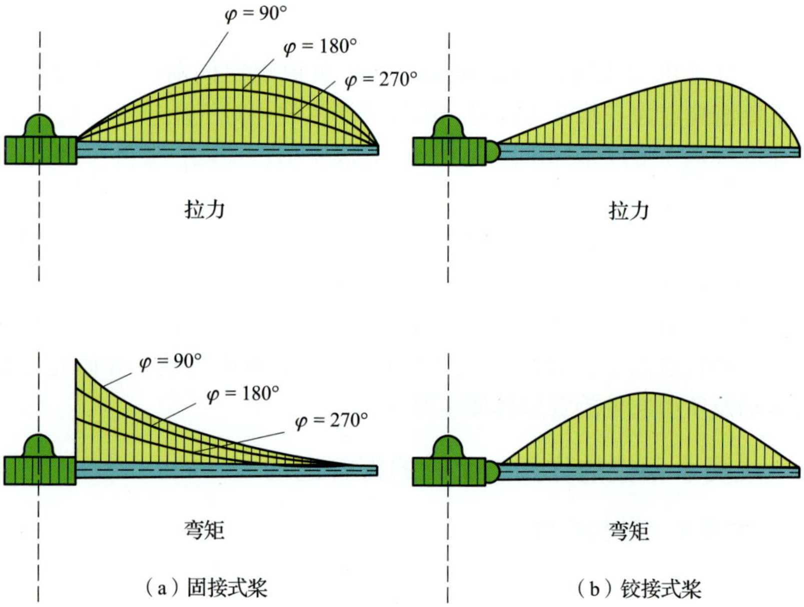

图 2－32　前飞时桨叶上的拉力和弯矩的分布

对具有水平铰的旋翼，当桨叶的周向气流速度增大而引起桨叶拉力增大时，桨叶可绕水平铰向上挥舞；当周向气流速度减小而引起拉力减小时，桨叶可绕水平铰向下挥舞，故而，水平铰又称挥舞铰。在桨叶挥舞中所引起的桨叶迎角的变化，又会使桨叶的拉力发生变化，这样，将引起旋翼拉力的再分布，从而减轻了拉力不对称的程度。

例如，在方位角 0°～180°的范围内，因周向气流速度均有不同程度的增大（如图 2－33（a）所示），桨叶是向上挥舞的。由于桨叶向上挥舞，便产生了自上而下的挥舞相对气流，这会使桨叶迎角减小（如图 2－33（b）所示），拉力减小。桨叶上挥速度越大，桨叶迎角减小越多，拉力减小也越多。所以，具有水平铰的桨叶，在 0°～180°范围内，虽然由于相对气流速度增大而使拉力增加，但是在桨叶绕水平铰上挥过程中，桨叶迎角减小，又使拉力减小。故桨叶拉力在 0°～180°范围内，可基本保持不变。

同理，桨叶从方位角 180°转回 360°时，桨叶因周向气流速度减小（如图 2－33（a）所示）而拉力减小，与此同时，桨叶绕水平铰向下挥舞，由此产生的挥舞相对气流又使桨叶迎角增大（如图 2－33（b）所示），从而使拉力增大。二者综合的结果，使拉力大致保持不变。

综上所述，具有水平铰的旋翼，直升机前飞时出现的桨叶周向气流速度的周期性变化，会引起桨叶挥舞。通过桨叶挥舞所引起的桨叶迎角变化（如图 2－33（b）

所示)，可使桨叶在 360°方位角范围内拉力大致保持不变。因而能有效地减轻旋翼拉力的不对称，消除横向不平衡力矩。

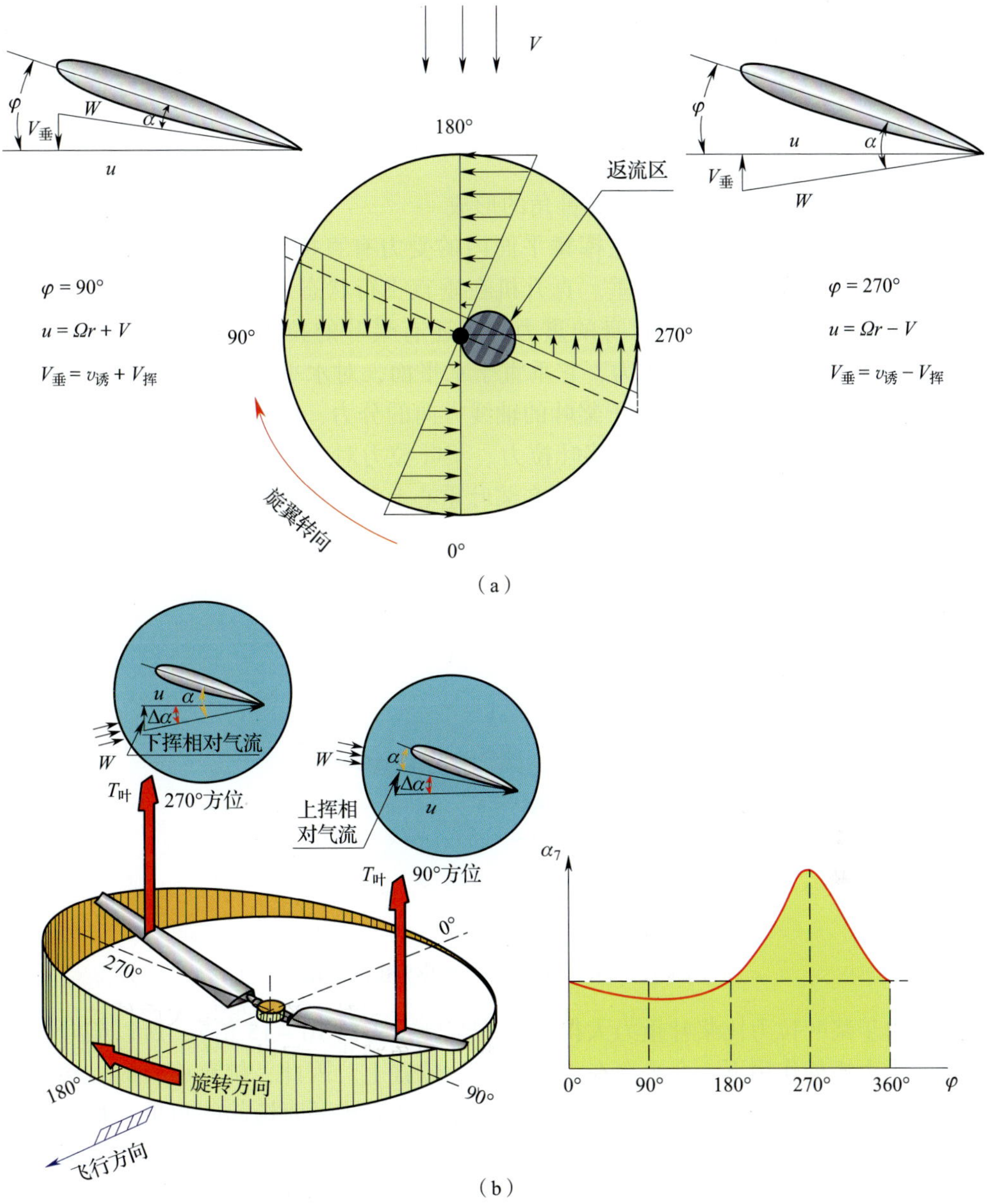

图 2－33　桨叶挥舞时的迎角变化

此外，因水平铰不能传递桨叶挥舞面内的弯矩，这样，桨叶拉力形成的弯矩在水平铰处就变为零。因此，采用水平铰能大大提高桨叶的抗疲劳强度，并因而减轻了桨叶的结构重量。

必须指出，不带水平铰的旋翼，其挥舞运动是通过其他方式实现的，道理同水平铰是一样的。

2.5.2.2 桨叶的自然挥舞

旋翼（或尾桨）桨叶的自然挥舞，是指由非操纵因素引起的桨叶挥舞运动。它是以后分析桨叶挥舞控制的基础。

(1) 轴流状态下桨叶的自然挥舞

①作用在桨叶上的力与旋翼锥角的形成

桨叶的自然挥舞与桨叶在挥舞平面内的受力有直接关系。旋翼不旋转时，桨叶受本身的重力作用而下垂。直升机在垂直飞行状态（轴流状态），每片桨叶受到的作用力，除桨叶自身的重力外，还有桨叶的拉力和惯性离心力。如图2-34所示，$G_{叶}$为桨叶重力，它垂直于水平面，对水平铰形成的力矩使桨叶下垂。$T_{叶}$为桨叶拉力在垂直于桨叶的轴线方向的分力，因其与桨叶拉力近似相等，故以下不再区分，统称为桨叶拉力。桨叶拉力对水平铰构成的力矩，使桨叶抬起。$F_{惯}$为惯性离心力，它作用在桨叶重心上，其作用线垂直于水平铰旋转轴，对水平铰所形成的力矩，力图保持桨叶作水平旋转。

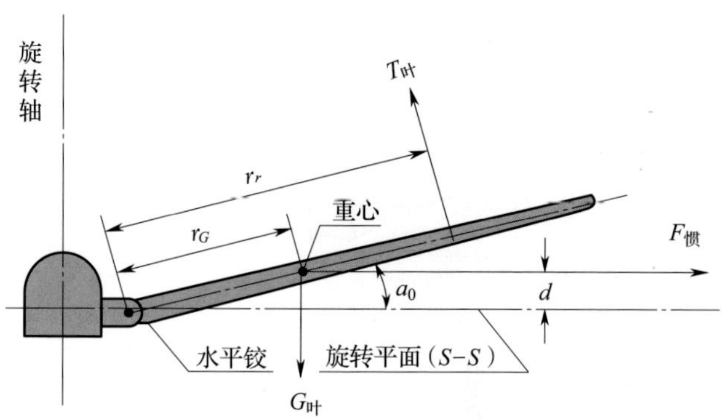

图2-34　均匀挥舞时桨叶力矩的平衡

由于桨叶拉力比桨叶重力大得多（为桨叶重力的10~15倍），所以桨叶在这三个力矩的作用下，会平衡在上扬的某一位置上。因此，旋翼旋转时，会形成一个倒立的锥体（如图2-35所示）。桨叶自旋转平面扬起的角度，称为锥角（a_0）。由于桨叶的惯性离心力很大（通常约为桨叶拉力的十几倍，为桨叶重力的100~200倍），所以锥角（a_0）实际并不大，一般为3°~10°。

在轴流状态下，由于旋翼周向气流速度是对称的，每片桨叶在旋转一周中，桨叶拉力力矩和惯性离心力矩不变，因此，桨叶在各个方位形成的锥角均相同。此时的旋翼锥角（a_0）就是桨叶在各个方位的挥舞角（β）。旋翼桨叶的这种挥舞形式，称为均匀挥舞。

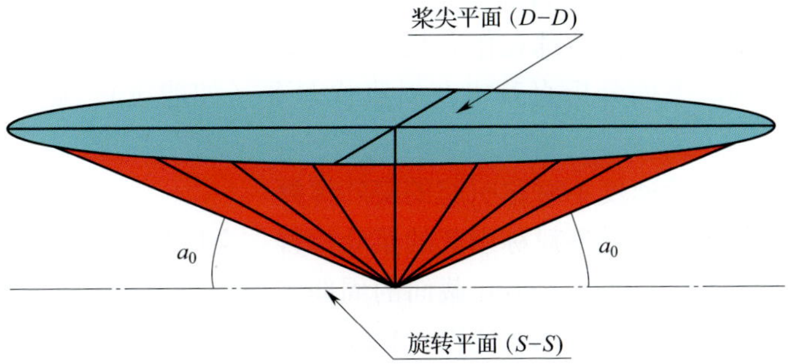

图 2－35　轴流状态下桨叶的自然挥舞

②轴流状态下的旋翼拉力

如上所述，直升机在轴流状态下（如直升机垂直飞行），旋翼的每片桨叶所受到的力有：桨叶拉力（$T_{叶}$），桨叶重力（$G_{叶}$）和惯性离心力（$F_{惯}$）等，当这些力对水平铰构成的力矩取得平衡时，桨叶自旋转平面向上扬起，并形成一个锥角（a_0）。

根据理论力学可知，当几个力对某点的力矩平衡时，其合力矩必然为零，几个力共同作用的效果与其合力的作用效果是相同的。根据这个道理，桨叶的拉力（$T_{叶}$）、重力（$G_{叶}$）和惯性离心力（$F_{惯}$）的合力（$F_{叶}$），其作用线必通过水平铰并使桨叶形成一定的锥角（a_0）。当桨叶处于平衡状态时，合力（$F_{叶}$）的作用线可认为大致与桨叶的轴线相平行。

将桨叶合力（$F_{叶}$）沿其作用线方向移至水平铰处，按平行四边形法则相加，就可得到形成锥体时的旋翼气动合力（R）。在轴流状态下，旋翼气动合力（R）就是旋翼拉力（T）（如图 2－36 所示）。由于旋翼气动合力（R）是平行于旋翼锥体轴的（或垂直于桨毂旋转平面），因此，只要旋翼锥体向一侧倾斜，其气动合力（R）也跟着向同一侧倾斜，这时，旋翼锥体轴偏离旋翼旋转轴。旋翼气动合力（R）沿旋翼旋转轴的分力，就是旋翼拉力（T）。飞行员操纵旋翼改变气动合力（R）的方向，就是通过操纵旋翼锥体倾斜来实现的。

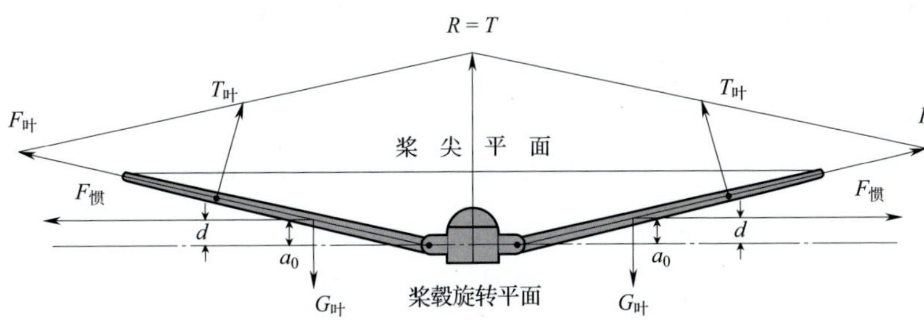

图 2－36　轴流状态下旋翼桨叶的力矩平衡

(2) 斜流状态下桨叶的自然挥舞

旋翼工作中，桨叶通常都在作有规律的挥舞运动。这种挥舞运动是由各种不同原因引起的。下面分析直升机在斜流状态下（如前飞），旋翼桨叶的自然挥舞运动。

①旋翼周向气流速度不对称引起的桨叶挥舞

由旋翼周向气流速度不对称引起的桨叶挥舞，会使旋翼锥体向后倾倒。

设直升机以速度 V 前飞，桨叶截面的周向气流速度（u）随方位角的变化，如图 2－37（a）所示；桨叶挥舞速度（$V_{挥}$）、桨叶截面迎角（α）和桨叶挥舞角（β）随方位角的变化规律分别见图 2－37（b）、(c) 和（d）。

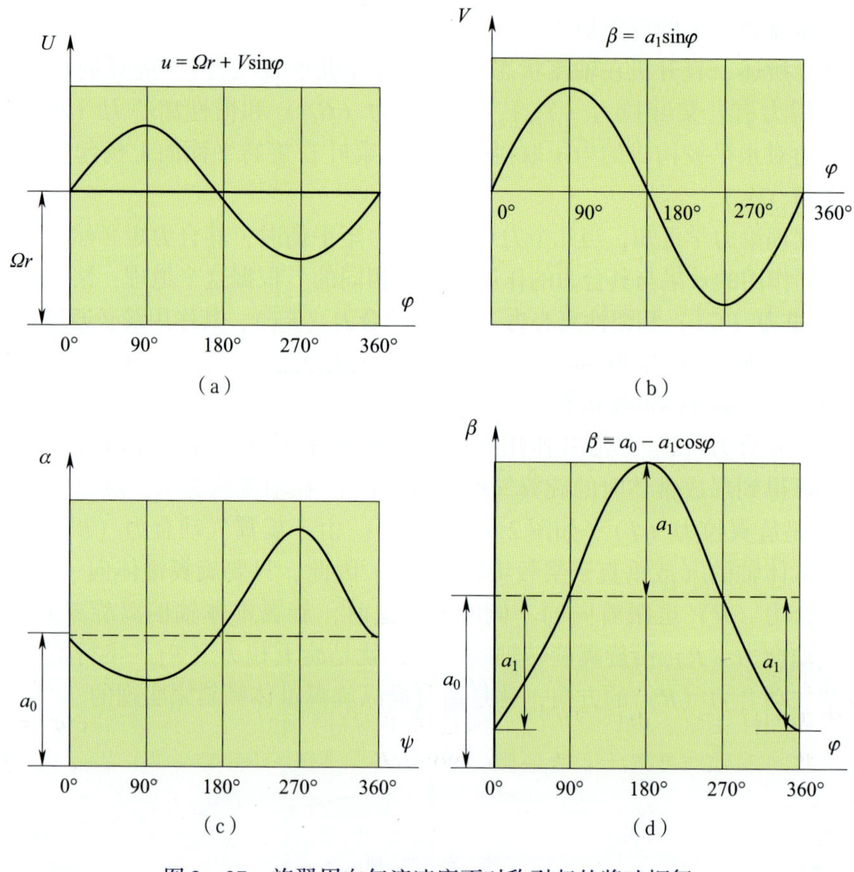

图 2－37　旋翼周向气流速度不对称引起的桨叶挥舞

当桨叶由方位角 0°向 90°方位转动时，周向气流速度由基准值 Ωr 不断增大，其增量为 $V\sin\varphi$，桨叶截面的相对气流合速度（W）随之增大，促使桨叶拉力增大，于是桨叶向上挥舞。在上挥过程中，上挥速度和挥舞角不断增大。桨叶向上挥舞的同时，会形成向下的相对气流使桨叶各截面的迎角减小，从而使桨叶拉力减小到原来数值。至 90° 方位时，桨叶的周向气流速度为最大 ($\Omega r + V$)，因而此时的向上挥舞速度最大，桨叶截面的迎角为最小，桨叶拉力仍能保持原来数值。由此可见，桨叶的挥舞速度起着自动调节拉力的作用。

桨叶继续由 90°转向 180°方位，$V\sin\varphi$ 开始减小，上挥速度也由最大值开始减小，桨叶依靠上挥中积累的动能仍能继续上挥，只是由于截面周向气流速度减小，上挥速度逐渐减小。直到 180°方位，$V\sin\varphi$ 减小到零，周向气流速度恢复到基准值（Ωr），上挥速度也随着减小到零，桨叶在该处上挥到最高点，此时的挥舞角（β）达到最大值。

当桨叶转过 180°方位后，周向气流速度由基准值开始减小，桨叶由最高点开始下挥，并随着接近 270°方位，下挥速度不断增大。在 270°方位，桨叶截面周向气流速度达到最小，下挥速度增至最大。

由 270°转向 360°方位，桨叶截面周向气流速度又有所增大，桨叶的下挥速度又逐渐减慢。转至 360° 方位时，桨叶截面周向气流速度又恢复到基准值 (Ωr)，桨叶的下挥速度减小为零，桨叶下挥至最低点，此时的挥舞角为最小。

在桨叶下挥过程中，同桨叶上挥一样，桨叶的挥舞速度仍能调节桨叶拉力使之保持恒值。

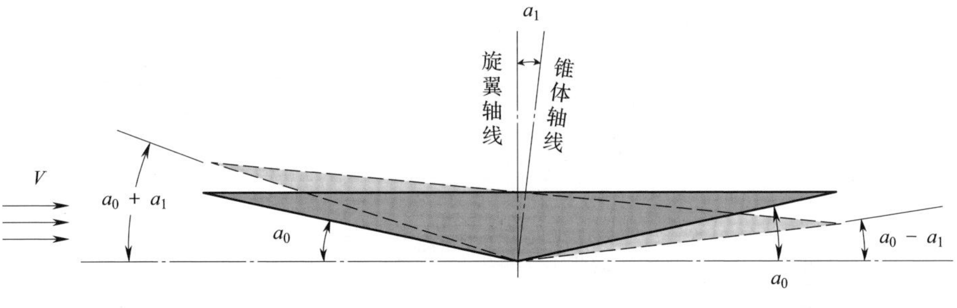

图 2－38　前飞时旋翼锥体的后倒角

综上所述，直升机前飞时，旋翼每转一周，桨叶挥舞速度和挥舞角分别出现一次周期性变化。由旋翼周向气流速度不对称引起的桨叶挥舞，在 $\varphi = 90°$ 方位，桨叶上挥速度最大；在 $\varphi = 180°$方位，桨叶上挥得最高；在 $\varphi = 270°$ 方位，桨叶的下挥速度最大；在 $\varphi = 360°$方位，桨叶下挥得最低。也就是说，由此原因引起的桨叶挥舞，会使旋翼锥体向后倾倒一个角度，这个角度称为锥体后倒角（a_1）。前飞速度（或 μ 值）越大，旋翼周向气流不对称越严重，旋翼锥体后倒角也越大。

桨叶挥舞尽管十分复杂，但有其规律性。掌握了挥舞规律，就便于分析挥舞中的许多问题。根据上面分析，桨叶的挥舞规律可归纳为：周向气流速度（u）最大方位，即上挥速度最快的方位；周向气流速度最小的方位，即下挥速度最快的方位。上挥最高（β_{max}）的方位比上挥速度最快的方位滞后 90°；下挥最低（β_{min}）的方位比下挥速度最快的方位滞后 90°。

②旋翼锥角形成的桨叶迎角不对称引起的桨叶挥舞

由旋翼锥角形成的桨叶迎角不对称引起的桨叶挥舞，会使旋翼锥体向前行桨叶一侧倾斜。

直升机前飞时，由于旋翼锥体的存在，前飞气流速度的径向流速（$V\cos\alpha_S$）不再与桨叶轴线平行。这样，径向流速（$V\cos\alpha_S$）可以分解为与桨叶轴线平行和垂直的两个分量，其中垂直分量（$V\cos\alpha_S\sin a_0$）会对桨叶的截面迎角产生影响。如图 2－39（a）所示，在 φ ＝ 90°→180°→270°方位内，垂直分量是自下而上吹向桨叶，使桨叶的迎角增加；在 φ ＝ 270°→ 0°→ 90°方位内，垂直分量是自上而下吹向桨叶，使桨叶迎角减小。垂直分量随方位角（φ）的周期性改变，也将引起桨叶迎角的周期变化，其变化情况如图 2－39（b）所示。

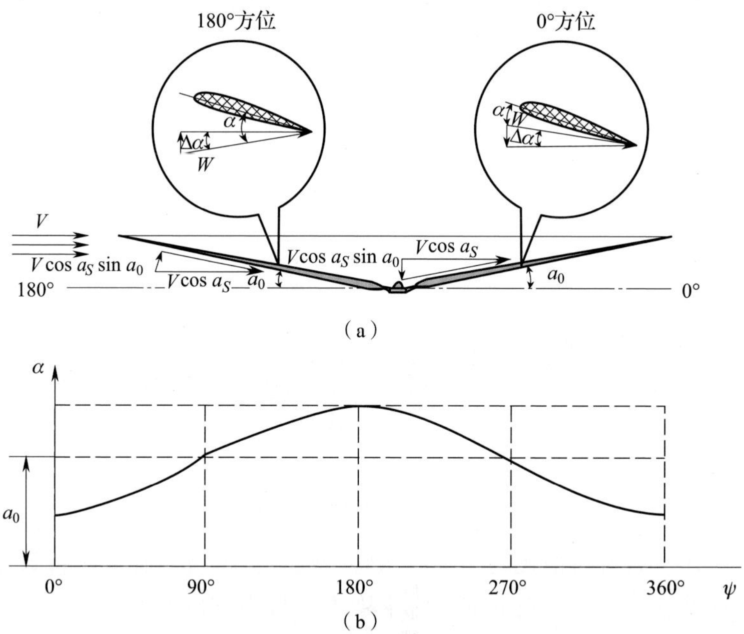

图 2－39　由旋翼锥角引起的桨叶迎角的周期变化

与周向气流速度变化引起的桨叶挥舞类似，桨叶迎角的周期变化也将引起桨叶的挥舞，并在挥舞中自动调节着桨叶拉力使之保持恒值。如图 2－39（b）所示，在桨叶转过 90°方位后，随桨叶迎角逐渐增大而加速上挥。至 180°方位，因桨叶迎角的增量最大，桨叶的上挥速度也积累至最大。之后，因迎角的增量逐渐减小，桨叶的上挥速度也随之减小，至 270°方位处，迎角的增量为 0，桨叶的上挥速度也减小到 0，这时桨叶上挥至最高，即挥舞角获得最大值。

在桨叶转过 270°方位时，因迎角的增量为负，桨叶即进入下挥过程。在 0°方位，桨叶的下挥速度增至最大，之后即进入减速下挥，至 90°方位，桨叶的下挥速度减小为 0，桨叶下挥至最低，挥舞角获得最小值。

前飞时，由于旋翼存在锥角 a_0 引起的桨叶迎角、挥舞速度和挥舞角随方位角的变化情况，如图 2－40 所示。

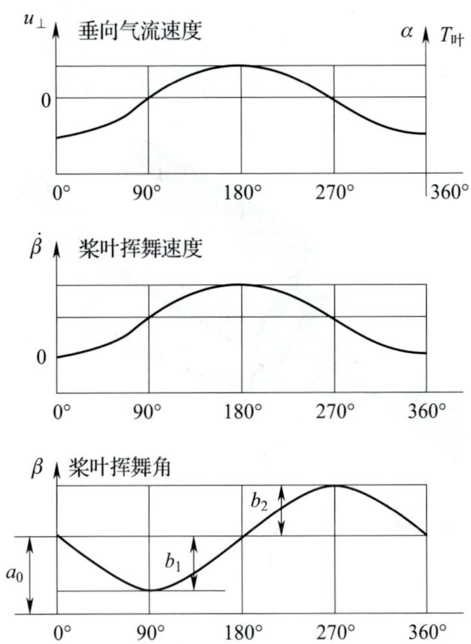

图 2－40　前飞中旋翼锥角引起的桨叶挥舞

综上所述，直升机前飞时，由旋翼锥角造成的迎角周期改变所引起的桨叶挥舞的结果是，在 270°方位桨叶上挥位置最高，在 90°方位桨叶下挥位置最低。旋翼锥体向 90°方位倾斜一个角度，这个角度称为旋翼锥体的侧倒角（b_1）（如图 2－41 所示）。

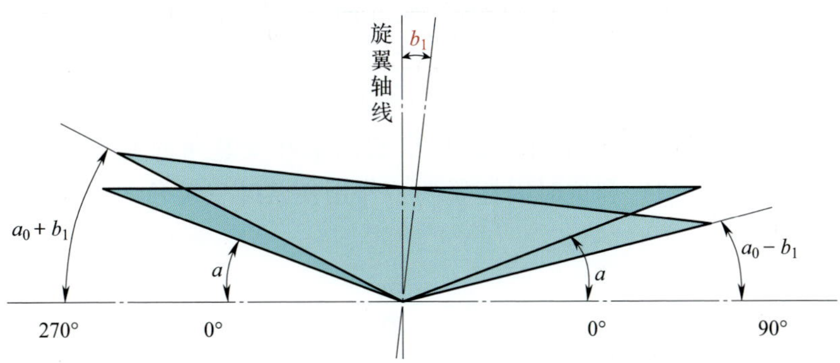

图 2－41　前飞时旋翼锥体形成的侧倒角

2.5.2.3 旋翼桨叶的挥舞调节作用及其对桨叶挥舞的影响

(1) 桨叶的挥舞调节作用

飞行中，如果发动机意外停车，为了有助于直升机安全进入自转（自转相关内容详见第10章），通常在直升机的操纵机构中装有挥舞调节装置，其组成如图2－42所示。当桨叶绕水平铰向上转动增大挥舞角（β）时，变距拉杆拉着变距摇臂，使桨叶绕轴向铰转动，减小桨叶安装角；当桨叶绕水平铰向下转动减小挥舞角时，变距拉杆顶着变距摇臂，使桨叶绕轴向铰转动，增大桨叶安装角。这种由于挥舞而改变桨叶安装角的过程称为挥舞调节作用。

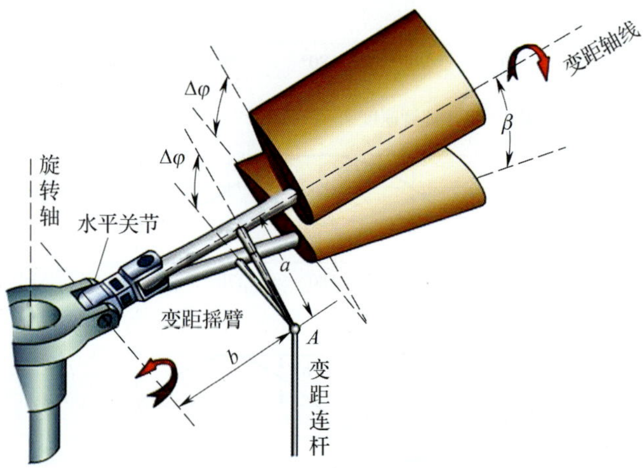

图2－42　桨叶的挥舞调节作用

桨叶具有挥舞调节作用是由旋翼的构造特点决定的。如图2－42所示，桨叶变距拉杆的连接点A，位于水平铰轴线之外。设节点A离水平铰轴线的距离为b，离轴向铰轴线的距离为a。桨叶向上挥舞时，只要操纵机构（驾驶杆、桨距杆）不动，A点就不可能向上移动，其结果必然是变距杆要拉着变距摇臂绕轴向铰转动，使桨叶迎角减小。同理，桨叶向下挥舞时，由于A点位置不变，变距拉杆要顶着变距摇臂使桨叶安装角变大。

桨叶挥舞调节作用的大小，通常用挥舞调节系数（k）来衡量。所谓挥舞调节系数是指桨叶挥舞角每改变1°引起的桨叶安装角的改变量。它决定于桨叶的挥舞角（β）和这时因挥舞调节作用使桨叶安装角的改变量（$\Delta\varphi$）的大小，即

$$k=-\frac{\Delta\varphi}{\beta}$$

式中：β——挥舞角，以增加为正；

$\Delta\varphi$——由挥舞角改变引起的桨叶安装角的变化量，以增加为正。

由于 β 与 $\Delta\varphi$ 的变化相反，故挥舞调节系数（k）为正值。其大小取决于图2－42中所示的 a 和 b 的数值。这是因为桨叶绕水平铰上挥，挥舞角增大时，要使节点 A 向上运动一段距离。而桨叶上挥的同时，要绕轴向铰转动使桨叶安装角减小，这又要使 A 点向下运动一段距离。而这两个对立作用的结果，A 点在垂直方向并没有运动。考虑到 β 和 $\Delta\varphi$ 不大，于是得出 A 点平衡关系式

$$a\Delta\varphi + b\beta = 0$$

$$k = -\frac{\Delta\varphi}{\beta} = \frac{b}{a} > 0$$

在来流角一定的情况下，桨叶安装角变化量等于桨叶迎角的变化量。从上式可以看出，在 a 值一定时，b 值越大，桨叶的挥舞调节作用越强；反之则越弱。当 A 点位于水平铰轴线上，即 $b=0$ 时，就没有挥舞调节作用了。目前直升机的挥舞调节系数的数值范围为0～1。

飞行中如果发动机停车，旋翼转速减小，桨叶的惯性离心力也减小，桨叶就会向上挥舞。与此同时，直升机下降率增大，使桨叶迎角增大，拉力有所增加，也引起桨叶向上挥舞。这时挥舞调节装置的作用是在桨叶上挥时减小桨叶安装角，从而防止桨叶上挥过多和旋翼转速减小过多。可见挥舞调节装置对保证直升机在发动机停车后进入旋翼自转是有利的。

（2）挥舞调节作用对旋翼锥体侧向倾斜的影响

挥舞调节装置固然有其有利的作用，但是它又带来新的问题，就是它改变了直升机在前飞中桨叶原有的挥舞规律，使旋翼锥体在向后倾斜的同时，又向270°方位倾斜，具体分析如下：

旋翼锥体向后倾斜时，桨叶在270°→ 0°→90°方位内向下挥，因挥舞调节装置的作用，使桨叶安装角有所增大。在0°方位，桨叶下挥到最低点，桨叶安装角增大最多。桨叶在90°→180°→270°方位内上挥，因挥舞调节装置的作用，使桨叶安装角有所减小。在180°方位，桨叶上挥到最高点，桨叶安装角减小最多。在90°和270°两方位，桨叶安装角保持不变。桨叶安装角的这种周期性变化，引起了桨叶的附加挥舞运动。所谓附加挥舞，就是在旋翼锥体后倾基础上的挥舞。显然，在桨叶安装角变化最大的方位，附加挥舞速度最快；而在桨叶安装角没有变化的方位，附加挥舞速度为零，桨叶位置为最高或最低。如上所述，这种附加挥舞，在0°方位上挥舞速度最快；在90°方位上挥舞到最高位置；在180°方位下挥舞速度最快；在270°方位挥舞到最低位置。这样，旋翼锥体在向后倾的基础上，又向270°方位倾斜。

上述由挥舞调节引起的锥体侧向倾斜，与前面介绍的由旋翼锥角引起迎角不对称造成的侧向倾斜比较，两者的效果是相反的。旋翼锥体最终的侧倾方向，则取决于挥舞调节系数（k）的大小。当挥舞调节系数等于零（$k=0$）时，也就是没有挥舞调节作用，锥体向90°方位倾斜，随着 k 值的增大，锥体向90°方

位的倾斜量减小，甚至向270°方位倾斜。例如，某型直升机旋翼桨叶的挥舞调节系数值比较大（$k = 0.5$），右倾量大于左倾量。因此，该型直升机在前飞时，迎面气流引起桨叶迎角的不对称和挥舞调节装置的作用，旋翼锥体的侧向倾斜是向270°方位的。

前面只分析了由于旋翼相对气流速度不对称使锥体后倾时，桨叶挥舞调节装置的作用。但在相对气流引起旋翼前后桨叶迎角的不对称使旋翼锥体向90°方位倾斜时，桨叶挥舞调节装置也起调节作用。

因为旋翼向90°方位倾斜，桨叶在270°方位上挥舞到最高位置，在90°方位下挥舞到最低位置。这时，由于挥舞调节作用，将使270°方位的桨叶安装角减小最多；90°方位的桨叶安装角增大最多；在0°和180°方位的桨叶安装角保持不变。桨叶安装角的这种周期性变化，也要引起桨叶的附加挥舞运动。这种附加挥舞，使桨叶在270°方位向下挥舞速度最快；在0°方位下挥舞到最低位置；在90°方位向上挥舞速度最快；在180°方位上挥到最高位置。这样，旋翼锥体在向90°方位倾斜的基础上，又增加了向0°方位的倾斜，即增大了后倾量。

综上所述，直升机在前飞中，由于旋翼的相对气流速度和桨叶迎角（包括桨叶挥舞调节装置的作用）不对称，造成旋翼锥体倾斜。具体来说，原因有四个方面：一是相对气流速度不对称，使旋翼锥体向后倾斜；二是旋翼前后桨叶迎角不对称，使旋翼锥体向90°方位倾斜；三是旋翼锥体向后倾斜时，因桨叶挥舞调节装置的作用，改变了旋翼前后的桨叶安装角（桨叶迎角），使旋翼锥体向270°方位倾斜；四是旋翼锥体向90°方位倾斜时，因桨叶挥舞调节装置的作用，改变了旋翼左右桨叶安装角（桨叶迎角），使旋翼锥体向后倾斜。总的来说，旋翼锥体的后倾量要大于侧倾量。所以直升机在前飞中，旋翼锥体是向侧后方倾斜的。例如，某型直升机在前飞时，桨叶约在170°方位挥舞最高，350°方位挥舞最低。也就是说，旋翼锥体向右后方倾斜。随着前飞速度的增大，旋翼锥体向右后方的倾斜量也增大（前面分析旋翼锥体倾斜的原因，暂时先忽略飞行员操纵的影响）。

还须指出，由于桨叶挥舞调节装置的作用，不仅改变了旋翼锥体倾斜的方位，而且还使桨叶自然挥舞的角度有所减小，即整个旋翼的锥角有所减小。

通过上述分析，可以看出桨叶的自然挥舞有以下规律：

前飞速度越大，旋翼锥体向侧后方倾斜越大。因此，随着前飞速度的增大，飞行员必须相应地向侧前方推杆，以保持飞行姿态。

在桨叶迎角（或相对气流速度）增大最多的方位，桨叶上挥速度最大。桨叶上挥速度最大和挥舞最高不在同一方位，而是延迟90°。即从桨叶上挥速度最大的方位，再继续转过90°，便是桨叶挥舞最高的方位。

直升机操纵的原理，就是根据上述旋翼锥体的变化规律，周期性地改变桨叶安装角，以使旋翼锥体向预定的方向倾斜。

2.5.3　旋翼垂直铰的作用与桨叶的摆振运动

旋翼采用水平铰，解决了前飞时旋翼出现的拉力不对称和交变弯矩之后，又产生了新的矛盾。这就是桨叶绕水平铰上下挥舞时，还会受到科里奥利（Coriolis，简称科氏，旧译哥氏）力的作用。这时的科氏力也是个交变力，也会导致旋翼的疲劳损坏。为了消除这种不利影响，多数旋翼的桨毂与桨叶之间采用了垂直铰。下面先说明科氏力的产生原理和垂直铰能够消除科氏力不利影响的道理，然后再分析桨叶的摆振运动。

2.5.3.1　科氏力的产生原理

为了说明桨叶绕水平铰上下挥舞时产生科氏力的情况，先研究如下试验。如图 2－43 所示，一个顺时针方向转动的圆盘，在圆盘上的刻槽内，有一个质量为 m 的滑块。滑块在槽内可以沿圆盘的半径方向移动。当圆盘以等角速度（Ω）旋转时，如滑块以径向速度（$V_{径}$）自圆盘中心向外匀速运动，这时，因半径不断增大，就会引起滑块的切线速度（$V_{切}$）不断增大（$V_{切2}>V_{切1}$），即滑块具有同圆盘转动方向一致的加速度（$a_{切}$）。显然，这个因切线速度的大小改变而引起的切线加速度（$a_{切}$），其大小同圆盘运动的角速度（Ω）和滑块的径向速度有关。滑块的径向速度和圆盘转动的角速度越大，则这个加速度也越大。

此外，随着圆盘转动，尽管滑块径向速度的大小没变，但滑块径向速度的方向却是不断改变的，如图 2－43 所示。加速度是单位时间内速度的改变量，所以，径向速度的方向偏转也表明存在加速度。因径向速度的方向偏转而引起的加速度（$a_{径}$），它的方向也同圆盘的转动方向一致。这就是滑块产生了另一个附加加速度。这个附加加速度的大小，也是与圆盘转动的角速度（Ω）和滑块的径向速度（$V_{径}$）成正比的。

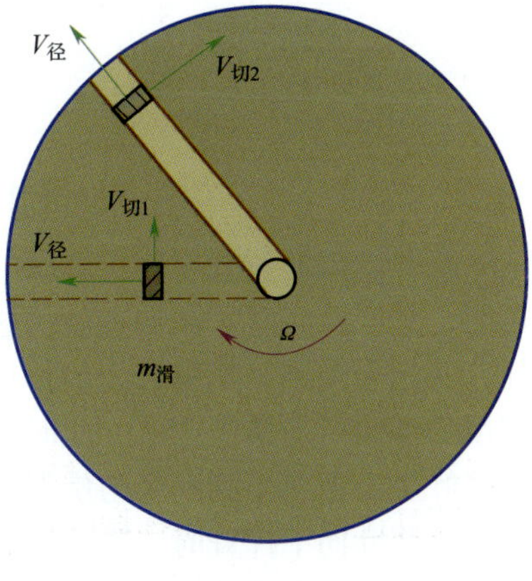

图 2－43　科氏力的产生

综上所述，在一个等角速度转动的圆盘上，当滑块以径向速度（$V_{径}$）自圆盘中心向外运动时，引起滑块切线速度的大小和径向速度的方向发生变化，会使滑块产生一个与圆盘转动方向一致的加速度，即科氏加速度。其大小为

$$a = a_{切} + a_{径} = 2V_{径}\Omega$$

根据力学原理可知，当物体作加速运动时，必然会受到一个同加速度方向

相反的惯性力。因此，当滑块以径向速度（$V_{径}$）自转动着的圆盘中心向外运动时，由于产生一个同圆盘转动方向一致的加速度，这样，滑块就会受到一个同圆盘转动方向相反的惯性力，这个惯性力的存在，最先是由法国科学家科里奥利发现的，所以习惯上称为科氏力。

同理，当滑块以径向速度（$V_{径}$）自外向圆盘中心运动时，一方面，其切线速度的大小是不断减小的；另一方面，径向速度的方向也是不断改变的。这将会引起一个同圆盘转动方向相反的加速度。根据惯性力与物体加速度方向相反的道理，这时，滑块将受到一个同圆盘转动方向一致的惯性力，即科氏力。

2.5.3.2 桨叶挥舞运动中受到的科氏力与垂直铰的作用

（1）桨叶挥舞运动中受到的科氏力

桨叶绕水平铰上下挥舞时，每片桨叶的重心位置至旋翼转轴的距离都在不断地变化着。例如，桨叶向上挥舞时，桨叶的重心位置至旋翼转轴的距离减小；向下挥舞时，距离增大，如图 2－44 所示。

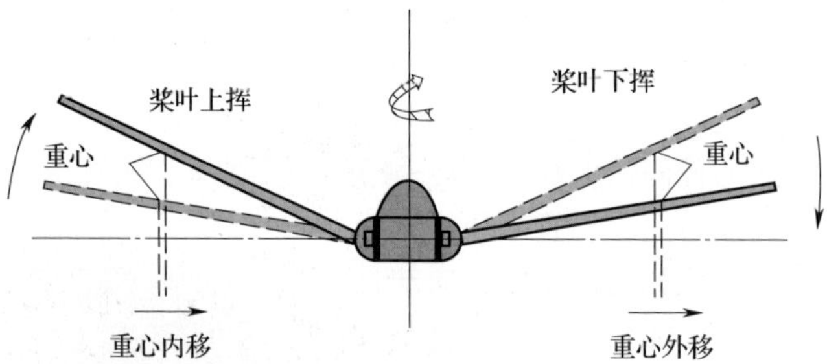

图 2－44　桨叶挥舞时，桨叶重心的移动情况

桨叶的重心位置至旋翼转轴的距离的这种变化，说明桨叶绕水平铰上下挥舞时，桨叶重心有了径向速度。这样，桨叶重心就像上述转动圆盘上的滑块那样，必定会受到一个科氏力的作用。当桨叶向上挥舞时，桨叶重心内移，径向速度的方向指向桨毂中心，此时，桨叶加速度的方向与旋翼旋转方向相反，故在桨叶重心上会受到一个与旋翼旋转方向同向的科氏力，力求使桨叶加速旋转。同理，桨叶向下挥舞时，桨叶重心外移，桨叶受到的科氏力的方向与旋翼的旋转方向相反，力求使桨叶减速旋转。

在日常生活中也可见到这种类似的现象，例如，伸出两臂作原地旋转时，急速收拢两臂，便会感到自己的身体在瞬间转得更快。如果再迅速伸展两臂，就能立即减速转动。这说明当身体旋转时，急速伸出或收拢两臂，改变两臂重心至旋转中心的距离，由此产生的惯性力即科氏力，能改变身体旋转的角速度。

对于一个给定的桨叶来说，桨叶的重量和重心位置是不变的，这样，科氏力的大小和方向，只取决于旋翼转速和桨叶的挥舞速度两个因素。在旋翼的转速一定时，科氏力的大小取决于桨叶挥舞速度和挥舞角两个因素。桨叶挥舞角通常变化不大，所以科氏力大小主要取决于桨叶挥舞速度的大小。桨叶挥舞速度越大，产生的科氏力越大。而科氏力的方向取决于桨叶的挥舞速度的方向，桨叶的挥舞速度方向改变，科氏力的方向也随之改变。

直升机前飞时，桨叶挥舞速度的大小和方向作周期性变化，因此，桨叶受到的科氏力的大小和方向也是周期性变化的。例如，在0°～180°方位，桨叶上挥时，桨叶受到的科氏力，其方向与旋翼旋转方向一致，力求使桨叶加速旋转；在180°～360°方位，桨叶下挥时，桨叶所受到的科氏力，其方向与旋翼旋转方向相反，力求使桨叶减速旋转。在0°与180°位置附近，桨叶挥舞至最高点与最低点，这时挥舞速度为零，科氏力也为零；当桨叶处于挥舞速度为最大的位置时，所受到的科氏力也最大。可见，桨叶的挥舞运动引起的科氏力是周期交变力。

如图2－45所示是通过一个算例计算出的桨叶挥舞中科氏力（$F_{科}$，旧称哥氏力）随方位角变化的曲线。从曲线可以看出，一片桨叶的科氏力的最大幅值竟高达桨叶自重的7倍以上，会在旋转平面内造成很大的交变弯矩，对桨叶结构寿命非常不利。

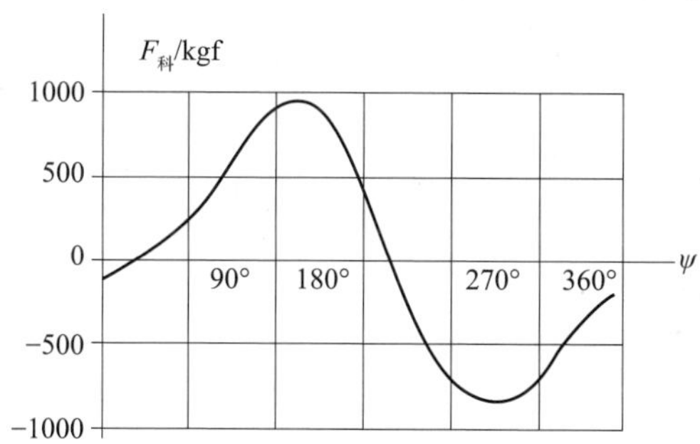

图2－45　科氏力随方位角的变化

（2）旋翼垂直铰的作用

如果直升机的旋翼没有垂直铰，旋翼工作时，桨叶产生的空气阻力引起桨叶根部受到较大的弯矩，如图2－46所示。直升机前飞时，由于旋翼周向气流速度不对称，会引起桨叶空气阻力的周期变化，加之桨叶在挥舞中受到的科氏力也是交变力，这样会使桨叶根部受到很大的交变弯矩。桨叶受到这样巨大的、改变又十分频繁的载荷，就像没有水平铰的危害那样，也容易使桨叶材料疲劳而提前损坏。为解决这个矛盾，在桨叶与桨毂之间，又采用垂直铰。

在疲劳强度高的新材料出现之前，如采用提供足够强度的方法来解决桨叶材料疲劳损坏问题，就需要增大桨叶与桨毂连接处的截面，从而使旋翼的结构变得十分笨重。此外，过大的交变载荷传到机体上，还会引起振动的显著增大。

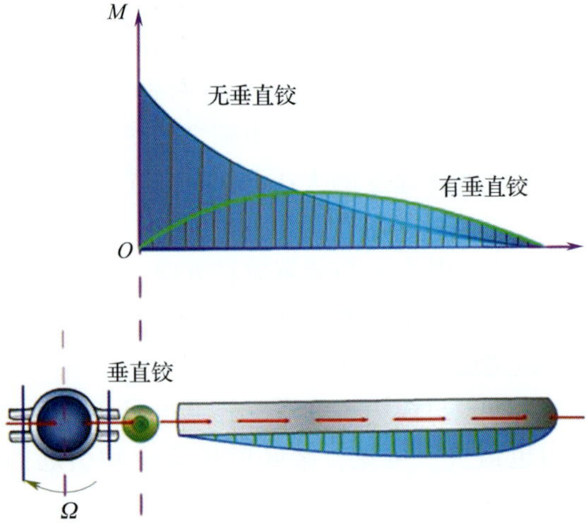

图2-46 由桨叶空气动力形成的弯矩

解决上述问题的有效方法之一，就是在旋翼上设置垂直铰。使桨叶可以在旋转面内绕垂直铰前后摆动，故垂直铰又称摆振铰。因为垂直铰不能传递旋转面内的弯矩，在垂直铰处承受的弯矩就减小为零（如图2-46所示）。在各种交变力的作用下，例如，当桨叶上挥科氏力欲使桨叶加速旋转时，桨叶可绕垂直铰向前摆动一个角度；当桨叶下挥科氏力欲使桨叶减速旋转时，桨叶可绕垂直铰向后摆动一个角度。这样，在垂直铰处，受到的旋转面内的各种交变弯矩就能减小为零。从而改善了桨叶的受力状况，结构重量和振动也就能相应地减轻。

（3）桨叶绕垂直铰的摆振运动

桨叶装有垂直铰以后，当桨叶上挥时，科氏力使桨叶加速旋转，桨叶可绕垂直铰向前摆动一个角度。当桨叶向前摆动一个角度后，离心力便偏离桨叶轴线，这时离心力的分力（F_2）便会阻止桨叶继续向前摆动，把桨叶摆动角度限制在一定范围内（如图2-47（a）所示）。

同理，当桨叶下挥时，科氏力使桨叶减速旋转，桨叶可绕垂直铰向后摆动一个角度。当桨叶向后摆动一个角度后，桨叶的离心力又会相对桨叶轴线向前偏离一个角度，产生的分力（F_2）会阻止桨叶继续向后摆动（如图2-47（b）所示）。这种桨叶上下挥舞所引起的桨叶绕垂直铰的前后摆动，称为桨叶的摆振运动。

综上所述，桨叶绕水平铰上下挥舞时，会引起桨叶绕垂直铰的摆振运动。由于桨叶绕水平铰的挥舞速度是不断变化的，因此，桨叶的摆振运动也是不匀称的。如果桨叶绕垂直铰的前后摆动角度过大，就会使旋翼重心过多地偏离桨毂中心，由此产生的不平衡惯性离心力会引起直升机振动。在某些情况下，还会使直升机发生地面共振。为防止桨叶绕垂直铰摆动过大而引起直升机振动，多数直升机都在垂直铰上设置有减摆器和限动块，将桨叶的摆振角限制在一个很小的范围内。另外，没有垂直铰的旋翼，也存在着摆振运动，其桨叶的摆振运动靠其他方式实现。

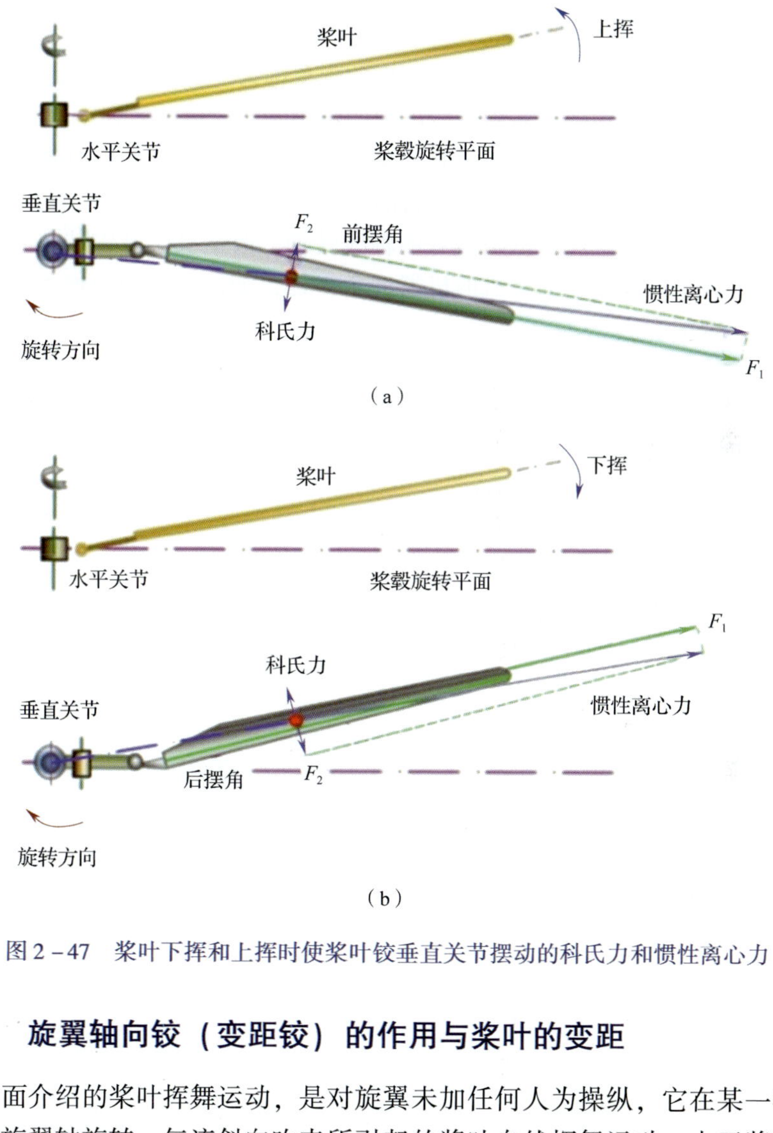

图 2－47　桨叶下挥和上挥时使桨叶铰垂直关节摆动的科氏力和惯性离心力

2.5.4　旋翼轴向铰（变距铰）的作用与桨叶的变距

前面介绍的桨叶挥舞运动，是对旋翼未加任何人为操纵，它在某一衡定条件下绕旋翼轴旋转，气流斜向吹来所引起的桨叶自然挥舞运动。由于桨叶周期挥舞，桨尖平面偏离了桨毂旋转平面，使旋翼的气动合力倾斜。为了控制气动合力矢量在空间的方向，也就是使桨尖平面倒向所需要的方向，以实现或保持所需要的飞行状态，必须对桨叶进行挥舞控制。就是根据桨叶自然挥舞规律，人为地操纵桨距，使桨叶绕轴向铰转动，所有桨叶均改变同样的角度，也就是改变旋翼总距，以改变旋翼气动合力的大小。同时，操纵驾驶杆，桨叶也绕轴向铰转动，使旋翼产生周期性变距。强制桨叶挥舞，使旋翼锥体向预想的方向倾斜，从而改变旋翼气动合力的倾斜方向。故直升机在旋翼桨叶和桨毂连接处装了轴向铰，这样桨叶可以绕该铰轴线转动以改变桨距，以达到改变气动合力大小和方向的目的。

桨叶绕轴向铰转动使桨叶安装角改变的现象称为变距。在旋翼旋转一周中，每片桨叶的桨叶安装角随旋翼旋转所出现的由小到大，再由大到小的周期变化，称为桨叶周期变距。由桨叶变距引起的桨叶强制挥舞，就能使旋翼锥体向驾驶杆的操纵方向倾斜，从而达到操纵的目的。

总之，轴向铰使桨叶可以绕本身的轴线转动，改变其桨叶安装角。改变桨叶安装角的结果同改变普通飞机的机翼迎角一样，能使桨叶迎角增大，拉力增大；反之，则减小。

对于无铰式旋翼，虽然取消了水平铰和垂直铰，但仍留有轴向铰，用来操纵桨距从而改变桨叶安装角。而桨叶的挥舞与摆振是通过桨叶及桨毂有关部位的弹性变形来进行的。

第3章　尾桨、垂尾和平尾的空气动力特性

尾桨、垂尾和平尾是单旋翼带尾桨式直升机的重要的空气动力部件，它们的工作情形和气动效能对直升机的平衡、稳定性和操纵性有着非常重要的影响，甚至还影响到飞行安全。

3.1 尾桨的空气动力特性

直升机的旋翼工作时，必然会产生一个与旋翼旋转方向相反的反扭矩（又称反作用力矩），要保持直升机的方向平衡，必须平衡此反扭矩。对单旋翼式直升机，普遍采用的解决方案就是在直升机的尾梁后段安装一个尾桨。尾桨的作用有三个：一是平衡旋翼的反扭矩，二是保证直升机的方向操纵性，三是改善直升机的方向稳定性。

3.1.1　尾桨及其工作情形

尾桨通常安装于尾梁的端部或尾斜梁上，构造平面一般平行于机体纵向对称面，通常由桨叶和桨毂组成（见图3－1）。桨叶旋转时，通过对空气的排压产生尾桨拉力，桨毂用来向尾桨传递功率，并通过变距机构改变尾桨桨距。与旋翼类似，尾桨桨叶工作时，也会产生挥舞与摆振，但尾桨毂的结构通常比旋翼桨毂简单，一般不设垂直铰。目前我国直升机使用的尾桨，大部分采用万向接头方式。

尾桨转动的能源来自旋翼轴。旋翼转动时，通过尾轴、中减速器、尾减速器带动尾桨旋转。旋翼和尾桨转动系统的这种传动关系，使得无论直升机发动机是否工作，只要旋翼转动，尾桨就会转动，从而保证直升机在任何状态下，都会获得可靠的方向操纵性和稳定性。按照传动机构的设计，尾桨转速通常要比旋翼大3～6倍。

图3－1　直升机的尾桨

由于尾桨通过尾传动机构与旋翼轴联动，旋翼转速不变，尾桨的转速也不会变，在飞行速度不变时，尾桨拉力的大小主要通过改变尾桨桨距来调整。由于直升机的方向操纵力矩完全由尾桨拉力提供，为了满足直升机左右偏转的要求，尾桨的变距是双向的，可以减小为负值（旋翼的桨距只能是正值）。如“松鼠”直升机尾桨桨距变化范围为 $-8° \sim +23°$。

与旋翼的工作状态相类似，尾桨的工作状态也有几种情形：直升机悬停时，尾桨的工作状态与旋翼的悬停状态相似；直升机侧飞或悬停回转时，尾桨的工作状态与旋翼的垂直飞行状态相似；直升机垂直飞行时，尾桨的工作状态类似于旋翼的小速度前飞；直升机前飞时，尾桨也处于前飞状态。

3.1.2 尾桨拉力

与旋翼类似，尾桨工作时产生的空气动力也是比较复杂的，除尾桨拉力外，还有旋转阻力、前飞气动阻力等。其中，前飞气动阻力在全机阻力中所占比例较小，对直升机飞行状态影响不大，旋转阻力由发动机提供的扭矩平衡，只有尾桨拉力直接影响直升机的侧向平衡，与飞行状态关系密切。所以，这里主要讨论尾桨的拉力及其影响因素。

3.1.2.1 尾桨的参数及其选择

（1）尾桨直径

尾桨的直径是指尾桨旋转面的直径。在保证产生平衡反扭距所需尾桨拉力的前提下，大的尾桨直径可以降低尾桨消耗的功率，并提供较大的方向操纵力，同时增强直升机的方向稳定性。但过大的直径会使直升机重心明显后移。反之，尾桨直径较小时因转速提高，所消耗功率较多。一般情况下，旋翼采用高桨盘载荷的直升机，多选择大的尾桨直径，而采用低桨盘载荷且尾梁较长的直升机，则选择较小的尾桨直径。

（2）尾桨桨尖速度

选择桨尖速度时，除了考虑气动力因素外，还要考虑噪声和重量。桨尖速度大，飞行中尾桨产生的气动噪声也大，但因所需桨叶面积小，尾桨驱动系统扭矩小，重量较轻。而小的桨尖速度可明显降低尾桨噪声。

（3）尾桨桨叶面积和翼型

在尾桨直径和桨尖速度确定后，因尾桨转速不变，桨叶的面积由平衡反扭矩所需的尾桨拉力以及在最坏条件下提供满意的操纵余量来确定。这在一定程度上也取决于所采用的翼型。薄而平的翼型对桨叶前行时是有利的，它可以减轻高速时的压缩性影响，而厚的带弯度的翼型对桨叶后行时有利，它可以减小失速所带来的问题。考虑到短粗的尾桨桨叶刚性较好，再加上双向变距的要求，尾桨桨叶一般多采用较厚的对称翼型。

（4）尾桨桨叶的扭转

尾桨桨叶的扭转可以在一定程度上提高尾桨的工作效率，对改善悬停性能和高速飞行时延缓后行桨叶的失速是有利的。但尾桨桨叶扭转可能促成尾桨涡环的产生并带来相应的副作用，同时使制造变得复杂，一般不提倡。

3.1.2.2　尾桨拉力及其影响因素

尾桨拉力产生的原理，同旋翼基本相同。尾桨工作时，桨叶向侧方排压空气的同时，会受到空气的反作用力，此力即为尾桨拉力 $T_{尾桨}$。在大多数场合，为了平衡旋翼的反扭矩，尾桨拉力是指向90°方位的，即左旋（俯视顺时针）旋翼直升机尾桨拉力方向向左，右旋（俯视逆时针）旋翼直升机尾桨拉力向右（见图3－2）。

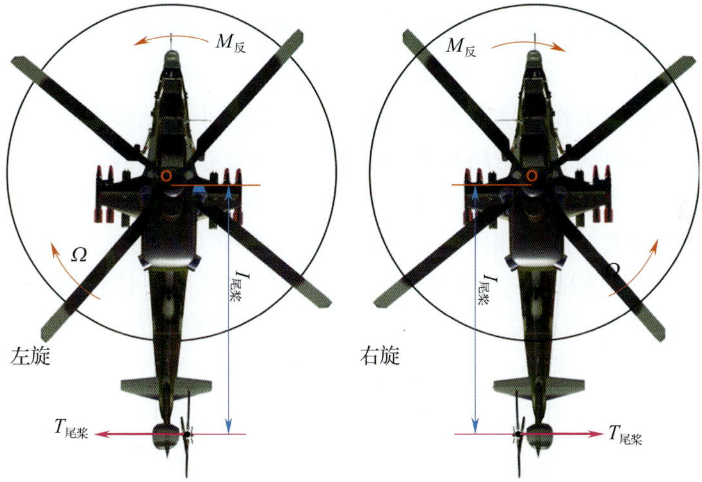

图3－2　尾桨拉力

与旋翼相似，影响尾桨拉力的因素主要有飞行速度、尾桨的直径、尾桨转速、桨叶翼型和迎角（桨距）、空气密度等，其影响规律与旋翼基本相同。

对同一机型，尾桨直径、桨叶翼型是不变的，尾桨拉力只取决于飞行速度、尾桨转速、桨叶迎角和空气密度。现代直升机多采用恒速旋翼，正常飞行状态下，尾桨的转速基本不变，而空气密度的变化取决于高度，因此，实际飞行过程中，尾桨拉力的变化主要受飞行速度和尾桨桨叶迎角的影响。当飞行速度增大时，尾桨桨叶的相对气流速度增大，而诱导速度同时减小，导致桨叶（前行）迎角增大，尾桨拉力增大。同样，飞行员操纵脚蹬增大尾桨桨距时，尾桨桨叶迎角相应增大，尾桨拉力随之增大。

飞行状态也会影响尾桨拉力的大小。直升机带侧滑前飞、在侧风中悬停、侧飞或回转时，由于流向尾桨的相对气流方向改变，尾桨桨叶迎角和尾桨拉力会随之改变。一般当相对气流从前行桨叶方吹来时，尾桨拉力减小；相对气流从后行桨叶方吹来时，尾桨拉力将增大。实际上，由于尾桨诱导速度较大，尾桨处相对气流方向改变引起的沿尾桨旋转轴方向的气流分速变化不大时，尾桨桨叶迎角变化量并不很大，尾桨拉力的变化也不明显。对个别涵道尾桨直升机（如直9）来讲，当气流从前行桨叶方吹来（如向右悬停回转）时，由于涵道对气流的加速作用，使尾桨桨叶迎角减小有额外的减小，但涵道处压力降低产生的额外吸力，实际上又相当于增大了尾桨拉力。因而出现“尾桨拉力变化不大”而旋翼转速还有自动增大的现象。

尾桨的左右安装位置对其拉力也有一定影响。在尾桨拉力方向一定时，当尾桨处气流吹向垂尾或尾斜梁（拉式尾桨）时，垂尾的阻挡作用会降低尾桨气动效率，使尾桨拉力减小。尾桨距垂尾越近，垂尾在尾桨桨盘上的投影面积越大，则这种影响就越严重。而当气流从垂尾处被吸向尾桨（推式尾桨）时，垂尾的影响要小得多。

此外，尾桨的工作环境也会影响尾桨拉力的大小。试验表明，旋翼动量流、旋翼翼尖涡、地面涡和风对尾桨拉力存在着极其复杂的影响。在某些飞行状态，尾桨底部处于旋翼动量流中，对底部向前旋转的尾桨，因前行桨叶动压增大，尾桨拉力也会增大，而底部向后旋转的尾桨，其拉力将会减小。尾桨的安装位置越高，这种影响就越小。当存在某些方位角的风时，这种影响会显著增大（见图3－3）。对旋翼翼尖涡和地面涡来讲，若尾桨旋转方向与涡的旋转方向相同，则尾桨拉力将会减小；反之，则尾桨拉力增大。

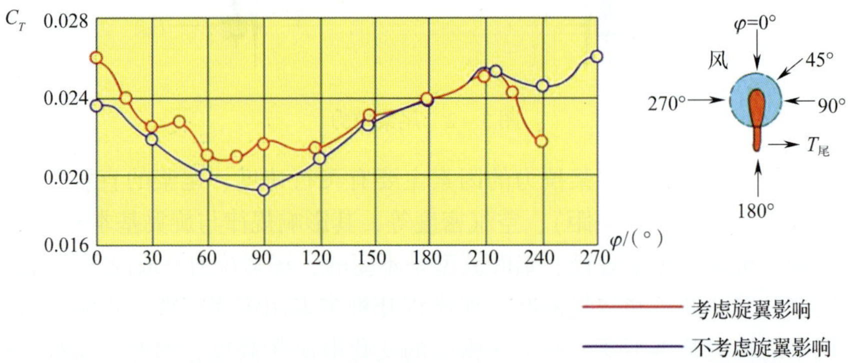

图3－3　旋翼尾流对尾桨拉力的影响

3.1.2.3　尾桨所需拉力随飞行状态的变化

在直升机飞行过程中，不同的飞行状态需要与之相适应的尾桨拉力。

直升机悬停或稳定前飞时，尾桨拉力主要用来平衡反扭矩。高度和速度不变时，所需尾桨拉力不变。直升机由地面工作转入悬停时，旋翼功率和反扭矩也是逐渐增大的，为了保持方向不变，尾桨拉力也应相应增大。反之，直升机由悬停下降至接地转为地面工作时，则应减小尾桨拉力。

直升机从悬停到最大平飞速度，随速度的增大，旋翼需用功率先减小后增加，反扭矩也是先减小后增加的，为保持方向平衡，所需的尾桨拉力也应该是先减小后增加。但前飞速度增加时，尾桨的拉力也会随之增大。一般在小速度范围，随速度的增大，应逐渐减小尾桨桨距，而在大速度时，应相应增大尾桨桨距。

直升机改变方向时，飞行员可通过尾桨操纵系统改变尾桨桨距，使桨叶迎角和尾桨拉力发生变化，从而实现直升机的方向操纵。如左旋旋翼直升机向90°方位转动时，需蹬左舵减小尾桨桨距，使尾桨拉力减小，进而产生一个附加的左转力矩——操纵力矩，使直升机向90°方位偏转；向270°方位转动时，则应蹬右舵增大尾桨桨距，使尾桨拉力增大。

3.1.3 剪刀式尾桨的气动特性

直升机的旋翼工作时，必然会产生一个与旋翼旋转方向相反的反扭矩（又称反作用力矩），要保持直升机的方向平衡，必须平衡此反扭矩。对单旋翼式直升机，普遍采用的解决方案就是在直升机的尾梁后段安装一个尾桨。尾桨的作用有三个：一是平衡旋翼的反扭矩，二是保证直升机的方向操纵性，三是改善直升机的方向稳定性。

武装直升机的尾桨多采用了新式的剪刀式布局尾桨，具备了气动效率好和降噪等特点。

3.1.3.1 剪刀式尾桨的发展

国外最早的剪刀式尾桨技术研究是从美国休斯公司开始的。由于直升机的噪声变得越来越严重，因此降噪成为直升机技术研究的重点之一。20世纪60年代休斯直升机公司接受了政府的“OH-6噪声削减”项目。由于桨尖速度过高是直升机噪声大的主要原因，因此休斯公司基本的研究思路是降低桨尖速度。桨尖速度降低以后，两叶跷跷板尾桨就不能产生足够的拉力，必须增加桨叶面积。最直接的方案就是再增加一副同样的跷跷板尾桨，两副尾桨共轴有一定间距。但是研究中发现这种构型存在结构安排不协调的问题。即如果采用传统的方法，两副尾桨互相垂直，就无法操纵机械连接，解决的方法就是非正交安排，交叉角采用了75°，这样第一个剪刀构型的尾桨就诞生了。

在噪声测试中发现剪刀构型有一个好处就是噪声低。由于人耳对高频噪声敏感，对低频不敏感，因此可以通过降低噪声的频率，达到降噪的目的。而剪刀构型会产生谐波多频调制，常规四叶尾桨的通过频率为每转四次，通过改变其剪刀角调整为接近每转两次，尾桨的每转通过频率就降低了。

俄罗斯从20世纪80年代开始研究剪刀构型。俄罗斯米里设计局深入研究发现剪刀构型有很多优点。1989 年巴黎航展米 – 28 首次展示了俄罗斯在剪刀构型方面的工作，米 – 28 采用了与 AH – 64 类似的尾桨。米 – 28 剪刀尾桨的直径为 3.84m，实度 0.159，剪刀角 36°，垂直间距 $h/R=0.07$。构型试验研究在旋翼塔上进行，试验件采用米 – 2 尾桨叶，直径 2.7m，弦长 22cm，实度 0.2076（四叶）、0.1038（两叶），扭角 0°，翼型 NACA0012。试验参数：剪刀角（0°/15°/23°/38°/ 60°/ 90°）、垂直间距（h/R：0.074/0.0807/0.102/0.126）、尾桨布置分 L 形（lower blade in front）和 U 形（upper blade in front）。桨尖速度 Ma（0.6 ~ 0.65）（204 ~ 221 m/s），转速 1440 ~ 1560 rad/s。

俄罗斯的试验表明，无论最大拉力、悬停效率均比常规构型要高，而且在剪刀角 35° ~ 55° 范围，间距 10% 尾桨直径时，达到最大值（拉力增大 10%），但是该结论只在尾桨布置为 L 形时成立。可能的逻辑解释是下尾桨在前，两个尾涡间距较大、干扰小；另外在尾桨为 U 形布置的情况下，可能出现尾涡与后行桨叶靠近通过的情况。而在 U 形布置时，最优剪刀角在 50° ~ 70°，但此时最大拉力较常规构型降低 7% ~ 8%，效率较 L 形布置低 3% ~ 4%。另外，随着垂直间距的增加，两副尾桨间的干扰减小，拉力、效率增加。

3.1.3.2 剪刀式尾桨布局的特征总体参数

除了尾桨的直径、转速等常规参数外，剪刀式尾桨具有其特殊的总体参数，包括剪刀角和两对尾桨的间隔。

剪刀角的大小影响着尾桨的气动特性和噪声水平。武装直升机的剪刀式尾桨的剪刀角都需要通过风洞试验进行确定。“阿帕奇”（AH – 64）直升机最开始设计时的剪刀角为 60°/120°，量产的 AH – 64A 为 55°/125°，AH – 64D 改为 48°/132°，米 – 28 直升机经过风洞试验最终确定的剪刀角为 36°。

两对尾桨的间隔也对尾桨的性能和噪声有影响，一般为尾桨直径的 9% ~ 10%。

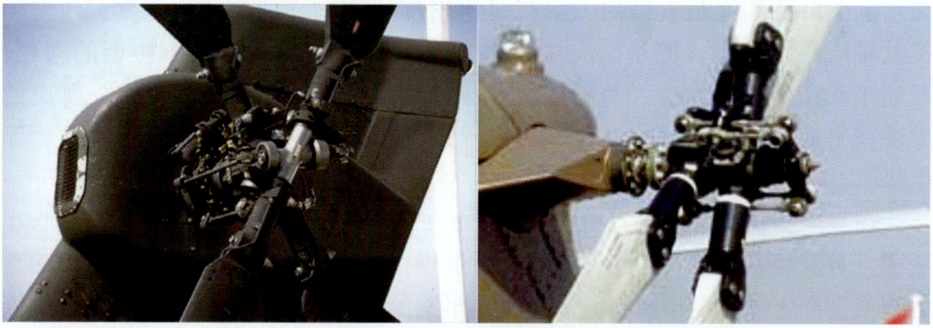

图 3 – 4　AH – 64 和米 – 28 直升机的剪刀式尾桨

3.2 垂尾的空气动力特性

垂尾安装在尾梁的后部，对于单旋翼带尾桨式直升机来说，垂尾并非必不可少，但在大部分情况下，它对飞行是有利的。

3.2.1 垂尾的侧力

垂尾一般选用带弯度的翼型，安装在直升机尾梁的上部（见图3－5）。

直升机前飞时，气流流过垂尾，相当于空气以某一迎角流过桨叶，会在垂尾左右出现压力差，垂直于相对气流方向压力差的总和就是垂尾的侧力（见图3－6）。

图3－5 带垂尾的直升机

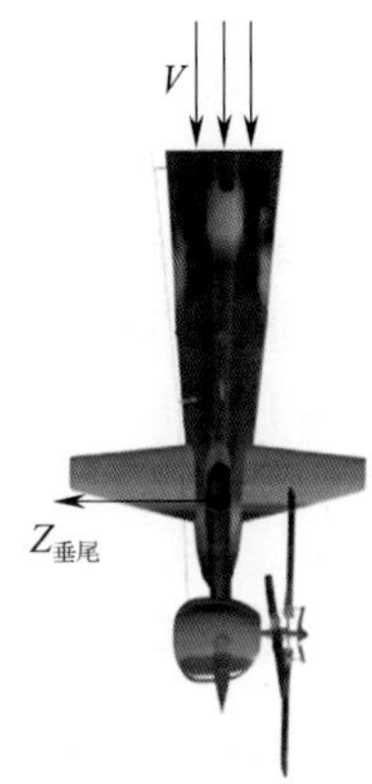

图3－6 垂尾的侧力

3.2.2 垂尾侧力的影响因素

3.2.2.1 侧滑与侧滑角

侧滑是指直升机飞行速度方向与机身对称面不一致的飞行。当相对气流从机身对称面的左侧吹来时，称为左侧滑；反之，则称为右侧滑。侧滑角是指相对气流方向与直升机机身对称面之间的夹角（见图3－7）。侧滑角一般用 β 表示，通常规定右侧滑角为正（$\beta>0$），左侧滑角为负（$\beta<0$）。

3.2.2.2 垂尾侧力的影响因素分析

影响垂尾侧力 $Z_{垂尾}$ 的主要因素有：垂尾翼型、垂尾迎角、垂尾面积、有效后掠角、飞行速度、空气密度等。

对固定的机型，在飞行高度一定时，垂尾的侧力主要受侧滑角和飞行速度的影响。直升机带侧滑前飞、侧飞或在侧风中悬停时，流过垂尾的气流方向改变，垂尾迎角发生变化，侧力也随之变化。在中小侧滑角（侧滑角小于垂尾翼型的临界迎角）下，侧滑角越大，侧力也越大。无侧滑时，相当于垂尾迎角不变，飞行速度（V）增大，侧力与V^2成正比相应增大。当飞行高度增加或空气温度升高时，空气密度（ρ）减小，垂尾侧力与之成正比减小；反之，当飞行高度降低或气温降低时，空气密度增大，垂尾侧力将随之增大。

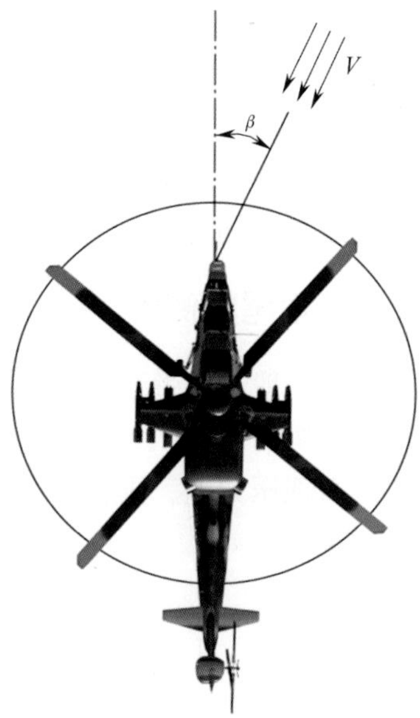

图 3－7　直升机的侧滑角

在爬升过程中，垂尾的有效后掠角减小，在其他条件一定且忽略空气密度变化的情况下，垂尾侧力较平飞时大。而在下滑或垂直下降过程中，垂尾有效后掠角增大，而且垂尾处于机身扰流区，与平飞相比，垂尾气动效率降低，侧力相应减小。为了消除这一影响，有些直升机在垂尾的下端装有尾鳍，其作用与垂尾是相同的。

在后退飞行中，垂尾产生侧力的情况比较复杂，侧力的方向通常与前飞时相反，但由于后退飞行的速度较小，所以该侧力并不大，对飞行的影响也微乎其微。

3.2.3　垂尾的作用

3.2.3.1　减轻尾桨载荷

由于前飞中垂尾的侧力与尾桨拉力方向相同，同尾桨一起平衡旋翼反扭矩，对尾桨起卸载作用，这样一方面可以改善直升机大速度飞行时的方向操纵性能，使直升机改变方向时有更多的操纵余量；另一方面，尾桨载荷减小后，其挥舞与摆振幅度也将减小，这将有助于降低由尾桨引起的振动与噪声，并延长尾桨的使用寿命。

3.2.3.2　尾桨故障时平衡旋翼反扭矩

在直升机尾桨发生故障或完全失效时，尾桨无法提供平衡反扭矩所需的拉力，此时垂尾可以发挥重要的方向稳定作用，以保证直升机能够继续飞行并安全返回。

尾桨故障时，不同的故障情况下，尾桨仍能提供的拉力是不同的，因而为平衡旋翼反扭矩所需的垂尾侧力也不相同。在无侧滑飞行中，垂尾的侧力主要与速度有关，改变垂尾侧力大小，只能靠调整飞行速度来实现。如某型直升机平舵无侧滑对应的飞行速度为 160～180km/h，尾桨桨叶零升迎角对应的飞行速度为 270km/h，当其尾桨完全失效时，要保持无侧滑飞行，需将速度调整为

270km/h；当脚蹬在中立位置卡住时，应将速度调整为160~180km/h。

3.2.3.3　增加直升机前飞时的方向稳定性

直升机在前飞中出现侧滑时，侧滑角的变化会使垂尾迎角改变，从而在垂尾上产生一个附加侧力，该附加侧力的方向与侧滑方向相反（即右侧滑向左，左侧滑向右），并对重心形成附加的方向稳定力矩，使直升机能自动消除侧滑，恢复原来的方向平衡。前飞速度越大，垂尾的方向稳定作用越强。

此外，装在直升机平尾两端的侧垂尾（又称平尾端板），还可以减轻旋翼尾流对平尾的不利干扰，提高平尾的气动效能。垂尾也可以成为尾桨或T形尾的低阻支架。

3.2.4　垂尾副作用及其对飞行的影响

直升机上安装垂尾，既有对飞行有利的一面，也有不利的一面。在悬停（小速度飞行）状态、直升机移位、侧飞、方向偏转以及垂直着陆时，垂尾都会产生一定的副作用。

直升机悬停或小速度飞行时，稳定性一般较差，当突然遇到侧风或顺风干扰时，垂尾上产生的侧力会使直升机发生偏转，破坏直升机的方向平衡。当直升机侧向移位或侧飞时，垂尾上的空气动力会对重心形成偏转和滚转力矩，使直升机的方向和“坡度”（飞行员俗语，规范词为倾斜）发生变化。当直升机以较大的角速度偏转时，垂尾上的气动力不仅阻止直升机偏转，而且对重心构成滚转力矩，使直升机发生倾斜，产生坡度。在垂直着陆过程中，当直升机接近地面时，由于地面效应和受地面阻挡的旋翼滑流的影响，垂尾尤其是尾鳍（下垂尾）会突然产生较大的侧向力，破坏直升机的方向和横向平衡，往往使直升机发生横侧飘摆。

3.3　平尾的空气动力特性

对于单旋翼带尾桨式直升机，平尾通常也是必要的气动部件之一。

3.3.1　平尾的气动力

大部分直升机的平尾安装在尾梁后部（见图3-8），有的直升机平尾安装在尾斜梁或垂尾上。安装角不能操纵的平尾，称为固定平尾；安装角可以操纵的平尾，称为可操纵平尾。平尾多采用矩形或梯形翼面、非对称翼型。对于固定平尾来说，安装时一般与机身纵轴呈一负的交叉角。

直升机前飞时，相对气流以一定的负迎角流过平尾，在平尾上产生一个向下的空气动力，该力对重心形成上仰力矩，以保证直升机的俯仰平衡（见图3-9）。

图 3 - 8　某型直升机的平尾

图 3 - 9　前飞中平尾的负升力

习惯上，我们将平尾的空气动力按其与相对气流的方向的相互关系，分解为垂直于相对气流方向的平尾升力（负升力）和平行于相对气流方向的平尾阻力。其中，负升力对重心形成上仰力矩，维持直升机的俯仰平衡，而平尾阻力既是全机阻力的组成部分，又会对重心构成俯仰力矩。根据平尾的安装位置和直升机飞行姿态，当平尾低于直升机重心时，平尾阻力形成下俯力矩，高于重心时则形成上仰力矩。

3.3.2　平尾气动力的影响因素

一般情况下，与平尾负升力相比，平尾阻力不仅数值小，且其作用线与重心的垂直距离也较短，因此对重心构成的俯仰力矩相对较小，所以在以后的讨论中，我们主要关注平尾的负升力及其影响。

平尾产生的负升力与平尾处的迎角和前飞速度有关。当前飞速度增大时，因旋翼前倾角和直升机下俯角都随之增大，平尾处的负迎角也相应增加，平尾产生的负升力也随之增大。前飞速度越大，则此负升力的数值也越大。

对安装位置较低的平尾，在某些飞行状态，平尾的气动力会发生比较复杂的变化。如过渡速度飞行阶段，直升机从悬停到前飞或从前飞到悬停的转换过程中，旋翼的尾流从前到后或从后到前扫过平尾，这时在平尾上会产生脉动的负升力，造成直升机的上仰和振动。对安装位置较高的平尾（T 形尾），上述影响要小得多。

对可操纵平尾，飞行中可根据直升机的飞行状态，随时调整平尾的偏角，以改变平尾的迎角和升力，满足直升机俯仰平衡和操纵的要求。

3.3.3　平尾的作用

3.3.3.1　有助于保持直升机的俯仰平衡

直升机前飞时，由于旋翼锥体前倾，旋翼拉力向前的分量对重心构成下俯力矩，力图使直升机低头，此时，平尾产生的负升力会对重心形成上仰力矩，以保持直升机的俯仰平衡。而直升机下俯角的增大，使平尾负迎角相应增加，负升力不断增加，对重心构成的上仰力矩也相应增大。由于直升机前飞时一般都带有一定的下俯角，前飞速度越大，下俯角也越大。当前飞速度增大时，旋翼锥体前倾角增大，下俯力矩增大，平尾形成的上仰力矩相应增大。因此，在前飞中，平尾有助于保持直升机的俯仰平衡。

在旋翼自转状态，发动机停车（或发动机传动机构脱开）瞬间，为使旋翼顺利进入自转，必须及时下放总距。此时，因旋翼桨叶平均迎角减小，桨叶在不同方位的拉力不对称程度减小，自然挥舞和锥体后倾角相应减小，直升机将出现下俯趋势。而平尾上产生的负升力对重心形成上仰力矩，有利于克服上述低头力矩，保持直升机的俯仰平衡。某些直升机的平尾与总距杆联动，下放总距杆时平尾负安装角相应增大，产生的上仰力矩更大，对旋翼进入自转后恢复和保持俯仰平衡更有利。

3.3.3.2 使直升机具有前飞迎角静稳定性

当直升机在前飞中迎角发生变化时，平尾上会产生一个附加升力，对重心构成力矩，使直升机具有自动恢复原来平衡迎角的趋势。例如，当直升机受到气流扰动自动上仰，迎角增加（下俯角减小）时，平尾处的迎角也会相应变化，并产生一个向上的附加升力，对重心形成下俯力矩，力图使直升机恢复原平衡迎角。这种力图自动恢复原迎角的趋势即为迎角静稳定性。

3.3.3.3 改善直升机的纵向动稳定性

直升机俯仰转动时，平尾处的附加速度会使流过平尾的相对气流速度方向发生变化，从而改变平尾的迎角和升力，此附加升力对重心构成阻尼力矩，力图阻止直升机的转动，使直升机尽快稳定在某一俯仰平衡状态，从而改善了直升机的纵向动稳定性。

3.3.4 可动平尾

对可动平尾，飞行中可根据直升机的飞行状态，随时调整平尾的偏角，以改变平尾的迎角和升力，满足武装直升机俯仰平衡和机动操纵的要求。

3.3.4.1 可动平尾的“主动控制”能力

常规平尾一般通过增加平尾的面积来增强俯仰稳定性。但是，增加平尾面积也会带来不利的一面。首先，大的平尾会使直升机从悬停过渡到前飞状态时俯仰姿态过大；会使直升机从满功率爬升转换为定常自转状态时，驾驶杆纵向行程过大。其次，更大的尾翼面积意味着更大的阻力和更大的后部机体重量。后部机体加重将把机体重心向后拉，这本身对迎角稳定性又是一件坏事。可动平尾具有“主动控制”能力，能在相同的动稳定性水平下使它的面积较安装角固定时小的多，例如，AH－64A 直升机使用可动平尾后面积由原来的 5.01m^2 下降到 3.07m^2。这是因为可动平尾的迎角能对俯仰角速度的改变做出响应，从而增加了直升机的俯仰阻尼，为直升机提供了附加的有效稳定性。

3.3.4.2　可动平尾的“低速配平”能力

普通直升机使用的平尾都是后位固定式，对于这种平尾，当直升机从悬停过渡到前飞状态时，飞行员必须快速地向前移动纵向周期操纵杆以使直升机免于机头上仰，这是由于主旋翼的尾流突然打在平尾上产生了使机头上仰的力。在悬停状态，平尾在主旋翼尾流的后面，但是在低速前飞状态它是处于主旋翼尾流之内。这就增加了低速配平问题。

解决低速配平问题的最好办法是在尾梁的端部装一个变迎角的可动平尾，它通过空速输入信号能在低速尾流中调整自己的安装角使之顺沿当地气流，从而减少过渡飞行中主旋翼尾流冲击引起的下向载荷的突然变化，解决了低速配平问题。

3.3.4.3　可动平尾的“总距配平”能力

当直升机从满功率爬升状态转换为定常自转状态时，接近尾翼的混乱无序气流造成的纵向配平变化。由于直升机在爬升和下降时其机身处于几乎一样的水平姿态，从而使平尾经历了很大的迎角变化，从爬升状态的大负迎角到下降状态的大正迎角。结果是，在爬升时平尾产生一个向下的载荷，此载荷导致一个绕直升机重心使其抬头的力矩；在下降时，产生向上的载荷力矩使直升机低头。飞行员必须利用旋翼挥舞来平衡这些力矩，将周期桨距杆向前推时爬升，向后拉时下降。如果纵向操纵位移量过大，则其性能被认为是不能令人满意的。

在保持平尾作为一个有效的安定面的同时又能解决配平变化问题的最好办法仍然是采用变迎角的可动平尾。它能通过总距输入信号使平尾在爬升时抬头，在下降时低头。从而对流场的改变作出了大致的补偿，减少了从爬升到下降时平尾上升力的变化，使直升机从满功率爬升转换为定常自转状态时驾驶杆纵向行程最小。

3.4　其他部件的空气动力特性

除尾桨、平尾、垂尾外，直升机的机身、短翼、旋翼桨毂，以及其他部件在飞行中也会产生比较复杂的空气动力。

3.4.1　机身的空气动力

机身是直升机不可缺少的组成部分，也是直升机结构中体积最大的部件。

飞行中，机身的空气动力及其变化，对直升机的状态和飞行性能有着直接的影响。

直升机属于低速飞行器，其机身并不刻意要求采用类似高速飞行器的低阻外形，因此形状五花八门，这就使其空气动力也变得较为复杂。正常飞行中，直升机机身会产生一个总空气动力，不同的飞行状态，总空气动力的大小和方向是不同的。我们可在气流坐标轴系中，将此气动力分解为升力、阻力和侧力。实践证明，不论形状如何，绝大部分飞行状态下直升机机身的升力都是很小的，因此这里我们主要讨论机身的阻力和侧力。

3.4.1.1　机身阻力

机身阻力是直升机飞行时由机身产生的总空气动力在相对气流方向上的分量。直升机飞行时，只要有气流流过机身，就会产生机身阻力。不同的飞行状态下，机身阻力的方向和大小是变化的。

（1）悬停与垂直飞行时的机身阻力

悬停状态下，相对气流自上而下流过机身，因此机身阻力是向下的，我们称其为机身垂向阻力（见图3－10（a））。由于机身迎风面积不变，机身阻力大小主要受悬停诱导速度（v_1）大小的影响。悬停诱导速度越大，则机身阻力越大；反之，悬停诱导速度越小，则机身阻力越小。

悬停状态下的机身阻力与旋翼拉力方向相反，因此，发动机必然要额外消耗一部分功率，以抵消机身阻力的影响。显然，直升机载重越大，悬停诱导速度越大，需额外消耗的功率就越多。

在垂直飞行状态，机身阻力的方向和大小都会发生相应变化。直升机垂直上升时，因为流过机身的气流方向没有改变，机身阻力仍然是向下的。但是，由于此时的旋翼诱导速度大于悬停诱导速度，再加上由直升机上升形成的向下的附加气流速度，使流过机身的相对气流速度增大，所以，垂直上升时的机身阻力要大于悬停时的机身阻力，而且垂直上升速度越大，机身阻力增加的越多（见图3－10（b））。

直升机垂直下降时，机身阻力的变化比较复杂，其大小和方向取决于悬停诱导速度与垂直下降速度的差值。例如，直升机由悬停状态开始加速的垂直下降，在初始阶段，悬停诱导速度大于下降速度，此时流过机身的相对气流速度减小，但方向仍然向下，因此机身阻力也相应减小，但方向不变。当下降速度等于旋翼诱导速度时，机身处相对气流速度为零，机身阻力也减小为零（见图3－10（c））。当下降速度超过旋翼诱导速度时，机身处的相对气流变为自下而上，此时机身阻力也变为向上的，且大小会随下降速度的增大而增大（见图3－10（d））。

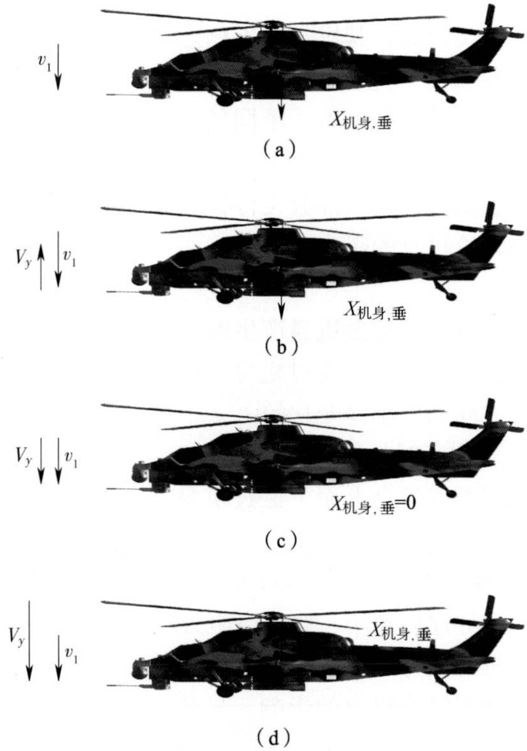

v_1—旋翼诱导速度 V_y—升降速度

图 3－10 机身的垂向阻力

(2) 前飞时的机身阻力

直升机前飞时，由前飞速度引起的相对气流方向向后，而旋翼尾流指向机身后下方，因此机身处的实际气流方向是向后下方倾斜的。此时，直升机的机身阻力既有向后的前进阻力，又有向下的垂向阻力。

当前飞速度增大时，一方面前进阻力要随速度的平方关系增加，另一方面又与机身阻力系数成正比。图 3－11 给出了典型机身阻力系数随迎角和形状的变化关系。可以看出，绝大多数形状的机身只有在零度迎角附近，才可得到最小的机身阻力系数。随着前飞速度增大，机身下俯角增大，阻力系数也相应增大，因而前进阻力增加很快。对于机身垂向阻力，随着前飞速度增大，旋翼诱导速度减小，旋翼尾流更加后倾，因此机身垂向阻力会持续减小。

后退飞行和侧飞时的机身阻力与前飞时类似，只是阻力的方向不同。一般情况下，因后退飞行或侧飞的速度较小，因而机身阻力中与直升机运动速度方向相反的前进阻力较小，而垂向阻力较大。

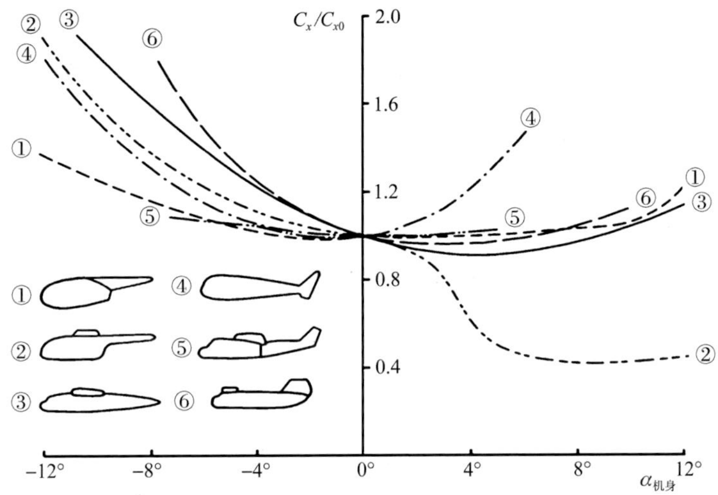

图 3－11　典型机身阻力系数随迎角和形状的变化关系

3.4.1.2　机身侧力

直升机带侧滑前飞时，流过机身两侧的气流不再对称，机身上会产生一个侧向的空气动力，此即为机身侧力（见图 3－12）。左侧滑时，侧力向右；右侧滑时，侧力向左。

机身侧力的大小主要受前飞速度和侧滑角的影响。前飞速度增大时，机身侧力成平方关系增大。侧滑角增大，侧力系数增大，机身侧力与侧力系数成正比增大。

一般情况下，机身侧力的作用点位于直升机重心之前，对重心构成不稳定力矩。因此，大多数直升机都在尾梁上安装有垂尾，目的就是利用垂尾产生的侧力形成较大的稳定力矩，以改善直升机的方向稳定性。

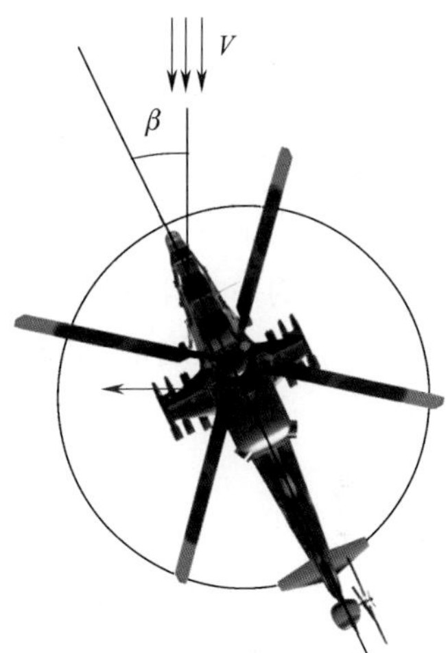

图 3－12　机身的侧力

3.4.1.3　纵列式机身气动特点

一般来说，直升机的废阻在飞行中占到了全部阻力的 20%～25%，飞行速度越高，占到的比重更大。直升机纵列式（串列式）窄机身的座舱结构，可以降低直升机飞行过程中的迎面面积，大大减小前飞过程中的机身废阻。同时机身设计上并未采用流线型结构，而是采用不规则的棱角，这是为了降低直升机飞行过程中的雷达截面积（RCS，旧称雷达散射面积），降低被雷达发现的概率。绝大多数的武装直升机都采用这种布局。

对于纵列式直升机来说，考虑最多的是机身前飞时所产生的阻力。直升机前飞时，由前飞速度引起的相对气流方向向后，而旋翼尾流指向机身后下方，因此机身处的实际气流方向是向后下方倾斜的。此时，直升机的机身阻力既有向后的前进阻力，又有向下的垂向阻力。当前飞速度增大时，一方面前进阻力要随速度的平方关系增加，另一方面又与机身阻力系数成正比。

纵列式窄机身座舱结构，正迎风面积减少了接近 50%，可以大大减小前飞时候的空气阻力。但是纵列式座舱一般都不是流线型设计，这是为了减小直升机的雷达截面积，增强其生存力。虽然在空气阻力上会有一定的增加，但是相对于减少一个座舱位置，减小正迎风面积而减小的空气阻力还是要小。

后退飞行和侧飞时的机身阻力与前飞时类似，只是阻力的方向不同。一般情况下，因后退飞行或侧飞的速度较小，因而机身阻力中与直升机运动速度方向相反的前进阻力较小，而垂向阻力较大。

3.4.2 短翼的空气动力

直升机的短翼按用途可大致分为两类：一类主要为了达到增升的目的，如米－6 直升机的短翼；另一类主要作为武器挂架使用，如 AH－64 “阿帕奇” 直升机的短翼。不论哪一类短翼，其空气动力都会对直升机的气动特性和飞行性能产生一定的影响。

直升机在悬停或垂直飞行时，由于旋翼尾流的影响，短翼上不会产生升力，其空气动力主要为垂向阻力（见图 3－13（a））。当直升机从悬停转入小速度前飞时，短翼的垂向阻力将逐渐减小，同时会出现前进阻力，并随前飞速度增大而增大。只有在大速度前飞时，旋翼尾流的影响减弱或消失，短翼上才会产生升力（见图 3－13（b））。随着前飞速度增大，短翼的升力和气动阻力会同时增大。

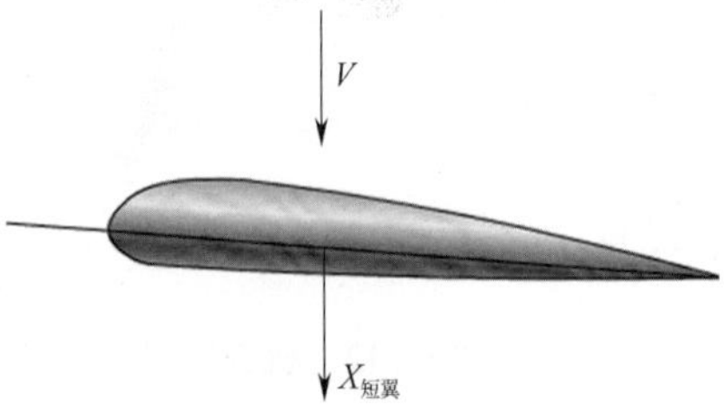

（a）悬停和垂直飞行

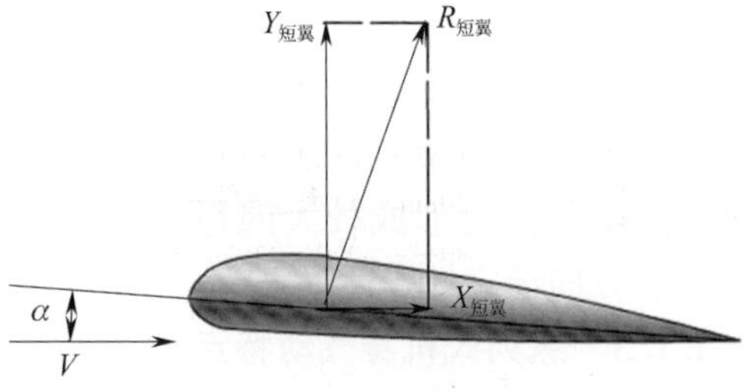

（b）大速度前飞

图 3－13　短翼的空气

对前一类短翼，由于其主要目的是增升，因此大都选择较大的展弦比和机翼面积，在直升机悬停或垂直飞行时，短翼产生的垂向阻力和大速度前飞时产生的升力都是比较大的。而后一类短翼主要作为挂架使用，展弦比和机翼面积较小，在悬停或垂直飞行时短翼产生的垂向阻力较小，大速度前飞时短翼的升力也不大，而气动阻力反而较前一类短翼大。

短翼的空气动力对直升机气动特性的影响是多方面的。直升机大速度前飞时，短翼升力可有效地减轻旋翼载荷，使桨叶迎角保持在较小的状态，从而推迟或避免后行桨叶出现气流分离，同时降低型阻功率和直升机的需用功率，使直升机能获得更大的前飞速度。由于安装短翼后直升机结构重量增加，在悬停或垂直飞行时，短翼还会产生较大的垂向阻力，这些都会引起附加的功率损失。同时，在大速度前飞时，桨盘的前倾量要更大。这是因为，短翼的卸荷作用使旋翼拉力减小，而短翼的附加阻力又使所需的旋翼水平拉力更大，因此桨盘必须更加前倾。

此外，短翼的存在还会影响直升机的振动。在垂直飞行状态或小速度前飞时，短翼完全处于旋翼尾流影响范围内，带扭转的旋翼尾流自上而下流过短翼，使短翼下表面产生严重的气流分离，形成不规律的脉动载荷，并传至机体产生振动。一般情况下，短翼的展弦比越大、安装位置越高，这种振动越明显。如某些直升机在过渡速度范围所产生的强烈振动，就与短翼的气流分离有直接关系。而主要用作挂梁的短翼，通常展弦比和面积较小，刚度好，安装位置也较低，因此，由短翼气流分离引起的振动不太明显。

3.4.3　其他部件的废阻力

直升机的废阻力（简称废阻）是影响其速度提高的主要因素。由于直升机的外形复杂，在同样重量情况下，与固定翼飞机相比，其废阻要比“二战”期间设计的飞机大7～8倍，比20世纪70年代以后设计的飞机大10～15倍。在最大速度飞行时，直升机的废阻功率占总功率的45%～55%。表3－1列出了典型直升机的废阻组成，可以看出，直升机的废阻力主要由机身、起落架、旋翼桨毂等部件产生。

表3－1　典型直升机的任务曲线和废阻组成

<table>
<tr><td>任务</td><td colspan="2">1. 8min—地面使用
20min—最大连续功率
80min—270～328km/h 巡航
80min—270～328km/h 巡航返回</td></tr>
<tr><td rowspan="9">废阻组成</td><td>机身</td><td>26%</td></tr>
<tr><td>尾面</td><td>4%</td></tr>
<tr><td>外挂短翼</td><td>—</td></tr>
<tr><td>起落架</td><td>25%</td></tr>
<tr><td>发动机罩</td><td>8%</td></tr>
<tr><td>桨毂</td><td>30%</td></tr>
<tr><td>动量损失</td><td>5%</td></tr>
<tr><td>天线，其他</td><td>2%</td></tr>
<tr><td colspan="2">（未计外挂物）</td></tr>
</table>

3.4.3.1 桨毂的阻力

桨毂阻力一般占总废阻的 20% ~30%，当直升机大速度飞行时可超过40%。影响桨毂阻力的主要因素如下。

（1）桨毂迎风面积

它是影响桨毂阻力的主要因素，迎风面积越大，桨毂阻力就越大。采用构造简单、气动外形简洁的无铰式桨毂、带弹性轴承的铰接式桨毂或无轴承桨毂，可以有效减小迎风面积，使桨毂阻力比普通铰接式桨毂减少 30%。

（2）桨毂整流罩

加装桨毂整流罩，可以改善桨毂处的气流状态，从而减小阻力。桨毂整流罩主要有三种形式：①小帽式整流罩，不包覆任何桨毂部分，仅“戴”在桨毂顶部；②椭球式整流罩，将整个桨毂包覆在内；③刚性整流罩，不随桨叶转动，在铰接部位整流罩上有切口，并有柔性补偿件实现密封。三种整流罩中，小帽式整流罩比较简单，但减阻效果不大，不过可以改善桨毂后的气流分离特性，减小振动；而后两种虽然减阻效果好，但结构复杂，重量增加，只有少数直升机采用。

（3）桨毂与塔柱的间距

桨毂离塔柱越远，相互间的气动干扰越小，由此产生的干扰阻力也越小。但两者间距增大，旋翼轴和操纵拉杆等露出的也越长，一般在桨毂距塔柱不是太近的情况下，二者的影响近乎抵消。

3.4.3.2 起落架阻力

直升机的起落架主要有轮式和橇式，其中橇式起落架的阻力相对较小，而轮式起落架的阻力与其形式（三点式、四点式），以及每个支柱上的机轮数等有关。

对轮式起落架，近 50% 的阻力是由机轮产生的。所以，在满足地面承压条件下，应尽量减小机轮迎风面积，而且双轮的间距应至少为一个轮胎的宽度，以减小双轮之间的干扰效应。

采用收放式起落架可以有效减小起落架阻力，但增加收放机构会增大直升机的重量，使发动机功率有额外消耗。

第2专题

直升机飞行力学基础

第 4 章　重量与平衡

直升机在空中飞行，是依靠作用在直升机上的力和力矩来实现的，飞行员偏转操纵机构可以调整力和力矩的大小与方向，从而改变直升机的运动状态。直升机的平衡状态是最简单、最基本的运动状态。在飞行中，直升机的平衡状态会受到许多因素的影响而破坏，飞行员懂得这些因素是如何影响平衡的，就可以正确地操纵直升机，来保持一种平衡状态或改变到另一种平衡状态。因此，研究直升机的平衡是分析直升机稳定性和操纵性的基础，也是直升机飞行力学的基础。

4.1　直升机的重量

飞行中，由于燃油消耗或载荷变化，全机重量会发生变化，可能会影响飞行员的操纵，还会影响直升机飞行的性能发挥。

基本空机重量（EW）：基本空机重量指为满足基本使用要求而设计的各系统重量，以及为满足特殊使用要求而预留的不可拆卸部分重量的总和。

带设备空机重量（EEW）：带设备空机重量指基本空机重量（EW）和满足特定任务所需的专用设备的重量之和。执行不同任务时，带设备空机重量有所不同。

总重（AUW）：总重指带设备空机重量、机组人员、可用燃油，以及完成特定任务所要求的有效载荷重量的总和。

最大起飞重量（MTOW）：最大起飞重量指在满足战术技术要求的所有构型中，起飞重量最大的一种构型的总重。在飞行中的任何情况下，都不能超过最大起飞重量。直升机的平衡、稳定性和操纵性，与直升机的重心位置密切相关。直升机的重心位置直接影响飞行状态的保持和性能的发挥，因此，必须懂得直升机的重心位置及其变化规律。

4.2　直升机的重心和坐标轴系

直升机的平衡、稳定性和操纵性，与直升机的重心位置密切相关。直升机装载后，其重心位置是否适当，直接影响飞行状态的保持和性能的发挥。因此，必须懂得直升机的重心位置及其变化规律。

4.2.1 直升机的重心及其表示方法

4.2.1.1 直升机的重心

直升机各部件、燃油、货物、乘员等重力的合力，称为直升机的重力。直升机重力的着力点，称为直升机的重心。

直升机飞行时，其载重的数量增减或位置的移动，例如，燃油消耗、货物装载、人员移动、武器发射等，都会引起直升机重力和重心的改变。载重量或位置改变时，重心位置总是向载重变大的方向移动。只要载重的数量和位置不变，无论直升机的姿态怎样变化，重心位置总是不变的。

4.2.1.2 重心位置表示法

在确定重心位置时，需要在直升机上建立基准面。重心位置就是由测量其到三个基准面的垂直距离来确定，这三个基准面如图 4－1 所示。

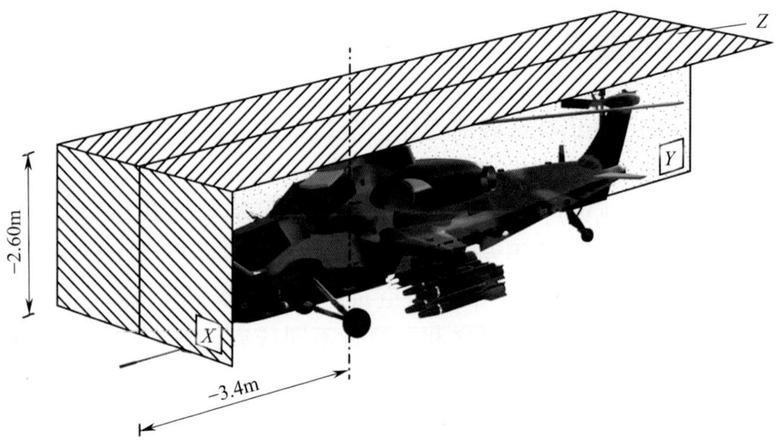

图 4－1 直升机的三个基准面

Z 基准面（水平面）。平行座舱地板或桨毂旋转平面的，距上述平面一定距离的平面。以此平面为基准测量重心的上下位置。一般重心在该面上方尺寸为正，下方尺寸为负。

Y 基准面（纵剖面）。一般取直升机的对称面（或垂直于座舱地板基准面的垂直面）。以此平面为基准，测量重心的左右位置，左边尺寸为负，右边尺寸为正。

X 基准面。与上述两个面正交的垂直面。位于旋翼中心线向前一定距离处。以此平面为基准测量重心的前后位置，前边尺寸为正，后边尺寸为负。

需要注意的是，不同直升机，上述三个基准面的确定方法不尽相同，具体操作时，应以该机型的飞行守则为准。

4.2.1.3　极限重心位置

直升机在飞行时，其重量和重心位置都要受到限制，如果超出限制范围，将会危及飞行安全，这是绝对不允许的。直升机重心移动所允许的最前位置，称为前极限重心位置；重心移动所允许的最后位置，称为后极限重心位置。

一般来说，各机型技术说明书上都有重心位置限制图。为使直升机的重心位置不超过极限重心位置，在装载货物时，要严格按照本机型技术说明书上的规定进行。例如，某型直升机在最大重量 2100kg 时，前极限重心位置为 3.185m，后极限重心位置为 3.445m，其重心的左右侧限制分别是 0.18 m 和 0.14 m。在飞行中应尽量减少货物移动和人员走动，以免重心位置发生明显变化。发现重心位置不适当，应及时调整，以利于操纵和保证飞行安全。

4.2.2　重心位置的计算

4.2.2.1　重心计算公式及方法

直升机的重心是所有各部件重力的合力在着力点，求直升机的重心位置，实际上就是求一系列平行力的合力的着力点。根据力学原理得知，合力的大小等于各分力之和，合力绕某点的力矩等于各个分力绕该点的力矩之和，如图 4－2 所示。

$$x_{总} G_{总} = x_1 G_1 + x_2 G_2$$

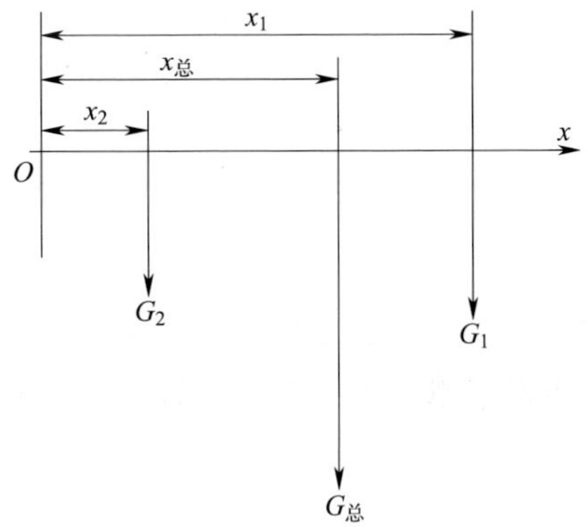

图 4－2　求同向平行力的合力的着力点

若为多个平行力，则类似于上式有

$$x_{总}(G_1 + G_2 + \cdots + G_n) = x_1 G_1 + x_2 G_2 + \cdots + x_n G_n \tag{4-1}$$

或写成

$$x_{总} = \frac{\sum_{i=1}^{n} x_i G_i}{\sum_{i=1}^{n} G_i} \quad (4-2)$$

式中：x_1，x_2，…，x_n——分力 G_1，G_2，…，G_n到任意点 O 的距离；

$x_{总}$——合力 $G_{总}$到 O 点的距离。

直升机的重心位置即可按上述原理计算。只要知道各部件和货物的重量（G_i），以及它们到基准面的距离（x_i、y_i、z_i），根据式（4-1）和式（4-2）便可求出直升机重心至三个基准面的距离（x_T、y_T、z_T），从而确定重心的位置。

另外，求直升机纵向重心位置，还可以使用查图法，即根据技术说明书中给出的重心位置曲线，结合任务及装载情况从图中查出重心位置数值。当然，使用称重的方法才是获得直升机重心位置的可靠方法。

4.2.2.2 用称重法计算重心位置

称重的目的是确定直升机的实际重量及重心位置。称重必须严格按照《直升机飞行手册》执行。直升机在下述情况下必须称重：制造、总装完成后，进行过任何重大改装后，大修后。

利用下述公式计算执行飞行任务时的直升机重心

$$重心 = \frac{重量矩之和}{重量之和}$$

具体计算步骤如下：

①记下带设备空机重量和重量矩（每架机带设备空机重量重心，以履历表上的称重值为准）。

②按给出的“装载数据”表中数据，求出总的重量和重量矩。

③计算重心位置。

④检查重心位置是否在允许范围内。

4.2.3 直升机坐标轴系的定义

直升机在空中的运动，可以分解为质心的运动和直升机绕质心的运动。为了描述直升机的运动，必须选择适当的坐标轴系。常用的坐标轴系有地面坐标轴系、机体坐标轴系、气流坐标轴系，还有轨迹坐标轴系。地面坐标轴系相对于地面是静止轴系，轴系原点在地面某一点，其他轴系是活动轴系，它们随直升机运动而改变在空间的方向和位置，轴系原点都在直升机的质心上，按右手定则组成。

4.2.3.1 地面坐标轴系（$O_{地}X_{地}Y_{地}Z_{地}$）

描述直升机的运动轨迹和姿态，要用到地面坐标轴系，地面坐标轴系是静止轴系。但有时为了描述直升机的姿态，可将地面轴系移到直升机质心上，称为直升机牵连的地面轴系，但其三轴方向不因直升机运动而改变。

地面轴系以地面为基准，坐标原点 $O_{地}$ 位于地面或空间任意选定的某一固定点，通过该点作三条互相垂直的坐标轴，即组成地面坐标轴系 $O_{地}X_{地}Y_{地}Z_{地}$（简称地面轴系），如图 4－3 所示。

地面纵轴 $O_{地}X_{地}$——平行于海平面（地面），以指向某一规定方向，如起飞方向或正北方向为正。

地面立轴 $O_{地}Y_{地}$——垂直于海平面（地面），以指向上方为正。

地面横轴 $O_{地}Z_{地}$——与 $O_{地}X_{地}$、$O_{地}Y_{地}$ 两轴垂直，按右手定则以指向大拇指方向为正。

描述直升机的运动轨迹和姿态要用到地面坐标轴系。

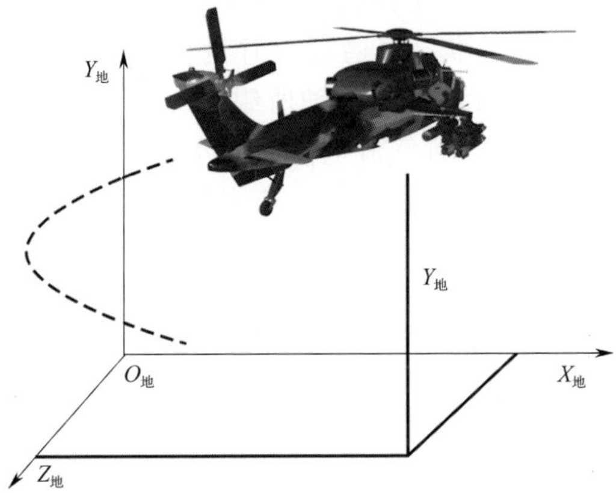

图 4－3 地面坐标轴系

4.2.3.2 机体坐标轴系（$OX_1Y_1Z_1$）

该轴系以直升机机体为基准，重心 O 为坐标原点，通过重心作三条互相垂直的坐标轴，即组成机体坐标轴系 $OX_1Y_1Z_1$（简称机体轴系），如图 4－4 所示。

机体纵轴 OX_1——位于直升机对称面内，通过直升机重心并与机体构造水平面（或货舱地板）平行，以指向机头方向为正。

机体立轴 OY_1——位于直升机对称面内，通过直升机重心并与机体纵轴垂直，以指向上方为正。

机体横轴 OZ_1——通过直升机重心，与纵轴、立轴垂直，指向 $\varphi=90°$ 方位为正。

与一般飞机相同，直升机绕纵轴转动称为滚转；绕立轴转动称为偏转（又称偏航）；绕横轴转动称为俯仰转动。绕各轴转动的角速度，分别称为滚转角速度 ω_{x1}、偏转角速度 ω_{y1} 和俯仰角速度 ω_{z1}。直升机绕机体各轴的力矩，分别称为滚转力矩 M_{x1}、偏转力矩 M_{y1} 和俯仰力矩 M_{z1}。

图 4－4　直升机的机体坐标轴系

4.2.3.3　速度坐标轴系或气流坐标轴系（$OX_VY_VZ_V$）

该轴系以飞行速度为基准，由通过直升机重心 O 的三条互相垂直的坐标轴，即速度纵轴、速度立轴和速度横轴所组成（见图 4－5）。速度坐标轴系 $OX_VY_VZ_V$（简称速度轴系）又称气流坐标轴系（简称气流轴系）。

速度纵轴 OX_V——通过直升机重心，与飞行速度的方向一致，以指向飞行方向为正。

速度立轴 OY_V——在直升机纵向对称面内，通过直升机重心而与速度纵轴垂直，以指向座舱上方为正。

速度横轴 OZ_V——通过直升机重心且与纵、立两轴垂直，指向 $\varphi=90°$方位为正。

图 4－5　速度坐标轴系

4.2.3.4　航迹轴系（$OX_CY_CZ_C$）

将直升机当作质点系研究它的运动轨迹时，常采用航迹轴系，航迹轴系又称轨迹轴系。

航迹纵轴 OX_C——与飞行速度方向一致，即与速度纵轴 O_VX_V重合。

航迹立轴 OY_C——位于通过 O_VX_V轴的铅垂面内，并与 O_VX_V轴相垂直，指向上方为正。

航迹横轴 OZ_C——位于通过直升机质心的水平面内，与纵轴、立轴垂直，指向右方为正。

需要指出的是，不同国家对坐标轴系的规定并不相同，国内在坐标轴定义上已一致，但坐标角标符号不尽相同，这些都易使初学者混淆，在阅读资料时需特别注意。

4.2.4　直升机的姿态角和航迹角

4.2.4.1　机体轴系相对于地面轴系的方位

根据机体坐标轴系和地面坐标轴系的相互关系，可以确定直升机在空中的姿态，如直升机的俯仰角 θ、倾斜角（坡度）γ 和偏航角 φ，它们称为直升机的姿态角。

（1）俯仰角（θ）：机体纵轴 OX_1 与水平面之间的夹角（见图 4－6（a））。机体纵轴指向水平面上方时，θ 取正值，称为仰角；反之，则 θ 取负值，称为俯角。飞行中，飞行员可根据地平仪的指示来判断俯仰角的大小和正负。

（2）倾斜角（γ）：直升机纵向对称面与机体纵轴所在的铅垂面之间的夹角（见图 4－6（b））。倾斜角又称坡度、倾侧角或滚转角。飞行中，飞行员可根据地平仪的指示来判断倾斜角的大小和倾斜方向。

（3）偏航角（φ）：机体纵轴 OX_1 在水平面上的投影与地面纵轴 $O_地X_地$ 之间的夹角（见图 4－6（a））。

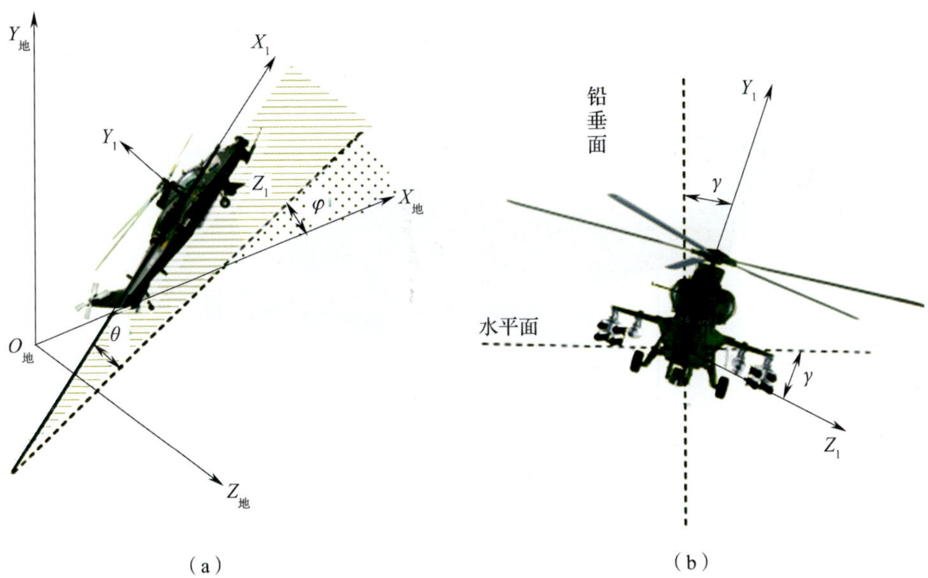

图 4－6　由机体轴系与地面轴系确定的直升机姿态

4.2.4.2 直升机速度矢量相对于机体的方位

根据速度轴系和机体轴系的相互关系，可以确定直升机的姿态角：机身迎角 $\alpha_{身}$ 和侧滑角 β（见图 4－7）。

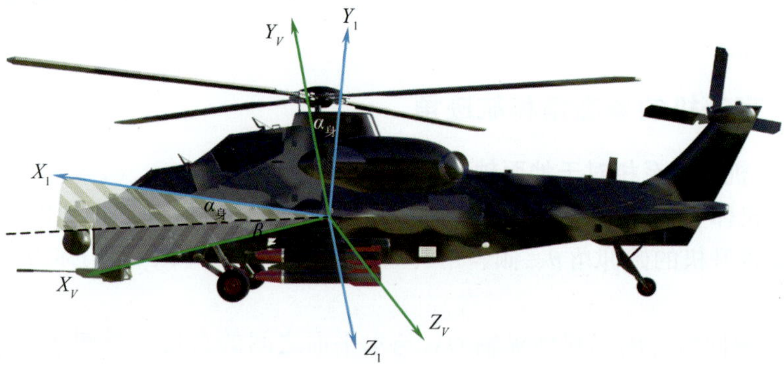

图 4－7　机身迎角和侧滑角

（1）机身迎角（$\alpha_{身}$）：速度纵轴 OX_V 在直升机纵向对称面上的投影与机体纵轴 OX_1 之间的夹角。

（2）侧滑角（β）：飞行速度方向与直升机纵向对称面之间的夹角。从坐标系关系看，即速度纵轴 OX_V 与其在直升机纵向对称面上的投影之间的夹角。

4.2.4.3 速度轴系相对于地面轴系的角度

根据速度轴系与地面轴系的相互关系，可以确定直升机的航迹角：轨迹俯仰角 θ 和轨迹偏航角 φ_V（见图 4－8）。

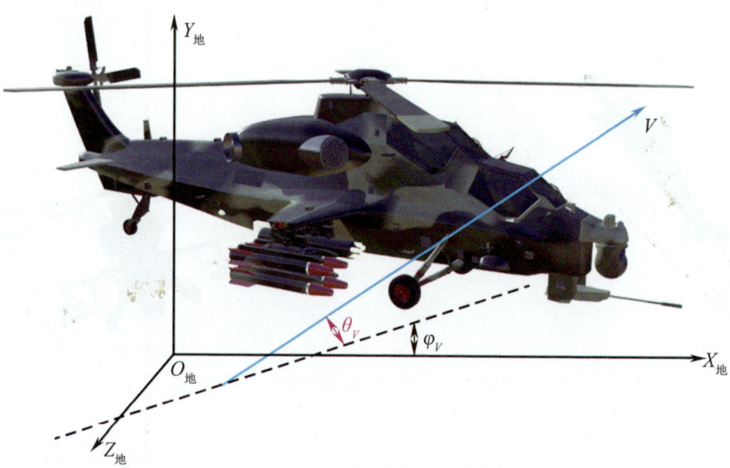

图 4－8　轨迹俯仰角与轨迹偏航角

（1）轨迹俯仰角（θ）：飞行速度方向与水平面之间的夹角。在水平飞行中，轨迹俯仰角为零。在上升飞行中，轨迹俯仰角为正，称为上升角；在下滑飞行中，轨迹俯仰角为负，称为下滑角。

（2）轨迹偏航角（φ_V）：飞行速度在水平面上的投影方向与地面纵轴 $O_{地}X_{地}$之间的夹角，即速度纵轴所在的铅垂面与地面纵轴 $O_{地}X_{地}$之间的夹角。

4.3　作用在直升机上的力和力矩

直升机的平衡是指作用于直升机上的合力、合力矩均为零。此时，直升机的飞行速度大小和方向都保持不变，也不绕重心转动，直升机处于悬停状态或作等速直线运动。研究直升机的平衡，是分析稳定性和操纵性的基础。直升机的平衡，包括作用力平衡和力矩平衡两个方面。

飞行中的直升机，除自身重力之外，受到的空气动力和力矩主要有：旋翼、尾桨、平尾、垂尾、机身等产生的空气动力及其对直升机重心所构成的力矩，还有旋翼、尾桨的反扭矩和桨毂力矩等。作用于直升机的力和力矩，是分析、计算直升机平衡、稳定性与操纵性的依据。

4.3.1　旋翼的力和力矩

由旋翼产生的力和力矩有：旋翼的气动力及其力矩、旋翼的反扭矩和旋翼的桨毂力矩。

4.3.1.1　旋翼的气动力及其力矩

当直升机不带侧滑前飞时，旋翼的气动合力为 R（如图 4－9 所示），其方向垂直于桨尖平面（$D-D$），近似认为 R 等于旋翼拉力 T。将 T 沿各轴系进行分解，可以得到三个分力：旋翼拉力的第一分力 T_1，以指向上方为正；旋翼拉力的第二分力 T_2，以指向前方为正；旋翼拉力的第三分力 T_3，以指向 $\varphi = 90°$方位为正。

不同的旋翼气动力，形成的气动力矩也不同，这与旋翼桨毂中心和直升机重心的相互位置有关。主要的旋翼气动力矩有三种：

（1）拉力第一分力俯仰力矩（$T_1X_{旋翼}$）。其中 $X_{旋翼}$是直升机重心至旋翼拉力第一分力 T_1作用线的距离，当重心位于 T_1作用线前面时，拉力 T_1对重心构成下俯力矩；当重心位于拉力作用线后面时，拉力 T_1对重心构成上仰力矩。

（2）拉力第二分力俯仰力矩（$T_2Y_{旋翼}$）。其中 $Y_{旋翼}$是直升机重心至纵向力 T_2作用线的距离。当 T_2向前时，对直升机构成下俯力矩；当 T_2向后时，对直升机构成上仰力矩。

（3）拉力第三分力滚转力矩（$T_3Y_{旋翼}$）。其中 $Y_{旋翼}$是直升机重心至侧向力 T_3作用线的距离。侧向力 T_3向左，则构成左滚转力矩；侧向力 T_3向右，则构成右滚转力矩。

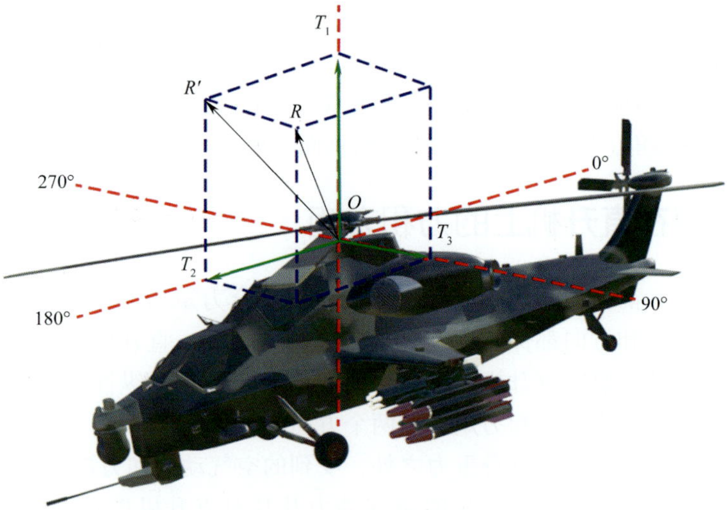

图 4－9　旋翼的气动力

需要说明的是，这里认为直升机的重心位于机身对称面之内（若重心不在机身对称面之内，则要考虑 T_1产生的滚转力矩和 T_2产生的偏转力矩）。

4.3.1.2　旋翼的反扭矩（$M_{反}$）

发动机带动旋翼旋转时，旋翼的旋转阻力力矩（$M_{旋翼}$）由发动机传递给旋翼轴的扭矩所平衡。根据作用与反作用定律，在旋翼受到发动机扭矩的同时，必然会受到同扭矩大小相等、方向相反的反扭矩，这就是旋翼的反扭矩 $M_{反}$。旋翼的反扭矩会迫使直升机向旋翼旋转的反方向偏转。

旋翼反扭矩的大小应等于旋翼的旋转阻力力矩，而旋转阻力力矩（$M_{旋翼}$）与旋翼转速（Ω）的乘积即为旋翼需用功率（$N_{需}$），旋翼需用功率又决定于发动机的输出功率（$N_{输出}$），因此可以说，旋翼反扭矩的大小取决于发动机的输出功率。其关系式为

$$M_{反}=\frac{\zeta \cdot N_{输出}}{\Omega}$$

式中：$N_{输出}$——发动机的输出功率；

ζ——发动机功率传递系数，通常取 0.8～0.9；

$\zeta \cdot N_{输出}$——旋翼的需用功率 $N_{需}$；

Ω——旋翼转速。

4.3.1.3　旋翼的桨毂力矩

具有水平铰外移量 $L_{平铰}$的旋翼，由于桨叶的周期挥舞使桨尖平面相对于旋翼构造平面出现倾斜时，会产生桨毂力矩。这是因为桨叶作周期挥舞时，水平铰不能传递桨叶挥舞面内的弯矩，桨叶受到拉力 $T_{叶}$、惯性离心力 $F_{惯}$和自身重

力 G 的共同作用，其作用线必定通过水平铰心。这样，就可把合力 $F_{叶}$ 沿作用线移至水平铰心上。于是，在水平铰处就出现了垂直于桨毂平面的分力 F_y（见图 4－10）。当桨尖平面同桨毂平面不平行时，不同方位的桨叶产生的 F_y 不相等，就会对桨毂中心构成力矩，这就是旋翼的桨毂力矩。

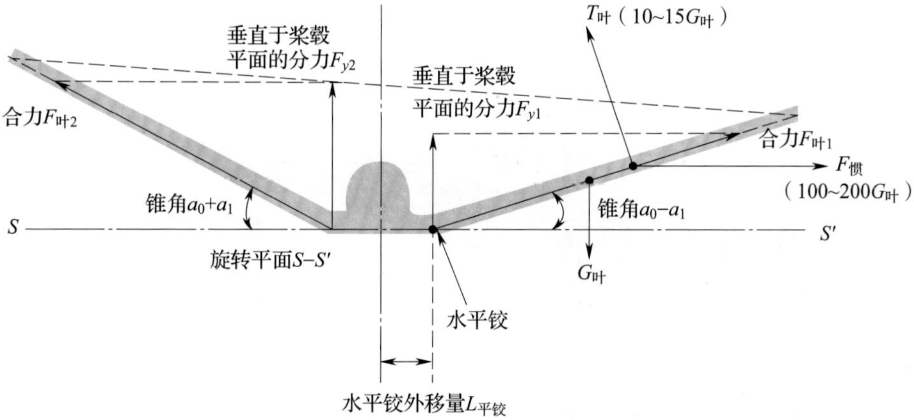

图 4－10　旋翼桨毂力矩的形成

显然，桨叶挥舞到最大位置时，F_y 最大。实际飞行中，桨尖平面一般要相对于桨毂平面向侧后方或侧前方倾斜，因而桨毂力矩就可以分解成两个分量：一个是桨毂滚转力矩 $M_{x毂}$，另一个是桨毂俯仰力矩 $M_{z毂}$。它们的大小除了与水平铰外移量 $L_{平铰}$ 成正比外，还与桨叶的惯性力和自然挥舞角成正比。由桨叶的惯性力和自然挥舞角与旋翼气动力的对应关系，我们可知，桨毂力矩也是与旋翼拉力第二分力 T_2 和旋翼拉力第三分力 T_3 成正比的。

4.3.2　尾桨的气动力和力矩

尾桨主要用来产生拉力 $T_{尾桨}$，而产生的侧向力和纵向力都很小，通常可忽略不计。尾桨的气动力对直升机构成的力矩主要有三个（见图 4－11）。

4.3.2.1　尾桨的偏转力矩 $M_{y\cdot 尾桨}$

$$M_{y\cdot 尾桨} = T_{尾桨} \cdot X_{尾桨}$$

式中，$X_{尾桨}$ 是尾桨桨毂中心至直升机重心的纵向距离。尾桨偏转力矩主要用来平衡旋翼的反扭矩，在有些场合也可以改变直升机的侧向平衡状态，其大小主要取决于尾桨拉力 $T_{尾桨}$ 的大小。

4.3.2.2　尾桨的滚转力矩 $M_{x\cdot 尾桨}$

$$M_{x\cdot 尾桨} = T_{尾桨} \cdot Y_{尾桨}$$

式中，$Y_{尾桨}$ 是尾桨桨毂中心至直升机重心的法向距离（桨毂中心到机体纵轴的距离)。如果尾桨桨毂中心位于机体纵轴上，则 $M_{x\cdot尾桨}$ 为零；如果尾桨桨毂中心位于直升机重心之下，则滚转力矩朝向 $\varphi = 270°$ 方位；如果尾桨桨毂中心高于直升机重心，则滚转力矩朝向 $\varphi = 90°$ 方位。

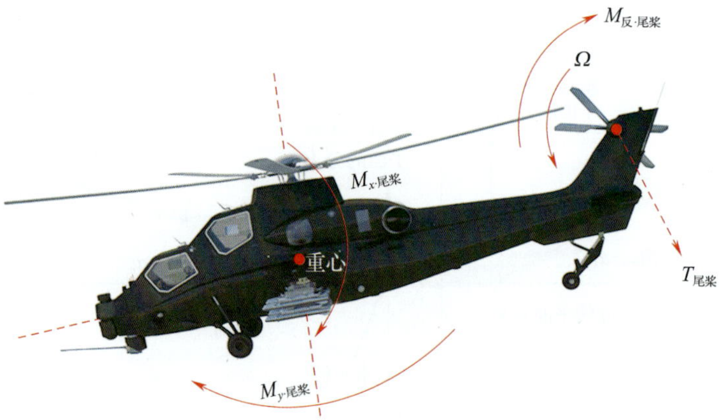

图 4－11　尾桨气动力

4.3.2.3　尾桨的反扭矩 $M_{反\cdot尾桨}$

同旋翼反扭矩的产生原因相同，尾桨在旋转过程中，尾桨轴必然也要受到一个反扭矩的作用。尾桨的反扭矩通常设计为上仰力矩。一般来讲，尾桨反扭矩的数值比较小。

4.3.3　平尾的气动力及其力矩

大部分直升机的平尾安装在尾梁后部，有的直升机平尾安装在尾斜梁或垂尾上。安装角不能操纵的平尾，称为固定平尾；安装角可以操纵的平尾，称为可操纵平尾。平尾气动力中，平尾升力 $Y_{平尾}$ 是主要的。对于固定平尾来说，飞行中平尾的迎角通常为负迎角，因此产生的升力 $Y_{平尾}$ 是向下的，对直升机重心构成的力矩 $M_{z平尾}$ 是上仰的（见图 4－12），上仰力矩的大小为

$$M_{z\cdot平尾} = Y_{平尾} \cdot X_{平尾}$$

式中，$X_{平尾}$ 是平尾距直升机重心的纵向距离。

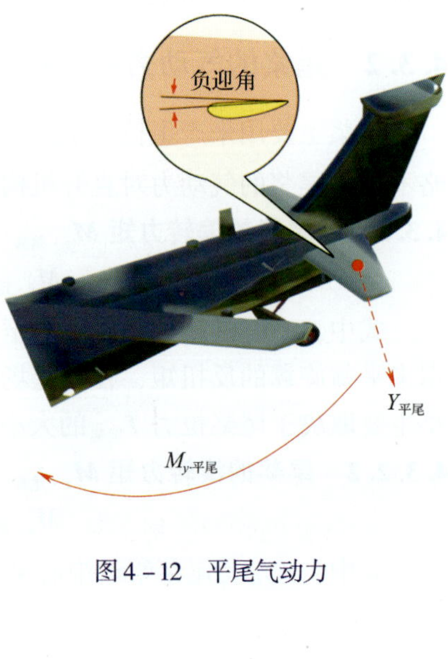

图 4－12　平尾气动力

4.3.4　垂尾的气动力及其力矩

所有采用涵道尾桨的直升机都装有

垂尾，一些普通尾桨的直升机也装有垂尾，一般垂尾都向 $\varphi = 90°$方位偏转一个角度，使直升机在前飞时，能产生一个侧力 $Z_{垂尾}$，这个侧力会对重心构成偏转力矩 $M_{y\cdot 垂尾}$，其方向同旋翼旋向一致。在大部分场合，$M_{y垂尾}$可以对尾桨起到卸荷作用。当尾桨失效而被迫自转下降时，较大面积的平尾产生的 $M_{y垂尾}$能保证全机的气动平衡（见图 4 – 13）。

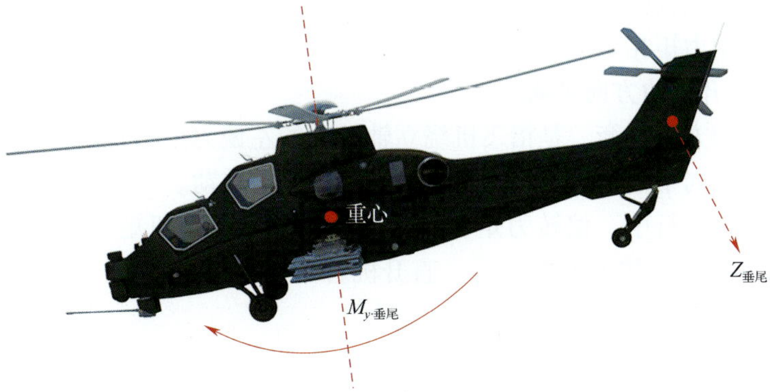

图 4 – 13　垂尾气动力

4.3.5　机身的气动力及其力矩

机身的气动力及其力矩，其大小和方向与机身的形状和飞行状态有关，通常由风洞试验确定。试验证明，大部分直升机的机身，在小速度平飞状态，由于受旋翼尾流的影响，机身力矩 $M_{机身}$多为上仰力矩；而在大速度飞行时，因机身迎角 $\alpha_{机身}$为负，$M_{z机身}$多为下俯力矩，并随飞行速度的增大而增大。

4.4　直升机的平衡

4.4.1　直升机力的平衡

直升机平衡时，要求作用在直升机上的合力为零，即 $\sum F = 0$。合力在各个轴上的分力自然也为零，即 $\sum F_x = 0$，$\sum F_y = 0$，$\sum F_z = 0$。在不同的飞行状态，上式的具体内容不同，将在后面的章节中阐述。

4.4.2　直升机力矩的平衡

4.4.2.1　直升机的俯仰平衡

直升机的俯仰平衡，是指直升机绕横轴转动的上仰力矩和下俯力矩相等。俯仰平衡时，直升机不绕横轴转动。

直升机在飞行中，所受俯仰力矩有如下几种：拉力俯仰力矩 $M_{z\cdot拉力}$、桨毂俯仰力矩 $M_{z\cdot毂}$、平尾俯仰力矩 $M_{z\cdot平尾}$、机身俯仰力矩 $M_{z\cdot机身}$ 和尾桨反扭矩 $M_{反\cdot尾桨}$。直升机取得俯仰平衡时，要求绕机体横轴的上仰力矩和下俯力矩相等，也就是要求以上各力矩之和为零。即

$$\sum M_z = 0$$

飞行员可以根据飞行状态，操纵旋翼，改变旋翼俯仰力矩的大小，保持上仰力矩与下俯力矩相等。

4.4.2.2 直升机的方向平衡

直升机的方向平衡，是指飞机绕立轴转动的左偏力矩和右偏力矩彼此相等。直升机得到方向平衡时，不绕立轴转动或只作等速转动。

直升机在飞行中，偏转力矩有如下几种：旋翼的反扭矩 $M_{反}$、尾桨偏转力矩 $M_{y\cdot尾桨}$ 和垂尾偏转力矩 $M_{y\cdot垂尾}$。直升机若要取得方向平衡，也就是要求这三个力矩之和为零。即

$$\sum M_y = 0$$

飞行员可以根据飞行状态，通过蹬舵改变尾桨拉力，进而改变尾桨偏转力矩，使直升机满足上述平衡条件。

4.4.2.3 直升机的横侧平衡

直升机的横侧平衡，是指直升机绕纵轴转动的左滚转力矩和右滚转力矩彼此相等。直升机得到横侧平衡时，不绕纵轴滚转。

直升机在飞行中，滚转力矩有如下三种：旋翼拉力滚转力矩 $T_3 Y_{旋翼}$、桨毂滚转力矩 $M_{X\cdot毂}$ 和尾桨的滚转力矩 $M_{x\cdot尾桨}$。直升机若要取得横侧平衡，就是要求这三个力矩之和为零。即

$$\sum M_x = 0$$

飞行员可以根据飞行状态，向左或向右压杆，操纵旋翼锥体向压杆方向倾斜，以改变旋翼的侧向力 T_3，进而改变侧向力滚转力矩 $T_3 Y_{旋翼}$，使直升机获得横侧平衡。

4.4.3 重心位置对平衡的影响

直升机重心位置后移时，旋翼拉力作用线至重心的距离（$X_{旋翼}$）缩短，平尾升力（$Y_{平尾}$）至重心的距离（$X_{平尾}$）也将缩短。虽然 $X_{旋翼}$ 和 $X_{平尾}$ 减小的数值相同，但由于 $X_{平尾}$ 比 $X_{旋翼}$ 大很多，$X_{旋翼}$ 减小的百分比也就大得多。因此，下俯力矩减小得多，上仰力矩减小得少，于是直升机上仰。同理，直升机重心位置前移时，旋翼拉力绕重心形成的下俯力矩增加得多，于是直升机下俯。

重心位置是否适当，不仅会影响直升机的平衡状态，而且还会影响直升机的操纵，甚至危及飞行安全。例如，重心过于靠后将会使机头上仰，在飞行中

特别是在起飞增速时造成操纵困难。重心过于靠前将使机头下俯，使下俯力矩变大。在此情况下着陆，将会给操纵带来困难，不利于保障飞行安全。因而直升机重心的前后位置都有限制。

虽然重心位置左右移动一般不致过大，但如果装载货物或搭乘人员过于偏置一侧，重心位置也会明显偏向一边，也会对直升机的横侧平衡带来一定的影响。

第 5 章　直升机的稳定性

稳定性是指物体保持其固有姿态或抵抗外界扰动的能力，是物体的一种运动特性。直升机飞行中会受到各种各样的扰动，使其平衡状态受到破坏。要了解和掌握直升机的运动特性，必须首先研究直升机的稳定性。

直升机的稳定性，是指直升机在飞行中受到各种扰动而偏离原来的平衡状态，当扰动消失后，直升机自动恢复原来平衡状态的特性。直升机的稳定性又可分为静稳定性和动稳定性。静稳定性重点研究直升机受小扰动偏离平衡状态后的初始瞬间是否具有恢复原平衡状态的趋势。动稳定性则研究直升机受小扰动后恢复或背离原平衡状态过程的特性。

必须指出，将直升机的稳定性分为静稳定性和动稳定性，只是为了分析问题的方便，在实际飞行中往往确定不出静稳定性和动稳定性的界限。以下主要研究以稳定飞行为基准运动的稳定性。

5.1　稳定性的基本概念

研究稳定性实质上是研究物体平衡的性质，以及物体具有平衡稳定性应具备的条件。

5.1.1　物体平衡的性质

物体的平衡通常有三种情形：稳定平衡、不稳定平衡和随遇平衡（见图 5－1）。对稳定平衡，物体受外界扰动偏离原平衡状态后，能自动恢复到原平衡状态；而对不稳定平衡，物体受扰原平衡状态被破坏后，无法自动恢复平衡；对随遇平衡，物体受扰后能自动恢复平衡，但已是一个新的平衡状态。

直升机的稳定性也可根据恢复平衡的能力分为稳定、不稳定和中立稳定三种。

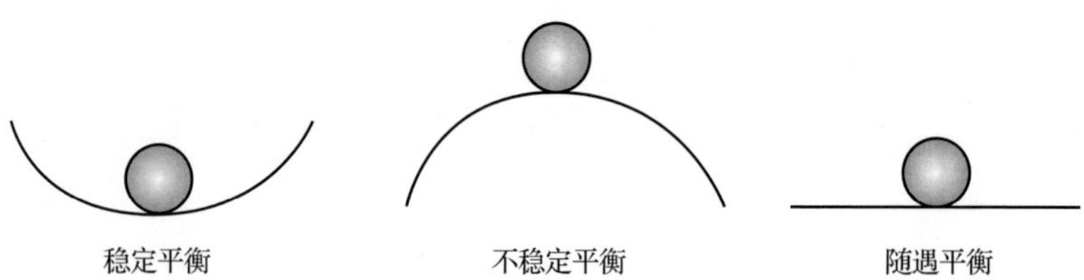

图 5－1　物体平衡的性质

5.1.2　物体具有稳定性的条件

如图 5-2（a）所示的单摆和竖摆，其初始状态均处于平衡位置，当我们分别对其施加一扰动，使其偏离原平衡位置时，二者的运动状态是完全不同的。单摆的摆锤会左右摆动，并且摆幅逐渐减小，最终又恢复到原来的平衡位置。而竖摆的摆锤离开平衡位置后，会加速倒向一边，再也无法恢复到原平衡状态。显然，单摆具有稳定性，而竖摆是不稳定的。

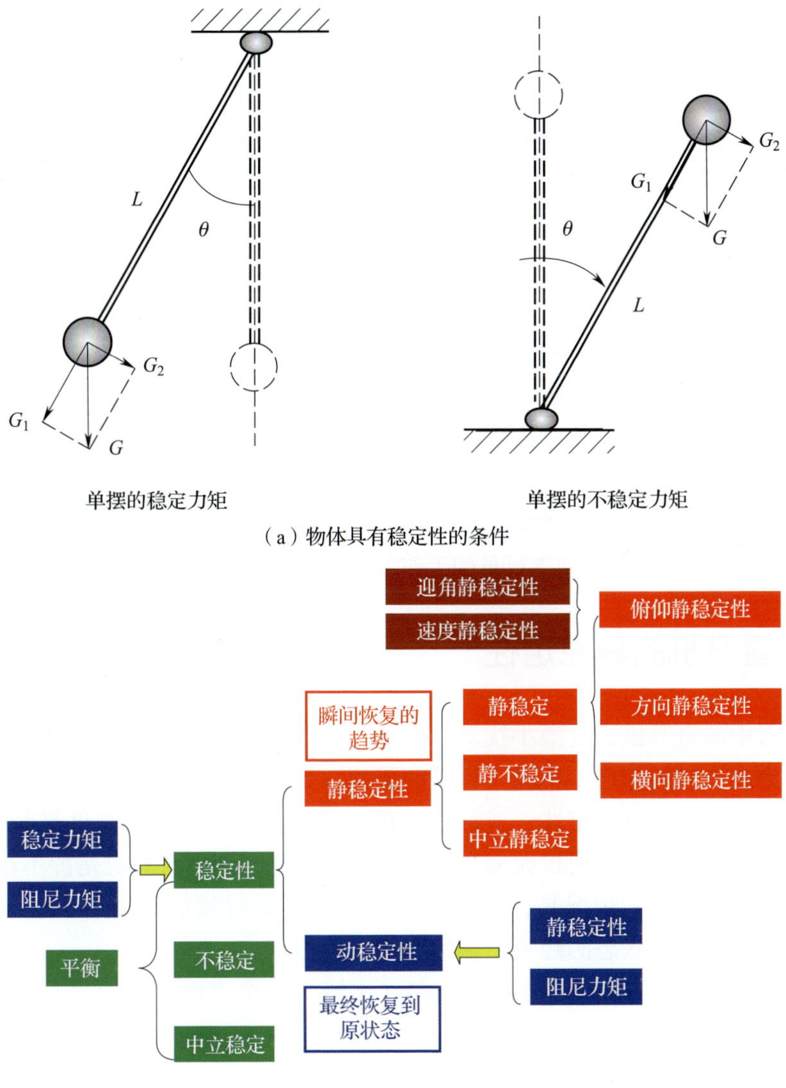

（a）物体具有稳定性的条件

（b）稳定性的分类

图 5-2　稳定性的条件与分类

单摆之所以具有稳定性，是由于其在摆动过程中产生了稳定力矩和阻尼力矩。当摆锤不在平衡位置时，摆锤重力可分解为垂直于摆杆的分力 G_2 和平行于摆杆的分力 G_1，单摆的 G_2 对摆轴形成一个力矩，使摆锤具有自动向平衡位置回转的趋势，这个力矩就是稳定力矩。另外，摆锤在来回摆动中，空气阻力对摆轴构成一个力矩，它的方向始终同摆动方向相反，阻止摆锤摆动，使摆锤摆动幅度越来越小，直到停止摆动，这个力矩称为阻尼力矩。对竖摆而言，虽然也存在阻尼力矩，但竖摆的 G_2 形成的是不稳定力矩，因而它是不稳定的。

显然，物体具有稳定性是稳定力矩和阻尼力矩共同作用的结果，二者缺一不可。

稳定性的强弱，可用摆动衰减时间、摆动振幅和摆动次数等物理量来说明。在相同扰动作用下，偏离平衡位置的幅值越小，摆动衰减时间越短或摆动次数越少，则表明稳定性越强。反之，则表明稳定性越弱。

对直升机来说，稳定性与不稳定性的概念类同于单摆的情况。飞行中，在受到的微小扰动消失后，直升机如果能够自动恢复原来平衡状态，就是稳定的，或者说直升机具有稳定性；如果不能恢复或者更加偏离原来平衡状态，那就是没有稳定性，或者说直升机是不稳定的。因此，所谓直升机的稳定性，是指在飞行中，当直升机受微小扰动而偏离原来平衡状态，并在扰动消失以后，不经飞行员操纵，直升机能自动恢复原来平衡状态的特性。

动稳定以静稳定为前提，静不稳定的直升机不可能是动稳定的。动不稳定的直升机，当发散程度不是很剧烈时，仍是可以飞行的，但飞行员需频繁地操纵修正来抵制扰动的影响，从而增加飞行员的工作负担。动稳定的直升机不需如此。

5.2 直升机的静稳定性

飞行中的直升机，受微小扰动而偏离平衡状态后的初始瞬间，直升机若受到恢复力或力矩的作用，不经飞行员的干预，具有自动恢复原平衡状态的趋势，则称为直升机具有静稳定性，或称直升机是静稳定的。反之，在外界瞬时扰动作用后，直升机存在力图扩大偏离平衡状态的趋势，则称直升机是静不稳定的。此外，第三种可能的情况是，直升机在受到外界瞬时扰动作用后，既无扩大，又无恢复原来平衡状态的趋势，则称为中立静稳定。

下面分俯仰、方向（偏航）、横向（滚转）三个方面，讨论直升机的静稳定性。

5.2.1 直升机的俯仰静稳定性

直升机的俯仰平衡被破坏后，机身迎角和飞行速度都将发生变化。所以，直升机的俯仰静稳定性又可分为迎角静稳定性和速度静稳定性。

5.2.1.1　直升机的迎角静稳定性

直升机飞行时，受到微小扰动使机身迎角变化而速度不变，当扰动消失瞬间，直升机具有自动恢复原机身迎角的趋势，则称为该直升机具有迎角静稳定性；否则，直升机就是迎角静不稳定的。直升机是否具有迎角静稳定性取决于旋翼、机身、平尾等各部件能否产生俯仰稳定力矩。直升机在具有前飞速度的情况下，俯仰稳定力矩主要由平尾产生。

（1）旋翼的迎角静不稳定性

①无风悬停状态下，旋翼的中立迎角静稳定性

在无风悬停状态下，旋翼的周向气流是对称的。当直升机受扰动，机头上仰而增大一个角度 $\Delta\alpha_{身}$时，旋翼锥体也会随同机身向后倾斜同一角度 $\Delta\alpha_{身}$。如果不动驾驶杆，那么悬停时的旋翼拉力，甚至当直升机向侧方倾斜时，其作用线仍通过直升机重心。也就是说，机身迎角改变时，旋翼气动力大小不会随之变化，对重心也不会产生附加的俯仰力矩。因此，直升机在悬停状态，旋翼具有中立迎角静稳定性（见图5－3（a））。

②前飞或逆风悬停状态，旋翼的迎角静不稳定性

在前飞或逆风悬停状态，旋翼周向气流是不对称的。当直升机受扰动机头上仰而使机身迎角增大 $\Delta\alpha_{身}$时，旋翼也相应后倾使旋翼迎角同样增大 $\Delta\alpha_{身}$。由于旋翼迎角的变化，桨叶截面迎角随之变化。从图5－3（b）中可知，垂直于旋转平面上的气流分速 V_n在任意方位内都同样减小 ΔV_n，因此，桨叶截面迎角将增大$\Delta\alpha=\frac{\Delta V_n}{W}$。由于桨叶升力增量 ΔY 与 $\Delta\alpha$ 和 W^2成正比，综合前式可知 ΔY 与 $\Delta V_n W$ 成正比。所有桨叶截面的升力增大引起旋翼总空气动力增加ΔR 值。

由于 ΔV_n值在旋翼桨盘面积上是不变的（垂直于旋转平面上的气流分速 V_n在任意方位内都同样减小 ΔV_n），综合前式 ΔY 与 $\Delta V_n W$ 成正比，可知 ΔY 的变化与 W 成正比。

由于前飞或逆风悬停时，旋翼平面内周向来流速度分布不均，引起旋翼左右两边升力增加不等，前行桨叶区升力增加得多些，后行桨叶区升力增加得少些，其中在90°方位 W 值最大，ΔY 也最大。前行桨叶和后行桨叶升力增量不平衡将由挥舞来补偿，增大的挥舞又会引起旋翼锥体相对机身继续后倒 $\Delta\alpha_1$角，此时，旋翼总空气动力 R 会对重心形成附加上仰力矩。同时，因为左右两边升力都有增加，使旋翼总空气动力 R 增加了 ΔR，此上仰力矩将进一步增大，这将使得直升机继续上仰。由此可见，在前飞状态下，旋翼具有迎角静不稳定性。

（a）悬停状态下旋翼迎角的中立静稳定性

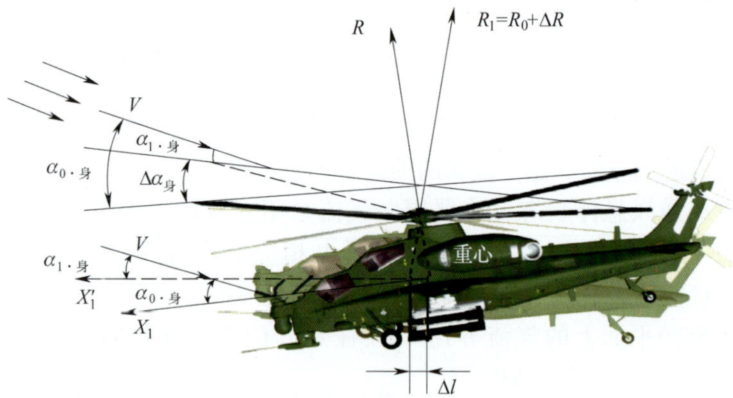

（b）前飞状态下旋翼的迎角静不稳定性

图 5－3　旋翼的迎角静不稳定性

前飞状态下旋翼迎角不稳定性的表现程度，与机身迎角变化的方向有关。旋翼迎角偏离平衡状态引起上仰力矩的变化值，比起下俯力矩的变化值要大。上仰时旋翼迎角不稳定的程度比下俯时要大。形象地说，就是直升机只要一开始抬头就将继续增大抬头，直升机低头时就将继续增大低头，但低头趋势比抬头趋势的强烈程度要小。

上述分析是针对中心铰式旋翼而言的，对于非中心铰式旋翼和无铰式旋翼，还应考虑到迎角改变时旋翼桨毂力矩的影响。对有水平铰外移量的非中心铰式旋翼，当受扰动而机头上仰时，旋翼锥体相对后倾后，除了旋翼气动合力增大并形成迎角静不稳定力矩之外，旋翼锥体后倾产生的旋翼桨毂力矩也是一个迎角静不稳定力矩（见图 5－4）。而且，水平铰外移量大的旋翼，迎角静不稳定性会更严重些。无铰式旋翼不存在水平铰，在同样情况下产生的桨毂力矩比非中心铰式旋翼更大，因而其迎角静不稳定性表现的更为严重。

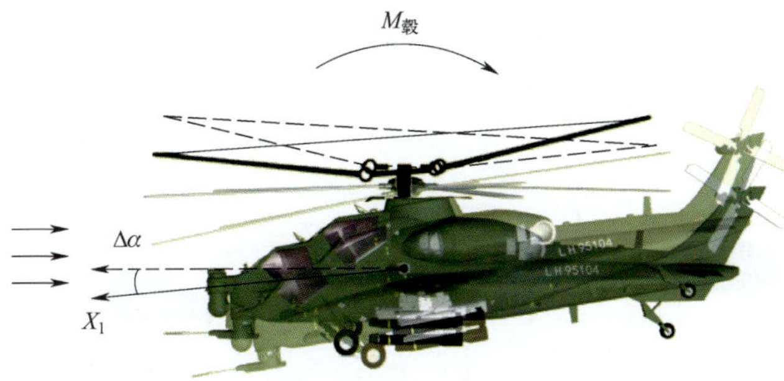

图 5－4　桨毂力矩的迎角静不稳定作用

（2）机身的迎角静不稳定性

在前飞状态下，当机身迎角变化时，对于没有平尾的机身，其焦点位置大都位于直升机重心之前。这样，直升机因受扰动机头上仰时，由于迎角增大而产生的附加空气动力 $\Delta R_{机身}$ 作用在焦点上，对重心形成附加上仰力矩，这将使机头更加上仰（见图 5－5），因此，在前飞状态，没有平尾的机身是迎角静不稳定的。

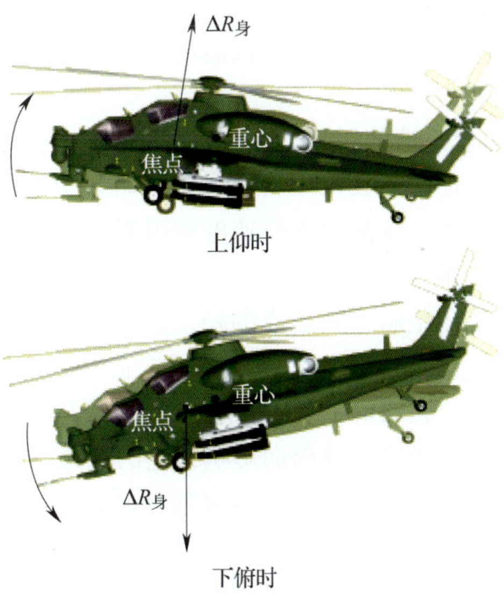

图 5－5　机身的迎角静不稳定性

直升机在具有前飞速度的情况下，旋翼和机身都产生静不稳定力矩，起静不稳定作用；直升机在前飞速度为零时，旋翼和机身具有中立迎角静稳定性。

（3）平尾的俯仰稳定力矩

为了改善直升机在前飞条件下的迎角静稳定性，直升机大都装有平尾（水平安定面）。直升机受扰动机头上仰时，平尾迎角会相应增大，并产生一个向

上的附加升力 $\Delta Y_{平尾}$，对直升机重心形成下俯的稳定力矩，力图使机头恢复原来的机身迎角（见图 5－6）。反之，如果直升机受扰动而机头下俯，平尾迎角会减小，并产生向下的附加升力，对重心构成上仰力矩，力图使直升机恢复原来平衡迎角。

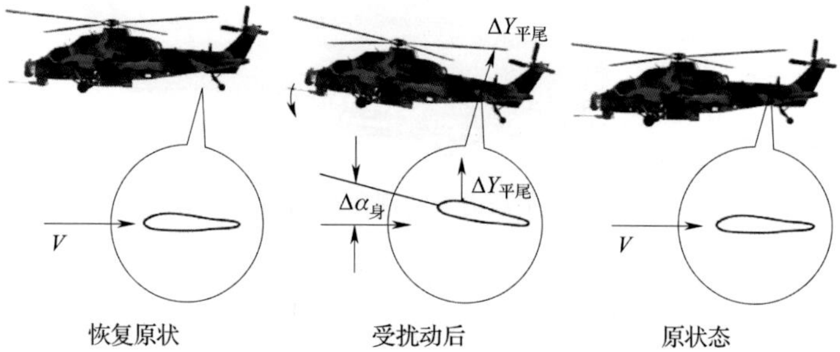

图 5－6　平尾的迎角稳定性

大速度前飞时，直升机受扰动后机身迎角改变时，平尾能产生的附加升力较大，形成的稳定力矩也较大，故迎角静稳定性强。但在小速度前飞时，流过平尾的相对气流速度较小，平尾的迎角静稳定作用会减弱。

在悬停状态，平尾是中立稳定的。在后退飞行时，平尾将产生不稳定力矩，失去迎角静稳定性。

5.2.1.2　影响迎角静稳定性的因素

直升机的迎角静稳定性与其机型特点和飞行环境有关。对同一机型，迎角静稳定性主要受重心位置、迎角和飞行速度等因素影响。

（1）重心位置的影响

直升机受扰动迎角变化后，其形成的稳定或不稳定力矩是相对直升机重心而言的，因此，重心位置的前后变化会直接影响它的迎角静稳定性。在直升机的使用中，货物的装载、燃料的消耗、武器弹药的发射以及物体投放等，都会使直升机的重心位置发生变化，并因而影响到它的迎角静稳定性。

一般来讲，在前飞状态下，当重心位置前移时，旋翼和机身形成的俯仰不稳定力矩减小，而平尾形成的俯仰稳定力矩增大，直升机的迎角静稳定性会增强。反之，当重心位置后移时，旋翼和机身形成的俯仰不稳定力矩增大，而平尾形成的俯仰稳定力矩减小，直升机的迎角静稳定性将减弱。

在悬停状态下，重心位置的变化不会影响直升机中立稳定的特性。

（2）迎角的影响

迎角对直升机静稳定性的影响是比较复杂的。

对旋翼来讲，前飞中旋翼迎角 α_S 越接近 0°，即 $|\alpha_S|$ 越小，前飞相对气流在垂直于旋转平面上的分速 V_n 就越小，直升机受扰后桨叶上的升力增量 ΔY

（等于 $\Delta V_n W$）就越小，旋翼总空气动力增量 ΔR 也相对较小，再加上附加挥舞引起的锥体后倾角减小，使得旋翼产生的不稳定力矩减小，旋翼的迎角静不稳定性减弱。反之，随着 $|\alpha_S|$ 增大，旋翼的迎角静不稳定性增强。

此外，由于前飞中旋翼锥体本身具有后倾趋势，当直升机受扰机身迎角增大或减小时，旋翼的迎角静不稳定性表现也是不同的。若直升机低头，机身迎角减小，旋翼锥体前倾时受到后倾趋势的影响，前倾角减小，形成的不稳定力矩小，迎角静不稳定性较弱。而直升机抬头，机身迎角增大时，旋翼的后倾趋势加剧了锥体的后倾，旋翼的迎角静不稳定性相对较强。

对绝大多数形状的机身而言，迎角增大，机身的总空气动力增大，对重心形成的不稳定力矩增大，迎角静不稳定性增强。

当直升机受扰，机身迎角发生变化时，在临界迎角范围内，迎角越大，平尾产生的气动力越大，形成的稳定力矩也越大，平尾的迎角静稳定性就越强。但当平尾迎角超过临界迎角时，迎角增大，平尾附加升力反而减小，所以迎角静稳定性也随之减弱。

（3）飞行速度的影响

对于中心铰式旋翼，当飞行速度增大时，旋翼周向气流不对称程度加剧，直升机受扰动引起的旋翼附加挥舞增强，锥体后倾角加大，旋翼的迎角静不稳定性增强。同样，由于机身产生的附加气动力增大，机身的迎角静不稳定性也增强。但对平尾而言，速度增大，会使平尾的气动力以及对重心形成的稳定力矩显著增大，平尾的迎角静稳定性增强。综合来讲，当前飞速度增大时，平尾的迎角静稳定性增强起主要作用，直升机的迎角静稳定性是增强的。反之，当前飞速度减小时，直升机的迎角静稳定性是减弱的。

对具有水平铰外移量的非中心铰式旋翼和无铰旋翼，除了前面所述的因素外，由于桨毂力矩的不稳定作用会随前飞速度增大而增强，这将直接影响直升机的迎角静稳定性。

在无风悬停状态，直升机是迎角中立稳定的。其原因是旋翼、机身和平尾上都没有附加的俯仰力矩产生。

在后退飞行时，当直升机受扰机身迎角变化后，旋翼、平尾均产生不稳定力矩，同时，桨毂力矩也起不稳定作用，因此，直升机将失去迎角静稳定性。后退飞行速度越大，迎角静不稳定程度越严重。

此外，尾桨的反作用力矩也会间接影响直升机的迎角静稳定性。根据尾桨旋转的方向，其反作用力矩可能为上仰力矩，也可能为下俯力矩。随着飞行速度增大，尾桨反作用力矩减小，这将改变直升机的纵向力矩平衡。为了配平直升机，旋翼锥体倾角和机身迎角必然改变，因而直升机的迎角静稳定性也会受到影响。当然，与其他因素相比，尾桨反作用力矩的影响一般并不明显。

5.2.1.3 直升机的速度静稳定性

直升机飞行时，受到微小扰动使直升机速度发生变化，当扰动消失后，若直升机具有自动恢复原来平衡速度的趋势，则称直升机具有速度静稳定性。反之，则称速度静不稳定。

(1) 旋翼的速度静稳定性

当直升机在前飞过程中受扰动速度增大时，由于桨叶的自然挥舞作用，使旋翼锥体后倾，导致旋翼拉力方向也向后倾斜（见图5－7（a））。

一方面，旋翼拉力后倾会产生一个向后的附加纵向力 ΔX，该力与速度方向相反，力图减小直升机速度，同时，该力对直升机重心构成上仰力矩，使直升机抬头。另一方面，由于前飞时直升机都有一定的俯角，旋翼后倾使旋翼拉力 T 在气流立轴方向的分力 T_1（T_1在习惯上又称旋翼拉力的第一分力）增大，再加上速度增大使拉力 T 也相应增大，当 T_1大于重力 G 时，直升机的飞行轨迹向上弯曲。这显然会增加直升机的高度和势能，势能的增加来源于动能的减少，直升机的速度有减小的趋势。同理，当直升机在前飞过程中受扰速度减小时，桨叶的挥舞作用会使旋翼锥体前倾，产生向前的附加纵向力 ΔX，并最终导致直升机机头下俯和降低高度，使其具有增大速度的趋势。上述分析说明，前飞状态下直升机的旋翼是速度静稳定的（见图5－7（b））。

在无风悬停状态，当直升机受扰动产生一相对速度（如遇突发逆风）时，桨叶的挥舞作用会使旋翼锥体后倾，向后的附加纵向力 ΔX 力图减小此相对速度，同时对重心形成上仰力矩，使直升机抬头。机身的转动会使旋翼进一步后倾，附加纵向力 ΔX 进一步增大，增强了直升机的减速趋势。同理，对其他情形的分析也可得出相同得结论。由此可知，在无风悬停状态，直升机旋翼具有速度静稳定性（见图5－7（c））。

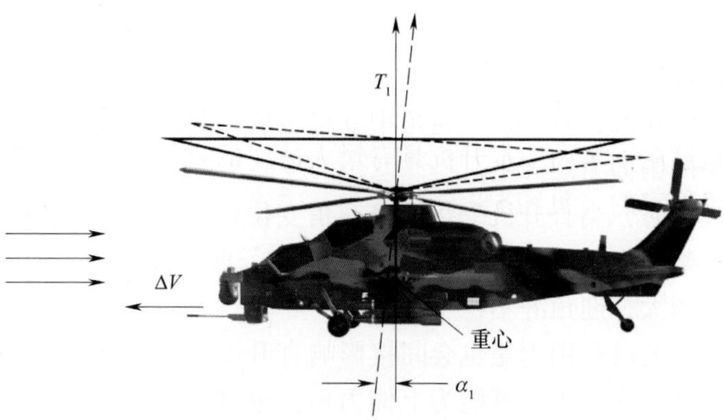

(a) 旋翼的速度静稳定性

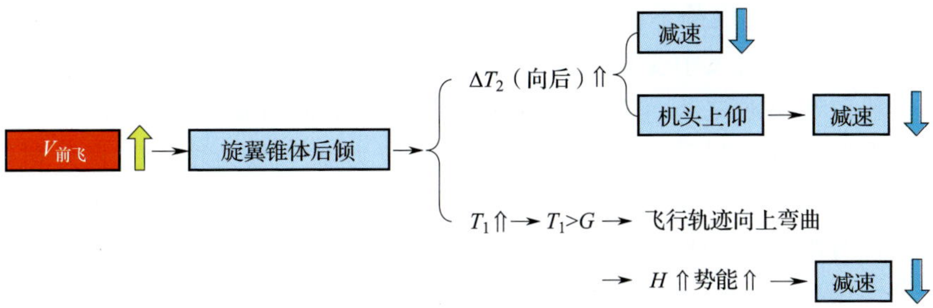

（b）前飞状态旋翼的速度静稳定性

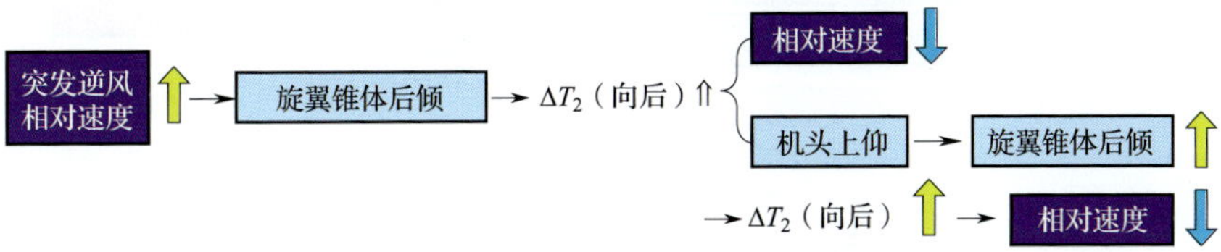

（c）无风悬停状态旋翼的速度静稳定性

图 5－7　旋翼的速度静稳定性

对于具有水平铰外移量的旋翼，其速度静稳定性会随水平铰外移量的增大而增强。这是因为，直升机前飞时，都会存在一定的桨毂力矩，当速度增大时，因桨叶在前半周与后半周的迎角不同，所以增加的升力也不等。其中，在前半周增加的升力大于后半周增加的升力，这样形成的附加桨毂力矩，力图使直升机上仰转动，以增加高度和减小速度。同样，当前飞速度减小时，附加的桨毂力矩力图使直升机下俯转动，以增大速度。水平铰外移量越大，产生的附加桨毂力矩也越大，其速度静稳定作用就越强。

（2）平尾的速度静稳定性

前飞中，当直升机受扰动速度增大时，平尾负升力增加，对重心形成一附加上仰力矩，使直升机机头上仰，轨迹向上弯曲，力图增加高度和势能，使直升机有减小速度的趋势。同理，直升机受扰动速度减小时，平尾负升力减小，机头下俯，轨迹向下弯曲，直升机具有增大速度的趋势。所以，前飞中直升机平尾是速度静稳定的（见图 5－8）。

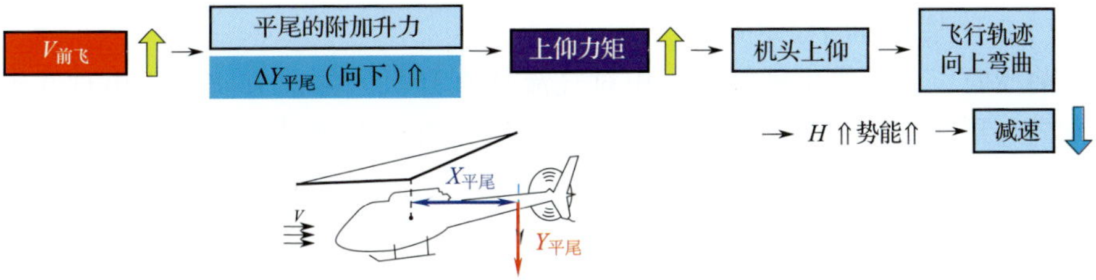

图 5－8　平尾的速度静稳定性

(3) 机身的速度静不稳定性

当直升机在前飞中受扰动速度增大时，机身阻力 $X_{机身}$ 增大，由于其作用点一般位于重心之下，对重心会形成附加的下俯力矩，促使直升机低头。机身的下俯转动会导致旋翼前倾，向前的拉力水平分力增大，直升机有继续增大速度的趋势。反之，若直升机受扰速度减小时，机身的作用使直升机速度具有继续减小的趋势。显然，在前飞状态，直升机机身具有速度静不稳定作用(见图 5－9)。

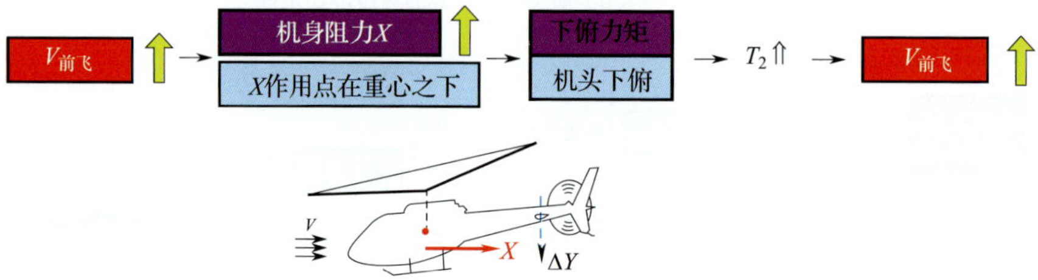

图 5－9　机身的速度静不稳定性

5.2.2　直升机的方向静稳定性

直升机在前飞中受到扰动偏转时，会出现侧滑，从而偏离原方向平衡状态，当扰动消失后，直升机能产生方向稳定力矩，具有自动消除侧滑恢复原方向平衡的趋势，则称为直升机具有方向静稳定性。

必须指出，方向稳定性是指直升机消除侧滑、自动恢复原方向平衡的一种特性，它并不表示直升机能够恢复原来的飞行航向。当方向平衡受到破坏后，要恢复原航向，必须依靠飞行员的操纵或自动驾驶仪的工作。

直升机在方向平衡破坏后的侧滑中，会引起偏转力矩和滚转力矩的变化。在横向平衡破坏出现坡度后，又会产生侧滑，同样也会引起偏转力矩和滚转力矩的变化。因此，方向和横向稳定性是密切相关的，一般统一作为侧向运动来研究。

5.2.2.1　方向稳定力矩

直升机的方向稳定力矩主要由尾桨和垂尾产生，而机身通常是方向静不稳定的。

(1) 尾桨的方向稳定力矩

前飞时，直升机出现侧滑，相对气流从直升机的侧前方吹来，相对气流 V 的方向与尾桨旋转平面不平行，二者之间的夹角即为侧滑角 β，可将 V 分解为两分速：平行于尾桨旋转平面的分速 $V_t = V\cos\beta$，垂直于尾桨旋转平面的分速 $V_n = V\sin\beta$。

如图 5－10 所示，直升机在右侧滑中，前飞相对气流的垂直分速 V_n 的方向与尾桨的诱导速度的方向相反，将使尾桨的桨叶迎角增大，拉力增大，其向左

的附加拉力 $\Delta T_{尾桨}$ 对直升机重心形成右偏力矩，力图消除右侧滑。同理，当直升机出现左侧滑时，尾桨会产生左偏力矩，力图消除左侧滑。所以，前飞时，尾桨可以产生方向稳定力矩，具有方向静稳定性。

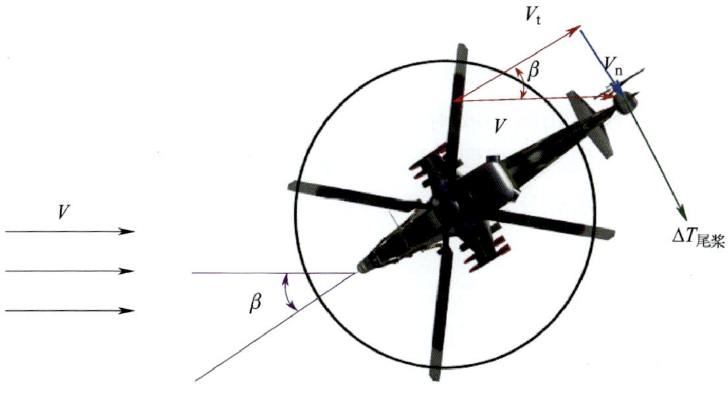

图 5 - 10　尾桨的方向静稳定作用

(2) 垂尾和尾（腹）鳍的方向静稳定性

对于装有垂直尾翼的直升机，在侧滑中，垂直尾翼也能产生方向稳定力矩，因而也具有方向静稳定性。例如，当直升机受到扰动出现右侧滑时，前飞相对气流速度 V 与垂尾翼弦形成夹角 β，于是垂尾产生向左的附加侧力 $\Delta Z_{垂尾}$，对直升机重心形成右偏的稳定力矩，力图消除右侧滑。带有尾（腹）鳍的直升机，在侧滑中尾（腹）鳍也可以产生方向稳定力矩，其道理与垂尾相同。

必须指出，尾桨和垂尾只有在前飞中才具有方向静稳定性，当直升机作后退飞行时，尾桨和垂尾的作用是不稳定的，在悬停状态下，尾桨和垂尾的作用是中立稳定的。

(3) 机身的方向静不稳定作用

当直升机受扰动发生偏转出现侧滑时，由于机身（不带垂尾）在侧滑中所产生的附加侧力的作用点一般位于直升机重心之前，因此，附加侧力对重心形成的偏转力矩将使机头更加偏离原方向平衡状态，导致侧滑角越来越大。所以，前飞中机身通常是方向静不稳定的。

综上所述，直升机的方向静稳定性，是由侧滑中机身、尾桨和垂尾形成的偏转力矩变化的综合结果决定的。由于尾桨和垂尾的方向静稳定性较强，在前飞条件下，直升机都具有较好的方向静稳定性，并随飞行速度的增大而增强。

5.2.2.2　影响方向静稳定性的因素

直升机方向静稳定性的强弱，取决于改变单位侧滑角所产生的方向稳定力矩的大小。这不仅与机型的设计有关，在实际飞行中还受直升机迎角、飞行速度、垂尾和尾鳍以及侧滑角等因素的影响。

（1）迎角的影响

直升机的方向静稳定性随迎角的增大而减弱。当迎角增大时，由于机身的遮蔽作用，流向垂尾的气流变得混乱，使得垂尾气动效率降低，方向稳定力矩减小。同时，迎角增大导致垂尾的实际后掠角增大，有效展弦比减小，同样侧滑角情况下产生的方向稳定力矩减小，方向稳定性减弱。

反之，当直升机迎角减小或俯角增大时，机身对垂尾的遮蔽作用减小，旋翼尾流对尾桨和垂尾的影响减弱，尾桨和垂尾的气动效率提高，同时尾桨的实际后掠角减小，有效展弦比增大，产生的方向稳定力矩增大，直升机的方向静稳定性会显著增强。

（2）飞行速度的影响

直升机的方向静稳定性一般随飞行速度的增大而增强。一方面，飞行速度越大，同样侧滑角下，尾桨和垂尾产生的方向稳定力矩就越大，虽然机身的方向不稳定力矩也在增大，但其影响不是主要的，所以直升机的方向静稳定性是增强的。另一方面，速度越大，直升机的俯角也越大，尾桨和垂尾的位置升高，使其受旋翼尾流的影响减弱，气动效率提高，增大了方向稳定力矩，从而也增强了直升机的方向静稳定性。

反之，若前飞速度减小，则直升机的方向静稳定性会相应减弱。

（3）垂尾和尾鳍的影响

直升机方向稳定力矩主要靠垂尾产生，故垂尾面积的大小对方向静稳定性影响很大。垂尾面积越大，侧滑时产生的附加侧力越大，方向静稳定性就越强。垂尾的展弦比不同，方向静稳定性也不同，同样的面积下，垂尾展弦比增大，侧力系数随侧滑角变化斜率增大，方向静稳定性增强。

此外，垂尾的安装位置也会影响方向静稳定性的强弱。垂尾位置越高，前飞时受旋翼尾流的影响越小，垂尾的气动效率越高，方向静稳定性就越强。装在平尾两端的侧垂尾，由于受机身遮挡小，气动效率高，也会增强直升机的方向静稳定性。

（4）侧滑角的影响

由于前飞中直升机的方向稳定性主要靠垂尾提供，垂尾的侧力系数又与侧滑角有关，因此，侧滑角的大小会直接影响直升机的方向静稳定性。

出于为尾桨卸荷的目的，直升机的垂尾大都有一个预置偏角，该偏角因旋翼旋转方向不同而不同，其中左旋旋翼为左偏角，右旋旋翼为右偏角。当侧滑角较小时，垂尾的侧力系数曲线斜率呈直线，单位侧滑角增量形成的垂尾附加侧力基本相等，直升机的方向静稳定性变化不大。当侧滑角较大，接近甚至超过垂尾翼型的临界迎角时，垂尾侧力系数曲线呈非线性，增加同样侧滑角所形成的附加侧力减小，直升机的方向稳定性将减弱。由于垂尾多选择非对称翼型，且存在预置偏角，所以导致方向稳定性开始减弱的左、右侧滑角大小是不相等的。对左旋旋翼直升机，方向稳定性开始减弱的左侧滑角大于右侧滑角，而右旋旋翼直升机则是右侧滑角大于左侧滑角。

此外，左、右侧滑中尾桨处相对气流垂直分速 V_n 与尾桨诱导速度方向不同，也会导致尾桨的方向稳定力矩大小不等。如左旋旋翼直升机在大的右侧滑中，V_n 与尾桨诱导速度方向相反，使尾桨桨叶迎角增大，当接近或超过其临界迎角时，会导致尾桨的方向稳定力矩减小，方向静稳定作用减弱。

综上所述，在侧滑角较小时，直升机的方向静稳定性基本不变；当侧滑角过大时，其方向稳定性会减弱。且方向稳定性开始减弱的侧滑角左右不等，并与旋翼的旋转方向有关。

5. 2. 3　直升机的横向静稳定性

直升机的横向静稳定性，是指直升机在飞行中受到扰动而偏离横向平衡状态引起坡度变化时，能自动产生稳定力矩，使直升机具有恢复原横向平衡状态的趋势。直升机的横向稳定力矩主要由旋翼、尾桨、垂尾等部件产生。

5. 2. 3. 1　横向稳定力矩

（1）旋翼的横向静稳定性

直升机在飞行中受到扰动，在横向平衡被破坏后，如出现右坡度未及时修正，在旋翼拉力和重力的合力作用下，直升机将向右运动，从而形成右侧滑。在右侧滑中，相对气流从直升机右侧吹来，将使旋翼锥体和总气动力相对于机身向左倾斜。于是，旋翼侧向力对重心形成使直升机向左滚转的横向稳定力矩，力图使直升机向侧滑反方向滚转（见图 5 - 11）。当旋翼具有水平铰外移量时，旋翼锥体左倾还会产生桨毂力矩 $M_{x毂}$，力图使直升机左滚。在上述两种力矩作用下，直升机在右侧滑时，必然出现向左滚转的趋势。同理，在直升机受扰动出现左坡度而形成左侧滑时，旋翼会产生使直升机向右滚转的横向稳定力矩。可见，旋翼具有横向静稳定性。

（2）尾桨的横向静稳定性

对于左旋旋翼直升机，在受扰动出现右坡度形成右侧滑时，尾桨截面迎角增大，拉力增加；对于右旋旋翼直升机在右侧滑中，尾桨桨叶迎角减小，拉力减小。因此，无论哪种旋向旋翼的直升机，在右侧滑中尾桨所产生的附加拉力 $\Delta T_{尾桨}$，其方向都是向左的。由于尾桨桨毂中心大都高于直升机重心，由于侧滑产生的尾桨附加拉力 $\Delta T_{尾桨}$，就会对直升机重心形成左滚力矩，力图使直升机向侧滑反方向滚转，这个力矩起横向稳定作用。同样，直升机受扰出现左坡度形成左侧滑时，尾桨也会产生使直升机右滚的横向稳定力矩。所以，直升机的尾桨是横向静稳定的。

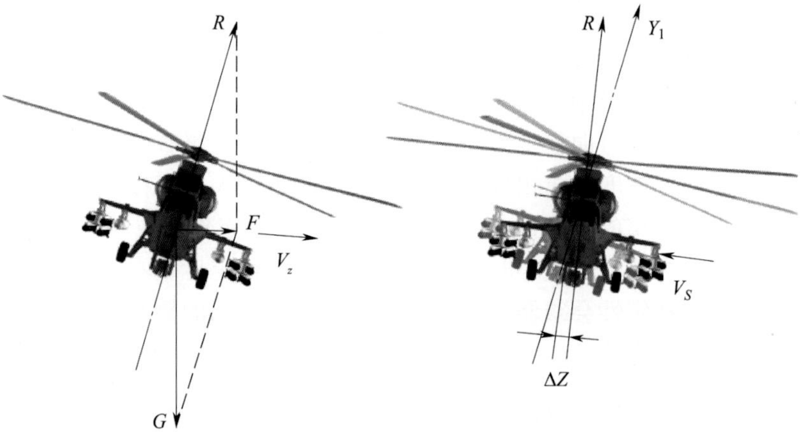

图 5-11　旋翼的横向静稳定性

（3）垂尾的横向静稳定性

当直升机受到扰动出现右坡度从而产生右侧滑时，垂尾产生向左的附加侧力 $\Delta Z_{垂尾}$，其作用点一般高出直升机重心，对重心形成向左的滚转力矩，力图消除右坡度，是横向稳定力矩。若直升机受扰出现左坡度和左侧滑时，垂尾产生的附加侧力向右，对重心形成使直升机右滚的横向稳定力矩。所以，垂尾具有横向静稳定性。

（4）上单短翼的横向静稳定性

为了减小前飞时的旋翼载荷和充当外挂梁的作用，不少大、中型直升机都装有短翼，如米-6、米-24 等。安装在机身上部的短翼，称为上单短翼，它也具有一定的横向静稳定性。具有上单短翼的直升机，受扰动出现坡度形成侧滑时，由于机身的阻挡，使侧滑前翼下表面压力增大，升力增加；侧滑后翼受机身遮挡，升力减小，两翼升力差对重心形成横向稳定力矩（见图 5-12）。

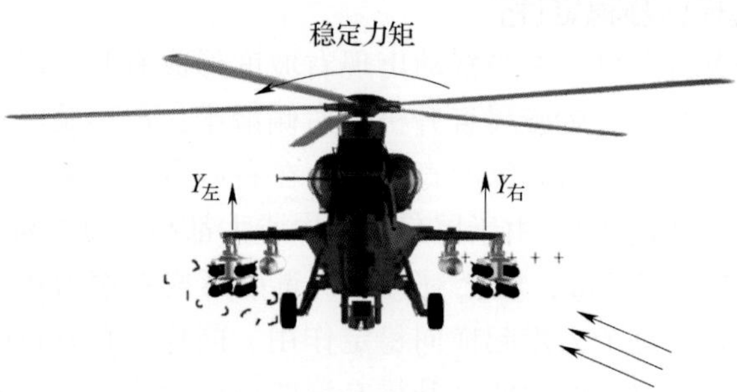

图 5-12　上单短翼的横向静稳定性

由于直升机的旋翼、尾桨、垂尾、上单短翼等都具有横向静稳定性，因此，对多数直升机来说，其横侧静稳定性都是足够强的。

5.2.3.2　影响横向静稳定性的因素

直升机横向静稳定性的强弱，除与机型的设计有关外，飞行中还会因飞行状态、飞行环境以及其他因素的影响而发生变化。影响直升机横向静稳定性的主要因素有飞行速度、尾桨、垂尾等。

（1）飞行速度的影响

当前飞速度增大时，直升机的横向静稳定性会增强。这是因为，前飞速度越大，改变同样的侧滑角时，尾桨和垂尾产生附加侧力也越大，形成的横向稳定力矩就越大。同时，由于直升机俯角增大，尾桨和垂尾相对于重心位置升高，受旋翼尾流影响减弱，气动效率提高，进一步增大了横向稳定力矩。此外，速度增大后，垂尾对尾桨的卸荷作用使尾桨桨叶处于较小的迎角状态，也使尾桨的气动效率提高，横向静稳定性增强。反之，当前飞速度减小时，直升机的横向静稳定性会相应减弱。

（2）尾桨的影响

尾桨的直径越大，安装位置越高，在直升机出现侧滑时产生的横向稳定力矩就越大，直升机的横向静稳定性也越强。

（3）垂尾的影响

垂尾面积越大，展弦比越大，安装位置越高，直升机的横向静稳定性就越强。

（4）旋翼水平铰外移量的影响

对于非中心铰式旋翼，水平铰外移量越大，直升机出现坡度和侧滑时，由于桨叶挥舞而产生的附加桨毂力矩也越大，因该力矩起横向稳定作用，所以直升机的横向静稳定性就越强。对无铰旋翼，虽然取消了水平铰，但同样会产生较大的附加桨毂力矩，使直升机的横向静稳定性增强。

5.3　直升机的动稳定性

直升机受到扰动偏离原平衡状态时，如果它具有静稳定性，仅仅说明直升机有自动恢复原平衡状态的趋势，最终能否恢复到原平衡状态，还要看它是否具有动稳定性。以下将从纵向（俯仰）和侧向分别研究直升机的动稳定性特点（见图5－13）。

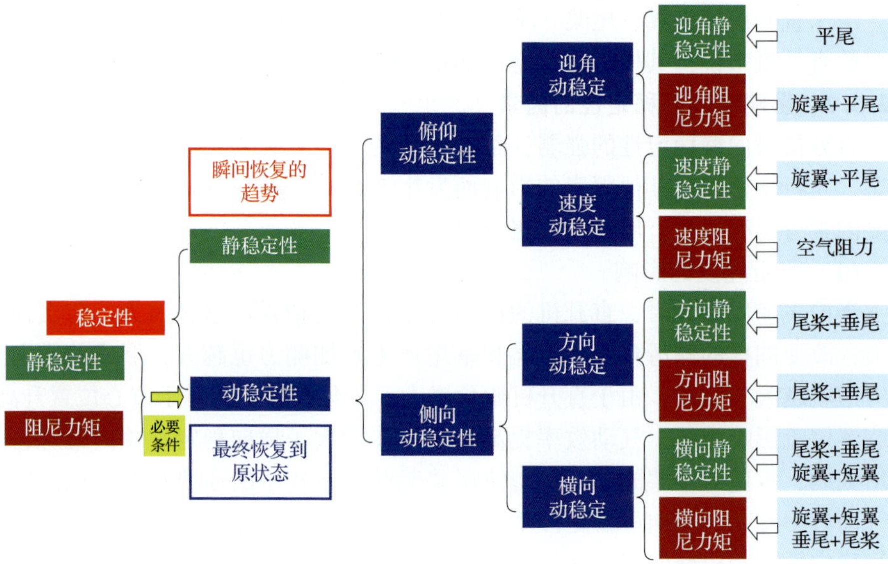

图 5－13　直升机的动稳定性

5.3.1　动稳定性概述

直升机的动稳定性，是指直升机受到扰动偏离原平衡状态，当扰动消失后，直升机自动恢复原平衡状态过程的特性，也就是经过扰动运动最终恢复基准运动的特性。直升机能恢复到原平衡状态，则称为是动稳定的，否则是动不稳定的。直升机的动稳定性是一项非常重要的动态特性。

直升机受扰后，其扰动运动可能是非周期的，也可能是周期的；可能是收敛的，也可能是发散的。其响应过程可能有六种形式：非周期收敛、周期收敛、等幅振荡、周期发散、非周期发散和随遇平衡。通常将直升机的非周期响应过程称为非周期运动，周期响应过程称为摆振运动。在周期运动中，直升机在扰动消失后还继续一段时间平稳地偏离原来位置，或平稳地回到原来位置。在摆振运动中，当直升机倾斜后，向原来平衡状态运动，通过原来平衡状态，再向相反方向倾斜，然后返回来再向平衡状态运动，并重新通过原平衡状态又向最初的倾斜状态运动。

直升机静稳定是其动稳定的必要条件，没有静稳定就不会有动稳定。反过来，静稳定的直升机并不一定是动稳定的。因此研究直升机的稳定性，必须同时研究静稳定性和动稳定性。

大多数情况下，直升机扰动消失后的自由运动常常表现为摆振运动。按摆动周期的长短，通常将直升机的摆振运动分为短周期摆振运动和长周期摆振运动。短周期摆振摆动周期短，通常在强烈阻尼作用下迅速衰减，持续时间较短（0.5～3 s）；

长周期摆振摆动周期长，阻尼小，衰减慢，持续时间较长（10～30 s）。

实践证明，直升机的短周期摆振主要影响机身相对于横轴和纵轴的角位移及其角速度 ω_z 和 ω_x，而长周期摆振则主要与直升机上各力的平衡有关。实际飞行中，短周期摆振一般飞行员不易觉察，但却对操纵影响较大。特别是在低速飞行和悬停状态，若飞行员为消除短周期摆振过多地进行操纵，反而会使直升机出现摇晃。因此，短周期摆振的特性对于在颠簸条件下以及临近地面飞行实施机动时保持直升机的姿态是很重要的。长周期摆振主要是在长时间飞行中影响直升机的飞行状态（速度、高度等），为了避免其引起的不良后果，飞行员必须不断地进行修正，因此会感到很疲劳。

5.3.2　直升机的俯仰动稳定性

直升机的俯仰动稳定性，是研究直升机受扰动偏离原俯仰平衡状态，迎角和速度发生变化，在稳定力矩和阻尼力矩作用下，直升机自动恢复原俯仰平衡过程的特性。直升机受扰动以及其后的俯仰平衡恢复过程中，与速度相比，迎角的变化以及对飞行状态的影响要显著得多，因此，我们首先重点研究直升机的迎角动稳定性。

直升机的迎角动稳定性，是指扰动消失后，在俯仰稳定力矩和阻尼力矩的作用下，最终恢复原来迎角过程的特性。如果迎角的振荡是增幅或等幅的，回不到原来迎角，说明迎角没有动稳定性。直升机是否具有迎角动稳定性，一方面取决于其是否具有迎角静稳定性；另一方面取决于直升机在俯仰摆动中能否产生阻尼力矩。只有在迎角静稳定的前提下，产生俯仰阻尼力矩，直升机才具有迎角动稳定性。下面简要分析直升机俯仰阻尼力矩的产生原理。

5.3.2.1　俯仰阻尼力矩

直升机的俯仰阻尼力矩主要由旋翼和平尾产生。

（1）旋翼的俯仰阻尼力矩

如图5－14所示，当直升机受扰动机头突然上仰时，由于旋翼的陀螺定轴性作用，旋翼锥体力图保持原来方向，只是在机头上仰过一个角度之后，旋翼锥体才会以相同的角速度随机头上仰。这样，直升机在上仰转动中，旋翼锥体将滞后机身转动一个角度。由于这个缘故，在直升机以角速度 ω_z 上仰转动时，旋翼锥体会相对于机身向前倾斜一个角度，实际上就是桨尖平面（$D-D$）相对

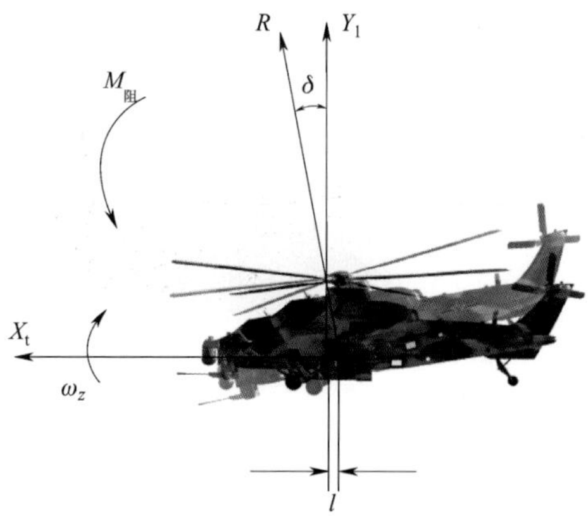

图5－14　旋翼的俯仰阻尼力矩

于桨毂旋转平面（$S-S$）相对前倾一个角度。于是，旋翼总气动力 R 对直升机重心构成了下俯阻尼力矩。同理，在直升机受扰动下俯转动时，由于旋翼的陀螺定轴作用，也会产生阻止机头下俯的阻尼力矩。

（2）平尾的俯仰阻尼力矩

直升机的俯仰摆动中，平尾可以产生俯仰阻尼力矩。当机身上仰转动时，平尾向下运动，流过平尾的相对气流产生一个向上的附加速度，使平尾有效迎角增大，在平尾上产生一个向上的附加升力 $\Delta Y_{平尾}$，对直升机重心构成下俯力矩，阻止直升机上仰转动。同理，在直升机下俯转动时，平尾上会产生向下的附加升力，并对重心形成上仰力矩，阻止直升机下俯转动。

直升机的机身、尾桨和起落架等同样也会产生阻尼力矩，只是由于它们的附加升力小或作用点距重心较近，形成的阻尼力矩较小。

5.3.2.2 直升机俯仰稳定过程

直升机受扰动俯仰平衡被破坏后，迎角和速度都会发生变化，俯仰平衡的恢复过程既包括迎角的恢复，也包括速度的恢复。

对俯仰动稳定的直升机，当其受扰动迎角增大时，直升机能自动产生俯仰稳定力矩，扰动消失后，在稳定力矩作用下，直升机会产生下俯转动角速度，使其迎角减小。当迎角减小到原平衡迎角时，直升机并不会立即停止转动，迎角会继续减小，此时，直升机又会产生反向的稳定力矩，阻止下俯转动，并最终使直升机上仰转动。如此反复振荡，在俯仰阻尼力矩的作用下，迎角振荡幅度逐渐减小，最终直升机恢复到原来的平衡迎角。当阻尼较大时，则不出现振荡现象而单调趋向平衡状态。迎角恢复过程中的振荡运动，因周期较短，一般称为短周期纵向摆振运动，或纵向短周期模态。纵向短周期摆振也叫作“摆锤式摆振”（见图 5－15（a））。

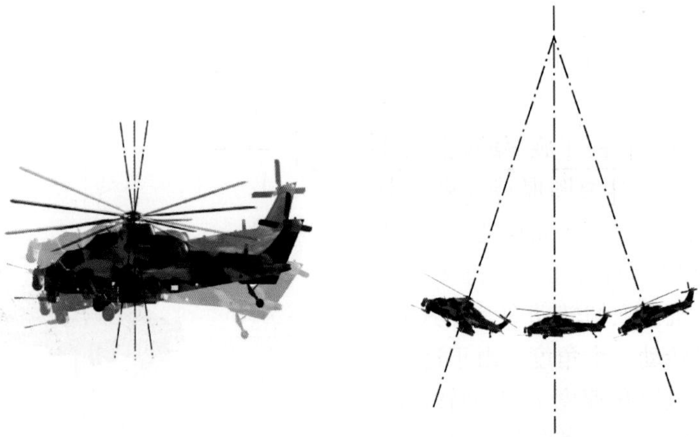

（a）　　（b）

图 5－15　直升机纵向长周期摆振与短周期摆振

对于速度稳定的直升机，当其受到扰动速度增大后，由于旋翼和平尾的稳定作用，其结果是，机身迎角增大，飞行轨迹向上弯曲。在重力和空气阻力的作用下，直升机速度减小。速度减小后，机头又要下俯，速度又要增加。经过这样几次振荡过程，直升机恢复到原来的平衡速度。当直升机在前飞过程中，受扰动速度减小时，其速度稳定过程也是一样的。直升机速度的恢复过程，因振荡周期较长，一般称为纵向长周期摆振，或纵向长周期模态，其摆振过程也可看作是一个重摆锤的摆振，此时摆动中心离开直升机一段距离，直升机重心为摆锤质量集中点（见图5－15（b））。由于在速度稳定过程中，直升机重心时升时降，飞行轨迹起伏波动，故又把这种运动称为沉浮运动（见图5－16）。

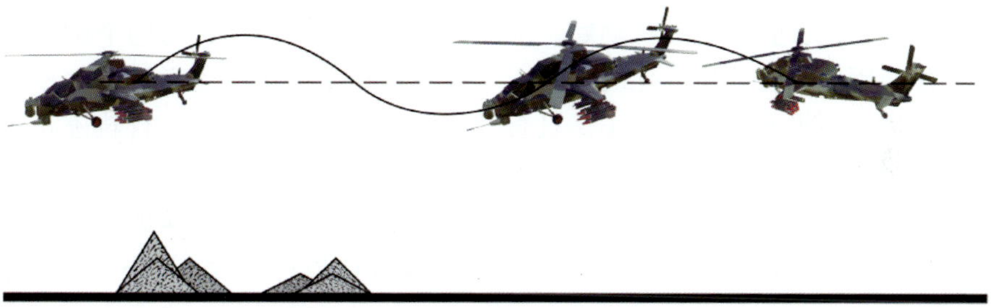

（a）直升机的速度稳定过程（沉浮运动）

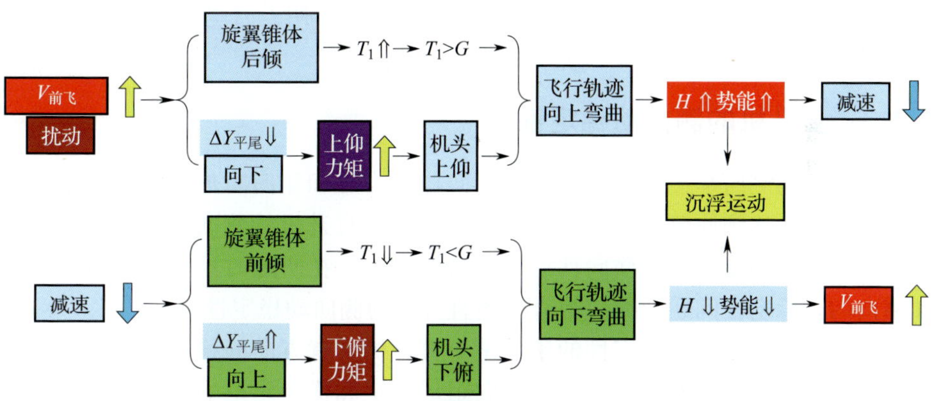

（b）直升机的速度稳定过程（沉浮运动）分析

图5－16　直升机的速度稳定过程（沉浮运动）

飞行实践证明，当直升机受扰动偏离原来纵向（俯仰）平衡状态，机身迎角和速度发生变化后，在最初阶段，飞行速度改变很慢而迎角的变化很快，主要表现为恢复迎角的短周期摆振运动。在俯仰阻尼力矩的作用下，这种迎角短周期的俯仰摆动很快消失，迎角迅速恢复到原来迎角。此后的阶段，迎角大小大致不再变化，直升机飞行速度的大小和方向则变化比较明显，呈现长周期的沉浮运动（如图 5－17 所示）。

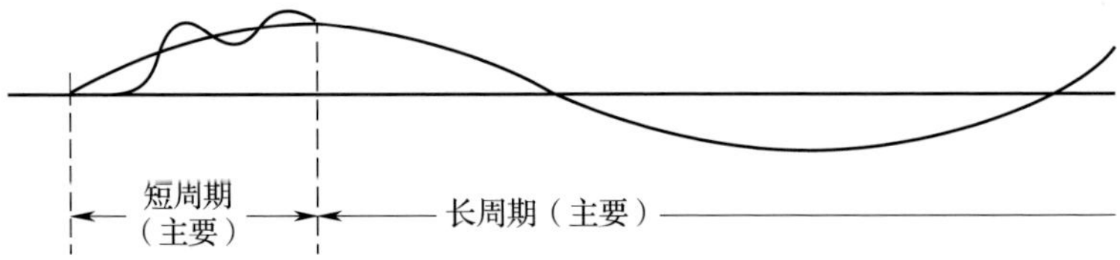

图 5－17　直升机纵向平衡恢复过程

纵向（俯仰）恢复过程之所以如此，主要是因为，直升机一般都具有较强的迎角稳定性，因此往往在几秒钟内就能迅速地使直升机基本上恢复到原来的平衡迎角；但是，直升机受扰动后，不但力矩平衡受到破坏，力的平衡也同时受到破坏，因此，在迎角变化的同时，飞行轨迹和飞行速度也必然发生相应变化。不过因为不平衡力相对较小，且直升机质量又大，所以，飞行轨迹和速度的变化在最初阶段表现不很明显。

总之，在直升机的纵向（俯仰）平衡恢复过程中，恢复迎角的过程实际上就是恢复直升机纵向力矩平衡的过程，主要表现在最初阶段，为短周期模态；恢复速度的过程，实际上是恢复直升机纵向力的平衡的过程，主要表现在后来的阶段，为长周期模态。纵向（俯仰）稳定过程从一开始，上述两种运动（即短周期模态和长周期模态）就同时存在，同时起作用，直至恢复到原来基准运动。

5.3.3　直升机的侧向动稳定性

直升机的侧向平衡被破坏后，在侧向稳定力矩和侧向阻尼力矩作用下，经过衰减振荡，达到原侧向平衡状态的特性，就是直升机的侧向动稳定性。由于直升机的方向动稳定性和横向动稳定性密切相关，在研究时不宜孤立讨论方向和横向的动稳定性问题，而应综合论述直升机的侧向动稳定性。

直升机具有侧向动稳定性的条件是，直升机具有方向静稳定性和横向静稳定性，同时在摆动过程中，能产生方向阻尼力矩和横向阻尼力矩。阻尼力矩越大，摆动消失越快，侧向动稳定性越强。

5.3.3.1　侧向阻尼力矩

（1）方向阻尼力矩

方向阻尼力矩就是阻止直升机绕立轴偏转的力矩。直升机的方向阻尼力矩主要由尾桨和垂尾产生。例如，当直升机以角速度 ω_y 向左偏转时，尾桨的相对气流自右向左流过尾桨桨盘，这将使尾桨桨叶上产生一个向左的附加拉力 $\Delta T_{尾桨}$。同时，垂尾也会形成侧滑角 $\Delta\beta$，使垂尾产生向左的附加侧力 $\Delta Z_{垂尾}$，

$\Delta T_{尾桨}$和 $\Delta Z_{垂尾}$对重心构成力矩，阻止直升机绕立轴偏转（见图 5－18）。同理，当机头向右偏转时，尾桨和垂尾要产生阻止机头右偏的阻尼力矩。

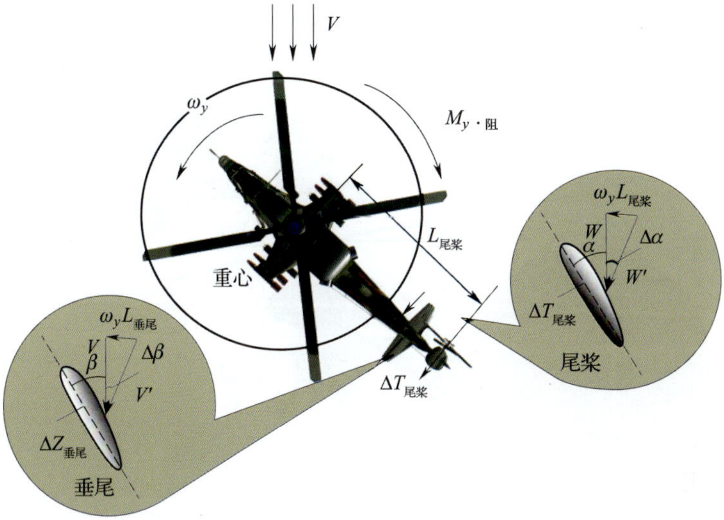

图 5－18　尾桨和垂尾的方向阻尼力矩

此外，直升机偏转过程中，机身和起落架等也都能产生一定的方向阻尼力矩。

（2）横向阻尼力矩

横向阻尼力矩，就是阻止直升机绕纵轴滚转的力矩。直升机的横向阻尼力矩主要由旋翼、尾桨和垂尾产生。装有短翼的直升机，短翼也有明显的横向阻尼作用。

①旋翼的横向阻尼力矩

旋翼横向阻尼力矩的形成原理，同俯仰阻尼力矩的形成原理相同，也是由旋翼的陀螺定轴性决定的。直升机向左滚转时，旋翼相对于机身的滞后会产生阻止滚转的阻尼力矩。同样，直升机向右滚转时，也会产生阻尼力矩。

②尾桨和垂尾的横向阻尼力矩

直升机在滚转中，尾桨和垂尾也能产生横向阻尼力矩（见图 5－19）。例如，直升机以角速度 ω_x 向右滚转时，由滚转形成的附加相对气流，自右向左流过尾桨，这将引起尾桨桨叶迎角的改变，从而产生向左的附加拉力 $\Delta T_{尾桨}$；对垂尾来说，要产生向左的附加侧力 $\Delta Z_{垂尾}$。$\Delta T_{尾桨}$ 和 $\Delta Z_{垂尾}$对重心形成的横向力矩，阻止直升机的向右滚转。

③短翼的横向阻尼力矩

装有短翼的直升机在滚转中，左右两翼的附加气流速度方向不同，下挥侧方向向上，上挥侧方向向下，这就导致两翼迎角不等。其中，下挥侧短翼迎角增大，升力增大，上挥侧短翼迎角减小，升力减小，两翼升力差对重心形成的力矩与直升机滚转方向相反，力图阻止直升机滚转，起阻尼作用（见图5-20）。

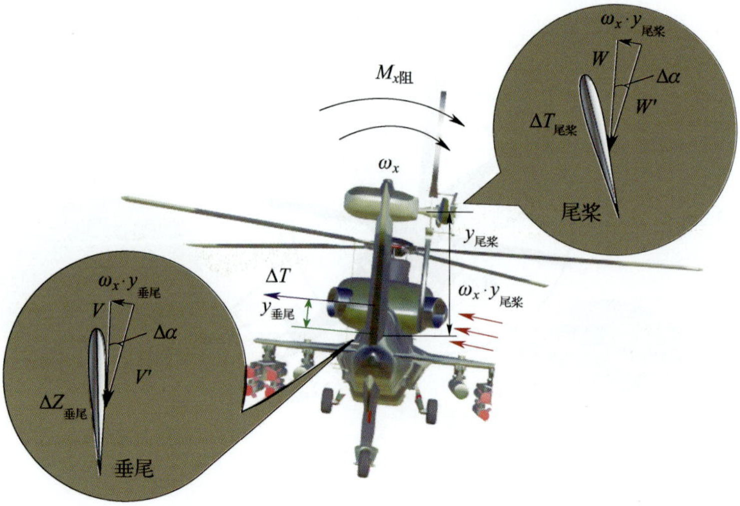

图5-19　尾桨和垂尾的横向阻尼力矩

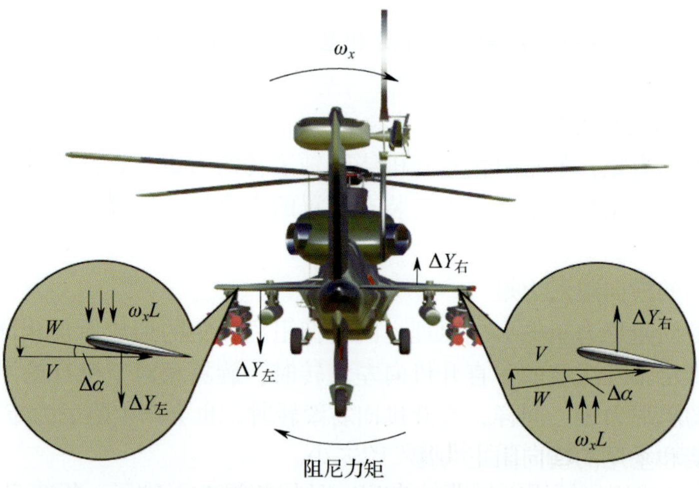

图5-20　短翼的横向阻尼力矩

5.3.3.2　直升机的侧向稳定过程

直升机的侧向平衡被破坏后，在侧向稳定力矩和阻尼力矩的作用下，侧向稳定过程也可分为短周期和长周期两种运动。在侧向扰动运动的初期，直升机产生绕立轴和纵轴转动的振荡运动，这种振荡的周期较短，衰减较快，称为侧向短周期运动。在侧向短周期运动基本结束之后，直升机的侧向运动，就比较明显地变为以侧向移位为主要特征的长周期运动。

具有方向及横向稳定性的直升机，在平飞中假设受扰动而出现右侧滑，这时，直升机在方向稳定力矩的作用下，会向右偏转，力图消除右侧滑；同时，在横向稳定力矩的作用下，直升机还要向侧滑的反方向（即向左）滚转。直升机在偏转或滚转过程中，又会产生方向阻尼力矩和横向阻尼力矩，以阻止直升机的偏转和滚转。当直升机的右侧滑角减小为零时，直升机的左坡度却增至最大，直升机还将继续右偏，进而出现左侧滑。当左侧滑出现以后，又会产生使直升机向左偏转的方向稳定力矩和向右滚转的横向稳定力矩，减小左侧滑角和左坡度，并将进一步形成右侧滑和右坡度。当右侧滑形成后，直升机又将重复前面的动态过程。在整个振荡过程中，由于方向阻尼力矩和横向阻尼力矩的作用，直升机侧滑角和坡度的振荡幅值逐渐减小。当上述这种短周期振荡过程最后停止时，直升机的侧滑角消失，但直升机向右偏转了一个角度，同时，直升机保留了一个向左的坡度 $\gamma_{余}$。这就是直升机侧向短周期运动过程（见图 5－21）。

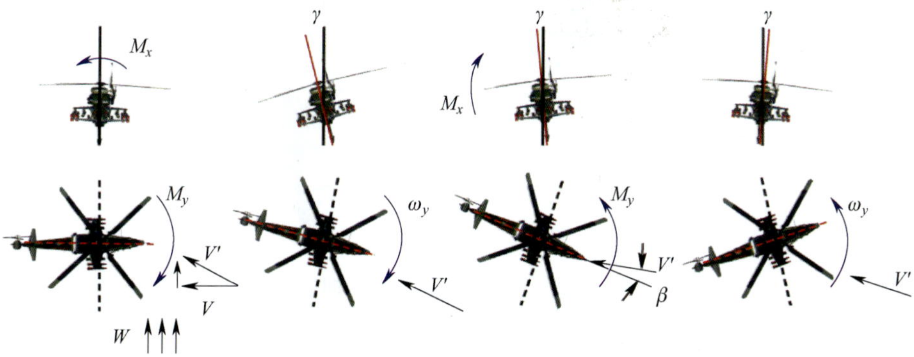

图 5－21　直升机的侧向短周期运动

直升机的侧向短周期运动的振荡周期以及衰减的快慢，主要取决于方向稳定力矩和方向阻尼力矩。当方向静稳定度增大时，振荡周期减小，当方向阻尼力矩增大时，振荡衰减加快。而横侧静稳定度和横侧阻尼力矩的大小，则影响由侧滑角的振荡所引起的直升机坡度的大小。

当直升机的侧向短周期振荡结束后，虽然侧滑角消除了，但直升机仍保留有一个向左的残余坡度，由于左坡度的存在，旋翼拉力 T 和直升机重力 G 的合力 F，使直升机的运动轨迹向左弯曲，直升机出现左侧滑。在左侧滑中形成的方向稳定力矩使直升机向左偏转，同时产生方向阻尼力矩；此外，在左侧滑中形成的横向稳定力矩使直升机的左坡度减小，同时产生横向阻尼力矩。在上述两对力矩的作用下，直升机的侧滑角和坡度逐渐减小，直至最后消除，但飞行轨迹却由于侧向力 F 的作用而向左弯曲，出现明显的侧向移位。这就是直升机的侧向长周期运动过程（见图 5－22）。

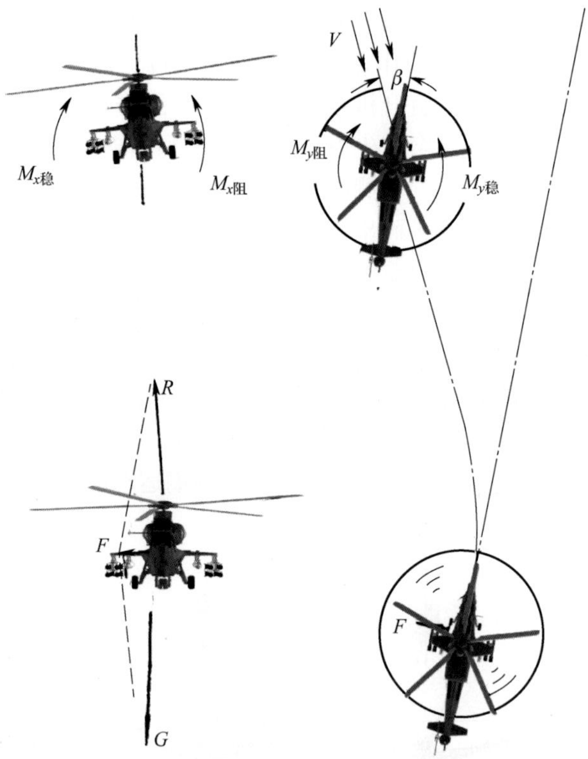

图 5－22　直升机的侧向长周期运动

综上所述，直升机侧向平衡被破坏后的侧向运动，是由短周期和长周期振荡运动组成的。短周期运动明显地出现在侧向平衡被破坏后的最初几秒内，它的特点是，直升机的侧滑角、坡度、偏转角速度和滚转角速度的振荡衰减很快，而直升机的侧向位移量很小，故可以近似地看作直升机仍是在作直线运动。侧向长周期运动，严格地说，是和短周期运动同时发生的，但是在短周期运动基本停止以前，长周期运动不能明显地表现出来，它只是在短周期运动基本停止后，才比较明显地表现出来。长周期运动的特点是，随着时间的增长，直升机会出现明显的侧向移位。

对于大部分直升机来说，在前飞中的侧向动稳定过程，通常都表现为减幅振荡过程。

在无风悬停状态，直升机受到扰动后会产生增幅的摆振运动，是动不稳定的。

5.4　直升机的稳定性特点

固定翼飞机飞行速度大，外形左右对称，并有专门的稳定面和特征角（后掠角、上反角等)，飞机在所有飞行状态都具有较好的静稳定性和动稳定性。而直升机由于其气动机理和外形的特殊性，再加上前飞速度小，并可以悬停、后退飞行和侧飞，因此其稳定性具有自身的特点。

5.4.1　直升机稳定性与飞行状态密切相关

直升机既可以悬停、垂直上升和垂直下降，又可以前飞、侧飞和后退飞行，不同的飞行状态，直升机的稳定性呈现不同的特点。

在前飞状态，直升机具有迎角静稳定性，但旋翼和没有平尾的机身都是迎角静不稳定的，迎角静稳定性完全由平尾提供。前飞速度较小时，平尾作用不明显，迎角静稳定性减弱。在无风悬停状态，迎角为中立稳定。在后退飞行或顺风悬停时，直升机则是迎角静不稳定的，当然也是动不稳定的。

在前飞状态，直升机具有方向稳定性，而在后退飞行时，则是方向不稳定的。

在悬停状态，直升机纵向和侧向中立静稳定，但却是动不稳定的，当遇到外界扰动时会出现增幅的摆振运动。

5.4.2　俯仰、方向和横向稳定性相互影响

飞行中，受扰动机身迎角增大，扰动消失后，一方面，机身迎角增大后，在水平尾翼上产生向上的附加升力，对重心构成迎角稳定力矩；另一方面，旋翼锥体向后倾斜对横轴形成迎角不稳定力矩，同时由于桨叶挥舞运动和挥舞调节作用，又使锥体向侧方倾斜，旋翼拉力的侧向分力对纵轴形成使直升机滚转的力矩，从而破坏了横向平衡，使直升机出现坡度。而坡度的出现，又必然会引起侧滑，这又破坏了直升机的方向平衡。可见，当直升机的俯仰平衡受到破坏后，其横向平衡和方向平衡也相继被破坏。

对于水平尾翼安装在一侧（“山猫”、S-65 等在右侧，AS332“超美洲豹”在左侧）的直升机，机身迎角增大后，在水平尾翼上产生的附加升力，一方面对直升机重心构成下俯稳定力矩，另一方面还会产生使直升机向左或向右滚转的力矩，不仅破坏直升机的横侧向平衡，方向平衡也随之受到破坏。

同样，当直升机受扰动，横向和方向平衡被破坏，出现坡度和侧滑，而侧向气流会使旋翼锥体向侧后方倾斜，这将引起直升机的机身迎角发生变化，俯仰平衡也会受到破坏。

由此可见，直升机的俯仰、方向、横向三个方面的平衡是互相影响的，任何一个方面的平衡受到破坏，都会影响到另外两个方面的平衡。同时，其恢复平衡的过程也是互相牵连、互相影响的。

直升机稳定性实际上是三个方向的综合稳定性。其中之一不稳定，或者三

个稳定性配合不当，整个直升机就不具有稳定性。因此，要使直升机具有稳定性，不仅必须同时具有三个方向的稳定性，而且三个方向的稳定性要配合适当。

5.4.3 直升机的动稳定性差

直升机的静稳定性普遍较飞机差，而动稳定性就更差，受扰后很难自动恢复到原来平衡状态。除悬停和后退飞行直升机不具有方向静稳定性外，前飞状态都有静稳定性。然而，在恢复平衡过程中，与飞机相比，由于其前飞速度不大，转动角速度小，产生的阻尼力矩较小，加之旋翼定轴性引起的倾斜滞后，都会使直升机长时间不停摆动，甚至出现周期性增幅摆动。单旋翼直升机在悬停状态下受扰动后的运动是动不稳定的，表现为周期较长的增幅振荡运动。直升机由悬停转入前飞后，随着飞行速度的增大，这种动不稳定的情况会有所改善，甚至会变为减幅振荡，但摆动消失的时间仍然较长。直升机往往在大速度前飞时，才表现出较好的动稳定性。

目前各国有关直升机稳定性的飞行品质规范要求不一，但总的看来，对短周期运动要求严格，而对长周期运动可以放宽一些。这主要是考虑到长周期运动飞行员能及时、适当地实施操纵。

飞行员不能完全依赖于直升机的稳定性，应审时度势积极主动地实施操纵。当直升机受扰动后，在摆动尚未明显扩大时，飞行员应及时加以修正，以免偏离原来状态过多。在恢复平衡的过程中，为了尽快使直升机恢复稳定，也必须加以操纵修正。

第 6 章　直升机的操纵性

直升机的操纵性，是指直升机以相应的运动响应飞行员操纵动作（操纵驾驶杆、总距杆、脚蹬、油门）的能力。通俗地讲，就是当飞行员实施操纵后，直升机的飞行状态跟着改变而建立新的平衡状态的反应性。研究操纵性时，飞行员操纵后直升机反应的快慢、大小和反应过程的长短等，是我们关心的主要问题。操纵性的好坏可以用操纵品质来综合衡量，它主要包括操纵功效、操纵灵敏度、操纵反应时间、驾驶杆力等内容。

直升机的操纵性和稳定性是相互联系又相互对立的。一般来说，稳定性强的直升机，稳定力矩较大，改变飞行状态需要的操纵行程必然要大；反之，稳定性弱的直升机，稳定力矩较小，改变飞行状态需要的操纵行程小，甚至过于灵敏，如果再加上阻尼太小的话，直升机就不易稳定在新的飞行状态。因此，直升机的操纵性和稳定性要兼顾、适中。

6.1　直升机的操纵机构

飞行中，直升机保持或改变高度、速度，或进行俯仰转动和滚转等，所需的力和力矩均由旋翼提供，而保持和改变方向所需的力矩由尾桨提供，因此，直升机的操纵机构主要针对旋翼和尾桨的。例如，操纵驾驶杆可以改变旋翼锥体的倾斜方向，从而改变旋翼总空气动力的方向；操纵总距杆可以改变旋翼桨叶的安装角，进而改变旋翼总空气动力的大小；操纵脚蹬可以改变尾桨的桨距，进而改变尾桨拉力的大小；操纵油门环可以改变旋翼的转速等。

6.1.1　自动倾斜器

直升机旋翼的挥舞控制机构称为自动倾斜器，旋翼的总距和周期变距操纵都是靠它来完成的。自动倾斜器有多种不同结构形式，但控制机理都是相同的。在构造上，自动倾斜器应满足三方面要求：一是能随旋翼一起同步旋转；二是能沿旋翼轴方向上下移动，以实现总距操纵；三是能够向任何方向倾斜，以实现周期变距操纵。

图 6－1 是一种典型的自动倾斜器的原理结构图，图中同时反映了自动倾斜器与驾驶杆、油门变距杆的连接关系。自动倾斜器由滑筒、导筒、内环、外环、

旋转环、操纵摇臂、变距拉杆等组成。滑筒套在导筒的外面，可沿导筒上下滑动，滑筒通过一对轴销与内环相连，外环通过另一对轴销与内环相连，由于两对轴销相互垂直，因此外环可以向任意方向倾斜。外环与旋转环之间有滚珠轴承，而旋转环通过变距传动杆与桨叶相连，旋翼转动时，通过与桨毂相连的拨杆带动旋转环及变距拉杆一起转动。

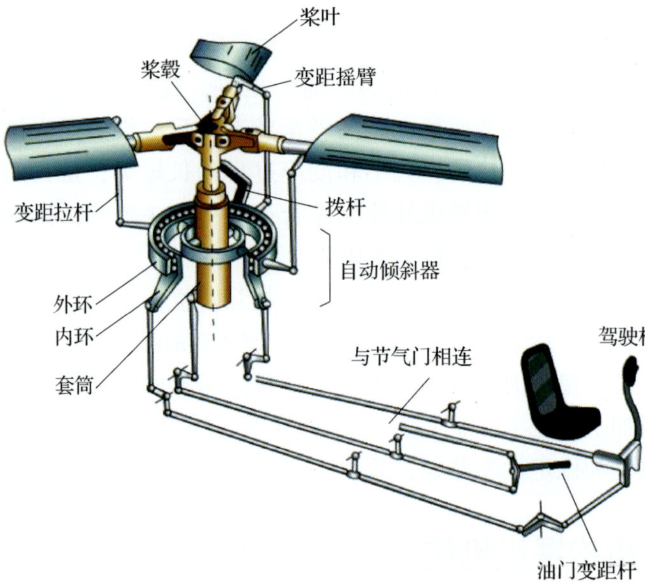

图 6－1　自动倾斜器的构造原理

上提变距杆时，滑筒沿导筒向上滑动，带动内、外环和旋转环一起向上移动，通过变距传动杆使桨叶角增大，旋翼总空气动力增大。反之，下放变距杆，桨距变小，旋翼总空气动力减小。桨距的改变，不仅改变了旋翼总空气动力的大小，同时也要求发动机输出功率相应改变，因此，在构造上常将油门杆与变距杆连在一起，称为总距杆。这样，在上提总距杆增大桨距的同时，发动机输出功率也相应增大；下放总距杆减小桨距时，发动机功率相应减小。

操纵驾驶杆，通过传动杆、摇臂的传动，能使旋转环随同内环向需要的方向倾斜。旋转环随同内环倾斜后，随着旋翼转动，各片桨叶的桨叶角就会出现周期性变化。在旋翼旋转一周中，每片桨叶的桨叶角随旋翼旋转所出现的由小到大、再由大到小的周期变化，称为桨叶的周期变距。由桨叶周期变距引起的桨叶强制挥舞，能使旋翼锥体向驾驶杆的操纵方向倾斜，从而达到操纵目的。

6.1.2　尾桨操纵机构

尾桨是单旋翼直升机的重要部件，其构造与旋翼相似，由桨毂和桨叶构成。

飞行中，对直升机方向的控制，主要是通过改变尾桨拉力的大小来实现的。由于尾桨转速与旋翼转速相匹配，不能单独调节，所以，改变尾桨拉力要靠改变尾桨桨距来实现。

图 6－2 选取的是早期直升机尾桨操纵机构的原理图。尾桨操纵机构主要由钢索、链条、链轮、滑动操纵杆、操纵变距环等组成。当操纵脚蹬时，通过钢索、链条、链轮、蜗轮，可使桨距操纵杆带着三叉头伸缩，于是桨距拉杆便改变尾桨的桨距使拉力变化，从而达到操纵直升机绕立轴转动的目的。

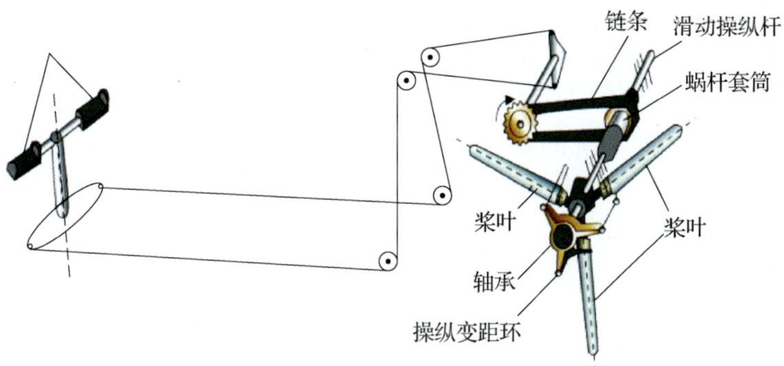

图 6－2　尾桨操纵机构原理

现代直升机的尾桨操纵机构，虽然部件、结构、组成等不尽相同，但操纵机理是一样的，都是通过脚蹬、伺服机构、尾桨变距机构等来改变尾桨桨距及尾桨拉力的。

6.1.3　直升机操纵系统的发展

随着直升机技术、电子技术和控制理论的发展，以及对直升机飞行品质要求的不断提高，直升机的操纵系统经历了从简单机械式、液压助力式、电传操纵和光传操纵的发展历程，目前还在研究和试验智能操纵系统。

简单机械式操纵系统是通过操纵杆、摇臂、拉杆、钢索、滑轮等一系列机械部件传递操纵动作的操纵系统。早期的直升机采用简单机械式操纵系统，许多小型直升机至今还在采用。这种系统由金属制成，飞行员对旋翼和尾桨的操纵指令，都是通过机械部件传递的。这种操纵系统的突出优点是简单、直接、可靠，其缺点是操纵系统质量大、尺寸大；在摇臂和拉杆等连接环节由于存在摩擦和间隙，使操纵反应迟缓，常常会出现滞后；此外，旋翼桨叶的振动会反过来传到驾驶杆上，引起驾驶杆抖动或偏移，严重时会诱发振荡，易使直升机产生操纵困难问题。

液压助力式操纵系统是把液压助力系统增加到机械式操纵系统中，目前大多数直升机采用该操纵系统。液压助力式操纵系统操纵杆并不直接操纵自动倾斜器或尾桨，而是通过液压作动筒的伺服阀，由作动筒驱动自动倾斜器运动。这种操纵系统的优点是操纵杆力可以按照理想规律由力感与配平系统提供。突出增装的电子增控增稳系统（SCAS），将其信号接入伺服阀，改善直升机的操稳特性。其缺点是结构复杂、质量大，而且容易出故障，通常设置双套系统进行余度设计（redundancy design）。

电传操纵系统不使用拉杆摇臂等机械连接，而是由驾驶杆经多余度电路向计算机输入操纵指令，计算机控制作动器来驱动自动倾斜器使旋翼变距。这种操纵系统的突出优点：一是依靠计算机软件可以有效地保证直升机具有良好的稳定性和操纵响应，使直升机达到满意的飞行品质；二是全系统尺寸小、质量轻、便于安装；三是容易实现多余度及具有故障自应变能力，使直升机的生存能力大为改善。这种系统的缺点是易受到电磁脉冲（如雷电）静电感应的影响，使可靠性受损。一般认为，电子系统不及机械系统结实耐用，因而电传操纵系统必须是多余度的。

为了避免电传操纵系统易受到电磁干扰的缺陷，一种新的光传操纵系统正在研究中，其基本特点是采用光缆传输编码光脉冲信号。这种操纵系统尚处于试验研究阶段，暂未获得实用。

6.2 直升机的操纵原理

直升机飞行中，飞行员可以通过旋翼和尾桨操纵机构，对旋翼和尾桨进行操纵，改变旋翼总空气动力的大小和方向以及尾桨拉力的大小，从而使直升机按飞行员的意图进行稳定或机动飞行。

6.2.1 操纵总距杆和油门环改变旋翼总空气动力大小的原理

按照叶素理论，旋翼总空气动力的大小与旋翼拉力系数（C_T）或桨叶特征截面升力系数（C_{y7}）成正比，与旋翼转速的平方（Ω^2）成正比。改变这两个参数，就可以改变旋翼总空气动力的大小。事实上，飞行中飞行员正是通过改变 C_T或 Ω 来控制旋翼总空气动力的。具体的操纵方法有两种：一是操纵总距杆，改变所有桨叶的桨叶迎角，从而改变旋翼拉力系数；二是操纵油门环，改变发动机输出功率，进而改变旋翼转速。

（1）操纵总距杆

飞行员上提总距杆时，通过自动倾斜器，旋翼所有桨叶的桨叶角同时增大（即总距增大），使桨叶迎角增大，升力系数增大，旋翼拉力系数相应增大，在旋翼转速不变的情况下，旋翼总空气动力随之增大。反之，下放总距杆，所有桨叶的桨叶角同时减小（即总距减小），桨叶迎角减小，旋翼总空气动力就减小。

应当注意，在操纵总距杆改变桨叶角和桨叶迎角的同时，由于桨叶气动阻力也相应变化，导致旋翼的旋转阻力发生变化，这势必会使旋翼转速也随之改变。为了保持旋翼转速不变，必须同时调节发动机的输出功率。因此，在直升机操纵系统中，总距和油门是联动的。当上提总距杆时，增大总距的同时会相应增大油门，增加发动机输出功率；而下放总距杆时会同时减小发动机输出功率。

（2）操纵油门环

为了让飞行员在某些情况下不改变旋翼桨叶角，而能单独调节旋翼转速，绝大多数直升机在总距杆上还装有油门环。

当转动油门环使油门增大时，发动机输出功率增大，发动机输出到旋翼的扭矩大于旋翼旋转阻力力矩，使得旋翼加速转动。当旋翼转速增大到一定程度，旋翼旋转力矩与发动机扭矩重新取得平衡时，旋翼转速便不再增加。在此过程中，由于旋翼桨叶迎角没有发生变化，旋翼转速的增加，使得其总空气动力随Ω^2成正比增大。同理，当转动油门环使发动机输出功率减小时，旋翼总空气动力会随之减小。

有些直升机的总距杆上没有油门环，但装有一个控制开关。飞行员可以利用此开关，通过电传动装置来单独调节发动机功率和旋翼转速。

必须指出，在上述改变旋翼总空气动力的过程中，所有桨叶升力的变化都是同步的，虽然桨叶挥舞幅度即旋翼锥体的锥角会变化，但旋翼总空气动力的方向不会改变。

6.2.2　操纵驾驶杆改变旋翼总空气动力方向的原理

飞行中，飞行员改变旋翼总空气动力的方向，是通过操纵驾驶杆，利用自动倾斜器改变旋翼锥体的方向来实现的。绝大部分直升机都采用这种控制方式。

飞行员操纵驾驶杆时，自动倾斜器外环带动旋转环倾斜，使桨叶周期变距，引起桨叶强制挥舞，从而改变旋翼锥体方向。这样，前推驾驶杆时，旋翼锥体前倾；后拉驾驶杆时，旋翼锥体向后倾斜；左、右压杆时，旋翼锥体向压杆方向倾斜。旋翼锥体的倾斜变化，使旋翼总空气动力的方向相应改变。

在改变旋翼总空气动力方向的过程中，总空气动力方向及其变化幅度，取决于驾驶杆的杆位和操纵行程。杆位越靠前，旋翼锥体和旋翼总空气动力前倾程度越大。反之，杆位越靠后，旋翼锥体和旋翼总空气动力越向后倾。左右压杆时，情况类似。操纵过程中，驾驶杆行程越大，自动倾斜器的倾斜角度越大，旋翼锥体和总空气动力方向的变化幅度就越大。

有些小型直升机的旋翼桨毂相对于旋转轴是活动的，桨毂可以任意倾斜。

这种直升机在改变旋翼总空气动力方向时，可直接改变桨毂的倾斜方向，通常称为直接控制方式。

6.2.3 操纵尾桨改变直升机方向的原理

飞行员对直升机方向的控制，是通过对尾桨的操纵来实现的。

假定直升机方向处于平衡状态（无偏转或等速偏转），当飞行员操纵脚蹬时，通过尾桨操纵机构使尾桨的桨距发生变化，尾桨拉力随之改变，$T_{尾桨}$对重心形成的偏转力矩也随之改变，使直升机产生偏转角速度，直升机的方向改变。例如，对于左旋直升机来说，飞行员向左蹬舵，使$T_{尾桨}$减小，直升机向左偏转；飞行员向右蹬舵，$T_{尾桨}$增大，直升机则向右偏转。蹬舵的幅度越大，直升机的偏转角速度就越大。

6.3 直升机的操纵特点

直升机的操纵机构与操纵原理，同固定翼飞机相比，有很大不同，这就造成直升机的操纵具有自己的特点。了解直升机的操纵特点，对掌握直升机的驾驶技术是十分必要的。与一般飞机相比，直升机的操纵特点主要体现在以下几个方面。

6.3.1 操纵反应的迟缓性

飞行员操纵驾驶杆后，从直升机绕重心开始转动到转动角速度最后达到稳定，需要的时间比一般固定翼飞机要长，即直升机对操纵动作的反应要比固定翼飞机迟缓。直升机操纵上的这一特点，是由直升机独特的操纵原理决定的。

固定翼飞机是依靠偏转升降舵、副翼和方向舵来实施操纵的，由于这些舵面偏转后立即引起气动力的变化，它们又都离飞机重心较远，偏转后能产生较大的操纵力矩，因此，飞行员能较快地感觉到飞机姿态的改变。然而，直升机的俯仰和横向操纵，是靠改变旋翼锥体的方向来实现的。由于旋翼倾斜角度有限，再加上距重心较近，因此所形成的操纵力矩也较小，是直升机反应迟缓的原因之一。此外，直升机旋翼具有良好的陀螺定轴性，它总是顽强地力图保持旋翼锥体方向不变。当飞行员操纵驾驶杆后，自动倾斜器不能立即使旋翼的锥体和总空气动力方向跟着倾斜至相应位置，而要延迟一定的时间。这是操纵驾驶杆后直升机反应迟缓的另一个原因。所以，直升机对操纵动作的反应要比固定翼飞机明显迟缓。

直升机操纵反应的迟缓性，除同构造特点有关外，还与操纵驾驶杆的动作有关。操纵动作粗猛，旋翼陀螺定轴性的作用表现得强烈，迟缓性增强。反之，操纵动作柔和，则迟缓性反而减弱。

此外，操纵的迟缓性还同直升机的转动惯量有关，对不同转动方向，直升机操纵反应的迟缓性表现不同。由于直升机俯仰转动惯量比横向转动惯量大，所以，俯仰操纵的迟缓性比横侧操纵的迟缓性更明显一些。直升机尾桨至直升机重心的距离较远，操纵后能形成较大的方向操纵力矩，因此，直升机方向操纵的迟缓性表现不明显。

6.3.2　操纵动作的协调性

直升机的构造特点，使其油门、总距、纵向、横向和方向操纵之间，存在明显的牵连作用。为此，无论是保持还是改变直升机的平衡状态，都必须特别注意操纵动作的柔和、协调。

以左旋直升机为例，当飞行员上提油门变距杆时，旋翼总空气动力及旋翼拉力增大，使直升机的飞行高度增加，与此同时，旋翼反作用力矩也增大，直升机在增加飞行高度的同时要向左偏转。为保持直升机的方向力矩平衡，必须及时相应地蹬右舵。而右舵量加大后，由尾桨拉力形成的左滚力矩增大，为了保持横向平稳，还要向右压杆。再如，向前推驾驶杆时，旋翼总空气动力向前倾斜，为使旋翼拉力（T）不小于直升机重量，引起高度降低，在向前推杆的同时，还必须上提油门变距杆。但上提变距杆后，旋翼反作用力矩增加，会使机头向左偏转，故又须蹬右舵以保持方向。

由此可知，直升机飞行中，油门、总距、纵向、横向和方向操纵之间的牵连作用，使飞行员操纵时必须注意操纵动作之间的协调。

6.3.3　操纵动作的柔和性

操纵直升机时，除了注意操纵动作协调外，还应注意动作的柔和。这是因为对不同的操纵，直升机的操纵功效、操纵灵敏度、操纵反应时间等存在着差别，操纵动作粗猛，会引起力和力矩的突然变化，使直升机状态出现飞行员所不期望的改变，不仅难以做到杆、舵、变距杆的协调，甚至会因判断上的误差，出现过量反复操纵，导致直升机状态不稳，严重的还会危及飞行安全。例如，飞行中粗猛上提变距杆，容易造成旋翼失速；地面滑行中粗猛蹬舵，可能使直升机倾覆。

操纵动作柔和，直升机的状态变化就比较平稳，飞行员容易做出准确的判断，并实施相应的协调操纵。此外，直升机的旋翼、尾桨、发动机转子等高速旋转部件，在直升机状态改变时，会出现陀螺进动效应，操纵动作柔和可以有效地减弱或避免旋翼、尾桨等进动的不良影响。

6.3.4 操纵动作的双重性

改变直升机飞行状态的操纵动作具有明显的双重性，即为使直升机从一种状态改变到新的状态，需要反复多次进行操纵。比如，拉杆后机头上仰，当上仰至接近稳定状态时，应向前迎杆（飞行术语），使之保持在预定状态；否则，直升机将会继续上仰而超过预定状态。这就是前面讲到的所谓“超调型”操纵。直升机的操纵动作的双重性，主要是由操纵反应的迟缓性引起的。由于操纵动作的迟缓性，飞行员欲改变直升机的飞行状态，需要以较大的杆、舵量来获得大的操纵力矩。这样，当直升机接近预定状态时，如不及时回杆，势必超过预定状态。因此，飞行员应根据直升机状态变化的趋势，及时柔和地进行操纵，才能使直升机保持稳定的飞行状态。

需要指出的是，直升机操纵动作是否具有双重性，受到操纵机构的影响，有些直升机操纵动作双重性并不明显。对装有自动驾驶仪的直升机，在接通自动驾驶仪后，应尽量避免双重动作。

6.3.5 操纵机构的联动性

直升机的操纵比较复杂，难以驾驶，为了简化直升机的操纵动作使之易于驾驶，不少直升机在构造上采用联动操纵机构。所谓联动操纵，是指在进行某一操纵的同时，引起其他方向的操纵。例如，有些直升机，增大总桨距的同时油门也随之开大，称为总距－油门联动，所以，总距杆又称油门变距杆。某些直升机除了具有这种联动外，还具有总距与纵向操纵联动、总距与方向操纵联动和总距与横向操纵联动。这样，上提油门变距杆增大旋翼总距的同时，油门和尾桨拉力也同时增大。并使旋翼锥体前倾和侧倾，以满足旋翼所需功率增大和保持直升机平衡的需要，采用这种联动操纵机构，尽管构造复杂，但却简化了操纵动作，降低了飞行员操纵复杂程度。

6.3.6 装有自动控制系统直升机的操纵特点

由于直升机稳定性差，操纵复杂，长时间飞行容易造成飞行员疲劳，因此，现代直升机大多都装有自动控制系统，以自动稳定直升机的状态，改善稳定性和操纵性，并简化飞行员的操纵动作。飞行中，当飞行员接通或断开自动驾驶仪时，直升机的操纵性会发生明显的变化。表6－1为悬停状态下接通和断开自动驾驶仪时，直升机的操纵性特点比较。

表6-1　悬停状态接通和断开自动驾驶仪时直升机的操纵性特点

	不带（断开）自动驾驶仪	带（接通）自动驾驶仪
现象	杆、舵力较轻，状态稳定性差；受扰动状态变化快，变化量大	杆力较重，状态比较稳定；受扰动状态变化慢，变化量小
操纵特点	①操纵动作比较复杂； ②状态保持困难，飞行员易疲劳； ③操纵惯量大，灵敏度高，反应快，状态变化发现要及时，修正也要及时准确，完全靠飞行员操纵，体现快、准； ④往复操纵（双重动作）明显，稳定性差； ⑤修正偏差更要遵循“少量多次”的原则，体现“快、准”； ⑥状态稳定时，不能再频繁操纵杆舵、总距杆，否则易造成偏差（振动）	①操纵动作比较简单； ②可以简化复杂的操纵，减轻飞行员疲劳； ③操纵惯量小，操纵动作应柔和协调，自动驾驶仪在一定范围可以保持飞行员给定的状态，代替一部分操纵量； ④双重动作不明显，稳定性较好，如果往复操纵（双重动作）过频会引起直升机振动； ⑤修正偏差要遵循“少量多次”的原则； ⑥保持状态，不能有往复操纵动作（双重动作），禁止晃杆，否则会引起无名振动

6.4　直升机的操纵品质

直升机的操纵品质是衡量操纵性优劣的依据，良好的操纵品质对保证直升机的操纵和飞行安全是极为重要的。这些反映直升机的操纵品质的特性，是相互独立的特性，并用相应的参数表征。衡量直升机操纵性的主要参数有：操纵功效、角速度阻尼、操纵灵敏度、操纵反应时间、驾驶杆力、操纵能力等。

6.4.1　操纵功效

改变直升机的飞行状态时，需要操纵驾驶杆或脚蹬产生操纵力矩。直升机的俯仰操纵力矩和横向操纵力矩，是通过驾驶杆的纵、横向位移，改变自动倾斜器的纵向操纵角和横向操纵角来获得的。直升机的方向操纵力矩，则是通过脚蹬的位移，改变尾桨桨距来获得的。

所谓操纵功效，就是单位操纵角或单位位移所能产生的操纵力矩。即

$$\text{操纵功效}=\frac{\text{操纵力矩}}{\text{操纵角（或位移）改变量}}$$

操纵功效表明直升机的操纵机构每改变1°（或1cm）所产生的操纵力矩。操纵功效大，一定的操纵角改变量形成的操纵力矩就大。直升机的操纵功效按操纵机理不同，可分为俯仰操纵功效、方向操纵功效、横向操纵功效和总距操纵功效。其中，俯仰操纵功效、横向操纵功效和总距操纵功效与旋翼操纵系统有关，而方向操纵功效则与尾桨操纵系统有关。

对旋翼来讲，影响其操纵功效的主要因素有：旋翼距重心的位置、水平关节外移量、旋翼拉力和自动倾斜器的传动比等。

需要注意的是，对于一定重量级的直升机，操纵功效必须在某一范围之内，过大或过小对操纵都是不利的。操纵功效过大时，只要很小的杆位移（或自动倾斜器操纵角），就会使旋翼形成很大的操纵力矩，这样稍有不慎使杆略有移动，或操纵系统间隙过大，都会引起直升机出现较大的转动，以致难以准确保持预定的飞行状态，即操纵过于灵敏。反之，操纵功效过小时，保持或改变直升机的飞行状态，需要很大的杆位移（或自动倾斜器操纵角），才能使旋翼产生足够的操纵力矩，即出现操纵迟钝。

6.4.2 角速度阻尼

在外界干扰或操纵力矩作用下，直升机会出现绕重心的转动，在转动的过程中，直升机部件（如旋翼、尾桨、平尾、机身等）会产生阻尼力矩。阻尼力矩始终与直升机转动方向相反，但只能阻碍直升机转动，而不能使直升机回到原来状态。

阻尼力矩与直升机绕重心转动的角速度密切相关，通常把阻尼力矩与相应的直升机旋转角速度的比值，称为角速度阻尼。即

$$\text{角速度阻尼} = \frac{\text{阻尼力矩}}{\text{直升机旋转角速度}}$$

角速度阻尼表示由单位旋转角速度所产生的阻尼力矩的大小，它集中体现了直升机的阻尼特性。角速度阻尼对直升机的操纵性和稳定性有很大影响。如果角速度阻尼值过小，在操纵直升机改变平衡状态或在直升机受到外界扰动时，直升机会出现长时间的振荡而不能很快稳定下来，同时，也会使直升机的操纵显得过于灵敏。反之，直升机角速度阻尼过大时，对操纵的反应则会显得过于迟钝。

通常直升机的角速度阻尼值比固定翼飞机的小，而轻型直升机的角速度阻尼值又要比重型直升机的小一些。角速度阻尼不足往往是造成某些直升机难以驾驶的原因，为了保证直升机有可接受的操纵性，在设计上就应保证直升机的角速度阻尼不能过小。为了增大角速度阻尼，通常采取的措施有：增加桨尖绕水平铰的惯性矩（如增加桨叶尖部重量），降低直升机的重心位置，增大水平铰外移量等。另外，在轻型直升机的旋翼系统中设置稳定杆装置（如贝尔 212 直升机）和在直升机操纵系统中设置增稳装置，也能增大直升机的角速度阻尼，从而改善直升机的操纵性和稳定性品质。

6.4.3 操纵灵敏度

单位操纵量（操纵角或操纵机构位移）使直升机所能达到的稳定旋转角速

度，称为操纵灵敏度。可用下式表示

$$操纵灵敏度=\frac{直升机稳定角速度}{操纵量}$$

操纵灵敏度可用来表明直升机对操纵后响应的情况，即直升机操纵后反应量的大小。操纵灵敏度高，操纵后能使直升机获得的旋转角速度大，姿态角改变得快。操纵灵敏度应分为俯仰、横侧、方向操纵的操纵灵敏度。直升机在操纵力矩作用下作稳定旋转时，其操纵力矩应等于阻尼力矩。即

$$操纵力矩=阻尼力矩$$

将上式以及操纵功效和角速度阻尼两个表达式代入操纵灵敏度表达式中，可得出操纵灵敏度的另一种表达式

$$操纵灵敏度=\frac{操纵功效}{角速度阻尼}$$

上式表明，操纵灵敏度取决于操纵功效和角速度阻尼的比值。操纵灵敏度过大或过小都是不宜的，为了获得满意的操纵灵敏度，应该恰当地选取操纵功效和角速度阻尼。轻型直升机的操纵功效尽管较小，但其角速度阻尼值更小，所以仍具有较高的操纵灵敏度。

6.4.4　操纵反应时间

当操纵机构倾斜某一角度或移动某一段行程后，直升机自角速度出现变化到达到稳定，需要经历一个过程，该过渡过程的时间，称为操纵反应时间。

直升机的操纵反应时间与直升机的转动惯量成正比，与角速度阻尼成反比。转动惯量越大，在一定操纵力矩作用下，产生的角加速度越小，直升机达到稳定旋转角速度的时间就越长，即操纵反应时间越长；反之，转动惯量小，则操纵反应时间短。而角速度阻尼小的直升机，产生同操纵力矩相等的阻尼力矩，所对应的稳定旋转角速度大，达到这一角速度的时间就要长一些。

操纵反应时间越小，直升机的操纵反应越快。由于人体感觉器官对动作反应时间为 0.5 ~ 1s，因此，操纵反应时间应与人体的反应时间相当。然而，对多数直升机来说，其操纵反应时间均大于人体的反应时间。例如，轻型直升机在悬停状态，其俯仰操纵反应时间为 2.5 ~ 5.5s，横侧操纵反应时间为 1 ~ 1.5s。

操纵反应时间过长，对操纵是不利的。而角速度阻尼过小是造成操纵反应时间过长的主要原因。因此，现代直升机在操纵系统中普遍设置了阻尼器、增稳装置等，以增大直升机的角速度阻尼，从而改善直升机的操纵品质。

必须指出，上述直升机的操纵反应时间，是指飞行员操纵后，直升机开始转动至达到某一稳定的旋转角速度的时间，而不是飞行员从操纵到感觉到直升机开始转动这段时间。为了区别于前者，通常将后者称为操纵的时间迟缓。与一般固定翼飞机相比，直升机的操纵时间迟缓现象要明显一些。

6.4.5 驾驶杆力

为了使飞行员能直接感觉和判断直升机在操纵后飞行状态的改变，通常把直升机操纵机构的位移和杆力所对应的飞行状态，设计得符合人的生理习惯的反应。例如，增速时，飞行员须向前推杆，同时感到驾驶杆有向后的力；减速时须向后拉杆，同时感到驾驶杆有向前的力。同样，横向和方向操纵也要符合人的生理习惯。这样，飞行员在改变飞行状态时，通过杆力（或脚蹬力）就有了更直接的判断，因此，飞行中飞行员施加到驾驶杆、总距杆和脚蹬上的力，其大小是否适当，也是评定直升机操纵性优劣的重要指标。

操纵直升机改变飞行状态时，飞行员所施加到驾驶杆（或脚蹬）上的力，称为驾驶杆（或脚蹬）力。对早期直升机的硬式操纵系统来讲，驾驶杆（或脚蹬）力主要来自旋翼桨叶（或尾桨桨叶）的轴向铰力矩。

下面以后拉驾驶杆为例，说明驾驶杆力的形成原理。如图 6－3 所示，当飞行员向后拉驾驶杆使自动倾斜器倾斜时，旋翼各片桨叶的桨距也随之相应改变。作用在桨叶上的轴向铰力矩 $M_{轴}$，力图使桨叶恢复到原来的桨距。为了使桨叶保持操纵后的桨距，飞行员必须用力拉住驾驶杆，该拉杆力 P 通过操纵线系传至自动倾斜器，以平衡桨叶传来的轴向铰力矩。

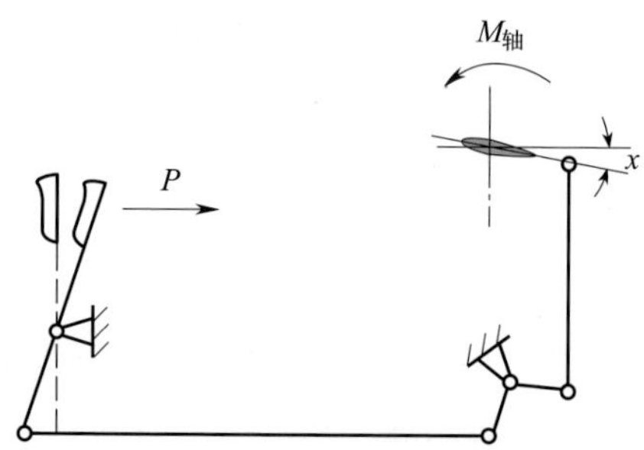

图 6－3　驾驶杆力的形成

旋翼和尾桨工作时，几片桨叶受到的轴向铰力矩 $M_{轴}$ 之和，就是直升机手操纵系统或脚操纵系统承受的载荷（用力或力矩表示）。这个操纵载荷，是一个数值很大的交变载荷。如某型直升机旋翼桨叶作用到变距杆上的载荷可达 306kgf，尾桨载荷可达 153kgf。这样大的交变载荷如果传到操纵系统，就会引起驾驶杆、脚蹬和油门桨距的强烈振动。因此，凭人力来直接操纵直升机将是极其困难的，也几乎是不可能的。

现代直升机的操纵一般用液压助力操纵机构、电传操纵机构或光传操纵机构代替飞行员的直接操纵。采用这些操纵机构的操纵系统，飞行员感觉到的杆力不是来自轴向铰力矩，而是来自专门的杆力模拟机构。此外，直升机操纵系统中还设计有杆力卸载机构（又称配平机构），它主要用来卸除驾驶杆力，以减轻飞行员长时间飞行的疲劳。

飞行中，驾驶杆力的大小和方向必须符合正常的操纵习惯。例如，当驾驶杆位于中立位置前方时，应为推杆力；位于中立位置后方时，为拉杆力；杆位偏离中立位置越远，驾驶杆力应越大。此外，驾驶杆力的大小要适当，杆力过重，会使飞行员操纵困难，容易疲劳；杆力过轻，又容易造成操纵过量，不利于精确控制直升机的飞行姿态。

表 6－2 是我国某直升机飞行品质规范规定的极限杆舵操纵力。表 6－3 是极限杆舵启动力。

表 6－2　极限杆舵操纵力　　N

座舱操纵机构	$V<65$km/h			65km/h $<V<V_{max}$		
	等级 1	等级 2	等级 3	等级 1	等级 2	等级 3
纵向	44	89	178	133	156	178
横向	31	67	89	67	89	111
航向	133	178	356	334	445	556
总距	31	31	31	31	31	31

表 6－3　极限杆舵启动力　　N

座舱操纵机构	等级 1		等级 2		等级 3
	最小	最大	最小	最大	最大
纵向	2	7	2	13	22
横向	2	7	2	13	18
航向	13	31	13	62	89
总距	4	13	4	27	44

6.4.6　驾驶杆力—位移梯度

操纵直升机时，驾驶杆需要前后左右移动，驾驶杆顶端的移动距离称为杆位移。为了符合操纵习惯，在驾驶杆移动过程中，杆力大小应相应增大或减小。一般驾驶杆偏离中立位置时杆力应增大，而靠近中立位置时杆力应减小。单位杆位移所增加的驾驶杆力称为驾驶杆力—位移梯度（脚蹬的操纵与驾驶杆类似）。

具有良好操纵性的直升机，其驾驶杆力—位移梯度的大小应是适当的，过大或过小都会影响飞行员对直升机的操纵。例如，当驾驶杆力—位移梯度过大时，飞行员移动驾驶杆过程中，杆力增大（或减小）过快，会影响操纵动作的柔和性和连贯性，尤其在进行双重操纵时，飞行员更难以准确把握操纵量。反之，当驾驶杆力—位移梯度过小时，操纵过程中杆力变化不明显，飞行员难以通过驾驶杆力直观感觉直升机状态的变化以及相应所需的操纵量，对操纵同样是不利的。因此，飞行品质规范中对驾驶杆力—位移梯度都做了明确的要求。表 6 –4 为我国某直升机飞行品质规范所规定的座舱操纵机构力—位移梯度。

表 6 –4　允许的座舱操纵机构力—位移梯度　　N/cm

座舱操纵机构	等级 1		等级 2		等级 3
	最小	最大	最小	最大	最大
纵向	0.9	5.3	0.9	8.8	14.0
横向	0.9	3.5	0.9	7.0	10.5
航向	3.5	12.3	3.5	24.5	36.8

第3专题

直升机基础课目飞行

第7章　悬停和悬停机动飞行

悬停和悬停机动飞行主要包括悬停、垂直上升、垂直下降、前飞、侧飞、后退飞行、绕轴悬停转弯、绕点悬停转弯等飞行课目。

7.1　悬停

直升机在一定高度上，保持航向、位置不变的飞行状态称为悬停。悬停的目的在于校验直升机重心，检查发动机和旋翼工作情况，为起飞增速或垂直着陆做准备，或进行特种作业。

7.1.1　保持悬停的条件

直升机在无风条件下的稳定悬停状态实质上是一种平衡状态，保持直升机悬停的条件也就是保持平衡的条件。因此，保持直升机悬停的条件为，作用在直升机上的合力和合力矩均为零。一般情况下，X_y、$Y_{平尾}$与 G 相比要小得多，分析悬停操纵时可忽略不计。此外，旋翼侧向力形成的偏转力矩 $T_3X_{旋翼}$也是一个不大的数值，分析悬停操纵时也常常忽略（见图7-1）。

$\sum F_x=0$	$T_2=0$	前后无位移
$\sum F_y=0$	$T_1=G$	高度不变
$\sum F_z=0$	$T_3=T_{尾桨}$	前后无位移
$\sum M_x=0$	$T_{尾桨}Y_{尾桨}=M_{x毂}+T_3Y_{旋翼}$	滚转平衡
$\sum M_y=0$	$T_{尾桨}X_{尾桨}=M_{反}$	偏转平衡
$\sum M_z=0$	$T_1X_{旋翼}=M_{z毂}+Y_{平尾}X_{平尾}+M_{反,尾桨}+M_{z机身}$	俯仰平衡

（1）悬停中直升机的俯仰角

多数直升机的旋翼轴都有一个不大的前倾角。在悬停时需要使桨尖平面处于水平状态，在克服旋翼轴前倾角的影响时，直升机将产生一个上仰角。

（2）悬停中直升机的坡度

悬停时，为平衡尾桨拉力，旋翼锥体需要向右倾斜一个角度，使 $T_3=T_{尾桨}$，在桨毂力矩的作用下，机身产生一个右坡度。坡度大小与尾桨的安装位置有关，低置尾桨坡度大，高置尾桨坡度小，甚至产生左坡度。

(3) 重心位置对直升机姿态的影响

当重心不在直升机纵向对称面内时，旋翼拉力对重心构成滚转力矩。当直升机重心偏右时，旋翼拉力力矩为右滚力矩，直升机的右坡度要增大。同理，当直升机重心偏左时，左旋旋翼直升机在悬停时，所需的右坡度减小。

当直升机重心位置靠前时，旋翼拉力对重心的俯仰力矩增大，直升机仰角减小。同理，当直升机重心位置靠后时，旋翼拉力对重心的俯仰力矩减小，直升机仰角增大。

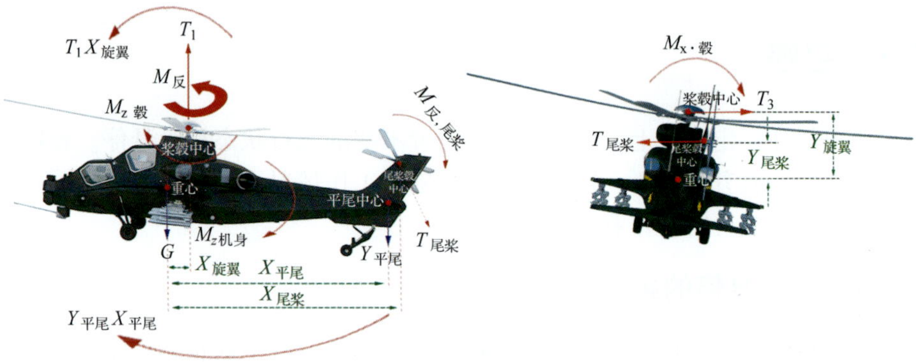

图 7－1　悬停中的力和力矩

7.1.2　悬停性能

悬停性能是直升机重要的特征飞行能力，也是评价直升机性能优劣的重要方面。

7.1.2.1　悬停功率特点

在悬停状态，直升机无升降和水平运动，旋翼所需功率只包括诱阻功率和型面阻力（profile drag，简称型阻，即压差阻力和摩擦阻力之和）功率两部分。即

$$N_{悬停}=N_{诱}+N_{型}$$

因为直升机悬停时，流过旋翼桨盘的气流速度等于悬停诱导速度，为了满足旋翼拉力等于重力的条件，按照滑流理论，悬停诱导速度也是很大的。我们知道，当诱导速度增大时，桨叶迎角会减小，为保持桨叶迎角和旋翼拉力，必须增大桨距，此时诱导阻力也会同时随之增大。显然，悬停时较大的诱导速度使旋翼用于克服诱导阻力所需功率也很大。在悬停状态下，一般诱阻功率占旋翼所需功率的 70% ~75%，而型阻功率只占 25% ~30%。诱阻功率大，则旋翼所需功率也必然较大。

直升机悬停时，旋翼所需功率的大小与重量和悬停高度有关。重量越大，所需拉力越大，旋翼诱阻功率也越大，导致旋翼所需功率也相应增大。反之，

重量越小，旋翼所需功率也越小。当高度增加时，空气密度减小，型阻系数稍有增大，但变化量很小，可是产生同样的拉力所需的悬停诱导速度却明显增大，导致旋翼诱阻功率增大，所以旋翼所需功率也必然增大。若高度降低，则旋翼所需功率减小。如图 7 –2 所示为直升机悬停时旋翼所需功率随高度和重量的变化曲线。

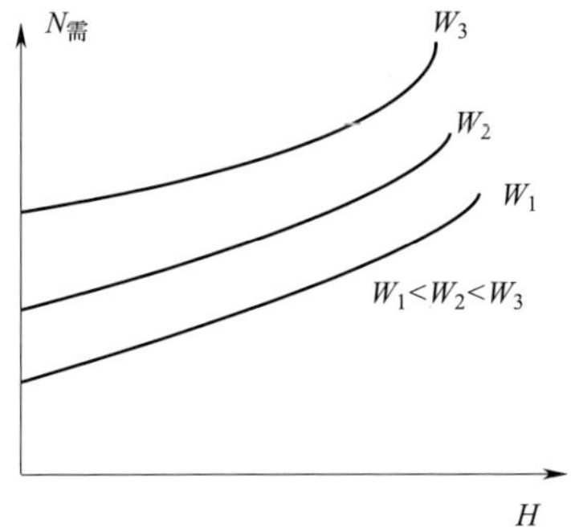

图 7 –2　悬停时旋翼所需功率随高度和重量的变化

7.1.2.2　悬停升限

要使直升机保持悬停，根据功率平衡原理，必须满足

$$N_{可用} = N_{悬停}$$

根据前面分析，悬停时旋翼所需功率随悬停高度升高而增大，旋翼可用功率在超过设计高度以后又随悬停高度升高而减小，所以直升机并不是在任何高度上都能悬停的。通常把发动机在起飞工作状态所能维持有地效悬停或无地效悬停的高度，分别叫直升机的有地效悬停升限或无地效悬停升限。

悬停升限可用以下方法确定：如图 7 –3 所示，将旋翼可用功率曲线和悬停所需功率曲线画在同一坐标系中，两条曲线相交于一点 B，该点所对应的高度，就是该直升机的无地效悬停升限。高度低时，旋翼所需功率通常小于可用功率，两者之差为剩余功率 $\Delta N_{悬停}$。直升机在由 A 到 B 点的高度上，都有剩余功率，通过操纵油门能使可用功率与悬停功率相等。因此，在 B 点高度以下的任何高度上，直升机都能进行悬停。随着高度增加，所需功率增大，可用功率减小，当高度在 B 点时，剩余功率减至零。超过 B 点高度，悬停所需功率就会大于可用功率，直升机就不能维持悬停了。

悬停升限的具体数据可查阅各型直升机的性能曲线，所指高度为标准大气高度，也可理解为海拔高度。一般直升机的有地效悬停升限高于无地效悬停升限。

不同飞行重量所对应的悬停升限是不同的。飞行重量越大，旋翼所需功率越大，悬停升限就越低。反之，飞行重量越小，则悬停升限越高（见图 7 –4）。

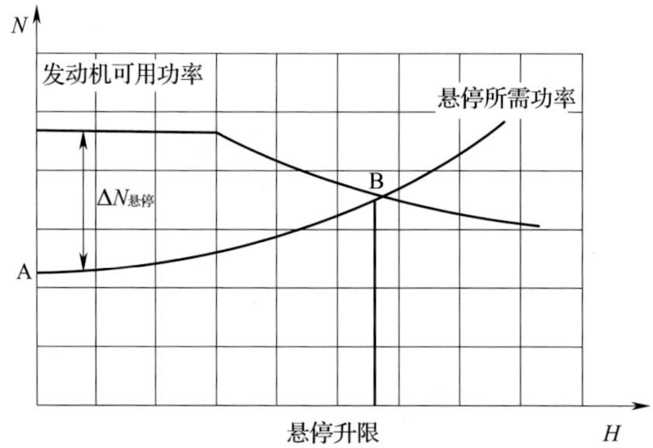

图 7-3　悬停升限的确定

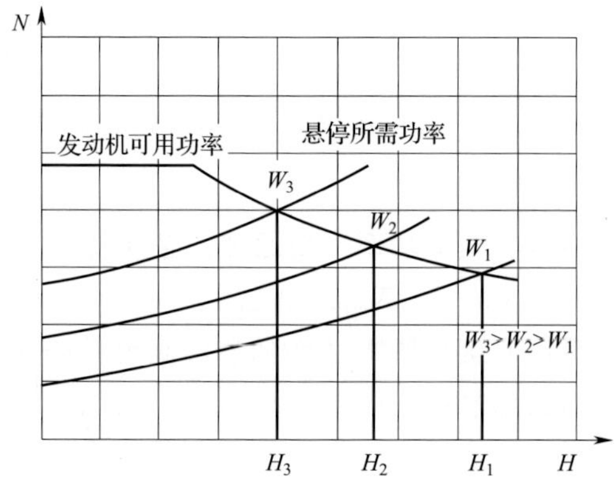

图 7-4　飞行重量对悬停升限的影响

7.1.3　悬停的操纵原理

悬停过程可分为悬停的进入、悬停的保持和悬停的改出三个阶段。

直升机可从平飞、侧飞、后飞、垂直下降、垂直上升等飞行状态进入悬停，下面以垂直起飞着陆为例，说明悬停的操纵原理。

垂直起飞进入悬停，是指直升机从地面垂直上升到预定悬停高度的过程。改出悬停垂直着陆，是指直升机从预定悬停高度垂直下降到地面的过程。

7.1.3.1　垂直起飞进入悬停的操纵原理

根据悬停时各力和力矩的关系，垂直起飞阶段操纵的基本方法是：

（1）先快后慢，柔和一致上提总距。

（2）直升机开始发轻时，抵右舵保持方向。

（3）同时稍向右后方带住杆，防止向左前方移位。

（4）继续柔和上提总距，用杆、舵协调配合保持直升机平稳离地垂直上升。

（5）到达预定高度，稳住总距，稳杆、稳舵，保持直升机稳定悬停。

基本操纵动作可概括为：

提总距—蹬右舵—向右压杆—向后带杆。

其操纵原理是：

先柔和上提总距杆，增大桨距，使旋翼拉力第一分力 T_1 大于直升机重力 G，直升机转入上升。

上提总距杆的同时，发动机功率相应增大，以满足旋翼所需功率增大的要求。随着上提总距杆，旋翼的反扭矩增大，力图使机头左偏，为了保持方向平衡，需相应蹬右舵。

蹬右舵后，尾桨拉力增大，需要向右压杆，使桨尖平面右倾，产生向右的侧向力 T_3，以平衡尾桨拉力的作用。低置尾桨直升机都有一个小的右坡度。因此，驾驶杆左右操纵方法应是，先向右压杆，待形成右坡度后稳住杆。

一般直升机旋翼轴都有前倾角，为了克服旋翼前倾角的影响，直升机应有一个上仰角。因此，在垂直起飞时，需要适当向后带些杆。

7.1.3.2　悬停保持阶段的操纵原理

悬停保持阶段操纵的基本方法是：

（1）用驾驶杆保持直升机的俯仰、横侧。直升机前移时，修正方法为“带、稳、保持”；直升机后移时，修正方法为“顶、稳、保持”；横向移位时，修正方法为“压、稳、保持”。

（2）用舵保持直升机的方向。

（3）用总距保持直升机的高度。

其操纵原理如下。

（1）高度的保持

悬停高度的保持和修正，主要是通过操纵总距杆来实现的。当高度有持续增高趋势时，飞行员应适当下放总距杆修正，同时用舵保持方向平衡。为保持滚转力矩平衡，蹬舵的同时还需向中间回一些杆。当高度有持续下降趋势时，修正方法相反。

当悬停高度在地面效应范围内时，发动机功率与悬停高度是一一对应的，而且，当高度变化时，地面效应具有恢复高度的趋势，因此，只要发动机功率不变，高度一般不会自行改变。飞行员在悬停保持阶段，不要过于频繁地提放总距杆。

（2）位置的保持

保持悬停位置的关键是调整直升机的姿态，以保持直升机状态的稳定。

在悬停中，要保持直升机没有前后移位，必须使纵向力平衡，所以，正确的直升机俯仰姿态是保持前后位置的关键。

同理，保持直升机横向位置，也必须使横向力平衡。因此，正确的坡度是保持横向位置的前提。

直升机状态的变化，是直升机移位的前兆。只有及时发现和修正直升机状态的变化，才能保持直升机无移位。

当直升机出现移位时，应使用驾驶杆、舵、总距杆互相配合，协调修正。

(3) 方向的保持

悬停过程中，飞行员应踏住舵以增强方向稳定性。当发现方向有偏差时，应柔和用舵修正，并注意总距杆和驾驶杆的配合。例如，当发现方向偏左时，应及时蹬右舵，接近正常方向时回舵，保持方向。由于悬停时直升机的方向操纵灵敏度较高而方向稳定性又差，所以，修正方向偏差时，用舵要柔和及时，不要频繁蹬舵。

(4) 综合修正

高度、方向、位置是悬停飞行的三大要素。由于杆、舵、总距之间的相互联系和影响，在出现偏差或偏差修正过程中，往往会引起其他要素的变化，而形成综合性的偏差。在修正时，杆、舵、总距协调配合，综合修正，防止顾此失彼。当位置、高度、方向同时发生变化时，应按照先高度、后方向、再位置的顺序修正。

7.1.3.3 改出悬停垂直着陆的操纵原理

垂直着陆阶段操纵的基本方法是：

(1) 柔和放总距，蹬左舵保持方向，同时用杆保持状态不变，使直升机缓慢均匀地垂直下降。

(2) 用总距控制下降率，及时用杆、舵修正位置和方向偏差。

(3) 随高度降低，地面效应逐渐增强，修正动作更应及时柔和准确。

(4) 判断右滑橇（右主轮）接地后，应稳住杆舵，继续柔和放总距，同时向右后方靠住杆，使左滑橇（左轮与前轮）轻轻接地。

(5) 当滑橇（机轮）完全接地后，柔和将总距放到底，杆回中立调整好旋转面。

(6) 在接地过程中，如果直升机左右及向后移位较大，应立即上升到悬停高度，待稳定后再重新落地。

(7) 直升机接地后，如向前滑动，应使用刹车减速，禁止向后带杆，防止旋翼打尾梁。

7.1.3.4 高高度悬停的操纵原理

真高超过 10m 的悬停称为高高度悬停。高高度悬停一般只用于外挂飞行、海上救护以及特种作业飞行。直升机在高高度悬停时，地面效应减弱或消失，悬停剩余功率减小，给保持高度带来困难。而且由于机身的遮蔽作用，飞行员不容易判断直升机的移位。

高高度悬停应在逆风条件下实施，可以由地面垂直上升进入，也可以从平飞减速进入。由垂直上升转入悬停时，应保持好直升机姿态，均匀地上提总距杆，并用杆舵的协调动作确保上升轨迹与地面垂直。高度超过 20m 后，由于没有地面效应的影响，上提总距杆要特别柔和。上升中适时扫视无线电高度表的指示，到接近预定高度时，稍放总距杆，进入稳定悬停。由平飞进入时，应带杆使桨盘后倾减速，为了保持高度不变，应适时操纵总距杆，并蹬舵保持方向，当速度减小到零时，松杆、稳杆转入悬停。

高高度悬停时，应事先在正前方向和正侧方地面选定明显目标，以便保持位置。以看好天地线在风挡上的投影为主，保持姿态。适时检查地面目标，如果发现直升机移位，应及时调整姿态并修正位置。

退出高高度悬停时，通常应顶杆增速转入平飞。必要时也可以垂直下降至接地，但一定要控制好下降率，不得超过 3m/s，以防止进入涡环。

高高度悬停除非任务需要，应避开直升机的回避区。

由于直升机悬停所需功率较大，发动机负荷与燃油消耗率也比较大，而且，在悬停状态，直升机的稳定性、操纵性比较差，所以，一般不宜作长时间的悬停。

7.1.3.5　悬停中的常见偏差及修正

悬停是直升机飞行中最基础也是操纵难度较大的一个课目，操纵动作不准确往往会带来直升机状态的偏差。在实际飞行中，常见偏差大致有以下几种。

（1）直升机上仰角大、后退

危害：尾部有打地危险。

原因：离地前带杆量过大，或离地前发现直升机有向前移位的趋势，修正过粗，拉杆过量。

修正：离地前拉杆量不可过多，前轮离地后及时稳杆。如发现直升机在离地前向前移位，应刹车。如在离地时移位，应继续上提总距杆上升到悬停高度后再处理，不可边离地边带杆修正。

（2）悬停状态不稳定

原因：

①发现偏差不及时，修正晚，动作过量；

②握杆紧、蹬舵松或晃杆晃舵，操纵要领不正确；

③频繁提放总距杆，致使直升机纵向力矩与侧向力矩产生不良耦合，从而

影响直升机平衡；

④自动驾驶仪故障或自动驾驶仪零位偏到极限位置；

⑤频繁使用卸荷按钮，自动驾驶仪零位和驾驶杆力不断变化，影响自动驾驶仪的工作和操纵。

修正：发现、修正偏差要及时、准确、柔和；不要频繁提放总距杆和使用卸荷按钮；如果自动驾驶仪故障，应断开并转入人工操纵。

7.1.4 影响悬停的因素

7.1.4.1 地面效应的影响

地面效应可以使旋翼拉力增大，悬停所需功率减小，剩余功率增大，悬停起飞的载重量增加。悬停时，直升机离地高度越低，气流受到地面的阻挡作用越强，地面效应也就越显著。一般来说，当旋翼离地高度超过旋翼直径的长度时，地面效应基本消失。训练飞行中，有地效悬停高度取 2 ~ 5m，无地效悬停高度取 10 ~ 15m。地面效应的强弱还与海拔高度有关，海拔高度高，空气密度小，地面效应随之减弱。在高原机场，相同高度的悬停，其地面效应较平原机场小。

一般情况下，直升机作大载重飞行时，进行悬停是很困难的，但若尽量利用地面效应作临近地面的悬停，因剩余功率增加，则比较安全。

地面效应还能显著地提高直升机的稳定性。这里因为：当直升机在地面效应范围内悬停时，如果由于外界干扰发生了倾斜，这时桨盘也要跟着倾斜，其降低部分因离地面近，产生拉力大；而抬起部分因离地面远，产生拉力小，从而形成稳定力矩，使直升机自动恢复平衡。

此外，在地效范围内悬停，由于地面效应的作用，直升机具有自动保持高度的趋势。例如，直升机因受扰动而高度降低时，桨盘距地面距离缩短，桨盘下方的压力增大，这样就会产生一个向上的附加拉力，力图使直升机恢复到原来的高度。地面效应的这两种影响，是飞行员做好悬停的有利条件。

7.1.4.2 风的影响

(1) 逆风悬停

在有风的情况下，应尽量采用逆风悬停。在逆风中悬停，直升机会以与风速相同的速度向后移位，为了保持位置，应向前迎杆，直升机产生俯角，旋翼桨盘前倾，使直升机产生与风速相等的前飞速度。在逆风中悬停，相当于直升机以逆风风速前飞，因而旋翼的诱导速度减小，悬停所需功率也随之减小；同时，由于直升机的方向稳定性增强，容易保持方向。与无风悬停相比，逆风悬停机头稍低。逆风风速越大，机头越低。

（2）顺风悬停

顺风中悬停，直升机受风的作用会向前移位，所以应向后拉杆，旋翼桨盘后倾，使直升机后退速度与风速相等。这样，机头比无风悬停时要高。机头上仰量大，将使尾部离地高度降低，为保证飞行安全，避免尾部擦地，顺风悬停高度要适当地增加。

顺风悬停，由于垂直稳定面和尾桨的作用是不稳定的，方向不易保持。只要尾部稍稍偏离风向，直升机就会更加偏离原方向，这就要求飞行员及时主动修正。因此，直升机应尽量避免在大顺风中悬停。

（3）侧风悬停

侧风悬停，由于气流对尾桨的作用，使尾桨拉力变化，再加上垂直稳定面的稳定作用，直升机容易向风的来向偏转，侧风的作用还将使直升机沿风的去方向移位。因此，应根据风速和侧风角的大小，适量向风来的方向压杆，并同时向侧风的反方向蹬舵，以保持直升机的方向和不出现侧向位移。

需要特别指出的是，左、右侧风对直升机悬停的影响是不一样的。对于左旋旋翼的直升机来说，右侧风使向右的压杆量增大，驾驶杆操纵备份量减小，压杆量也不易掌握，同时还会使直升机状态不稳，操纵品质变差，甚至出现明显抖动。这是因为：第一，在右侧风中悬停，为使地速为零，必然要求直升机产生一个与风速相等、方向相反的空速，这就需要较大的桨盘右倾角，致使驾驶杆操纵余量减小。第二，过大的右侧风，可能使尾桨进入涡环（部分进入甚至完全进入），使尾桨所需功率增大。而尾桨所需功率增大，又使旋翼可用功率减小，这样就增加了操纵复杂性。第三，在过大的右侧风中悬停，旋翼桨盘右倾角很大，由于旋翼尾流对机体、垂尾等产生干扰，还有旋翼桨叶本身的“桨涡干涉”等原因，引起直升机产生类似“过渡速度”的振动。因此，左旋旋翼直升机不适合在大的右侧风中悬停。而在左侧风条件下，则没有上述现象，对直升机的悬停稍为有利。同理，对右旋旋翼直升机来讲，在左侧风中悬停是不利的。

7.1.4.3　气温的影响

气温升高时，空气密度减小，一方面发动机可用功率降低；另一方面悬停所需功率增大。因此，随着气温升高，悬停升限降低，最大载重量减少，悬停性能变差。气温降低，对悬停的影响则相反。

7.1.4.4　飞行重量的影响

直升机载重量的大小，将直接影响到悬停高度。载重量越大，所需功率越大，剩余功率和备份拉力越小，悬停高度就越低，机动性也越差。

7.1.4.5　海拔高度的影响

海拔高度升高，空气密度减小，所需功率增大，发动机可用功率减小，所以，随高度升高直升机悬停性能变差。

7.2 垂直飞行

直升机在静升限范围内，不仅能够在各高度上悬停，而且能够以垂直上升、下降的飞行状态增加、降低飞行高度。

7.2.1 垂直上升

7.2.1.1 垂直上升的条件

垂直上升中，相对气流从上向下吹过旋翼。流过桨叶截面的气流是由两种相互垂直的气流合成的：一是直升机上升运动而产生的相对气流速度（V_y）和旋翼的诱导速度 v_1；二是由于桨叶旋转而产生的，与各桨叶截面圆周速度相反的相对气流合速度（Ωr）（见图 7－5）。由图中可以看出，在桨叶安装角不变的情况下，垂直上升时的来流角 ε 要比悬停时大，桨叶迎角小，而且，上升率越大，来流角也越大。桨叶迎角越小，要保持桨叶迎角不变，应相应增大桨距。且随着上升率增大，桨距应相应增大。

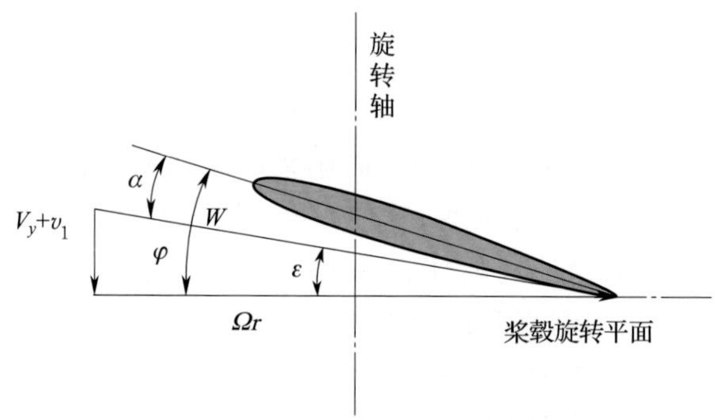

图 7－5 垂直上升中的桨叶截面迎角

垂直上升是在悬停的基础上进行的，保持等速垂直上升的条件与保持悬停的条件基本相同。

与悬停状态相比，在垂直上升中，直升机还要受到垂向阻力 X_y，因此所需旋翼拉力 T 以及所需功率也要比悬停时大。同时，旋翼反扭矩和尾桨拉力也相应要增大。

7.2.1.2 垂直上升性能

（1）垂直上升功率特点

与悬停相比，垂直上升中的型阻功率（$N_{型}$）变化不大，诱阻功率（$N_{诱}$）由于存在上升速度，单位时间内流过桨盘的空气质量增加而稍有减小，但是直升机还必须克服重力以 V_y 速度做功，增加了上升阻力功率（$N_{升}$）。所以，在垂直上升中，直升机所需功率比悬停时大。垂直上升所需功率可由下式表示

$$N_{升需} = N_{型} + N_{诱} + N_{升}$$

式中，$N_{升} = TV_y = GV_y$。G 为直升机重力，V_y 为垂直上升速度（垂直上升率）。

根据功率平衡原理，直升机在垂直上升时，有 $N_{可用} = N_{升需}$，即

$$N_{可用} = N_{型} + N_{诱} + GV_y$$

（2）垂直上升率

垂直上升率是指直升机每秒钟垂直上升的高度。由 $N_{可用} = N_{型} + N_{诱} + GV_y$，可得

$$V_y = \frac{N_{可用} - (N_{型} + N_{诱})}{G}$$

式中，$N_{型} + N_{诱} \approx N_{悬停}$。所以，上式可改写为

$$V_y = \frac{\Delta N_{悬停}}{G}$$

当飞行高度大于发动机设计高度时，随高度升高，可用功率减小，而悬停所需功率却增大，此时，剩余功率和垂直上升率会随高度升高而减小。

7.2.1.3　垂直上升的操纵原理

直升机在悬停的基础上作垂直上升，首先应柔和上提总距杆。在总距增大的初始阶段，旋翼拉力大于重力和空气阻力之和，直升机加速上升；随着上升率增大，桨叶来流角也不断增大，桨叶迎角减小，当来流角增量与总距的增量基本相等时，旋翼拉力等于直升机重力与空气阻力之和，直升机保持稳定垂直上升。

由于上提总距杆，旋翼反扭矩增大，直升机将出现偏转。为保持方向，需要蹬舵增大尾桨拉力。同时要向侧方压杆，使直升机不出现侧向移位和滚转，并前后调整驾驶杆防止出现前后移位。

上面讲的是无地面效应的情形，如果直升机悬停高度在地面效应范围之内，随直升机高度升高，地面效应减小，诱导速度增大，来流角也增大，桨叶迎角减小，上升到某一高度，如果飞行员不继续上提总距杆，直升机将不再继续上升。因此，在地面效应范围内，飞行员上提总距杆，直升机上升高度，停止上提总距杆后，上升率急剧减小到零，不再继续上升。但在地面效应范围以外，飞行员停止上提总距杆后，在高度变化不大的范围内，直升机仍能保持稳定的上升率垂直上升。

由于垂直上升时直升机的稳定性和操纵性较差，操纵动作更需要柔和，杆、舵、总距杆的操纵要协调一致。

7.2.1.4　垂直上升的注意事项

在垂直上升中有几个问题需要注意。

（1）飞行员不应以垂直上升作为主要的飞行方式

虽然垂直上升是直升机的特有飞行方式，但由于在垂直上升中，所需功率大，稳定性与操纵性比较差，如果不是任务和战术需要，不应把垂直上升作为主要的获得飞行高度的方式。通常可以采用沿斜平面爬升的办法，达到增加高度的目的。

（2）垂直上升中，保持直升机状态比较困难

主要是随高度升高，机头的遮蔽区增大，飞行员视界减小，不容易判断直升机的运动和状态变化。

（3）要避开回避区

从地面垂直上升时，往往要通过回避区，对安全不利。除非任务特殊需要，一般应尽量避开回避区。

7.2.2 垂直下降

7.2.2.1 垂直下降的条件

垂直下降与垂直上升正好相反，相对气流自下而上流向旋翼，流经桨毂旋转平面的气流速度由两种方向相反的气流速度合成：一是自下而上的轴向气流速度（V_y）；二是自上而下的旋翼诱导速度（v_1）。在下降率较小时，V_y小于v_1，来流角（ε）为正，桨叶迎角（α）小于桨距（φ），如图 7 - 6（a）所示，这时，桨叶迎角等于桨距与来流角之差。

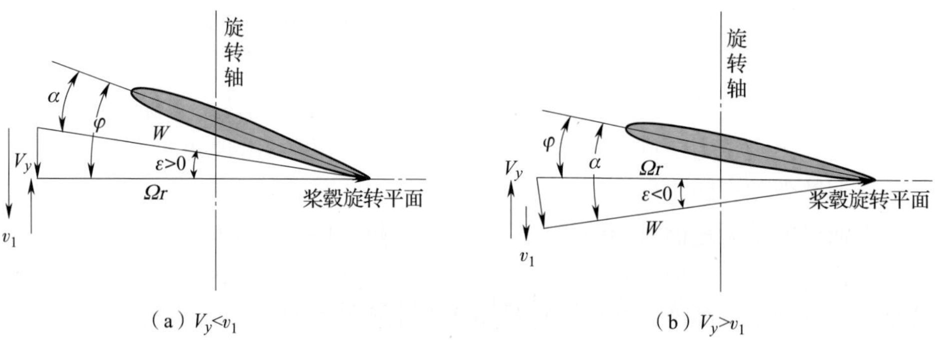

图 7 - 6　垂直下降中的桨叶截面迎角

当下降率很大时，V_y大于v_1，来流角越来越小，甚至可能成为负值，如图 7 - 6（b）所示，此时，桨叶迎角在数值上等于桨距与来流角之和，大于同桨距下悬停时的桨叶迎角，因此要保持一定的桨叶迎角，就必须相应地减小总距。

保持等速垂直下降的条件与保持悬停和等速垂直上升的条件基本相同。在垂直下降中，流过机身的气流速度是旋翼诱导速度和垂直下降速度的合成，二

者方向相反，所以机身处相对气流速度以及机身的垂向阻力，与悬停状态和垂直上升相比相对较小。

在垂直下降中，保持同样的桨叶迎角，所需桨距较小，因而旋翼所需功率也必然较小。由此可知，旋翼反扭矩和尾桨拉力也相对较小。

7.2.2.2　垂直下降性能

垂直下降与垂直上升相反，直升机势能不断减小，由于下降速度不变，减小的势能均转化为旋翼的旋转动能。单位时间内减小的势能即旋翼获得的功率为

$$N_{降} = -GV_y$$

所以，垂直下降中的所需功率为

$$N_{降需} = N_{型} + N_{诱} - GV_y$$

由上式可知，垂直下降中的所需功率比悬停所需功率小。但就诱阻功率来说，垂直下降状态的诱阻功率比悬停时要大，这是因为，直升机向下运动，相对气流方向向上，与诱导速度方向相反，这两种气流相遇后，旋翼气流变得复杂起来，要消耗更多的功率。如果直升机进入涡环状态，则消耗的功率就更多了。图7－7为垂直下降所需功率随下降率的变化规律。

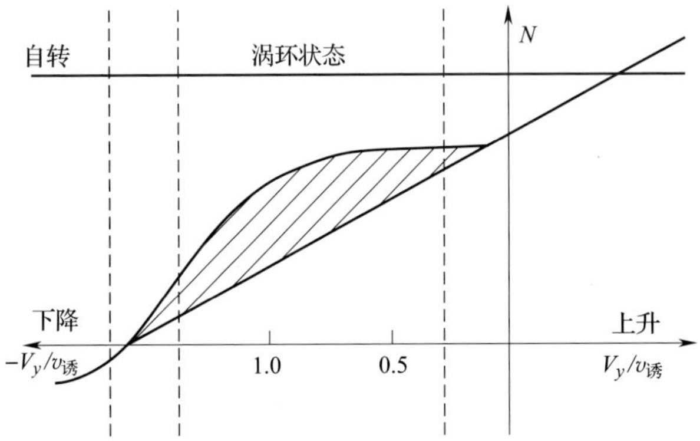

图7－7　垂直下降所需功率随下降率的变化

7.2.2.3　垂直下降的操纵原理

直升机在悬停基础上作垂直下降，首先应下放总距杆，减小旋翼拉力，使拉力小于直升机重力，直升机开始垂直下降。下放总距杆后，旋翼反扭矩减小，直升机有偏转趋势，为保持方向不变，应相应蹬舵减小尾桨拉力。同时，为保持直升机不出现侧向移位和滚转，还应向侧向压杆，并前后调整驾驶杆保证直升机不出现前后移位。在加速下降过程中，桨叶来流角逐渐减小，当来流角的减小量同总距的减小量相等时，取得法向力平衡，直升机即作等速下降。

在垂直下降过程中，下降率可用总距杆来调整。当发现下降率过大时，应适当上提总距杆，减小下降率，同时杆、舵协调保持直升机状态。

7.2.2.4 垂直下降的注意事项

在垂直下降中，飞行员应注意以下几点。

（1）要严格防止下降率过大

在垂直下降中，如果下降率过大，可能使直升机进入涡环状态。涡环状态是一种危险的飞行状态，会给飞行安全造成严重后果。因此，在垂直下降过程中，要时刻注意下降率的大小，并用总距杆加以控制。如果发现下降率偏大或有自动增大的趋势，应及时上提总距，或推杆增速。

（2）飞行员不应把垂直下降作为主要飞行方式

垂直下降中，直升机的稳定性、操纵性差，下降率过大还可能进入涡环状态。因此，如果不是任务和战术需要，不应把垂直下降作为主要降低高度的手段。

（3）在海上或低能见度条件下作垂直下降，操纵要格外谨慎

海上飞行由于浪涌的运动，很难准确判断下降率。在低能见度条件下，由于缺少参照物，判断高度变化也是很困难的，所以操纵上要格外谨慎，以免使直升机进入复杂状态。

7.3 悬停机动飞行

在悬停的基础上，直升机不仅可以垂直升降，还可以进行前飞、侧飞、后退飞行以及绕轴、绕点悬停转弯等机动飞行。

7.3.1 前飞

前飞的作用力特点与平飞相同。

由悬停转为前飞，应柔和地向前顶杆，使旋翼锥体前倾，直升机俯角增大，形成拉力第二分力（T_2），直升机在拉力第二分力（T_2）作用下，向前运动，杆、舵、总距杆的操纵，及如何保持高度、速度和航向等问题，与平飞相同。

由前飞转为悬停，应向后带杆，使旋翼锥体后倾，减小直升机俯角，从而减小向前的旋翼拉力第二分力。在空气阻力作用下，前飞速度将逐渐减小。随着速度的减小，旋翼的诱阻功率增大，拉力第一分力将减小，直升机要下降高度。所以，在减速过程中，要逐渐上提总距杆并相应地蹬右舵，以保持飞行高度和方向。当飞行速度减小到零时，重新使力和力矩取得平衡，以便直升机进行稳定悬停。

7.3.2 侧飞

7.3.2.1 侧飞作用力特点

在悬停的基础上侧飞，其作用力特点主要是侧向力的变化和平衡。向左和向右侧飞，方向不同，侧向力也各有不同。比如向右侧飞（见图7-8（b）），旋翼拉力的第三分力 T_3大于尾桨拉力 $T_{尾桨}$，直升机向右运动。在运动中又会产生向左的空气阻力，即产生向左的侧力 Z。当侧向力平衡（$T_3 = T_{尾桨} + Z_{垂尾}$）时，保持等速侧飞。向左侧飞（见图7-8（a）），旋翼拉力向右的水平分力 T_3小于尾桨拉力，在多余的尾桨拉力作用下，直升机向左运动，在运动中同样产生向右的侧力 $Z_{垂尾}$，当侧向力平衡 $T_{尾桨} = T_3 + Z_{垂尾}$时，则直升机保持等速侧飞。

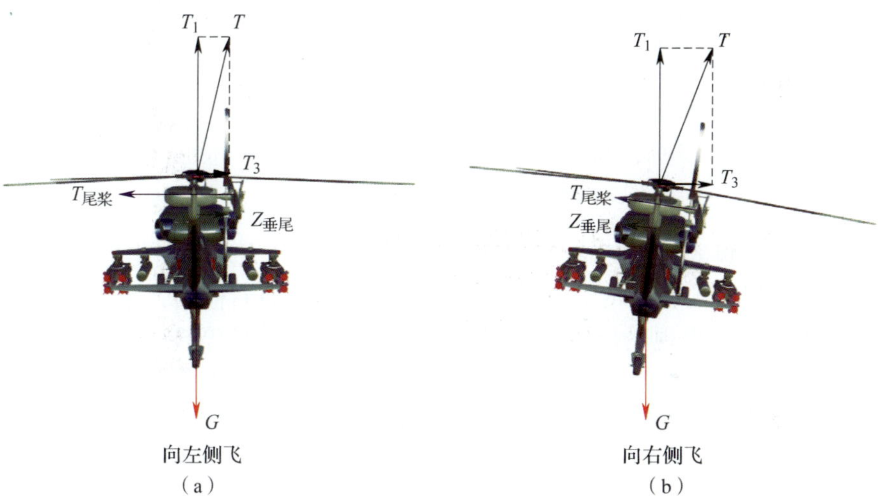

图7-8　侧飞中的作用力

7.3.2.2 侧飞的操纵原理

由悬停转为侧飞，应柔和地向侧飞方向压杆，使旋翼锥体和拉力方向在悬停的基础上向侧飞方向倾斜，旋翼拉力第三分力 T_3发生变化，破坏了悬停的平衡状态，从而使直升机向压杆的方向运动。例如，向右压杆，旋翼拉力第三分力增大，破坏侧向力的平衡而使直升机向右运动，当压杆后所产生的侧向不平衡力与空气阻力相等时，就保持向右作等速运动，如图7-9（a）所示。

在侧飞中，相对气流作用于机身尾桨和垂尾上，产生的侧力 Z 会对重心形成方向偏转力矩，使机头向侧飞方向偏转，所以应及时蹬反舵保持方向（见图7-9（b））。

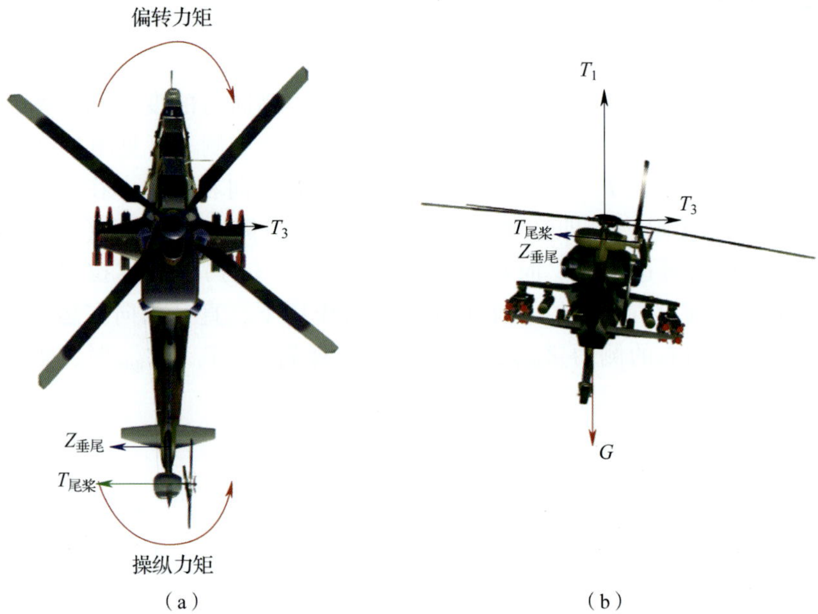

图 7－9　右侧飞时的作用力

压杆转入侧飞和蹬反舵保持方向时，拉力第一分力发生变化将影响高度。例如，由悬停转入右侧飞，向右压杆，使旋翼拉力向右倾斜，于是拉力第一分力 T_1减小，会出现飞行高度降低的趋势；同理，由悬停转入左侧飞，由于向左回杆，旋翼拉力第一分力增大，出现飞行高度升高的趋势。上述左、右侧飞的不同特点，在操纵量过大或不够柔和时，将表现得比较明显。因此，在压杆进入侧飞和蹬舵保持方向时，要注意操纵动作柔和并操纵总距杆保持飞行高度。

侧飞速度是用驾驶杆来保持的。如需增大速度，应向侧飞方向稍增大压杆量。反之，应减小压杆量。操纵驾驶杆调整侧飞速度，应注意用总距杆和舵保持高度和方向。

改出侧飞，应根据速度大小选取提前量，向侧飞反方向压杆，并逐渐收回反舵，直至侧飞速度为零，重新保持好稳定的悬停。

7.3.3　后退飞行

7.3.3.1　后退飞行作用力特点

后退飞行时，旋翼拉力分出向后的第二分力 T_2，使直升机作后退飞行。在飞行中又产生向前的阻力 X。当纵向力平衡 $T_2 = X$ 时，保持等速后退（见图 7－10）。

图 7－10　后退飞行中的作用力

后退飞行的一个显著特点就是方向不稳定，当受扰动发生方向偏离后，直升机方向将更加偏离。

7.3.3.2　后退飞行的操纵原理

由悬停转入后退飞行，首先要保持好规定的高度，然后再柔和地向后带杆，使旋翼锥体后倾，拉力第二分力指向后方，在此力作用下，直升机开始向后运动。随着后退飞行速度增大，空气阻力增大，当空气阻力增至与旋翼拉力第二分力相等时，直升机作等速后退飞行。带杆作后退飞行时，因旋翼锥体后倾，机体仰角增大，拉力第一分力减小，直升机有下降高度的趋势。此时，要相应地上提总距杆，保持规定的高度。上提总距杆，旋翼反扭矩增大，为保持方向，还要适当蹬右舵。

后退飞行，机头不宜上仰过高。否则，旋翼拉力第二分力增大过多和第一分力减小过多，使后退飞行速度过大和高度降低，甚至造成尾橇擦地。修正此偏差时应先向前顶杆，并适当上提总距杆，以保持规定的速度和高度。

改出后退飞行，应在到达预定地点前，柔和地向前顶杆，使旋翼锥体稍向前倾，改变旋翼拉力第二分力的方向使之指向前方。直升机在空气阻力和旋翼拉力第二分力 T_2 的作用下，后退速度将逐渐减小到零。此时，应及时拉杆消除向前的拉力第二分力，防止向前运动，保持稳定悬停。

由于后退飞行时直升机方向是不稳定的，为了保持方向，要及时用舵修正方向偏差，用舵勤、舵量小是后退飞行的一个特点。

7.3.4　绕轴悬停转弯

悬停转弯，是指直升机在悬停基础上改变方向的飞行。360°的悬停转弯又称悬停回转。它是直升机在接近地面实施方向机动时经常采用的飞行方式，一般可分为绕轴悬停转弯和绕点悬停转弯两种。

绕轴悬停转弯是直升机在悬停基础上，绕机体立轴偏转而改变方向的飞行。

在风速不大的条件下，直升机可向左、右作任意角度的转弯。直升机实施悬停转弯的高度一般不低于3m。

7.3.4.1 绕轴悬停转弯作用力分析

绕轴悬停转弯是在悬停基础上实施的，其作用力基本上与悬停时相同。其不同点是通过蹬舵改变了尾桨拉力的大小，使尾桨拉力力矩大于或小于旋翼反扭矩，形成方向操纵力矩，使直升机向蹬舵方向偏转。

7.3.4.2 绕轴悬停转弯的操纵原理

绕轴悬停转弯操纵的基本方法是：

向回转方向柔和蹬舵，形成回转角速度，同时用杆保持位置不变。形成预定回转角速度后，适当回舵、回杆，以保持回转角速度和位置，并用总距保持好高度。

绕轴悬停转弯操纵机理分析：

柔和地向转弯方向蹬舵，通过改变尾桨拉力，形成方向操纵力矩，直升机即向蹬舵方向转弯。随转弯角速度增大，方向阻尼力矩也增大。当阻尼力矩增至与方向操纵力矩相等时，直升机即保持稳定的角速度作绕轴悬停转弯。

改变尾桨桨距，引起尾桨所需功率改变，在发动机可用功率不变的情况下，将使旋翼和尾桨的功率重新分配，从而影响旋翼拉力的大小，需要操纵总距杆进行修正。

蹬舵后，尾桨拉力的改变还会破坏直升机横向力和滚转力矩的平衡，直升机将出现滚转和横向移位现象。例如，对高置尾桨直升机，当转弯方向与旋翼旋转方向相同时，尾桨拉力增大，直升机会向机头转动的反方向滚转和移位。为保持横向力和滚转力矩平衡，应同时向转弯方向压杆。

悬停转弯中，可根据机头与地面的相对运动来判断直升机的偏转角速度。为保持匀速转动，通常采用蹬舵—回舵—抵舵的方法操纵。

退出悬停转弯时，应根据转弯角速度的大小，适当地提前蹬反舵制止旋转，同时注意操纵总距杆保持高度，操纵驾驶杆保持直升机的横向平衡。

7.3.4.3 左、右绕轴转弯的特点

直升机悬停转弯时，由于旋翼和尾桨功率要重新分配，直升机随转弯方向不同而出现上升或下降高度的趋势。以左旋旋翼直升机为例，当进入右转弯时（转弯方向与旋翼旋转方向相同），蹬右舵，尾桨桨距增大，尾桨拉力增大，尾桨所需功率也增大，在发动机功率不变的条件下，旋翼功率要减小，直升机有下降高度的趋势。在稳定转弯阶段，由旋转形成的附加速度使尾桨的诱导速度增大，而此时因角速度稳定，所需尾桨拉力反而有所减小，因此尾桨所需功率将减小，导致旋翼可用功率增大，直升机有上升高度的趋势。向左转弯时（转弯方向与旋翼旋转方向相反），情况正好相反，进入时蹬左舵，尾桨桨距减小，

尾桨所需功率减小，功率重新分配的结果使旋翼功率增大，直升机有上升高度的趋势，稳定转弯中尾桨诱导速度减小，所需尾桨拉力却有所增大，导致尾桨所需功率增大，旋翼可用功率减小，直升机有下降高度的趋势。因此，在向右转弯进入时和向左转弯稳定阶段，应注意用总距杆保持好高度，防止掉高度。

7.3.4.4　有风时的绕轴转弯

（1）风对绕轴转弯的影响

在有风情况下，直升机绕轴转弯过程中风向是不断变化的。现以直升机在逆风悬停基础上作 360°右转弯为例说明风的影响。

直升机从悬停进入右转弯，逆风变为左逆侧风，转到 90°变为左正侧风（见图 7－11（a））；转过 90°后变为左顺侧风，到 180°时变为顺风（见图 7－11（b））；转过 180°后变为右顺侧风，到 270°变为右正侧风（见图 7－11（c））；转过 270°后变为右逆侧风，到 360°又回到逆风位置（见图 7－11（d））。可见，在悬停转弯中，风的影响是不断变化的。

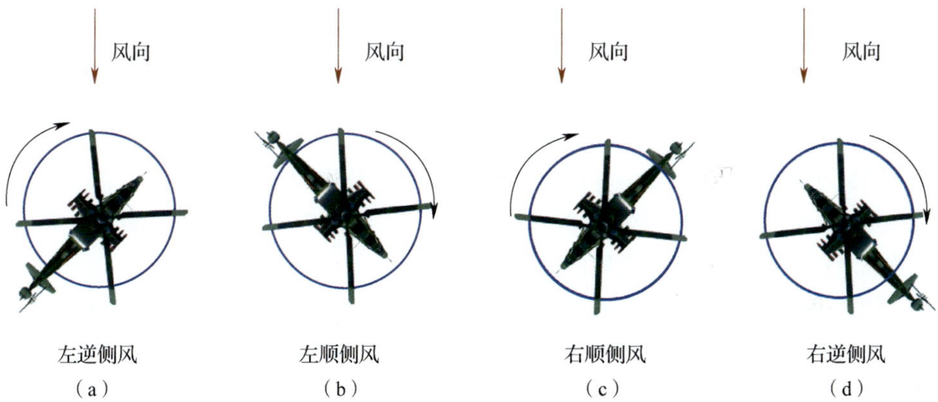

图 7－11　有风悬停回转时风向的变化

（2）有风时绕轴转弯的操纵原理

有风时绕轴转弯操纵的基本方法是：

在有风条件下作绕轴悬停转弯时，应根据风向和风速，用舵来保持直升机的偏转角速度，用总距杆保持高度不变，用驾驶杆保持直升机不出现移位。在转向风去的方向时，方向稳定力矩起阻止偏转的作用，应向转弯方向加大蹬舵量，以保持转弯角速度。反之，转向风来的方向时，为保持转弯角速度不变，应适当地向转弯的反方向增加蹬舵量。增加左舵量时（左旋旋翼直升机），直升机有增加高度的趋势，要适当下放总距杆；增加右舵量时，则应上提总距杆。在转弯中，为保持直升机不出现水平移位现象，在 360°转弯中，驾驶杆应始终向风来的方向倾斜。

现以左旋旋翼直升机在逆风悬停基础上作360°右转弯为例，说明其操纵原理。

直升机开始处于逆风悬停状态，飞行员蹬右舵使直升机向右偏转后，风向变为左逆侧风（见图7－12（b））。此时，除了由偏转角速度引起的方向阻尼力矩外，机身、垂尾（包括由于尾桨桨叶来流角变化所引起的拉力变化）产生的侧力对重心形成的方向稳定力矩，也力图阻止直升机偏转。

在从0°～90°偏转过程中，侧风角逐渐增大，方向稳定力矩也相应增大。为了保持匀速偏转，应逐渐增加右舵量。随着右舵量增大，尾桨消耗的功率增加，旋翼拉力减小，直升机有下降高度的趋势，为保持高度不变，还应适当上提总距杆。此外，在逆风悬停时，直升机有向后移位的趋势，驾驶杆位置靠前。随着左侧滑角增大，直升机出现向右移位的趋势，并逐渐增大，同时向后移位的趋势逐渐减弱。为保持位置不变，在转动过程中应逐渐增加向左的压杆量，同时逐渐向后带杆（实际杆位始终指向风的来向）。

当机头转到90°时，左逆侧风变为左正侧风（见图7－12（c））。此时，向右的蹬舵量、向左的压杆量、总距杆上提量都增至最大。

转过90°后，风向变为左顺侧风（见图7－12（d））。随着直升机的继续偏转，方向稳定力矩逐渐减小，为保持匀速偏转，应逐渐减小右舵量。在减小右舵量的同时，为保持高度不变，应逐渐下放总距杆。在从90°～180°偏转过程中，风使直升机向右移位的趋势逐渐减弱，向前移位的趋势逐渐增强，驾驶杆应逐渐减小向左的压杆量，并继续向后带杆，杆位指向风的来向。

当机头转到180°时，左顺侧风变为顺风（见图7－12（e））。此时，舵接近逆风悬停对应的位置，向后的带杆量最大。

转过180°后，风向变为右顺侧风（见图7－12（f））。此时，由机身等的侧力形成的力矩为方向不稳定力矩，力图使直升机加速偏转，且在向270°偏转过程中，此不稳定力矩逐渐增大。为保持匀速偏转，应逐渐增加左舵量。同时，为保持高度不变，应继续下放总距杆。在从180°～270°偏转过程中，为保持直升机不移位，驾驶杆应逐渐减小向后的带杆量，并增加向右的压杆量，杆位指向风的来向。

当机头转到270°时，右顺侧风变为右正侧风（见图7－12（g））。此时，向左的蹬舵量、向右的压杆量、总距杆下放量都增至最大。

转过270°后，风向变为右逆侧风（见图7－12（h））。在偏转接近360°的过程中，方向不稳定力矩逐渐减弱，为保持匀速偏转，应逐渐减小左舵量。同时，为保持高度不变，应逐渐上提总距杆。为保持直升机不移位，驾驶杆应逐渐增加向前的迎杆量，并减小向右的压杆量，杆位指向风的来向。

接近360°时，应根据偏转角速度的大小，提前适当角度杆、舵协调一致改出，使直升机重新处于逆风悬停状态（见图7－12（a））。

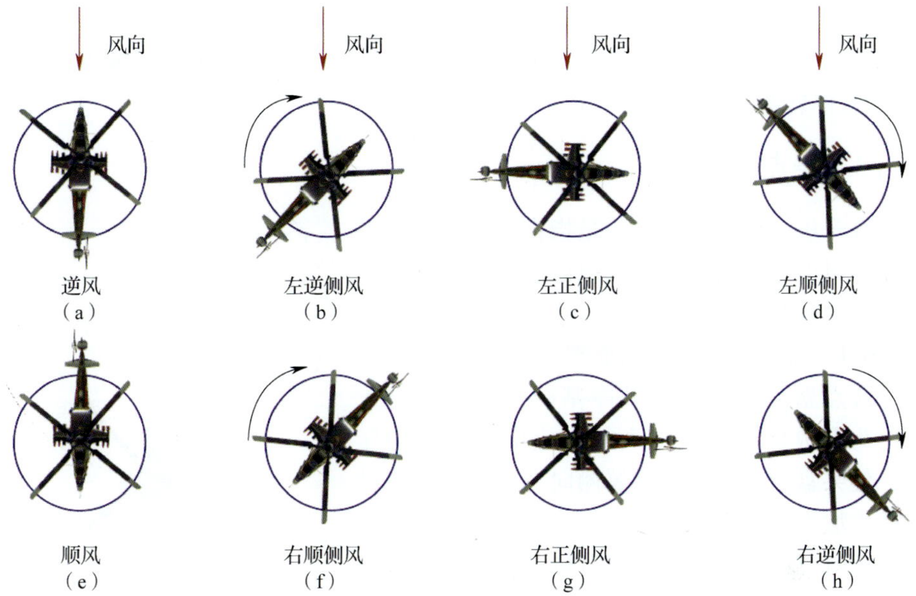

图 7 – 12　风对绕轴悬停转弯的影响

在有风条件下，直升机左、右转弯过程中，驾驶杆、舵、总距杆的变化情况如图 7 – 13 所示。

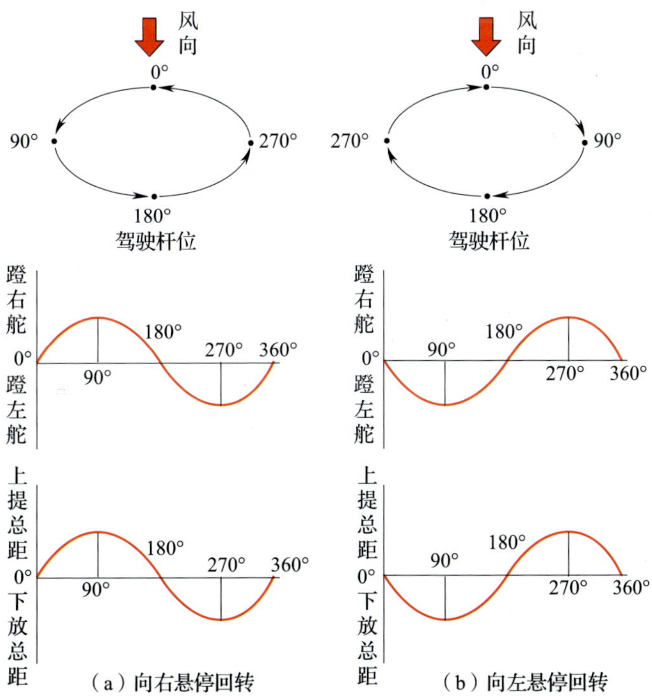

图 7 – 13　有风条件下绕轴悬停回转的操纵

必须指出，在风速较大时作悬停转弯，不仅难以保持飞行状态，而且因驾驶杆备份量小，容易危及飞行安全。因此，直升机不宜在过大的风速下作大于90°的悬停转弯。

7.3.5 绕点悬停转弯

直升机绕点悬停转弯，是指直升机的机体纵轴始终对准空间某一点，并以该点为圆心作等速圆周运动（如图7－14所示）。

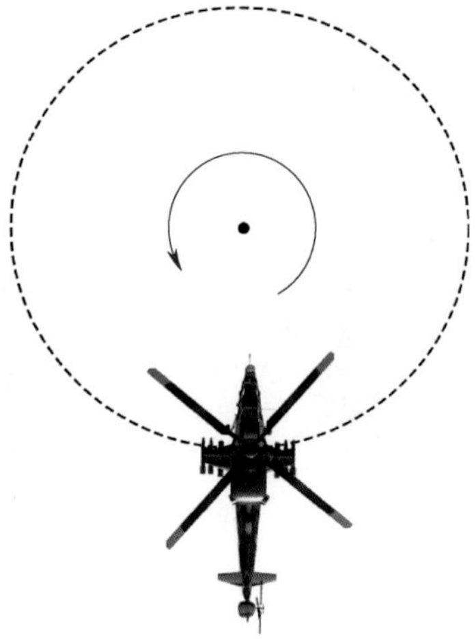

图7－14 绕点悬停回转

7.3.5.1 绕点转弯的操纵原理

绕点悬停转弯是在悬停基础上由侧飞进入的，为形成侧飞速度，飞行员应向转弯方向压杆，使桨盘侧倾，形成旋翼侧向力，进而使直升机产生坡度和侧飞速度。

随着侧滑角的形成，直升机产生的方向稳定力矩，使其出现向侧滑方向偏转的趋势，为使机体纵轴对准旋转中心点，飞行员应抵反舵产生方向操纵力矩，以平衡方向稳定力矩。在直升机形成坡度后，为了保持高度不变，需上提总距杆。

在绕点转弯中，直升机的纵向合力不为零，向前的纵向合力充当向心力。因此，为了获得足够的向心力，需要向前顶杆使桨盘前倾，产生向前的旋翼纵向力，进而使直升机形成俯角（或俯角增大），以满足圆周运动的要求。直升机转弯半径越小，转弯速度越大，则所需的向心力越大，直升机的俯角也就越大。但必须注意的是，俯角越大，要保持高度所需的发动机功率也越大，当俯角过大时，有可能超过发动机最大可用功率，同时还可能造成旋翼打地。所以，转弯中应注意对俯角的控制。

接近预定改出方向时，回杆、回舵，同时下放总距杆并带杆，使直升机恢复悬停状态。

7.3.5.2 绕点转弯的动态特点

绕点悬停转弯中，直升机的动态特点主要有以下表现。

（1）直升机振动明显

在绕点转弯中，旋翼桨盘要向侧前方倾斜，直升机带俯角、带坡度，由于旋翼尾流与机体、尾梁、平尾等发生干扰，以及旋翼桨叶本身的“桨涡干涉”等原因，直升机往往出现类似“过渡速度”的振动。

（2）向右转弯（左旋旋翼）的操纵余量小

为平衡尾桨拉力，旋翼桨盘要右倾，当直升机向右作绕点转弯时，要产生向右的侧向速度，直升机需要有一定的右坡度，而且，为了获得足够的向心力，旋翼桨盘还需要前倾一个角度。这样当直升机向右作绕点转弯时，其操纵余量很小，操纵性变差。

（3）随着偏转角速度的形成，直升机有后退趋势

主要原因是由于向前的向心力不够。转弯中要注意向前顶住杆，保持直升机有足够大的俯角，以克服后退趋势。

7.3.5.3　悬停转弯的限制条件

直升机无论是作绕轴悬停转弯，还是作绕点悬停转弯，都必须受一定条件的限制，如果超出这些限制，则可能危及飞行安全。

（1）风速的限制

在有风条件下进行悬停转弯，风向始终是变化的，如果风速过大，就会增加操纵难度，而且由于驾驶杆的操纵余量减小，可能会危及飞行安全。一般规定，风速大于 8 ~ 10m/s 时，不作大于 90°的悬停转弯。

（2）转弯角速度的限制

转弯角速度的限制主要是从两方面考虑的：一是转弯角速度过大，必然要求蹬舵速率大，而蹬舵速率大有可能损坏尾桨变距机构；二是转弯角速度过大可能导致尾桨涡环的发生，危及飞行安全。因此，大部分直升机都对转弯角速度作了限制，一般不允许超过 30（°）/s。

（3）高度的限制

为了保证飞行安全，作悬停转弯时的高度不能低于 3m。

第8章 空域飞行

空域飞行主要包括平飞、爬升、下滑、盘旋（转弯）等飞行课目。

8.1 平飞

直升机作水平直线飞行称为平飞。这里研究的是直升机的稳定平飞，即不带侧滑的等速平飞。

8.1.1 平飞的作用力分析

直升机作稳定平飞，其基本特征就是等高、等速、无侧滑，要满足这些特点，其作用力关系如图 8－1 所示。

图 8－1　平飞时的作用力

（1）为保持飞行高度不变，旋翼拉力第一分力 T_1 应等于重力 G。即

$$T_1 = G$$

（2）为保持飞行速度不变，旋翼桨盘要相对于水平面前倾一定的角度，旋翼拉力第二分力 T_2 应等于空气阻力 X。即

$$T_2 = X$$

（3）为保持直升机无侧滑，在直升机坡度较小时，旋翼拉力第三分力 T_3，应等于尾桨拉力 $T_{尾桨}$ 和垂尾侧力 $Z_{垂尾}$ 之和。即

$$T_3 = T_{尾桨} + Z_{垂尾}$$

由于直升机在前飞中一般均稍带坡度 γ，尾桨拉力在水平面内的分力为 $T_{尾桨} \cdot \cos\gamma$，因坡度很小，$\cos\gamma \approx 1$，故 $T_{尾桨} \cdot \cos\gamma$ 与 $T_{尾桨}$ 近似相等。

此外，作用于直升机的各力绕重心形成的力矩还必须取得平衡，即 $\Sigma M = 0$。

8.1.2　平飞姿态

8.1.2.1　平飞中的俯仰角

由平飞作用力特点可知，直升机在稳定平飞的过程中，空气对机身产生向后的空气阻力 X，且 X 随平飞速度的增大而增大。为了克服空气阻力，保持稳定平飞，直升机要产生一个下俯角 θ，平飞速度越大，直升机下俯角也越大。平飞速度和下俯角是一一对应的关系，这是直升机在平飞中俯仰姿态变化的一个基本规律，也是自动驾驶仪控制与保持直升机速度的依据。

8.1.2.2　平飞中的坡度

与悬停相同，直升机在平飞中，为平衡尾桨拉力，旋翼锥体需要向右倾斜一个角度，因此机身有一个右坡度 γ。坡度大小与尾桨的安装位置有关。低置尾桨坡度大，高置尾桨坡度小，甚至产生左坡度。

8.1.3　平飞性能

8.1.3.1　平飞功率曲线

直升机的平飞功率曲线包括旋翼可用功率曲线和直升机平飞所需功率曲线（见图8－2）。它们是研究、分析直升机平飞性能的依据。

前面已经分析了可用功率，这里不再赘述。前飞时，可以认为可用功率基本不随速度而变，在设计高度以下，可用功率基本不变，超过设计高度，随着飞行高度的增加，发动机功率下降，可用功率下降。

平飞时所需功率（$N_{平需}$）由三部分组成，即翼型阻力功率、诱导阻力功率和废阻力功率。即

$$N_{平需} = N_{型} + N_{诱} + N_{废}$$

直升机的所需功率虽然由上述三部分组成，但当平飞速度改变时，这三部分所需功率的变化规律是不同的。小速度平飞时，随平飞速度的增大，诱阻功率减小很多，对所需功率的影响是主要的，废阻功率和型阻功率增加不明显，对所需功率的影响是次要的，这时所需功率随着平飞速度的增大而减小；大速度平飞时，随着飞行速度的增大，废阻功率的增加量超过了诱阻功率的减小量，成为影响所需功率变化的主要方面，而诱阻功率的减小，降为次要方面，故此时所需功率随速度增大而增大。因此，平飞所需功率随着飞行速度的增大是先减小后增大的（见图8－2中曲线4）。

将直升机的平飞可用功率曲线和所需功率曲线画在同一个坐标图上，就组成了直升机的平飞功率曲线（见图 8－2）。

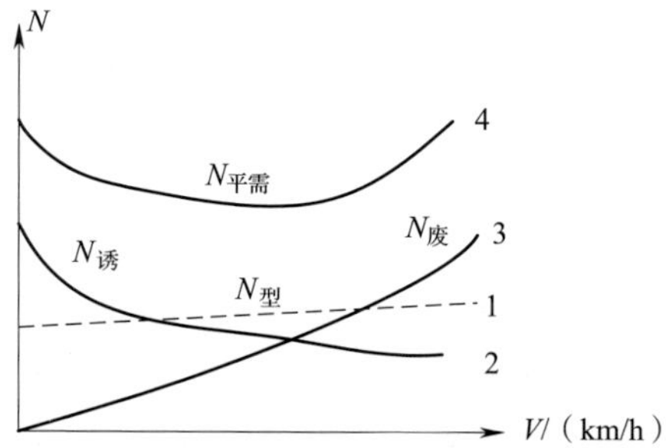

图 8－2　平飞所需功率曲线

8.1.3.2　平飞性能参数

直升机的平飞性能主要包括平飞最大速度、平飞最小速度、有利速度、经济速度和平飞速度范围。这些性能都可以通过平飞功率曲线来确定（见图 8－3）。

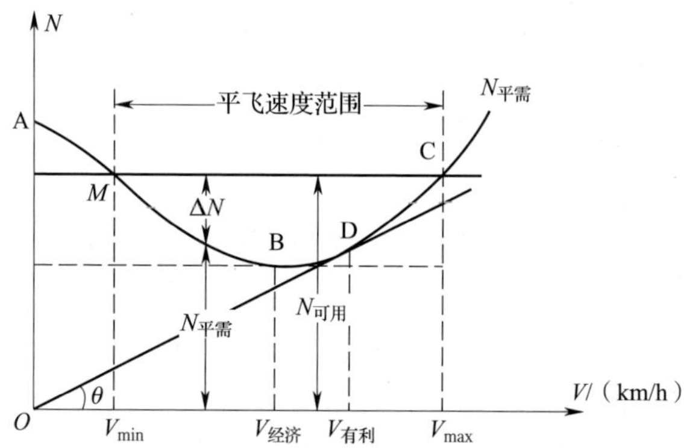

图 8－3　平飞功率曲线和平飞性能

（1）平飞最大速度

直升机使用发动机最大连续功率平飞所能达到的最大平飞速度，即平飞最大速度，用 V_{max} 表示。在图 8－3 中，可用功率曲线与所需功率曲线在右边的交点（C）所对应的速度，就是平飞最大速度（V_{max}）。大于此速度以后，平飞所需功率将超过可用功率，因此直升机不能以大于此速度保持平飞。

直升机的最大速度，除受功率限制以外，还受到气流分离和激波的限制。

①前飞速度过大，旋翼后行桨叶会产生气流分离

直升机前飞时，由于旋翼相对气流不对称，前行桨叶会因向上挥舞而使迎角减小；后行桨叶会因向下挥舞而使迎角增大。当前飞速度增大到一定数值后，

处于270°方位的桨叶尖部，会因超过临界迎角而产生气流分离。如果前飞速度过大，桨叶上的气流分离区将扩展得很大，由于处于分离区内的桨叶，其拉力显著下降和阻力急剧增加，这将破坏桨叶绕水平关节的正常挥舞规律，从而引起直升机强烈振动和急剧向右倾斜。

②前飞速度过大，旋翼后行桨叶的返流区扩大

直升机前飞时，由于旋翼相对气流不对称，在后行桨叶根部会出现返流区。当旋翼转速一定时，前飞速度越大，旋翼工作状态特性系数（μ）越大，返流区也越大，相对气流不对称性也越严重，从而引起直升机振动和操纵性变差。

③前飞速度过大，前行桨叶会产生激波

前飞速度增加，前行桨叶的相对气流速度增大。当飞行速度增大到一定值时，处于90°方位桨叶尖部相对气流速度将接近声速，此时，桨叶表面会出现局部超声速区和局部激波，造成前行桨叶的空气动力性能恶化，引起直升机出现振动和操纵性变差等现象。

除了上述气动原因外，直升机的最大速度还受到结构设计强度的限制，由此给出的限制值称为最大允许速度，又称不可超越速度。不可超越速度主要取决于飞行重量和飞行高度，飞行重量一定，随高度升高，不可超越速度减小，飞行高度一定，飞行重量增加，不可超越速度减小。不可超越速度应当在昼间简单气象且气流平稳时使用，只允许作直线飞行，不能作曲线机动飞行，常用于俯冲积速。以不可超越速度作曲线机动飞行，会使直升机过载超过允许值。为防止旋翼失速，进入不可超越速度仍使用发动机最大连续功率，允许稍有下降；退出不可超越速度应当先下放总距，再柔和拉杆减速。

（2）平飞最小速度

直升机的最大特点就是能在空中悬停。从这个上意义上讲，直升机的最小速度应该为零。但是，直升机并非在所有高度上都能悬停。在某些高度（悬停升限以上）直升机虽不能悬停，但仍可以平飞。这时，直升机使用发动机最大连续功率所能保持的最小飞行速度，就是平飞最小速度，用 V_{min} 表示。在图8-3中，可用功率曲线与所需功率曲线在左边的交点（M）所对应的速度，就是平飞最小速度（V_{min}）。

实际飞行中，对于装有全向空速系统的直升机，平飞最小速度按直升机飞行性能数据掌握。对于没有装全向空速系统的直升机，在无地效静升限以下高度的平飞最小速度按60km/h掌握为宜，在无地效静升限以上高度上，按安全起飞、着陆速度掌握为宜，随高度升高平飞最小速度越接近经济速度。

（3）经济速度

所需功率最小的平飞速度称为经济速度，用 $V_{经济}$ 表示。图8-3中平飞所需功率曲线的最低点（B）所对应的速度即为经济速度（$V_{经济}$）。由于保持这个速

度平飞所需功率最小，因此最省油，在空中能持续飞行的时间最久，因此，这个速度也叫作久航速度。而保持此速度平飞时，剩余功率（$\Delta N = N_{可用} - N_{平需}$）最大，直升机利用这个速度作上升，可以得到最大的上升率。

（4）有利速度

平飞所需功率与平飞速度的比值（$N_{平需}/V_{平飞}$）最小所对应的速度，叫作有利速度，以 $V_{有利}$表示。在图 8－3 上，从坐标原点向平飞所需功率曲线作切线，切点（D）所对应的速度，就是有利速度（$V_{有利}$）。因为 D 点所对的比值（$N_{平需}/V_{平飞}$）最小，所以平飞所需功率曲线上 D 点所对应的 θ 角最小。在下面的续航性能分析中会知道，对于活塞式发动机的直升机而言，以有利速度平飞，航程最远。在以旋翼自转状态的下滑中，以有利速度下滑，直升机的下滑角最小，下滑距离最长。对装有涡轮轴发动机的直升机来说，不是这样，原因将在“续航性能”一节中分析。

（5）平飞速度范围

从平飞最小速度到平飞最大速度称为平飞速度范围。在此范围中用任一速度均可保持平飞，平飞速度范围越大，表明直升机的平飞性能越好。

8.1.3.3 影响平飞性能的因素

（1）高度对平飞性能的影响

如前所述，直升机的平飞性能是由可用功率和平飞所需功率两方面确定的。所以，研究平飞性能随高度的变化，应首先了解可用功率和平飞所需功率随高度的变化规律。

①旋翼可用功率随高度的变化

可用功率随高度的变化与发动机输出功率随高度的变化相似。发动机输出功率随高度的变化关系，称为发动机的高度特性。对于装有涡轮轴发动机的直升机，在设计高度以下，高度增加，发动机输出功率基本保持不变。超过设计高度以后，高度增加，输出功率减少，可用功率也随之减小。故旋翼可用功率曲线在超过设计高度后，随高度升高而下移。

②平飞所需功率随高度的变化

平飞所需功率是由型阻功率、诱阻功率和废阻功率组成的。弄清了所需功率各组成部分随高度的变化，就会了解整个所需功率随高度的变化规律。

a. 型阻功率随高度升高基本不变。一方面，高度升高，空气密度减小，要保持旋翼的转速和拉力不变，需增大总距以增大桨叶迎角，这时翼型阻力增大，型阻功率随高度升高而增加；另一方面，高度升高，空气密度减小，型阻功率又有所减小。故高度升高，型阻功率基本不变。

b. 诱阻功率随高度升高而增加。因为高度升高，空气密度减小，将引起旋翼拉力减小，为保持所需拉力不变，诱导速度将增大，因此，诱阻功率随高度升高而增大。

必须指出的是，平飞速度不同，诱阻功率占整个所需功率的百分比也不同。小速度平飞时，诱阻功率所占的百分比大，因此随高度的升高，诱阻功率增加得多。反之，大速度平飞时，诱阻功率所占的百分比小，高度升高，诱阻功率增加得少。

c. 废阻功率随高度的升高而减少。因为在飞行速度（真速）相同的条件下，空气阻力与空气密度成正比。但平飞速度不同，废阻功率减小的多少也不一样。平飞速度小，高度升高，废阻功率略有减小。大速度平飞时，高度升高，废阻功率减小较多。

综上所述，当平飞速度不大时，高度升高，虽然型阻功率和废阻功率变化不大，但由于诱阻功率增大，故平飞所需功率将有所增大。而且，平飞速度越小，诱阻功率增加越多，因此所需功率曲线将向上移动越多。反之，当平飞速度较大时，在高度升高，诱阻功率和型阻功率都变化不多，而废阻功率减小较多，所需功率曲线向上移动也将越少，甚至向下移动。

③平飞性能随高度的变化

a. 经济速度和有利速度随高度的变化由图 8－4 平飞所需功率曲线随高度变化可以看出，使平飞所需功率曲线的最低点向右上方移动。因此，平飞最小所需功率和经济速度将随高度的升高而变大。有利速度也将随高度的升高而变大。

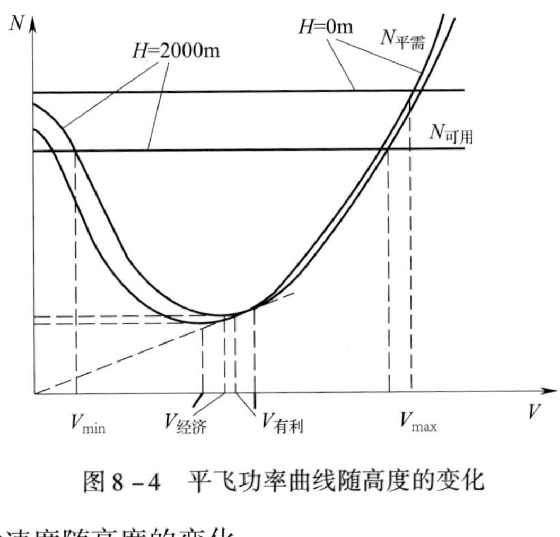

图 8－4　平飞功率曲线随高度的变化

b. 平飞最大速度随高度的变化

平飞所需功率随高度的变化已如前述，高度升高，在大速度范围内所需功率变化不大（大体可认为不变），因此，最大速度随高度的变化，则主要由可用功率随高度的变化来决定，即取决于发动机的高度特性。

对装有涡轮轴发动机的直升机来说，按功率所确定的平飞最大速度，随高度的升高一直是减小的，其变化趋势如图 8 –5 所示，具体数据的大小则与涡轮轴发动机的额定功率有关。

c. 平飞最小速度随高度的变化

直升机的平飞最小速度与最大速度随高度的变化一样，也是由平飞所需功率和可用功率两方面确定的。由图 8 –4 可知，高度升高，在小速度与大速度范围内平飞所需功率增加不同，因此，平飞最小速度随高度的变化规律与平飞最大速度不同。其最小速度随高度的变化，如图 8 –5 所示。

d. 平飞速度范围随高度的变化

如图 8 –5 所示，随着高度增加，一般情况下，最大速度减小，最小速度增大，所以平飞速度范围是越来越小的。当高度增加到某一高度时，速度范围减少为零，只能以一个速度保持平飞，此高度为理论动升限。

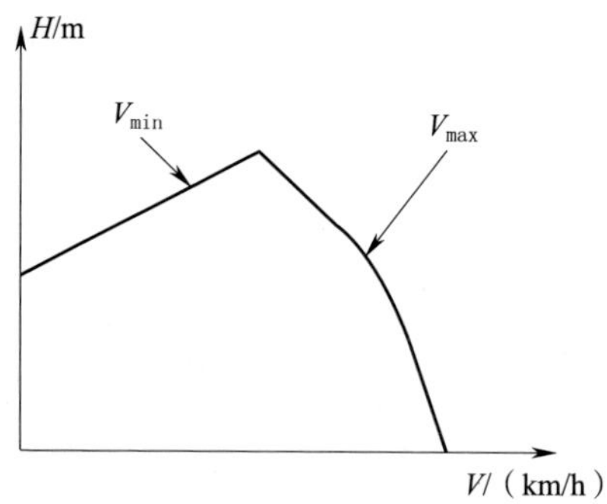

图 8 –5　不同高度时的平飞最大速度和平飞最小速度

根据平飞最大速度的限制，将平飞最大速度的综合边界和平飞最小速度随高度的变化用曲线形式表示出来，即可得到直升机的平飞速度包线（如图 8 –6 所示）。

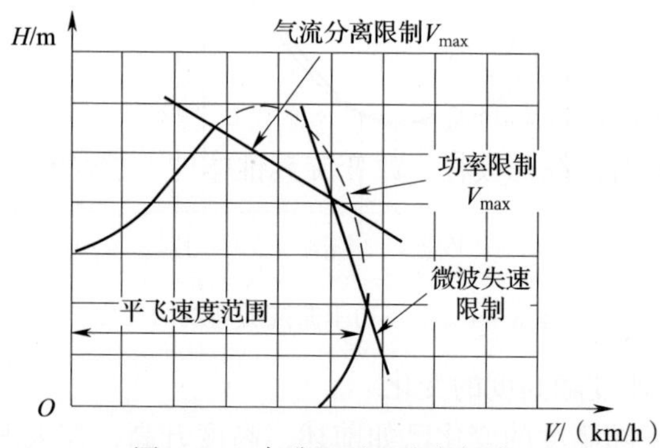

图 8 –6　直升机平飞速度包线

直升机的平飞速度包线，可以反映高度变化对平飞性能的影响。平飞速度范围越大，表明直升机的平飞性能越好。

（2）大气温度对平飞性能的影响

气温升高，发动机除容易出现过热外，还会因空气密度减小而使发动机输出功率减小，可用功率也随之减小，从而使平飞最小速度增大，最大速度减小，平飞速度范围缩小。气温降低时，则相反。

（3）飞行重量对平飞性能的影响

飞行重量增加，为保持平飞必须增大旋翼拉力，这将因诱阻功率增加而使直升机的所需功率增大。由于小速度平飞时，诱阻功率占所需功率的比例较大，因此，飞行重量越重，直升机的平飞最小速度增大得越明显。由于在大速度飞行时所需功率增加得不多，从所需功率方面分析，重量增加平飞最大速度变化很少。但由于飞行重量增加，桨叶的平均迎角增大，后行桨叶的气流分离，使平飞最大速度减小，所以，平飞速度范围缩小。

（4）影响平飞性能的其他因素

①起落架状态。起落架放下状态，前飞时 $N_{废}$ 明显增大，最大平飞速度要减小；起落架收、放运行状态，收放动作筒工作能力有限，飞行速度不能过大。

②引压缩空气进行座舱加温和防冰加温，发动机功率损失使平飞最大速度减小。

③云中飞行、满载飞行和湍流中飞行，平飞速度范围要减小。

④开舱门飞行，一是直升机阻力增大，二是舱门附件、支架等结构强度受限，平飞最大速度要大大减小。

⑤接通自动驾驶仪飞行，有的型号自动驾驶附加功能的实现，有一定的速度范围限制。

⑥外挂飞行，外挂物横向截面积影响直升机平飞性能，横向截面积越大，平飞最大速度越小。

8.1.4　平飞的操纵原理

根据平飞时各力和力矩的关系，平飞操纵的基本方法是：

（1）向前或向后操纵驾驶杆，改变旋翼锥体的前后倾斜量，从而改变或保持飞行速度；

（2）操纵总距杆，改变旋翼拉力，以保持飞行高度；

（3）操纵脚蹬改变尾桨拉力，以保持方向；

（4）向左或向右操纵驾驶杆，改变旋翼锥体的侧倾量，从而保持直升机不向左或向右作曲线运动。

直升机各项操纵之间不是完全孤立的。现以平飞增大速度为例来说明各项操纵之间的关系。

增速过程中的基本操纵动作是：

向前推杆—提总距—蹬右舵—向右压杆。

操纵原理是:

由于 T_2本来是等于阻力的，为了增速，必须向前推杆，旋翼锥体前倾，使 T_2大于阻力。随着平飞速度增大，由于速度不对称引起的桨叶挥舞，使旋翼锥体向后倾斜的程度加大，为保持 T_2，必须增大向前的推杆量。

向前推杆增速，T_2增大，而 T_1会减小，为了保持飞行高度不变，还必须提总距。提总距会使旋翼的反扭矩增大，为了保持方向不变，还必须用舵修正。

由于蹬舵改变了尾桨拉力的大小，为保持横向力和力矩的平衡，还应该用压杆的办法进行修正。

总之，在操纵直升机进行平飞或改变平飞速度时，驾驶杆、总距杆和脚蹬必须紧密配合，才能使作用在直升机上的各力和力矩不断取得平衡，以保持预定的平飞状态。

平飞中各操纵量与平飞速度的关系如下。

(1) 驾驶杆的前后操纵量与平飞速度的关系

由前面分析可知，直升机在平飞时，随着平飞速度增大，其下俯角越来越大，旋翼前倾角也越来越大，驾驶杆位越靠前。图 8－7 表示驾驶杆前后操纵量同平飞速度的关系。

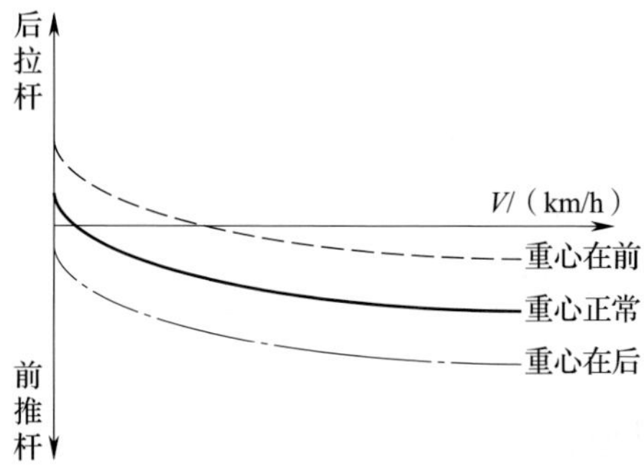

图 8－7 平飞中驾驶杆前后操纵量与平飞速度的关系

(2) 总距杆操纵量与平飞速度的关系

平飞时，总距杆位置和旋翼所需功率是对应的。根据直升机平飞飞行性能，旋翼所需功率随着飞行速度先减小后增大，经济速度最小，故总距也先减小后增大。图 8－8 表示总距杆位置同平飞速度的关系。

(3) 脚蹬操纵量与平飞速度的关系

在平飞中，为了保持方向平衡，尾桨拉力和垂尾侧力合力的大小是由旋翼反扭矩 $M_{反}$决定的，即

$$T_{尾桨} + Z_{垂尾} = \frac{M_{反}}{X_{尾桨}}$$

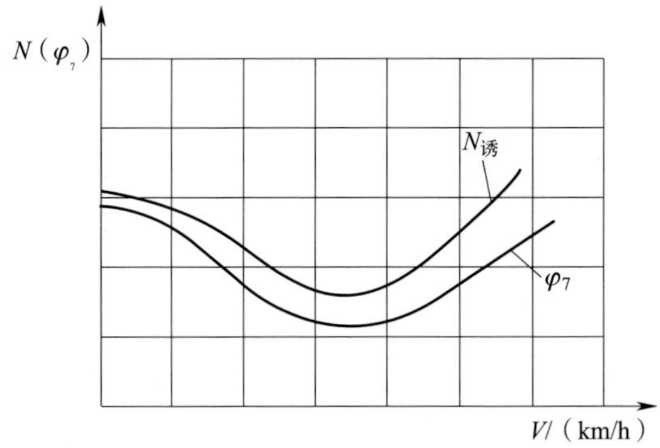

图 8－8　平飞中旋翼总距随速度的变化

而旋翼反扭矩的大小则与旋翼所需功率相对应，因此，($T_{尾桨}+Z_{垂尾}$) 随平飞速度的变化规律同旋翼所需功率随平飞速度的变化规律大致相同，如图 8－9 所示。

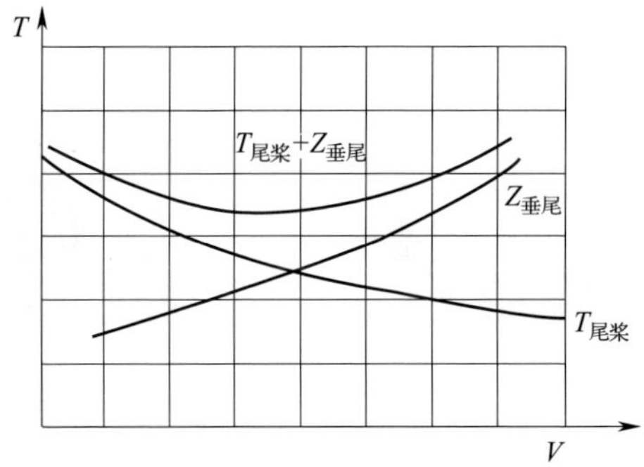

图 8－9　尾桨拉力和垂尾侧力随飞行速度的变化

(4) 驾驶杆的左右压杆量与平飞速度的关系

直升机平飞时，随着平飞速度的增大，桨叶的自然挥舞会使旋翼锥体向右倾斜量增大。因此，向右的压杆量，随平飞速度的增大而逐渐减小，直至变为向左压杆，其变化规律大致如图 8－10 所示。

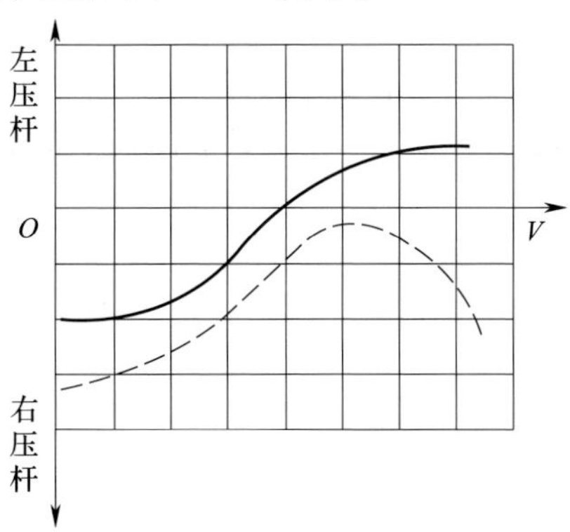

图 8－10　平飞中驾驶杆的横向位移与平飞速度的关系

8.2 爬升

直升机沿向上倾斜的轨迹所做的飞行，称为爬升。爬升是直升机超越障碍取得高度的基本方法，其中，直升机保持爬升角不变的等速爬升称为稳定爬升。

8.2.1 爬升的作用力分析

下面以沿倾斜轨迹而且不带侧滑的等速直线爬升为例，分析保持稳定爬升的条件（见图 8 - 11）。

图 8 - 11　稳定爬升中的作用力

(1) 为保持爬升角不变，旋翼拉力第一分力 T_1 应等于重力第一分力 G_1，即

$$T_1 = G_1$$

(2) 为保持爬升速度不变，旋翼拉力第二分力 T_2 应等于重力第二分力 G_2 与空气阻力 X 之和，即

$$T_2 = G_2 + X$$

(3) 为保持直升机无侧滑，旋翼拉力第三分力 T_3 与重力第三分力 G_3 之和应等于尾桨拉力 $T_{尾桨}$ 与垂尾侧力（$Z_{垂尾}$）之和，即

$$T_3 + G_3 = T_{尾桨} + Z_{垂尾}$$

通常情况下，在稳定爬升中由于直升机坡度很小，G_3 可以忽略。

此外，各力绕重心的力矩还必须取得平衡，即

$$\sum M = 0$$

稳定爬升也是一种平衡状态。稳定爬升中直升机的姿态与平飞时相似。

8.2.2　爬升性能

爬升中，飞行高度不断增大，直升机所具有的势能不断增大。同平飞比较，爬升中直升机的所需功率中多了一项使势能增大的爬升功率，即

$$N_{爬需} = N_{平需} + N_{升}$$

式中，$N_{升} = TV_y = GV_y$。G 为直升机重力，V_y为上升率。

直升机的爬升性能主要包括最大爬升角、最大上升率、爬升时间和爬升限度等内容。

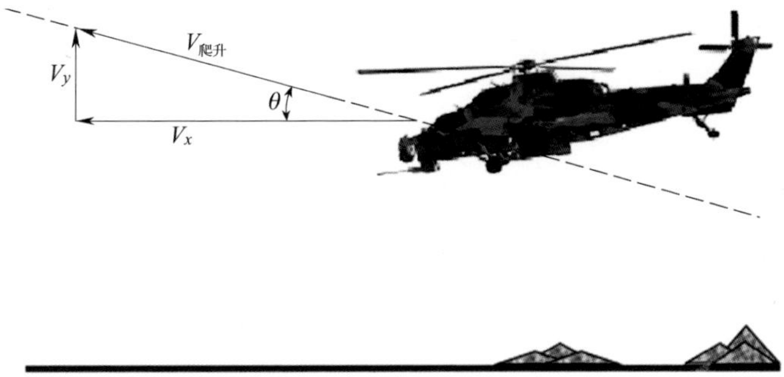

图 8－12　直升机的爬升角和上升率

8.2.2.1　上升率

直升机在爬升中，单位时间内所增加的飞行高度称为上升率，用 V_y 表示。上升率大，表明直升机在爬升中能迅速取得高度，爬升到预定高度所需要的时间就短，直升机爬升性能就好。所以，上升率是衡量直升机爬升性能好坏的一个重要标志。

根据功率平衡原理，直升机在爬升时，$N_{可用} = N_{爬需}$，由 $N_{爬需} = N_{平需} + N_{升}$ 可得

$$V_y = \frac{\Delta N_{平飞}}{G}$$

上式表明，上升率的大小与剩余功率成正比，与直升机的重量成反比。当飞行重量一定时，剩余功率越大，则直升机的上升率越大。

由平飞功率曲线可知，以经济速度爬升时，剩余功率最大，上升率最大。各型直升机《飞行员驾驶守则》给出的最大上升率的给定条件，通常为标准大气条件，额定重量，使用发动机最大连续工作状态，保持经济速度，防冰，加温系统不接通（如某型直升机起落架收起状态）。防冰系统或加温系统接通状态或起落架放下状态，对上升率影响是明显的，约减小 1m/s。

8.2.2.2 爬升角

爬升角（θ）是直升机爬升轨迹与水平线之间的夹角。爬升角越大，说明经过同样的水平距离所爬升的高度越高，如图 8－13 所示。

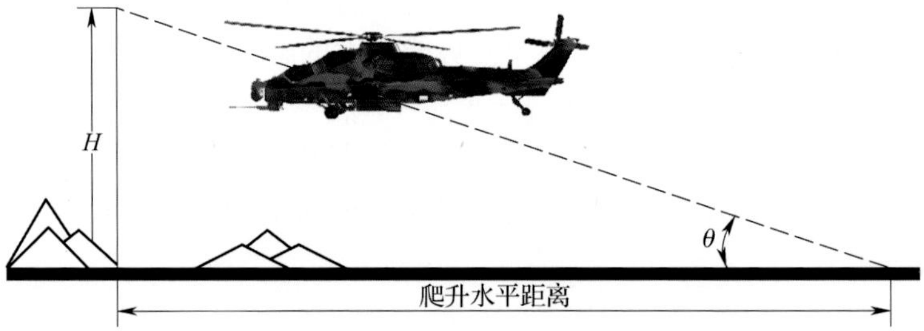

图 8－13　爬升角、爬升高度和爬升水平距离

由图 8－13 可知

$$V_y = V_x \cdot \tan\theta$$

$$\tan\theta = \frac{V_y}{V_x} = \frac{\Delta N_{平飞}}{G \cdot V_x}$$

式中，V_x为爬升水平分速（m/s）。

由上式可知，在飞行重量一定的条件下，爬升角的大小，决定于剩余功率和爬升水平分速两个因素。用经济速度爬升时，虽说此时剩余功率（ΔN）最大，但因此时的爬升水平分速较大，ΔN 与 V_x的比值并非最大，故用经济速度爬升时的爬升角并不是最大的。在平飞功率曲线（见图 8－14）中，自可用功率曲线与纵坐标的交点 E 向平飞所需功率曲线作切线，显而易见，用切点 F 所对应的飞行速度爬升，因 ΔN 与 V_x的比值最大，故利用此速度爬升可得到最大爬升角。

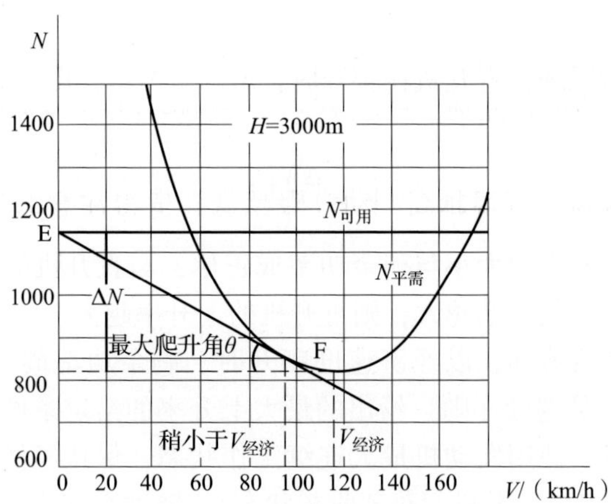

图 8－14　确定最大爬升角的方法

实践和计算表明，用比经济速度稍小一些的速度爬升，可以获得最大爬升角。

值得强调的是，为保证发动机进气良好，直升机最大爬升角（包括下滑角）也受到限制。

8.2.2.3　爬升时间和爬升限度

直升机保持经济速度以最大上升率爬升到预定高度所需的时间，称为爬升时间。爬升到同样高度所需的时间越短，直升机的爬升性能越好。

直升机一般具有两个爬升限度（简称升限）：一个是静升限，即直升机作垂直上升时，上升率为零的高度；另一个是动升限，即直升机用经济速度爬升时上升率为零的高度。

由于剩余功率随高度升高而不断减小，所以最大上升率随高度也不断减小，爬升到某一高度上升率势必减小到零，直升机在此高度上，不可能再继续爬升，只能保持一个速度平飞，这高度就是理论动升限。实际上，在爬升到最大上升率降低到0.5m/s（30m/min）的高度时，一般就不再作等速爬升了。因为在此高度上，上升率已经很小，再继续爬升，时间长、耗油多，实际意义不大。这个最大上升率降低到0.5m/s的高度，称为实用动升限。各型直升机技术说明书中的升限，一般都指实用动升限。

8.2.2.4　影响爬升性能的主要因素

影响爬升性能的主要因素有：大气温度、飞行高度、飞行重量、风向和风速等，飞行高度对爬升性能的影响，同高度对平飞性能的影响相似，不再重复。下面主要分析另外三个因素的影响。

（1）大气温度对爬升性能的影响

气温升高，由于空气密度减小，一方面平飞所需功率增大，另一方面旋翼可用功率减小，这样，剩余功率将减小，直升机的最大爬升角和最大上升率都将减小。反之，气温降低，最大爬升角和最大上升率将增大。所以，气温变化显著，爬升性能也有明显差别，一般来说，冬季爬升性能要好些，而夏季要差些。

此外，一般来说，气温越高，动升限越低，值得注意的是，并非气温越低，动升限越高。飞行重量一定，国际标准气温条件下的动升限最高，高于或低于国际标准气温，动升限都要降低。这主要因为低温条件下，发动机有效功率受主减速器限制，旋翼所需功率中$N_{诱}$基本不变，$N_{型}$和$N_{废}$相应增加；高温条件下，发动机有效功率下降，旋翼所需功率中的$N_{型}$和$N_{废}$基本不变，$N_{诱}$相应增大。

有的型号直升机，从天气对飞行的影响和载重对操纵性影响考虑，云中飞行和满载飞行允许的最高高度还做了明确的限制。

（2）飞行重量对爬升性能的影响

飞行重量增加，爬升中重力第二分力增大，所需功率增大，剩余功率减小。为了保持等速爬升，必须相应地增大旋翼拉力和可用功率。故飞行重量增加，最大爬升角、最大上升率和爬升限度都将减小。反之，飞行重量减轻，最大爬升角、最大上升率和爬升限度都增大。

（3）风对爬升性能的影响

在有风的情况下爬升，直升机除了与空气有相对运动外，还随空气团一起移动，所以，相对于地面的爬升轨迹与无风时不同。直升机的实际爬升轨迹，由直升机的空速与风速的合速所决定。例如，逆风爬升（见图 8－15），风对直升机爬升快慢并无影响，但在相同时间内与无风时相比，前飞的水平距离缩短，故爬升角增大。反之，顺风爬升，则爬升角减小。

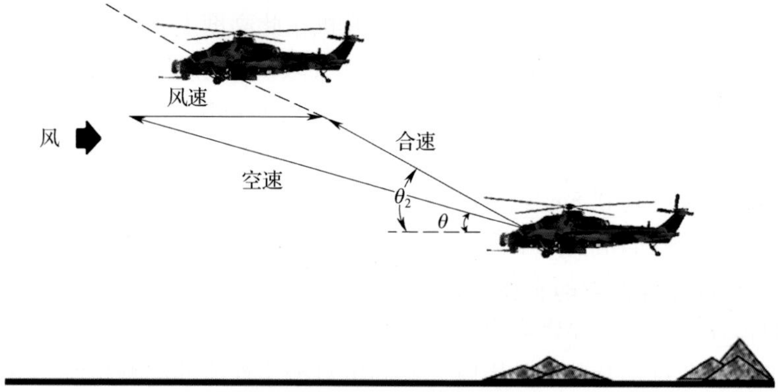

图 8－15　逆风对爬升的影响

直升机在上升气流中飞行（见图 8－16），由于直升机还要随着空气团向上移动，所以上升率和爬升角都增大。反之，在下降气流中作爬升，上升率和爬升角都减小。

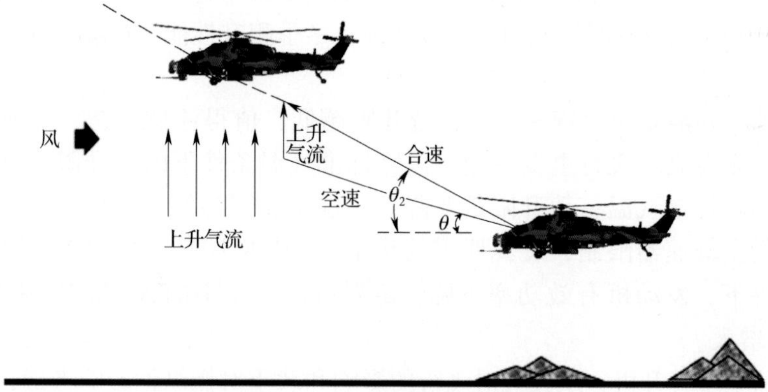

图 8－16　上升气流对爬升的影响

8.2.3　爬升的操纵原理

以平飞转入爬升为例来分析稳定爬升的操纵原理。

(1) 爬升的进入阶段

由平飞进入爬升时的基本操纵动作是:

向后带杆—提总距—蹬右舵—向右压杆。

操纵原理是:

由平飞进入爬升，需使直升机的运动轨迹向上弯曲，飞行员应向后带杆，减小直升机俯角进而减小旋翼锥体的前倾量，使拉力第二分力 T_2 减小，平飞速度也相应减小，同时，拉力第一分力 T_1 增加，当拉力第一分力大于重力时，产生向上的向心力，运动轨迹向上弯曲，这样才能逐渐增大爬升角而转入爬升，如图 8－17 所示。直升机由平飞转入爬升过程中，随着爬升角和上升率的增大，桨叶来流角不断增大，为保持旋翼拉力，应适当地上提总距杆。在上提总距杆时，旋翼的反扭矩增大，直升机向左偏转，需要蹬右舵增大尾桨拉力，以保持爬升方向。尾桨拉力增大又会使直升机向左侧倾，为了保持直升机的横向平衡，需要向右压点杆。在稳定爬升中，拉力第二分力 T_2 等于阻力 X 与重力第二分力 G_2 之和 ($T_2 = X + G_2$)，为保持规定的速度爬升，爬升速度和爬升角越大，上提总距杆也应越多。当接近预定的爬升角（或上升率）时，应及时地向前稳杆，以便使直升机在达到预定的爬升角时，各力保持平衡。

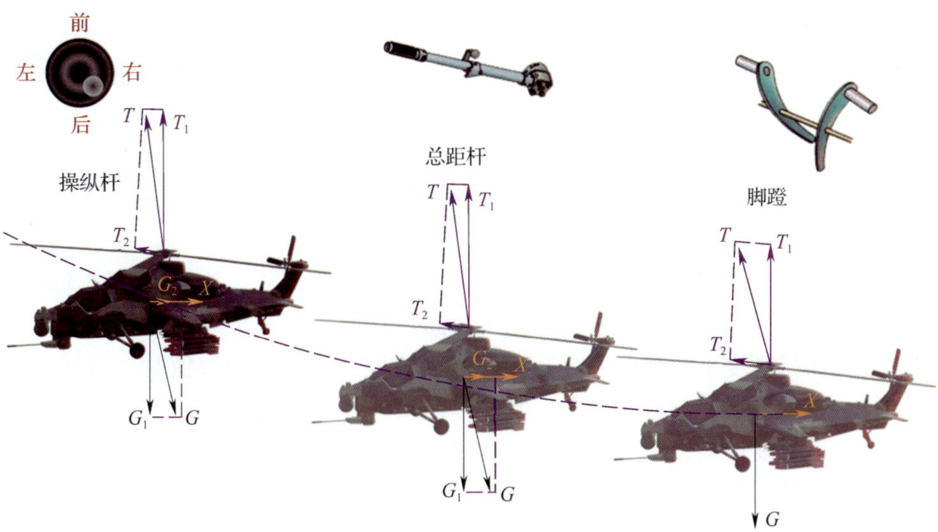

图 8－17　由平飞转入爬升

(2) 爬升的稳定阶段

直升机达到预定爬升角时，保持预定爬升速度爬升。但随飞行高度升高，空气密度减小，剩余功率也将随之减小，在飞行速度不变的情况下，爬升角和上升率都将随之减小；同时，由于爬升所需功率比平飞时大，为保持稳定爬升，应适当上提总距杆，以增大可用功率，保持剩余功率不变。在上提总距杆时，需要适时蹬右舵、向右压点杆。

(3) 爬升的改出阶段（由爬升转入平飞）

由爬升转入平飞的基本操纵动作是：

向前顶杆—放总距—蹬左舵—向左前压杆。

操纵原理是：

与平飞转入爬升相反，爬升转入平飞时，飞行员应向前顶杆，增加旋翼锥体的前倾量，使拉力第二分力增大，拉力第一分力减小，当拉力第一分力小于重力第一分力时，直升机产生向下的向心力，直升机的运动轨迹向下弯曲，这样才能从爬升转入平飞（见图 8 - 18）。

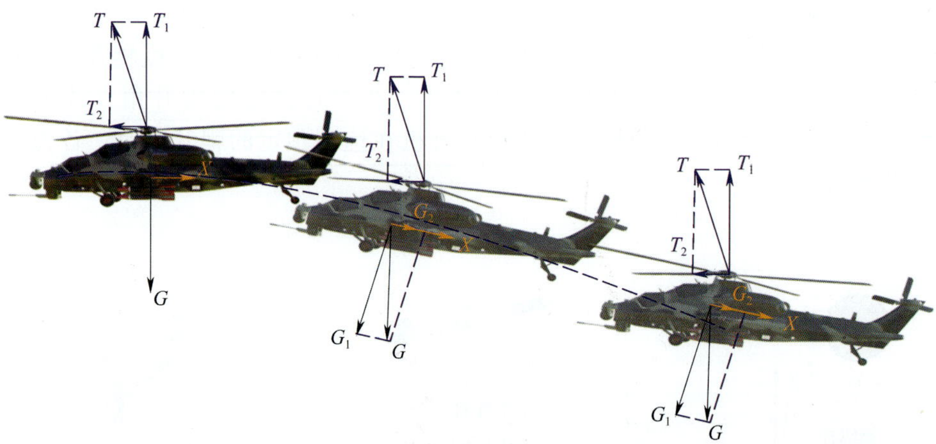

图 8 - 18　由爬升转入平飞

由爬升转入平飞的过程中，爬升角和上升率不断减小，旋翼桨叶来流角减小，为保持旋翼拉力不变，要相应地下放总距杆，待爬升角（或上升率）接近零时，为保持高度不致降低，应稳住杆，当速度达到规定的数值时，应适量向后回杆，以保持规定的速度平飞。此外，在减小总距时，旋翼反扭矩随之减小，转入平飞后速度增大，尾桨拉力增大，直升机向右偏转。因此，应蹬左舵减小尾桨拉力，使尾桨拉力力矩与旋翼反扭矩平衡，保持方向不变。由于平飞速度比爬升速度大，旋翼锥体向右后方的倾斜量增加，为保持平飞状态，必须相应地向左前方顶杆。

8.3　下滑

直升机沿向下倾斜的轨迹所做的飞行称为下滑，下滑是直升机降低飞行高度的基本方法。这里研究的是直升机不带侧滑的等速直线下滑。

8.3.1　下滑的作用力分析

与爬升类似，如图8-19所示，保持无侧滑等速直线下滑的条件是：

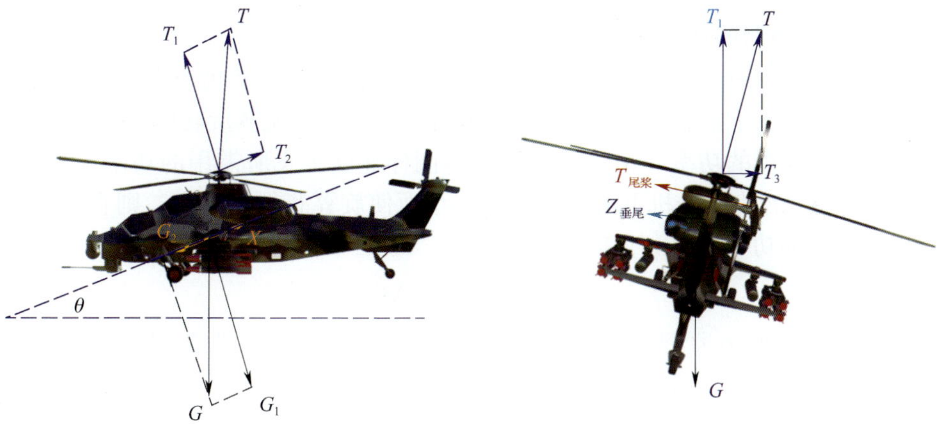

图8-19　下滑中的作用力

(1) 为保持下滑角不变，旋翼拉力第一分力 T_1 应与重力第一分力 G_1 相等，即

$$T_1 = G_1$$

(2) 为保持下滑速度不变，重力第二分力 G_2 应与旋翼拉力第二分力 T_2 同空气阻力 X 之和相等，即

$$G_2 = T_2 + X$$

(3) 为保持下滑中不出现侧滑，旋翼拉力第三分力 T_3 与重力第三分力 G_3 之和应等于尾桨拉力 $T_{尾桨}$ 与垂尾侧力 $Z_{垂尾}$ 之和，即

$$T_3 + G_3 = T_{尾桨} + Z_{垂尾}$$

通常情况下，在稳定下滑中由于直升机坡度很小，G_3 可以忽略。

此外，各力绕重心的力矩也应取得平衡，即

$$\sum M = 0$$

稳定下滑中直升机的姿态与平飞时相似。

一般固定翼飞机的俯仰角，随飞行状态的不同变化比较大。例如，爬升角大，仰角也大；下滑角大，俯角也大；平飞中，俯仰角通常都很小。因此，平飞、爬升、下滑中，俯仰角差别很大。

但是，直升机在平飞、爬升、下滑中，机头与天地线的关系位置或地平仪的指示却变化不大。直升机平飞、爬升、下滑的运动轨迹虽然明显不同，但其俯仰角却基本上是相同的。

直升机在平飞、爬升、下滑中，其纵轴在大多数的情况下能保持水平或者略带角度（即俯仰角不大）。这样，空速管也将同样保持近似水平的位置。因此，直升机在爬升或下滑中，空速表所指示的不完全是飞行全速。

8.3.2 下滑性能

8.3.2.1 下滑时的功率特点

直升机下滑时，飞行高度不断降低，直升机所具有的势能不断减小。根据能量转换原理，下滑中直升机所减小的势能，将转化为旋翼旋转的动能。因此，直升机下滑所需的功率（$N_{下需}$）要比保持同样速度平飞所需用的功率（$N_{平需}$）小一些。设 ΔE 为直升机下滑中由势能减小而使旋翼获得的功率，则直升机下滑中所需用的功率（$N_{下需}$）应为

$$N_{下需} = N_{平需} - \Delta E$$

根据功率平衡原理，下滑所需功率是由下滑中发动机提供的可用功率（$N_{可用}$）来满足的，所以上式又可写成

$$N_{可用} = N_{平需} - \Delta E$$

8.3.2.2 下滑性能参数

（1）下滑角与下滑距离

下滑轨迹与水平面之间的夹角，称为下滑角（θ）。下滑中所经过的水平距离，称为下滑距离（$L_{下滑}$）。

$$V_y = V_{下滑} \sin \theta$$

如图 8 - 20 所示

$$L_{下滑} = H \frac{1}{\tan \theta}$$

式中：H——在下滑过程中所降低的高度，m；

θ——下滑角，(°)。

从上式可知，若以同样的下滑角下滑，下降高度越多，下滑距离越长（见图 8 - 20（a））；若下降高度相同，则下滑角越小，下滑距离越长（见图 8 - 20（b））。

在发动机工作的条件下，由于受下滑速度和下降率的限制，直升机的下滑角也不可能很大，只能在一定的范围内作稳定下滑。通常带动力的下滑角不超过 10°。

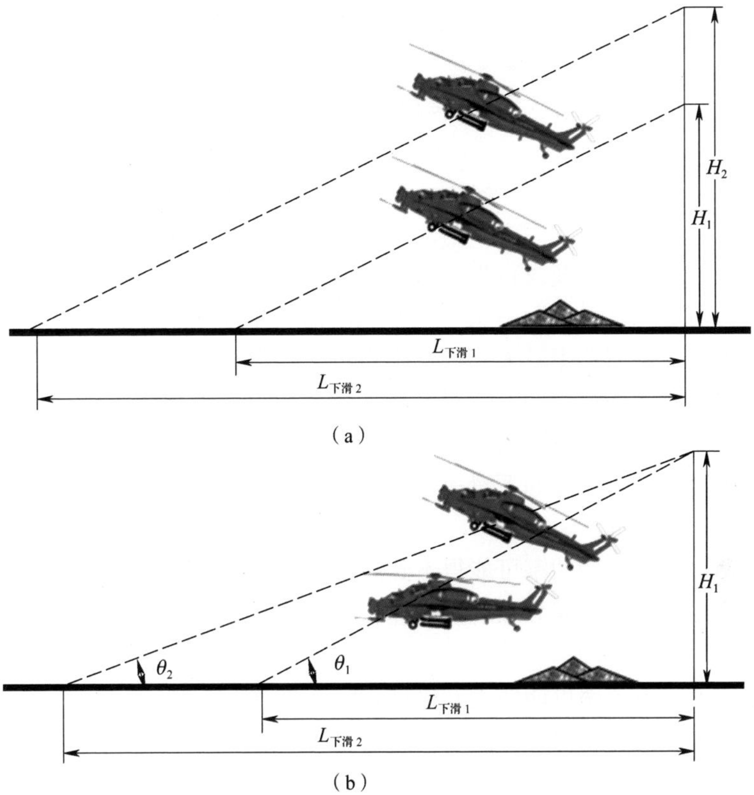

图 8－20　高度和下滑角对下滑距离的影响

(2) 下降率

直升机单位时间内所下降的高度，称为下降率（V_y），又称下降垂直速度。下降率越大，直升机降低高度越快（见图 8－21）。

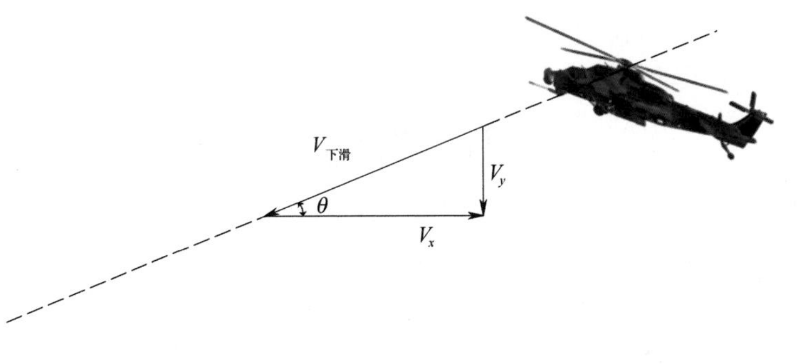

图 8－21　直升机的下降率

下滑中，飞行高度不断降低，直升机所具有的势能不断减小。在单位时间内势能的减小量（ΔE）应为

$$\Delta E = GV_y \text{（kW/h）}$$

可得

$$V_y = \frac{N_{平需} - N_{可用}}{G}$$

从上式可以看出，在飞行重量和总距一定的条件下，下降率（V_y）的大小仅与平飞所需功率（$N_{平需}$）有关。从平飞所需功率曲线可知，以过小或过大速度下滑，因平飞所需功率较大，故下降率较大；以经济速度下滑，因平飞所需功率最小，故能获得最小的下降率。在下降高度一定的条件下，用最小下降率下滑，可以获得最远下滑距离。

直升机动力下滑的允许下滑速度范围要小于平飞速度范围，下降率不能过大。其主要原因如下：

①用于退出下滑的功率可能得不到满足；

②急剧退出下滑可能导致旋翼失速，粗猛提总距和拉杆都导致旋翼桨叶迎角增大；

③小速度大下降率可能使直升机进入涡环状态；

④大下降率使自由离合器负荷不稳定，造成磨损；

⑤大速度大下降率使旋翼转速增大，当旋翼转速当量达到自由涡轮超转转速，同样会超转保护停车。

此外，在积冰条件下飞行，旋翼桨叶结冰，使其气动性能严重变差，旋翼拉力下降，直升机振动明显，应减小速度处置，但是速度也不能过小，因为小速度大下降率会导致旋翼失速。如某型直升机要求下滑速度不能小于110km/h，下降率不得大于150m/min。

在积冰条件下飞行，下滑时的发动机转速不允许过小，因为积冰使发动机进气受阻，如果发动机转速小，进气更少，油、气混合比失调，可能导致发动机停车，对于装有防冰装置的发动机，由于转速小，发动机加温效果变差（部分型号直升机，还与供电有关）。

直升机允许下滑速度范围，通常为经济速度至巡航速度之间，允许最大下降率原则上不能大于相应飞行高度、飞行重量条件以最大连续功率爬升的最大上升率。具体要求和规定详见各型直升机《飞行员驾驶守则》。

8.3.2.3 下滑性能曲线

保持某一总距下滑时，下降率、下滑角同下滑速度的关系曲线，称为下滑性能曲线。如图8－22所示，图中横坐标为下滑速度的水平分速（V_x），纵坐标为下降率（V_y）。如果两坐标轴采用同一比例尺，则从坐标原点向曲线上任

一点的连线，其长度即为下滑速度（$V_{下滑}$）。连线与横坐标轴的夹角，即为以该速度下滑的下滑角（θ）。曲线的纵坐标，即为以该速度下滑的下降率，横坐标即为下滑速度的水平分速。

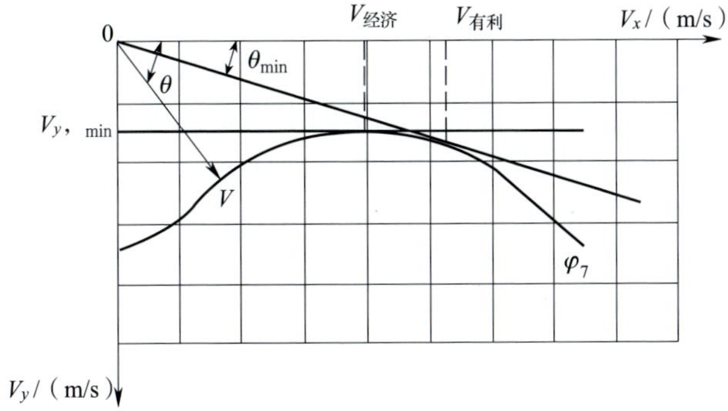

图 8－22　下滑性能曲线

过坐标原点作一直线与下滑性能曲线相切，可得到最小下滑角（θ_{min}）。能获得最小下滑角的下滑速度，称为下滑有利速度。显然，自坐标原点至切点的线段长度，即为下滑有利速度。作一水平线与下滑性能曲线相切，切点对应的速度为最小下降率（$V_{y,min}$）所对应的速度，亦即经济速度（$V_{经济}$）。

从 $V_y = \frac{N_{平需} - N_{可用}}{G}$ 还可看出，如果增大总距，则 $N_{可用}$ 增大，图 8－23 以不同速度下滑的下降率都有所减小，下滑性能曲线将向上平移；反之，减小总距，因 $N_{可用}$ 减小，以不同速度下滑的下降率都有所增大，下滑性能曲线将向下平移。不同总距条件下的下滑性能曲线，如图 8－23 所示。

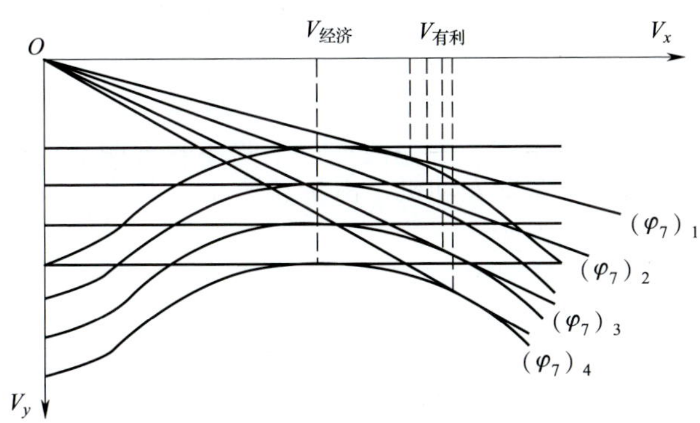

图 8－23　不同油门桨距下的下滑性能曲线

当总距减至最小时，因 $N_{可用}$ 趋近于零，单位时间内直升机所减小的势能，将全部用来满足旋翼旋转所需要的功率，直升机即处于旋翼自转状态下滑。

在直升机以旋翼自转状态下滑中，由于 $N_{可用}$ 等于零，$V_y = \frac{N_{平需} - N_{可用}}{G}$ 将变为

$$V_y = \frac{N_{平需}}{G}$$

图 8－23 中由 $(\varphi_7)_4$ 所标示的那根曲线，即为旋翼在自转状态时的直升机的下滑性能曲线。如同前面分析某一总距的下滑性能那样，利用自转下滑性能曲线，可分析旋翼在自转状态下直升机的下滑性能。

有关旋翼自转的其他问题，将在第 4 专题中详述。

综上所述，在同一总距的条件下，直升机以不同速度下滑，有不同的下降率、下滑角和下滑距离。以经济速度下滑，下滑率最小；以下滑有利速度下滑，下滑角最小，下滑距离也最远。如果保持相同下滑速度而以不同总距下滑时，增大总距，下降率和下滑角减小，下滑距离增长。反之，减小总距，则下降率和下滑角增大，下滑距离缩短。

以不同的总距下滑，经济速度（$V_{经济}$）将保持不变（约与平飞经济速度相等）。但下滑有利速度却随总距而改变。当油门桨距较大时，下滑有利速度接近于经济速度；减小总距，下滑有利速度逐渐增大。当直升机以旋翼自转状态下滑时，下滑有利速度将增至约与平飞有利速度相等。经济速度和下滑有利速度随总距的变化，如图 8－23 所示。

8.3.2.4 影响下滑性能的主要因素

大气温度、飞行重量、风向风速等，都会影响直升机的下滑性能。

（1）大气温度对下滑性能的影响

气温升高，空气密度减小，在总距一定的条件下，旋翼的可用功率减小，而旋翼所需功率增加。这样，直升机的下降率和下滑角将增大，下滑距离缩短。反之，气温降低，下降率和下滑角将减小，下滑距离增长。

气温改变时，下滑性能曲线的变化如图 8－24 所示。由图中可看出，保持同一油门桨距以较小速度下滑，气温改变，下降率将有明显变化，这是因为气温改变对小速度平飞所需功率影响较大的缘故。

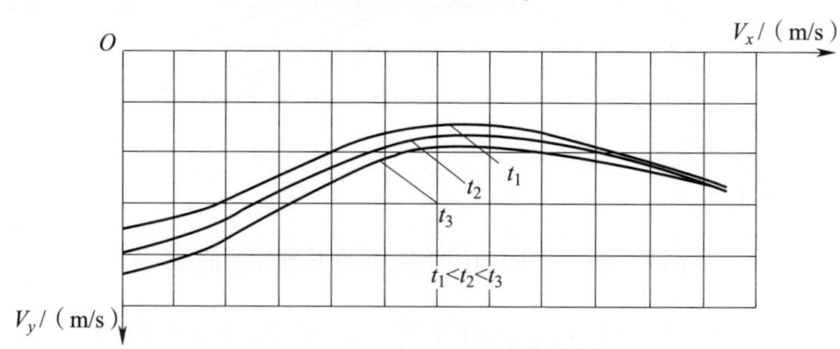

图 8－24 气温对下滑性能的影响

以较大速度下滑，由于气温对平飞所需功率影响不大，故下滑性能变化不明显。

(2) 飞行重量对下滑性能的影响

由下降率计算公式

$$V_y = \frac{N_{平需} - N_{可用}}{G}$$

可知，飞行重量增加，一方面公式中的分母（G）增大，下降率将减小；另一方面因重量增加平飞所需功率（$N_{平需}$）增大，这将使下降率增大。两者综合影响的结果，旋翼所需功率增大的影响是主要的。所以，飞行重量增加时，下降率将增大，下滑角也随之增大，下滑距离缩短。

在总距一定的条件下，不同重量的下滑性能曲线如图8－25所示。

由图8－25可看出，重量增加，最小下降率和最小下滑角都有所增大。但以较大的速度下滑时，所对应的下降率和下滑角增大得不明显。

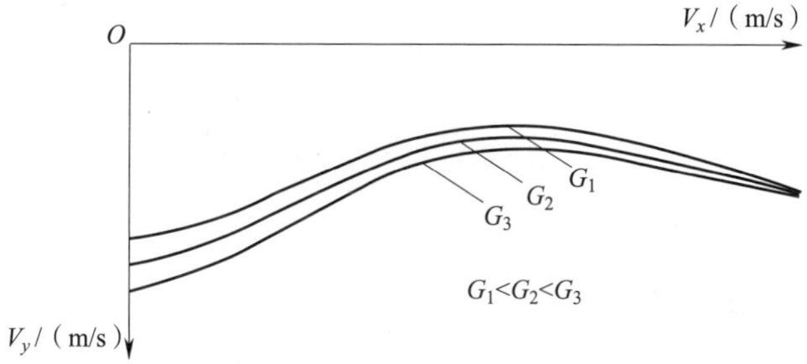

图8－25 重量对下滑性能的影响

(3) 风对下滑性能的影响

风对下滑的影响和风对爬升的影响道理是一样的。逆风使直升机在单位时间内前进的水平距离缩短，即地速减小。引起下滑角增大和下滑距离缩短（见图8－26）。反之，顺风则使下滑角减小，下滑距离增长。

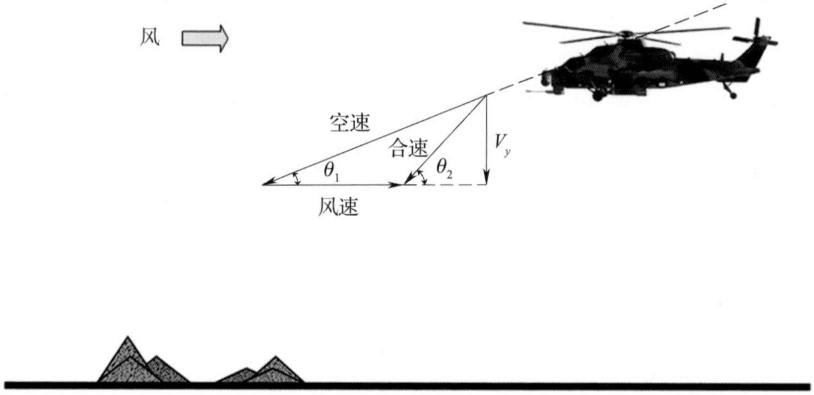

图8－26 逆风对下滑的影响

在空速相同时，顺风、逆风只改变直升机的实际水平速度，对下降率没有影响。直升机在上升气流中下滑，它随上升气流一起向上移动，使下降率减小，下滑角减小，下滑距离增长。反之，下降气流则使下滑角和下降率增大，下滑距离缩短。

8.3.3 下滑的操纵原理

由平飞转入下滑为例分析其操纵原理。

(1) 下滑的进入阶段

为使直升机由平飞转入下滑，飞行员应先下放总距杆使旋翼拉力减小，旋翼拉力第一分力小于重力，产生向下的向心力，使运动轨迹向下弯曲，由平飞转入下滑，如图 8－27 所示。

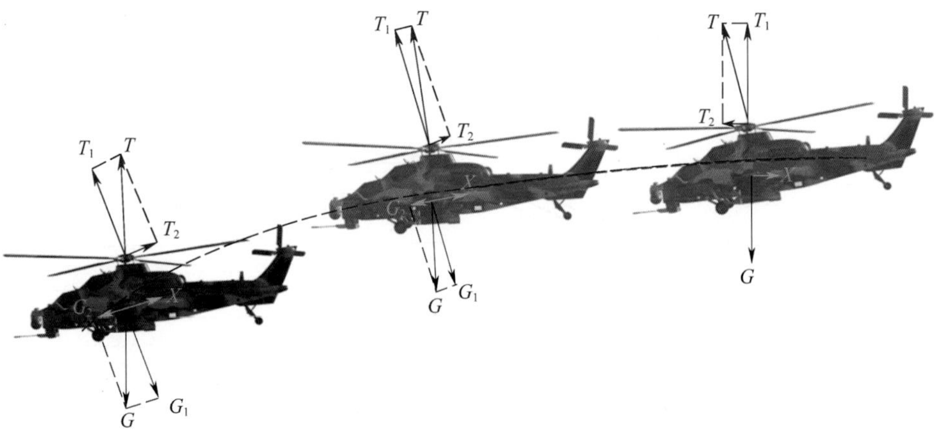

图 8－27 由平飞转入下滑

(2) 下滑的保持阶段

一般情况下，下滑速度比平飞时小，在下放总距杆后，应稍带住杆，使直升机减速，当速度减小到接近下滑速度时，再柔和地向前松杆。用总距杆和驾驶杆调整下降率、下滑速度，从而保持好下滑角，使 $G_2 = T_2 + X$ 及 $T_1 = G_1$，保持等速直线下滑。由于下放总距杆，旋翼的反扭矩减小，直升机将向右偏，需要蹬左舵减小尾桨拉力力矩，以保持下滑方向。同时向左压杆，平衡尾桨拉力的变化。

(3) 下滑的改出阶段

由下滑转入平飞，飞行员应上提总距杆，增大旋翼拉力，使旋翼拉力第一分力 T_1 大于重力第一分力 G_1，产生向上的向心力，使直升机的运动轨迹向上弯曲，而逐渐转入平飞（见图 8－28）。

当下滑角减小时，重力第二分力随之减小，会引起飞行速度减小，故应前推驾驶杆，增大旋翼向前的拉力第二分力，当接近预定平飞速度时，稍回杆，使旋翼拉力第二分力与空气阻力保持平衡。

由于上提总距杆，旋翼反扭矩增大，使直升机向左偏转，需要蹬右舵，增大尾桨拉力力矩，以保持方向，同时向右压杆，平衡尾桨拉力的变化。

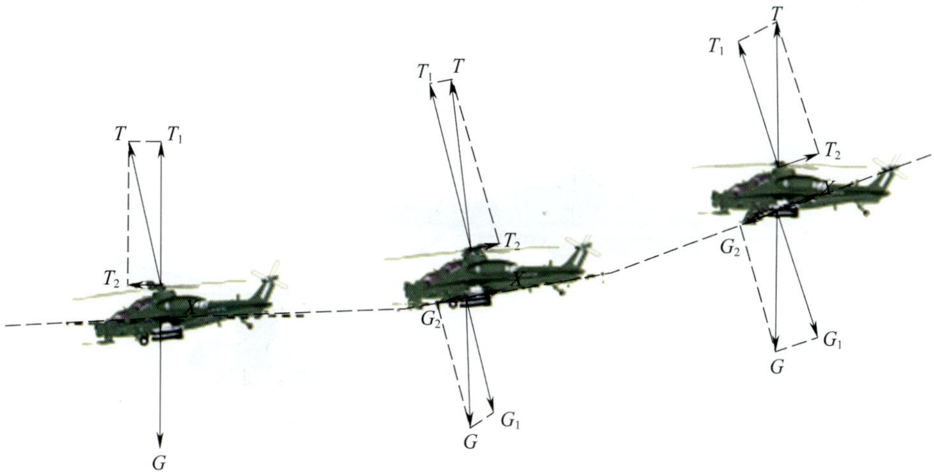

图8－28　由下滑转入平飞

8.4　盘旋

盘旋是直升机作等高、匀速的圆周运动，盘旋的基本要求是，保持高度、速度和半径不变。

8.4.1　稳定盘旋的条件

盘旋的运动状态是由盘旋中直升机的作用力关系决定的，因此分析盘旋的运动状态，要从其运动方程入手。盘旋的作用力如图8－29所示。

由作用力图可知：

$T_1 \pm (T_{尾桨} + Z_{垂尾}) \sin\gamma = G$　　保持 H 不变

$T_2 = X$　　保持 V 不变

$T_3 \pm (T_{尾桨} + Z_{垂尾}) \cos\gamma = 常数$　　保持 R 不变

$\sum M = 0$　　保持匀速转动

由于尾桨拉力 $T_{尾桨}$、垂尾侧力 $Z_{垂尾}$ 相对于旋翼的拉力较小，所以当作小坡度盘旋时，可以近似认为，$\cos\gamma \approx 1$，$\sin\gamma \approx 0$。

故上式变为

$T_1 = G$ 保持 H 不变

$T_2 = X$ 保持 V 不变

$T_3 \pm (T_{尾桨} + Z_{垂尾}) =$ 常数 保持 R 不变

$\sum M = 0$ 保持匀速转动

对于左旋旋翼直升机，左盘旋时取正号，右盘旋时取负号。

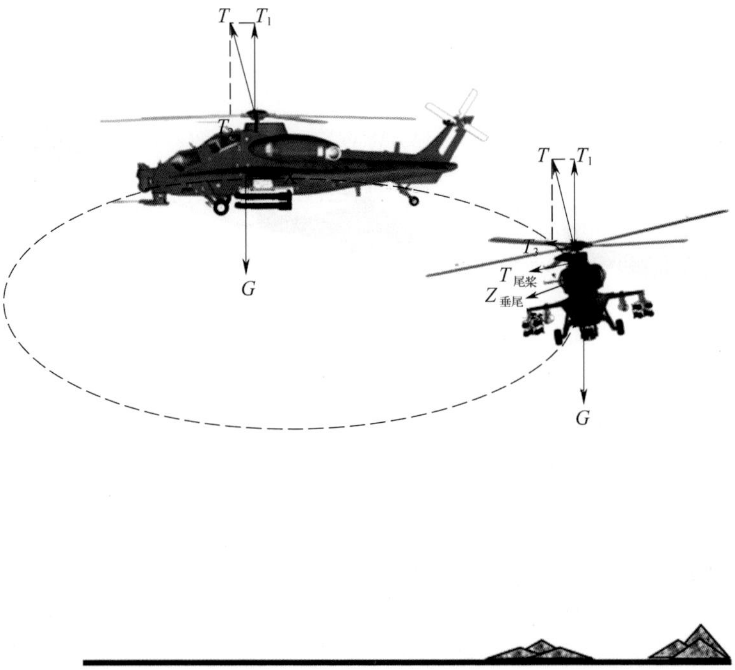

图 8－29 盘旋中的作用力

8.4.2 盘旋性能

盘旋性能是衡量直升机方向机动能力的主要方面，主要指标是盘旋半径和盘旋时间。盘旋性能取决于直升机的功率特性和使用载荷因数。

直升机盘旋时，在相同的高度和速度条件下，所需功率大于平飞所需功率；左右盘旋的所需功率不同。左旋旋翼直升机左盘旋的所需功率小于右盘旋的所需功率。

8.4.2.1 载荷因数

(1) 载荷因数的物理意义

直升机承受的外力，称为直升机承受的载荷。直升机的机动性能与所承受的载荷有直接的关系。

除了直升机本身重力之外，作用于直升机上的全部外力（所有空气动力）

的合力（R）与直升机重力（G）的比值（无量纲，即量纲一），称为直升机的载荷因数（n），又称过载。即

$$n=\frac{R}{G}$$

常用载荷因数来衡量直升机承受载荷的大小。直升机的载荷因数与加速度成正比，它的物理本质就是加速度。即

$$n=\frac{R}{G}=\frac{a}{g}\propto a$$

为了便于分析载荷对直升机运动方向和飞行速度的影响，常将载荷因数沿气流各轴分解，即分解为法向载荷因数（n_y）、纵向载荷因数（n_x）和侧向载荷因数（n_z）。

①法向载荷因数（n_y）

法向载荷因数（n_y）是指直升机的载荷因数（n）在直升机气流立轴上的投影，也就是直升机的空气动力沿气流立轴的合力与直升机重力之比。即

$$n_y=\frac{T_1}{G}$$

T_1指向气流立轴的正向时，法向载荷因数（n_y）为正值，反之为负值。法向载荷因数（n_y）的大小，决定了直升机改变轨迹俯仰角的能力。

②纵向载荷因数（n_x）

纵向载荷因数（n_x）是指直升机的载荷因数（n）在直升机气流纵轴上的投影，也就是直升机的空气动力沿气流纵轴方向的合力与直升机重力之比。即

$$n_x=\frac{T_2-X}{G}$$

纵向载荷因数的绝对值越大，直升机的正负加速度越大，因而直升机加减速性能越好。纵向载荷因数反映了直升机改变飞行速度大小的能力。

③侧向载荷因数（n_z）

侧向载荷因数（n_z）是指直升机载荷因数（n）在直升机气流横轴上的投影，也就是直升机的空气动力在气流横轴方向的合力与直升机重力之比。即

$$n_z=\frac{T_3\pm T_{尾桨}+Z_{垂尾}}{G}$$

侧向载荷因数决定了直升机改变航向的能力。

（2）机动飞行中飞行员所承受的载荷

飞行中，飞行员连同直升机一起运动，可认为飞行员和直升机都具有同样的加速度。因此，飞行员和直升机必然承受着同样的载荷因数。

因此，飞行中直升机所承受载荷因数的大小和方向不仅可以参考载荷表的指示，而且可以通过飞行员与座椅之间的作用力感觉出来。例如，平飞 $n_y=1$

时，拉力等于直升机重力，法向载荷因数为1，飞行员与座椅之间的压力就等于他的体重；当载荷因数增大时（$n_y>1$），飞行员身体与座椅间的压力增大，飞行员就感觉体重好像增加了，呈现所谓“超重”现象；从平飞推杆进入俯冲，拉力小于直升机重力，法向载荷因数小于1（$n_y<1$），直升机向下作曲线运动，飞行员受向上惯性离心力的作用，压在座椅上的力量变轻了，座椅给飞行员的压力小于他的体重，呈现所谓“失重”现象。法向载荷因数在0～1之间（$0<n_y<1$），称为部分失重；法向载荷因数等于零时，称为完全失重；如果法向载荷因数小于零，飞行员就会从座椅上腾起来。

（3）载荷因数的限制

飞行中允许使用的最大载荷因数主要受直升机结构强度和飞行员生理条件限制。

①直升机结构强度的限制

根据执行的任务不同，规定了飞行中允许使用的最大载荷因数。一般地说，歼、强击机受结构强度限制的最大使用载荷因数要大一些，为7～9；轰炸、运输和直升机受结构强度限制的最大载荷因数要小一些，一般为2.5～3.5。否则，承力构件会永久变形。

②飞行员生理限制

飞行员生理限制是飞行员生理因素所决定的对载荷因数的最大承受能力。在进行$n_y>1$的机动飞行中，飞行员体内的血液因惯性向下肢积聚，时间久了会头晕、“黑视”，甚至失去知觉。一般情况下，飞行员坐姿正确，在5～10s内持续承受的最大载荷因数可以达到8。飞行员以负载荷飞行时，飞行员体内血液向头部积聚，容易出现头痛、眼球发痛、视力模糊、出现“红视”。飞行员在短时间内能够正常承受的负载荷因数只有－1～－2。

8.4.2.2 稳定盘旋的载荷因数

用不同的坡度盘旋，需要的拉力不同，其载荷因数也不同。盘旋坡度越大，拉力倾斜越多，为了使拉力第一分力平衡直升机重力，需要的拉力越大。因而，盘旋的载荷因数随坡度的增大而增大。即

$$n_y=\frac{1}{\cos\gamma}$$

上式表明盘旋载荷因数只取决于坡度，而与机型无关。

8.4.2.3 盘旋半径和盘旋时间及其影响因素

（1）盘旋半径及影响因素

①盘旋半径（R）

在高度和载重量一定的条件下，盘旋半径可用下式求得。即

$$R=\frac{V^2}{g\cdot\tan(\gamma_{机}\pm\gamma_0)}=\frac{V^2}{g\sqrt{n_y^2-1}}$$

式中：R——盘旋半径，m；

V——盘旋速度，(m/s)；

$\gamma_{机}$——直升机的坡度，(°)；

g——重力加速度，(m/s^2)；

γ_0——直升机平飞时带有的坡度。右盘旋取“-”值，左盘旋取“+”值。

②影响因素

当盘旋坡度、高度和载重量一定时，向心力是一定的，所以盘旋速度越小，盘旋半径也越小。但在飞行中，当盘旋速度减小到一定数值时，会因功率不足引起直升机下降高度。为了保持预定飞行状态，盘旋速度必须大于最小速度。

在其他条件一定的情况下，坡度越大，载荷因数越大，向心力也就越大，盘旋半径越小。

飞行高度对盘旋半径也有很大影响。高度升高，发动机输出功率减小，旋翼所需功率增大，盘旋的最大坡度随之减小，因此，盘旋半径增大。

在发动机功率一定的条件下，载重量越大，所需功率越大，剩余功率越小，盘旋最大坡度减小，盘旋半径就会增大。

(2) 盘旋时间及其影响因素

①盘旋时间（t）

盘旋时间是指直升机盘旋一周所需时间。

盘旋时间可用下式求得，即

$$t=0.64\frac{V}{\tan(\gamma_{机}\pm\gamma_0)}=0.64\frac{V}{\sqrt{n_y^2-1}}$$

式中：t——盘旋时间，s。

②影响因素

影响盘旋时间的因素与影响盘旋半径的因素相同。当盘旋坡度、高度和载重量一定时，增大速度，盘旋半径增大，盘旋时间增长。在其他条件一定时，增大坡度，盘旋半径减小，盘旋时间缩短。

以同样的表速在不同的高度上作盘旋，高度越高，空气密度越小，真速越大，盘旋半径也就越大，盘旋时间就越长。

由上面的分析可见，决定盘旋半径和盘旋时间的因素是盘旋速度和盘旋坡度。盘旋性能的价值取向是获得最小的盘旋半径和盘旋时间，虽然直升机空气动力特性决定其盘旋坡度不允许过大，但是直升机的平飞最小速度可以较小，因此直升机的盘旋性能，或者说在水平面内改变方向的能力并不差。

8.4.2.4　盘旋性能的影响因素

由公式可知，直升机的盘旋半径和盘旋时间取决于盘旋速度和坡度。要减小半径和时间，需要减小盘旋速度和增大盘旋坡度。然而，减小速度和增大坡度，会受到发动机可用功率、过载等的限制。

理论上，在能保持悬停的高度以下，直升机以任一速度（从速度为零至悬停转弯，到稍小于最大速度）都可以进行盘旋。但在飞行中，小速度时处在第二范围，操纵复杂（油门变距杆双重操纵），一般不利于转弯。而且在有的条件下，速度小到一定程度，需要功率将大于可用功率，而不能保持稳定盘旋。为保持稳定盘旋，盘旋速度必须大于最小速度。通常，在任何坡度下，用接近所需功率最小（剩余功率最大）的经济速度的盘旋最有利。盘旋最有利速度为

$$V_{盘旋,有利} \approx V_{经济}\sqrt{n_y}$$

盘旋中，发动机的最大可用功率是一定的，需要功率随坡度的增大而增大。因此，最大坡度将受到可用功率的限制。左、右盘旋的所需功率不同，所以左、右盘旋的最大坡度也不同。对左旋旋翼直升机来说，左盘旋的所需功率小，最大坡度大，最小盘旋半径和最短盘旋时间都要小些。此外，坡度过大，作用直升机上的各力和力矩难以取得平衡，如平尾上仰力矩大大减小或消失，再加上垂尾侧力和尾桨拉力按速度轴分解产生的向上的分力作用，会使直升机低头力矩难以克服，使操纵复杂，状态不易保持。

飞行高度和飞行质量对盘旋性能有很大影响。高度升高，可用功率减小，所需功率增大，使盘旋最大坡度减小，盘旋性能变差。质量增大，所需功率增大，使最大坡度减小，盘旋性能变差。

8.4.3 盘旋的操纵原理

直升机的盘旋可分为进入、保持和改出三个阶段。飞行员应根据盘旋不同阶段的特点实施操纵，下面分别分析其操纵原理。

8.4.3.1 进入阶段

先将飞行速度调整到预定的盘旋速度，等速度稳定以后，飞行员协调一致地向预定盘旋方向压杆、蹬舵。压杆是为了使直升机倾斜，以取得拉力的横向水平分力（T_3）作为向心力，使直升机在水平面内作曲线运动。蹬舵是为了使直升机向盘旋方向偏转，以免产生侧滑。随着坡度增大，旋翼拉力的第一分力（T_1）会减小。为了保持高度不变，应在增大坡度的过程中，上提总距杆，增大旋翼的总拉力以保持拉力的第一分力不变。由于坡度和拉力的增大，盘旋的向心力也增大，还要继续向盘旋方向增大蹬舵量，防止产生侧滑。

当直升机接近预定坡度时，应适当提前回杆、回舵，以保持预定的坡度和偏转角速度，并避免产生侧滑。直升机即进入稳定盘旋。作大坡度盘旋时，应适当向后拉杆，因直升机需要一定的上仰角速度。

8.4.3.2　保持阶段

保持阶段的任务是保持盘旋的高度和速度不发生变化。为此，盘旋中原有的各作用力的关系应不致遭到破坏。

(1) 如何保持高度

要保持盘旋的高度不变，就应使拉力的第一分力（T_1）保持不变，使其始终与重力（G）相平衡。如果拉力第一分力大于直升机重力，直升机将作盘旋上升；反之，将作盘旋下降。保持高度不变的方法，在于正确地使用总距杆和保持好盘旋的坡度。

(2) 如何保持速度

要保持盘旋的速度不变，就应使拉力的第二分力（T_2）保持不变，使其与该速度下的阻力（X）相平衡。为此要正确地保持杆的前后位置。如带杆多，旋翼锥体相对后倾，于是拉力第二分力减小，使飞行速度减小。反之，带杆少，则旋翼锥体相对前倾，拉力第二分力增大，使飞行速度增加。

此外，高度保持得不好也会影响速度。例如，高度降低，重力能分出向前的分力，使速度增加；反之，高度升高，则会速度减小。

8.4.3.3　改出阶段

从盘旋改为平飞，需要改平坡度。但坡度的减小有一个过程。在这个过程中，直升机还带有坡度，还要继续转过一定的角度。因此，必须提前作改出动作，才能在预定的方向改出盘旋。改出盘旋时减小坡度是为了消除向心力。为此，应向盘旋反方向压杆，以减小坡度，使拉力第三分力（水平）减小。此时，直升机作曲线运动的角速度减慢，为了避免产生侧滑，需要向盘旋反方向蹬舵，减慢直升机的偏转。随着坡度减小，拉力第一分力将增加，为保持高度和速度不变，必须在改出盘旋过程中，适当下放总距杆，以减小旋翼的拉力，使拉力第一分力与直升机的重力保持平衡。当直升机接近平飞状态时，再回杆回舵保持平飞。

8.4.4　左、右盘旋的特点

左、右盘旋的操纵方法基本相同，但也有其不同的特点，飞行员在操纵时必须加以注意。左、右盘旋的差别由以下一些因素造成。

8.4.4.1　旋翼的进动性对左、右盘旋的影响

旋翼在旋转中具有陀螺作用，所以左、右盘旋时都有进动性的表现，只是进动的方向有所不同。左旋旋翼直升机的进动规律如图 8－30 所示。

进入左盘旋时，由于向左压杆，直升机向左滚转，旋翼锥体轴方向改变。对于左旋旋翼的直升机而言，旋翼的进动作用使机头下俯，破坏了直升机的俯仰平衡，出现增大速度的趋势。所以在向左压杆的同时，应向后带杆来修正。

进入右盘旋时则相反，旋翼的进动作用使机头上仰，出现减小速度的趋势，所以在向右压杆的同时，应向前顶杆来修正。

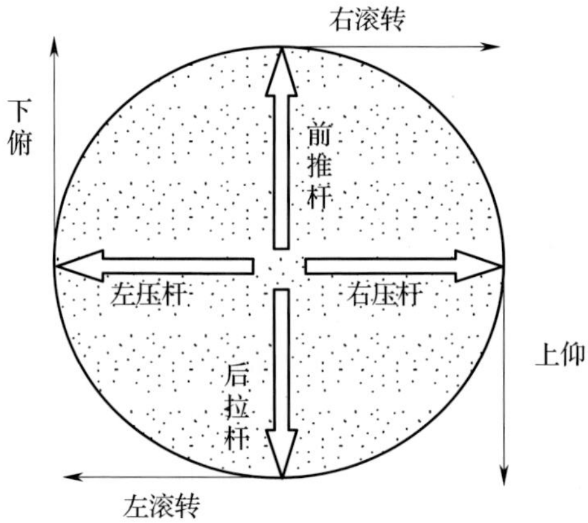

图 8－30　旋翼的进动规律

当直升机盘旋稳定后，旋翼锥体轴的方向不再作大的改变，滚转所引起的进动作用也就减小或消失。改出左盘旋时，由于向右压杆，直升机向右滚转，旋翼产生的进动作用使机头上仰，有减小速度的趋势。所以在向右压杆的同时，应向前顶杆。改出右盘旋时则相反，旋翼的进动作用将使机头下俯，出现增大速度的趋势。所以在向左压杆的同时，应向后带杆。

进入或改出盘旋时，旋翼的进动作用表现得明显与否，与飞行员的操纵动作有关。如飞行员操纵动作粗猛，旋翼锥体轴的方向改变得快，进动作用就明显。所以飞行员的操纵动作要注意柔和，不得粗猛。

8.4.4.2　左、右盘旋所需功率不同

左、右盘旋所需功率，可从直升机盘旋时力的平衡方面来分析。

如果左、右盘旋的飞行速度和盘旋半径都相同，则盘旋的向心力（$F_{向心}$）也应相等。

由盘旋作用力的分析可知：左盘旋的向心力是旋翼拉力的第三分力（T_3）、尾桨拉力（$T_{尾桨}$）的水平分力（$T_{尾桨,平}$）和垂尾侧力（$Z_{垂尾}$）之和，如图 8－31（a）所示。即

$$F_{向心} = T_3 + T_{尾桨,平} + Z_{垂尾}$$

而右盘旋中的向心力，则是旋翼拉力第三分力（T_3）与尾桨拉力（$T_{尾桨}$）的水平分力（$T_{尾桨,平}$）和垂尾侧力（$Z_{垂尾}$）之差，如图 8－31（b）所示。即

$$F_{向心} = T_3 - (T_{尾桨,平} + Z_{垂尾})$$

可见，在左、右盘旋的向心力相同的条件下，作左盘旋的拉力第三分力比

作右盘旋时要小。所以作左盘旋所需的拉力较小，盘旋所需的功率也较小。反之，作右盘旋所需的功率较大。

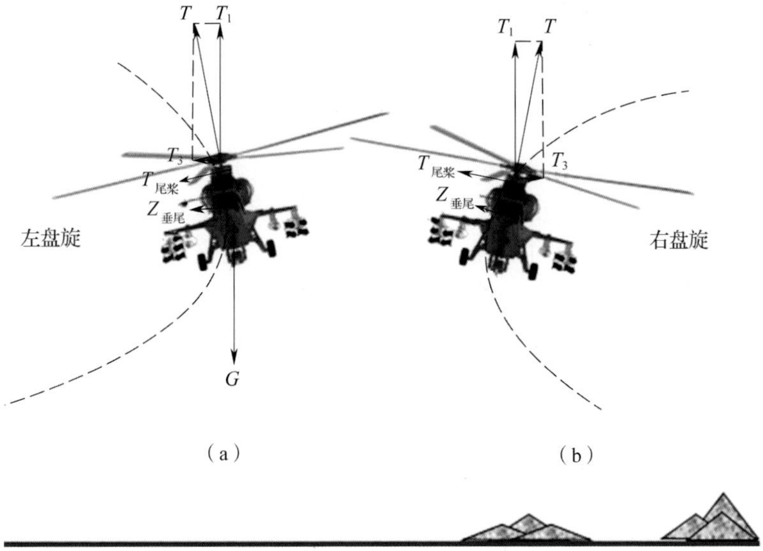

图 8－31　左、右盘旋的向心力

此外，进入左盘旋时，由于蹬左舵使尾桨拉力减小，尾桨所需的功率也小，供给旋翼的功率就有所增加；而作右盘旋时则相反。同时，左盘旋中，直升机向左偏转，其偏转方向与旋翼反扭矩的方向一致。为了取得方向平衡，旋翼反扭矩要与尾桨偏转力矩、方向阻尼力矩两者相平衡。而在右盘旋中，旋翼反扭矩同直升机偏转方向相反，尾桨的偏转力矩要与旋翼反扭矩、方向阻尼力矩两者相平衡。因此，左盘旋中，尾桨拉力要小一些，尾桨的所需功率也要小一些，右盘旋中的尾桨拉力和尾桨所需功率则要大一些。综上所述，在盘旋速度和半径相同时，左盘旋的所需功率小于右盘旋的所需功率。

8.4.4.3　桨叶的挥舞对左、右盘旋的影响

直升机作向左或向右的盘旋时，旋翼桨叶在左侧和右侧的相对气流速度不仅大小不同，而且比值也不一样，所以桨叶挥舞的情况也不一样。以左旋旋翼为例，直升机作左盘旋时，左侧桨叶的桨尖速度和右侧桨叶的桨尖速度比值比平飞时大，旋翼的挥舞量较大。也就是说，在左盘旋时旋翼拉力的后倾量增大所产生的附加上仰力矩使直升机抬头。为平衡这个力矩，飞行员要向前顶杆。反之，右盘旋时，旋翼拉力的后倾量减小所产生的附加下俯力矩会使直升机低头。为平衡这个力矩，飞行员要向后带点杆。

8.4.4.4　左、右盘旋中横向操纵余量不同

在盘旋的稳定阶段，同样的盘旋半径，左盘旋时所需拉力的第三分力 T_3

小，坡度小，压杆量小。而在右盘旋中，向右的压杆量比左盘旋大，这样，右盘旋中的横向操纵余量较小。

综上所述，直升机在左、右盘旋中，其动态特点和操纵方法的不同点，只有在以小半径进行大坡度盘旋时才会看出，小坡度盘旋中是不明显的。

8.4.5 盘旋中侧滑修正

直升机盘旋中出现侧滑，影响发动机进气和直升机操纵性，大坡度盘旋中出现侧滑，影响更大，修正动作较复杂，因此盘旋中是不允许出现侧滑的。当出现侧滑，修正动作要及时准确，修正外侧滑时，应先向转弯反方向压杆，再回舵修正，以防止回舵在先，坡度增大；修正内侧滑时，在向转弯方向抵舵的同时，同向压住杆，以防止坡度减小。当坡度大、侧滑大时应改平坡度或减小坡度重新进入，以免修正不当进入复杂状态。

第 9 章　起落航线飞行

每次飞行，都离不开起飞和着陆。起飞和着陆是直升机性能参数和受力变化较大的一个飞行过程。起飞和着陆的驾驶技术，是飞行训练的重点与难点课目之一。因此，飞行员了解起飞和着陆的有关知识，对于保证飞行安全十分重要。

9.1　滑行

直升机按规定的速度，在地面所做的直线或曲线（转弯）运动，称为滑行。滑行是直升机地面移位的重要手段。如因受周围条件的限制而不能直接在停机坪起飞和着陆，又不宜作接近地面飞行，为了进入起飞或停放的指定地点，则需要滑行。此外，在高原、高温机场或超载滑跑起飞等，也都需要滑行。因此，飞行员应该了解有关滑行时的作用力，直线滑行和滑行转弯的操纵原理，以及风对滑行影响等方面的知识。

9.1.1　直线滑行

9.1.1.1　直线滑行的作用力

滑行中作用于直升机上的力有：旋翼拉力 T、尾桨拉力 $T_{尾桨}$、重力 G、机轮摩擦力 $F_{摩}$、地面反作用力 N 和空气阻力 X 等，如图 9－1 所示。

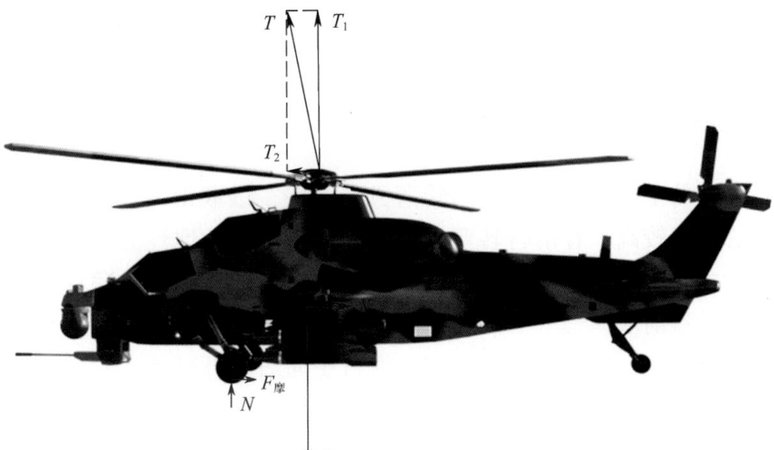

图 9－1　直线滑行中的作用力

等速滑行时，各作用力之间应有如下的关系：

$T_1 + N = G$　　　　N 支持部分重力

$T_2 = X + F_{摩}$　　　　保持等速滑行

$T_3 = T_{尾桨}$　　　　保持直线滑行

另外，作用于直升机上的各力矩应平衡。

9.1.1.2　直线滑行的操纵原理

滑行时，在松开机轮刹车后，首先应适量上提总距杆，增大桨距，并前顶驾驶杆，使锥体向前倾斜，产生向前的拉力 T_2 克服地面最大静摩擦力，使直升机产生向前的速度。为保持直线滑行，需适当蹬右舵和向右压杆，以保持方向和横侧力矩的平衡。滑行中，因有地面摩擦力矩，为平衡旋翼反扭矩的尾桨拉力力矩要小一些，这与在空中飞行是有区别的。

为了便于实施机动和保证安全，滑行中要尽可能地使用较大的转速，保持规定状态所需的较小的总距，以便一旦需要立即起飞离地飞越障碍物，或由于其他原因要求迅速用增大总距来处理特殊情况时，有利于实施机动。若旋翼以大总距、小转速工作，因旋翼旋转的惯性大，用增大发动机的转速来增大旋翼转速和拉力，需要一定的时间，这将影响实施机动。滑行中，为使直升机具备良好的操纵性，也要求发动机保持较大的转速工作。所以，保持较大的转速、较小的总距滑行是有利的。

在坚硬、平坦的场地滑行，旋翼总距要小一些。在松软不平的场地上滑行，总距和转速就要大一些。

滑行速度的大小，可以通过前后移动驾驶杆进行调整，向前推杆，速度增大，向后拉杆，速度减小。滑行速度不宜过大，应根据地面情况和需要确定滑行速度。如果地面不平，滑行速度过大可能引起直升机振动。

滑行中，操纵动作要柔和，操纵动作过于粗猛，直升机不仅不会有明显地反应，还可能产生“地面共振”，或侧向翻倒，危及安全。

9.1.2　滑行转弯

滑行转弯的主要操纵动作是向转弯方向蹬舵，以取得方向操纵力矩，由于直升机重心位置较高，在滑行转弯中，作用在重心上的惯性力对机轮接地点的滚转力矩较大。为防止直升机向外侧翻倒，进入转弯和转弯的角速度都不能过大。所以，转弯前应该适当下放总距杆，并柔和向后拉杆减小旋翼纵向力，必要时使用机轮刹车，以减小滑行速度。滑行中向后拉杆减速，驾驶杆向后不得超过一定位置，以免旋翼过于后倾打坏尾梁。待速度减小至规定数值后，再柔和地向转弯方向蹬舵，改变尾桨拉力，使直升机产生方向操纵力矩，向预定方向转弯。

转弯的快慢，可根据机头偏转的快慢来判断，以此控制转弯半径的大小。在滑行速度一定时，蹬舵量越大，机头偏转越快，转弯半径越小。反之，转弯半径就越大。

在有限的场地内滑行转弯时，飞行员要特别谨慎，以免尾桨或直升机尾部碰到障碍物上。改出转弯时，应根据转弯的快慢，适量提前蹬反舵改出，以便对准预定方向。

9.1.3　风对滑行的影响及修正

风向、风速不同，对滑行的影响也不一样。

9.1.3.1　侧风对滑行的影响及其修正

在侧风中滑行，风的方向与直升机对称面不平行，机身、垂尾等会产生侧力，并形成绕重心的偏转力矩和对机轮接地点的倾斜力矩。此外，在侧风作用下，由于桨叶自然挥舞，旋翼锥体将向风去的方向倾斜一个角度，产生倾斜力矩。因此，为保持直升机的平衡，需要向风来的方向压杆，并向侧风去的方向蹬舵。如果倾斜力矩很大，甚至把驾驶杆压到头，直升机还有翻倒趋势时，应立即把总距杆放到底，甚至关闭发动机，并严格禁止蹬舵，以防直升机翻倒。

在转弯过程中，侧风角将随直升机转弯角度的变化而不断变化，侧风的影响也不断改变，所以，要注意调整操纵量，并适当地向风来的方向迎杆，特别是处于右侧风时更应如此，以保持一定的偏转角速度作匀速转弯。向风来的方向转弯时，侧风所引起的偏转力矩能帮助转弯，故应适当减小用舵量。向风去的方向转弯，侧风所引起的偏转力矩则阻碍转弯，故应适当地增加用舵量。

9.1.3.2　逆风对滑行的影响及修正

逆风滑行与无风滑行相比，相对气流速度（等于地速与风速之和）较大，旋翼因自然挥舞使锥体向后倾斜，旋翼拉力的第二分力 T_2 减小，加之空气阻力又比无风时大，所以滑行速度容易小。为保持正常的滑行速度，驾驶杆前推量比无风时大。逆风滑行，方向稳定作用增强，容易保持滑行方向。

9.1.3.3　顺风对滑行的影响及修正

顺风滑行与无风滑行相比，相对气流速度（等于地速与风速之差）较小，旋翼锥体向前倾斜，旋翼拉力第二分力 T_2 增大，加之空气阻力减小，故滑行速度易大。为保持正常的滑行速度，驾驶杆的前推量比无风时小。在大顺风中滑行时，应适当下放总距杆，还可以适当后拉驾驶杆和使用机轮刹车的方法来控制滑行速度。顺风滑行中，直升机的方向稳定作用变差，不易保持滑行方向。

9.1.4 滑行的注意事项

滑行的注意事项是从飞行实践中总结出来的，应该把其中的宝贵经验学到手，并在飞行实践过程中不断加以充实提高，保证飞行安全。

（1）起滑（开始滑行）时，如果驾驶杆的前推量已经很大，而仍不能起滑，应该查明原因，切不可粗猛地继续向前推杆。遇此情况一般要检查机轮刹车是否松开，轮挡是否拿掉；机轮陷入松软的地里或被冰雪冻结在地上，也会造成这种现象。如果机轮陷入松软的地里，应多提一些总距杆，增大旋翼拉力，减小直升机对地面的压力。并可向一侧蹬舵，利用直升机的偏转力矩使机轮移位，然后再交替操纵使机轮离开原位。但蹬舵应该依次进行，动作不能频繁粗猛，防止尾梁受力过大。

（2）滑行速度不宜过大。如果地面不平，滑行速度过大能引起直升机摇晃，剧烈的摇晃可能引起“地面共振”，危及安全。

重心位置较高的直升机，要防止因滑行转弯产生的惯性离心力过大而翻倒。所以，滑行转弯应以较小的速度进行，在较大的逆风、顺风或侧风条件下滑行转弯，更要注意控制滑行速度和转弯角速度。

（3）滑行中应该固定好总距杆。保持一定转速，如果转速小，使用的总距又小，在驾驶杆移动量大时，下挥的桨叶容易将限动块打坏。

为防止产生“地面共振”，不能使用容易产生“地面共振”的转速滑行，滑行中，如果发现直升机振动和机身摇摆，应迅速把总距杆放到底，同时向后带杆和使用机轮刹车停止滑行，并注意操纵驾驶杆修正直升机的倾斜。

（4）在风速较大、地面条件或其他原因不利于滑行时，可用接近地面飞行来代替滑行。但在载重量大时，也严禁作接近地面飞行。

（5）夜间滑行，要加强观察，选择好滑行路线，防止与障碍物或其他停放的飞机相撞。

（6）在右侧风比较大的条件下滑行时，须从邻机右侧通过，若邻机处于“接通”旋翼或刚“脱开”旋翼，距离不得小于50m。否则，邻机因旋翼转速过小，整个桨叶惯性离心力过小，桨叶的弯曲刚度很小，右侧滑行的直升机加大了右侧风风速，更使邻机旋翼的桨叶转到0°方位附近产生向下的升力，桨叶向下弹动，导致桨尖打尾梁。

9.2 接近地面飞行

直升机飞行高度为1～10m，飞行速度一般不大于10km/h的飞行，称为接近地面飞行（简称近地飞行）。它包括前飞、侧飞和后退飞行。利用近地飞行可以调整起飞、着陆和悬停的位置。如场地不平、积水或冬季积雪等不能滑行，可用近地飞行代替滑行。这是直升机的又一飞行特点，也是它的一个优点。

9.2.1　接近地面飞行特点

9.2.1.1　地面效应的影响显著

直升机近地飞行时，飞行高度一般都在10m以下，小于旋翼直径。此时，直升机在地面效应的影响范围之内，所以，在一定的功率下，旋翼产生的拉力较远离地面时有所增加。

9.2.1.2　地形、地貌对飞行影响大

近地飞行时，如遇到地形起伏不平的地面，地面效应强弱会随地形起伏发生变化，从而引起直升机颠簸，造成操纵上的困难。

9.2.1.3　近地飞行会产生地面涡

在地面效应范围之内，直升机旋翼尾流受地面的作用会形成复杂的地面涡。地面涡的强度以及与旋翼的相对位置会不断发生变化，从而引起旋翼的气动特性、俯仰力矩、滚转力矩等改变，使直升机的操纵更加复杂。

9.2.2　风对近地飞行的影响及修正

风向风速不同对近地飞行的影响也不同，下面着重阐述顺风、侧风对近地飞行的影响及修正方法。

顺风近地前飞，直升机的运动方向和风向一致，此时地速等于空速加风速，故地速增大。飞行员应带杆，以保持地速不超过规定数值。这样，在顺风近地前飞中，机头上仰较高。为保证飞行安全，防止尾橇因离地过低造成触地，应适当增加飞行高度。

在顺风速度较大的条件下近地前飞，若风速大于前飞速度，这时相对气流将从直升机尾部吹来。在此情况下，旋翼因桨叶的自然挥舞而前倾，加之平尾产生向上的附加升力（$\Delta Y_{平尾}$），机身也产生下俯力矩，促使机头下俯（见图9－2）。而且，直升机的方向稳定性也因相对气流从尾部吹来而变差，这给操纵带来一定困难。鉴于上述原因，一般不在大顺风中作近地前飞。

图9－2　顺风对接地飞行的影响

如果限于客观条件需要作顺风近地飞行，应发挥飞行员的主观能动性，灵活地操纵直升机偏转一定角度，将正顺风飞行变为左顺侧风飞行（见图 9－3），以减小顺风对近地前飞的不利影响。此时，要用舵保持一定的顺侧风角度，并要注意用总距杆保持高度，用驾驶杆保持速度和航迹，不使直升机偏离预定目标。当飞到预定地点后，如果条件允许，应转弯对正风向，作逆风悬停或着陆。这样，比较容易操纵，并有利于保证飞行安全。

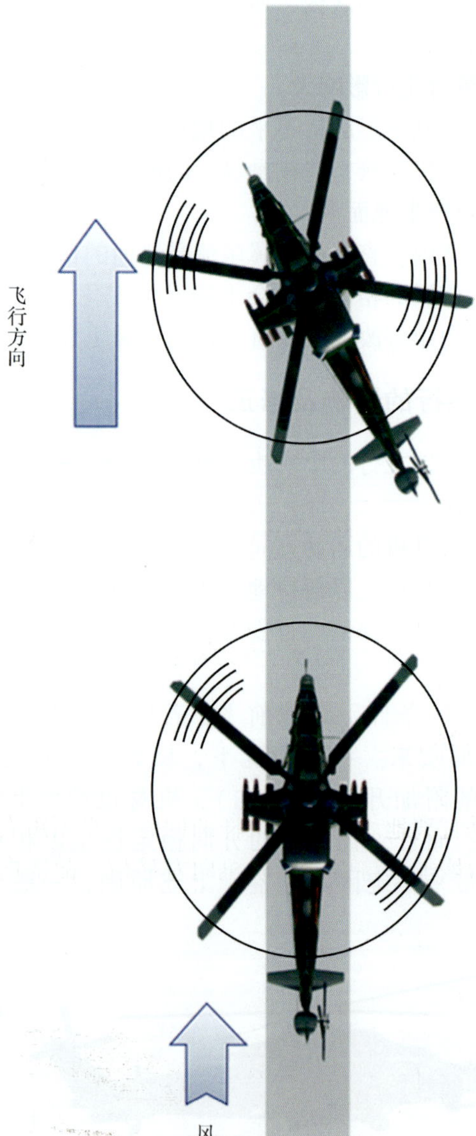

图 9－3　将顺风变为顺侧风飞行的示意图

9.3　起飞

直升机从开始增大旋翼拉力到离开地面，并增速和爬升到一定高度的过程称为起飞。以下介绍直升机垂直起飞和滑跑起飞的操纵原理。

9.3.1　垂直起飞

直升机从垂直离地到一定高度上悬停，然后保持一定的姿态沿预定轨迹增速，并爬升到一定高度的过程，称为垂直起飞（见图9－4）。

图9－4　垂直起飞过程

垂直起飞又分为正常垂直起飞、超越障碍物起飞与最大限度利用地面效应起飞（近地增速起飞）三种。

正常垂直起飞和增速爬升，是指在正常起飞重量、场地净空条件较好时，直升机垂直离地3～5m进行短时间悬停，然后带小爬升角增速爬升到一定高度和达到一定速度的过程。这是一种经常采用的起飞方法。

9.3.1.1　正常垂直起飞的操纵原理

作正常垂直起飞，飞行员应柔和地上提总距杆，使旋翼产生的拉力大于直升机重量，直升机垂直离地。上提总距杆的同时，必须蹬右舵，以保持方向平衡；蹬右舵尾桨拉力增加，将引起直升机向左移位，故需向右压杆，使直升机稍带右坡度，使旋翼拉力分出向右的第三分力（T_3），以保持滚转力矩及侧向力的平衡。为消除旋翼拉力在水平面内的纵向分力，还应前后操纵驾驶杆。当直升机离地爬升到高度3～5m时，稳住总距杆，在该高度保持稳定悬停。

当直升机停稳后，再柔和地推杆转入增速上升，开始增速时，应转移视线到正前方30～50m处，推杆以后旋翼锥体向前倾斜，拉力第二分力T_2产生并逐渐增大，在此力作用下，前飞速度逐渐增大。由于前飞速度增大，使流向平尾的相对气流方向改变（见图9－5），直升机从悬停刚进入前飞时，平尾的迎角超过临界迎角很多，其空气动力很小。当前进速度逐渐增大后，平尾的迎角向临界迎角靠近，其升力迅速增大，即在一定的速度范围内，使平尾上产生的负升力增大，对直升机重心构成上仰力矩，同时，桨叶自然挥舞引起旋翼锥体后倾，使直升机有上仰现象，飞行员应及时、适当地向前推杆，保持原有的状态和爬升角继续增速。当速度增加时，尾桨效率提高，又可能出现右偏趋势，此时应适当回舵以保持方向。随飞行速度增大，飞行员应将视线逐渐前移。当速度通过“过渡速度”范围时，直升机会出现抖动。

图 9－5　平尾力矩的急剧增大

开始向前推杆增速时，由于旋翼锥体前倾，直升机形成俯角，拉力第一分力减小，直升机有降低高度的趋势，故应适量上提总距杆，并蹬右舵和适量向右压杆，随速度增大，尾桨拉力增大，应适当地回右舵。

到达预定速度（一般在经济速度附近）后，飞行员带杆转入正常爬升，根据地平仪指示保持好直升机姿态，同时调整发动机功率，保持规定的上升率。

9.3.1.2　关于过渡速度问题

直升机在起飞增速阶段（着陆消速阶段也是如此），在某一飞行速度范围内会出现直升机抬头和振动现象。这个速度范围称为过渡速度。直升机的过渡速度为 20～40km/h。

在过渡速度飞行之所以发生一些特殊现象，主要是由于空气流过旋翼以后的流动情况发生变化所致。直升机在悬停或以小速度（小于 20km/h）前飞时，流过旋翼的气流主要是向下方排压（见图 9－6（a））。前飞速度增大以后，流过旋翼的气流就向后下方过渡（见图 9－6（b））。前飞速度继续增大（大于 40km/h），流过旋翼的气流主要是向后方排压（见图 9－6（c））。

直升机在悬停或以小速度前飞时，原已取得俯仰力矩的平衡。当前飞速度增大到过渡速度时，排离旋翼的空气集中于机身后部和平尾上，这就破坏了原有的俯仰力矩平衡而出现上仰。而且，随着前飞速度增大，在进气压力不变的条件下还出现剩余功率，以至在机头上仰的同时，还有明显上升高度的现象。

所以在到达过渡速度时，飞行员应及时向前顶杆进行修正。当前飞速度进一步增大（大于40km/h），排离旋翼的空气基本上不作用于机身上，所以上仰现象也随之消失。

（a）　　（b）　　（c）

图9－6　前进速度对旋翼下方气流的影响

此外，当直升机由悬停转入前飞时，进入旋翼的气流方向也发生很大的变化，即由自上而下变为由前向后。在过渡速度时进入旋翼的气流方向变化比较急剧，因此桨叶迎角和产生的拉力都有急剧的变化而出现振动现象。

由此可见，过渡速度引起的抬头和振动是客观存在的自然现象，但飞行员不应使直升机在过渡速度中长期停留，以免直升机的结构受损。起飞着陆过程中，不论作增速爬升或减速下滑，都应尽快地通过过渡速度。在变速飞行中，也应注意不使速度小于50km/h。

9.3.1.3　其他垂直起飞方式

（1）超越障碍物起飞

超越障碍物垂直起飞也称无地效垂直起飞，是指直升机在无地面效应的高度上悬停和增速爬升。这种起飞方法适用于在周围有一定高度的障碍物的小场地上使用。由于无地面效应，直升机起飞的有效载重量减小。此种起飞方法的操纵原理与正常垂直起飞相似，但要求飞行操纵动作应准确柔和，特别是上提总距杆时，驾驶杆和舵的操纵动作要协调一致。在超越障碍物时，应高出障碍物足够高度（不少于5m），防止碰撞，以保证安全起飞。

（2）近地增速起飞

直升机在地面效应的作用范围内先垂直离地到悬停再增速，然后上升到一定高度的过程，称为近地增速起飞。这是一种最大限度地利用地面效应的起飞方式，如果直升机起飞重量较大，发动机功率不能充分满足正常起飞的需要，在场地净空条件较好的情况下，可尽量利用地面效应，采用近地增速起飞。

近地增速起飞的操纵原理是：上提总距杆使直升机垂直离地，在1～2m的高度上悬停。待停稳后，柔和向前推杆，使直升机在较大的地面效应范围内近地增速。在增速过程中直升机会下降高度，这是正常现象，飞行员要随着直升机下降及时上提总距杆，直至提到最大功率。因直升机的备份功率小，推杆增速时应注意离地高度，操纵动作要注意柔和，形成俯角要慢，使增速过程的水平距离增长，充分利用地面效应。如推杆动作过粗或上提总距杆的动作过粗，会造成旋翼失速，拉力减小，以致直升机触地，危及飞行安全。

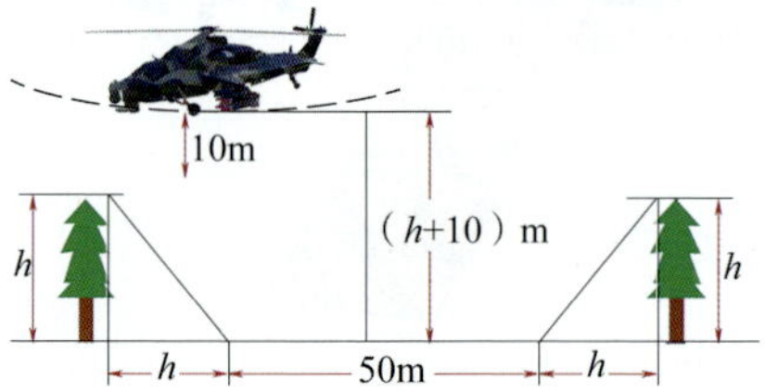

图 9－7　超越障碍物起飞

当速度增大到一定数值时，再带杆转入上升，因为直升机的地面效应随着速度的增大而减小，继续作接近地面飞行已没有意义。此外，随着速度的增大，旋翼效率也在提高，剩余功率也逐渐增大，直升机也有条件转入上升。

9.3.2　滑跑起飞

由于机场标高较高、气温较高、载重量大等原因，而不能进行有地效垂直起飞时，直升机可在平坦坚硬的场地上同固定翼飞机一样，采取地面滑跑增速起飞的方法。

9.3.2.1　滑跑起飞的增速过程

滑跑起飞要经过地面滑跑和空中增速两个阶段（如图 9－8 所示）。

图 9－8　滑跑起飞

从直升机的所需功率曲线图可知，在增速阶段随速度的增大，所需功率减小，旋翼拉力不断增大。在地面滑跑阶段，旋翼拉力的第二分力不断增大，克服机轮摩擦力和机身阻力，使滑跑速度也不断加快；与此同时，旋翼拉力的第一分力不断增大到大于直升机重量时，直升机就会离地升空。离地后在一定高度范围内，保持飞行状态（俯角），使旋翼拉力第二分力继续增大，继续增速。待速度达到规定数值，就可转入稳定爬升。

9. 3. 2. 2　滑跑起飞的操纵原理

起飞时，飞行员应柔和地向前推驾驶杆，使旋翼锥体向前倾斜，并稍提总距杆，直升机在旋翼纵向力的作用下开始滑跑。在滑跑中，随速度增大，逐渐上提总距杆。随拉力增加，地面摩擦力将逐渐减小，直升机可能出现偏转，应注意用杆、舵进行修正。继续柔和上提总距杆，使主轮稍早于前轮平稳离地。为了充分利用地面效应，应在离地高度 2m 左右再柔和前推驾驶杆，保持直升机增速姿态，以较小的爬升角继续增速。当速度增至接近经济速度时，直升机转入稳定爬升。

应当指出，在地面滑跑过程中，对驾驶杆和总距杆的操纵要柔和，切忌粗猛，防止发生地面共振。另外，随速度的逐渐增大，要柔和推杆，离地时，前飞速度不能太小；总距杆上提位置不能过高，否则，会使旋翼转速减小。

起飞重量较大时，由于剩余功率小，直升机惯性大，滑跑距离和增速距离相应增加，操纵动作要更加柔和。此外，为了尽可能地利用地面效应，在滑跑后段，可以采用前轮单独接地滑跑的姿势。

9. 3. 3　影响起飞载重量的主要因素

9. 3. 3. 1　机场标高和空气温度

起飞场地的标高高、气温高，则空气密度小，发动机功率降低，同时，单位时间内流过旋翼的空气质量减小，旋翼效能降低。因此，起飞最大载重量要减小。

9. 3. 3. 2　风速和风向

逆风起飞，旋翼相对气流速度增大，单位时间内流过旋翼的空气质量增加，旋翼产生的拉力大，则起飞载重量增大；顺风起飞，为了避免尾桨打地，悬停高度较高，导致地面效应减弱，使载重量减小。

顺侧风或逆侧风起飞，为了保持直升机的平衡和运动轨迹，需要向侧风来的方向压杆，因而会对起飞载重量产生不同程度的影响，同时，操纵动作也变得更加复杂困难。因此，载重起飞要在逆风中进行。

影响起飞载重量的因素还有：地面效应、场地面积和周围障碍物高度、发动机和旋翼的维护质量、飞行员的操纵熟练程度等。起飞前，要综合考虑上述因素，并根据具体情况认真计算起飞载重量，做到心中有数，才能顺利完成起飞。

9. 3. 4　起飞中常见的偏差及修正

9. 3. 4. 1　增速中直升机接地

原因：悬停时未认真检查发动机状态，发动机带故障或剩余功率不足；或开始增速时高度低、推杆粗、俯角大、上提总距不及时。

处置：原则上，发现直升机开始下沉时，应及时上提总距杆。当上提总距杆仍不能制止时，要分为两种情况处置。第一种情况：如果直升机载重量大，增速俯角大，并且下沉缓慢，离地高度又较高时，可以略向后松杆，减小俯角，使直升机继续增速，随速度增大，旋翼拉力增大，会逐渐克服下沉趋势，继续完成起飞。第二种情况：当直升机下沉快，有可能接地时，应向后带杆，使直升机上仰并略带仰角，并迅速用驾驶杆和舵消除坡度和侧滑，使直升机平稳接地。接地后下放总距杆，适时刹车减速。

9.3.4.2 增速中俯角过大或过小，方向偏转或带侧滑

原因：飞行员注意力分配不当，发现偏差晚，修正动作不准确。

处置：在增速阶段，飞行员注意力分配应根据侧重点不同及时转移。直升机开始移动后，主要是检查高度，防止下沉；随速度增大，视线逐渐前移，及时发现倾斜和抬头趋势，并适时修正。然后视线进一步前移，保持好俯角和方向。

9.4 着陆

直升机从一定的高度下滑、消速并降落于地面直至停止的运动过程，称为着陆。根据不同的飞行任务和场地条件，可采用不同的着陆方式。以下主要介绍直升机常用的垂直着陆方式，并简要介绍其他的一些着陆方式。

9.4.1 目测

着陆过程中，飞行员根据当时的飞行高度，以及到降落地点的距离进行目测判断，以便操纵直升机沿预定方向下滑并降落在预定地点，称为着陆目测（简称目测）。

要使直升机在预定地点着陆，首要的问题是对正“着陆点”，飞行中一般是从四转弯开始调整飞行方向，逐渐对正“着陆点”，并在下滑中作必要的修正。

9.4.1.1 对四转弯的分析

（1）进入四转弯

直升机经四转弯逐渐改变运动方向，直到对正“着陆点”。进入四转弯应有一定的提前量，一般以“着陆点”中垂线与飞行员的观察线之间的夹角（观察角）来判断进入四转弯的提前量（见图9－9）。

（2）改出四转弯

直升机从转弯中改出，使其角速度减小为零，需经过一段减速过程，在这个过程中，直升机还要继续向转弯方向偏转一定角度。因此，需要提前一定角度改出转弯，停止转弯时，正好对正“着陆点”。

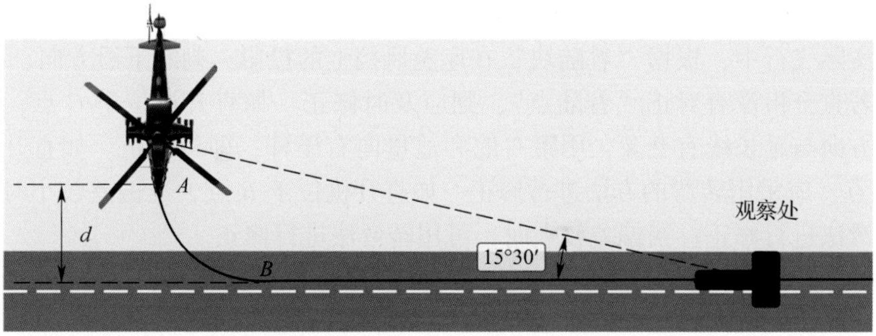

图9－9　进入四转弯的提前量

（3）风对四转弯的影响

在有风的情况下，直升机将随气团一起运动。侧风不仅会使直升机在直线飞行中产生偏流，同样在曲线飞行中也会产生偏流。在转弯中，飞行方向不断变化，侧风的相对方向也在改变，因而在转弯前、后两个阶段中，直升机受风的影响程度是不同的。

以左航线为例，如起飞为90°左侧风，直升机改出四转弯后会偏到“着陆点”右侧，在转弯中后段侧风方向由左顺侧风（四转弯小于90°时）逐渐转为左侧风，偏流角随侧风角的增大而增大，因此，侧风对于直升机对正“着陆点”的影响主要是在转弯的后半段。

修正侧风对四转弯的影响，一般采用提前或推迟进入四转弯时机的方法。例如左航线飞行，在左侧风的影响下，直升机偏向“着陆点”的右侧，这时应提前进入四转弯。如遇右侧风，则应延迟进入四转弯的时机。如果进入四转弯的提前量或延迟量不适当，则应在转弯中改变坡度调整转弯半径来修正，以便在改出四转弯后根据气象条件留好偏流角。

9.4.1.2　对下滑方向的分析

在四转弯后的下滑中，飞行员操纵的偶然偏差以及侧风的影响等，都可能使直升机偏离“着陆点”中垂线。所以，修正下滑方向是对正“着陆点”的重要内容。

正确的下滑方向应该是：直升机的位置处于“着陆点”中垂线上，且运动方向与其平行，见图9－10中A点。两者必须同时具备，缺一不可。而下述三种情况则属于下滑方向不正确的典型例子：

第一，直升机的运动轨迹平行于“着陆点”中垂线，但位置不在“着陆点”中垂线上，见图9－10中B点。

第二，直升机位于“着陆点”中垂线上，但运动轨迹与中垂线不平行，见图9－10中C点。

第三，直升机既不位于“着陆点”中垂线上，运动轨迹也不与中垂线平行，见图 9－10 中 D 点。

实际飞行中，根据“着陆块”在座舱风挡上的投影，判断下滑方向。

若直升机没有对正“着陆点”，则应及时修正。如直升机位于 C 点，此时只是方向与延长线有交叉，用蹬右舵和适量向右压杆，即可修正。如直升机位于 D 点，应采用转弯的方法进行修正。如直升机位于 B 点，当偏差较小时，可用侧滑法进行修正；当偏差较大时，可用转弯法进行修正。

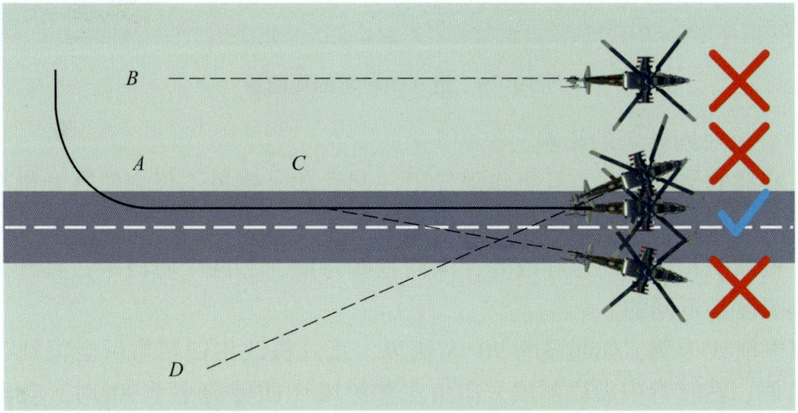

图 9－10　正确与不正确的下滑方向

9.4.1.3　对下滑角的分析

直升机着陆的接地点以“着陆块”为标志。能否使直升机沿预定轨迹下滑，主要问题在于：正确选择下滑点，保持规定的下滑角及控制好下滑速度。

下滑点确定之后，直升机所在位置至下滑点的连线与地平线之间的夹角，称为预定下滑角。这里所指的下滑角，均为预定下滑角。

直升机的下滑角与开始下滑的高度和下滑距离有关，可用下式表示（见图 9－11）

$$\tan\theta = \frac{H}{L}$$

也就是说，飞行员要保持一定的下滑角飞向预定的下滑点，必须使直升机的高度与下滑距离保持一定的比例关系。

如退出四转弯后，直升机的高度正常，下滑距离越短（见图 9－11 中 E 点），或下滑距离正常，高度越高（见图 9－11 中 B 点），都会使下滑角增大，造成“目测高”。反之，则会使下滑角减小，见图 9－11 中 C 点和 D 点两种情况所示，容易造成“目测低”。

综上所述，要保持规定的下滑角，必须使高度与水平距离保持一定的关系，并且在下滑中调整好下滑速度和下降率。

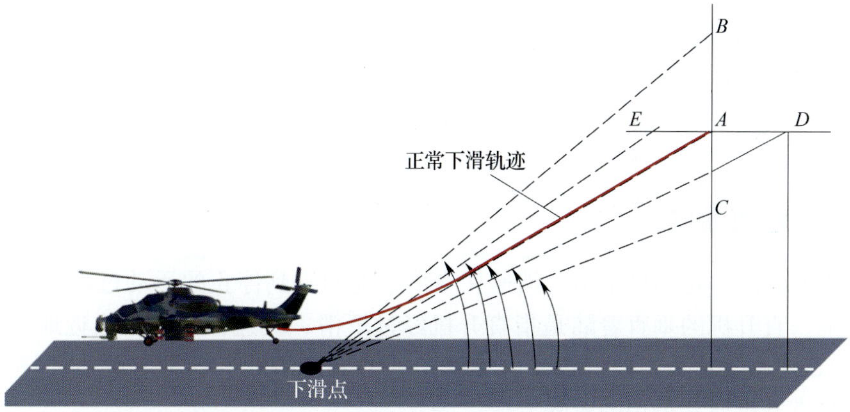

图9－11　高度、距离不同对下滑角的影响

9.4.1.4　影响目测着陆的因素

（1）风对目测的影响及修正

①顺风、逆风对目测的影响及修正

逆风易造成目测低的偏差，顺风易造成目测高的偏差。飞行员修正逆风对目测的影响，应保持好既定的下滑角和适量的增大下滑速度，使直升机沿预定的下滑轨迹向预定的下滑点运动。消速时机应适当延迟，消速的动作量也不宜大，否则仍形成目测低。反之，修正顺风对目测的影响时，应减小下滑速度，使直升机按预定的下滑角下滑。根据风速的大小，要适当提前进行消速，如果消速时机晚，会造成消速动作量过大或目测高。

②侧风对目测和下滑方向的影响及修正方法

侧风着陆，直升机的运动轨迹会受到风的影响而偏离“着陆点”中垂线。若风速较小，可采用侧滑修正法。风速较大时，可采用航向修正法修正。总之，直升机在逆、顺侧风中下滑着陆，风不仅影响下滑方向，而且也影响目测的高低。顺侧风会引起目测高；逆侧风会引起目测低。

（2）气温变化和场地标高对目测的影响及修正方法

飞行员常常感到“早晨目测容易低，中午目测容易高，或在高原机场着陆时消速慢目测容易高”，这是因为早晨气温低，中午气温高，气温升高和场地标高较高，引起空气密度减小的缘故。

着陆下滑的指示空速是一定的。气温变化或是着陆场地标高变了，空气密度要变化，直升机的真空速也要变化。例如，气温高于标准气温或在同一气温而场地标高较高，空气密度要减小，如指示空速不变，则真空速增大，下滑消速过程和接地前飞距离要增长，故目测高。此外，在中午气温较高，上升气流往往比较强，使下降率减小，也促成目测高。

反之，气温降低或场地标高较低，如保持指示空速不变，真空速要减小，会引起目测低。

综上所述，在有顺风或空气密度小时，为防止目测高，可采取适当的提前消速或后移下滑点等方法进行修正。反之，可延迟消速时机或前移下滑点进行修正。

9.4.2 垂直着陆

直升机从一定高度下滑，消速并降落于地面直到停止的运动过程，称为消速着陆。直升机的垂直着陆是指直升机经过下滑、减速，然后在临近地面3～5m的高度作短时间悬停，再垂直下降接地的着陆方式，这种着陆方式操纵简单，是直升机通常采用的着陆方式。

9.4.2.1 下滑消速

直升机向预定地点降落，要经过下滑消速的过程。通过下滑来下降高度，通过消速使速度减小，直至速度为零以便垂直着陆。换句话说，直升机一边下降高度一边消失速度的过程，称为下滑消速。

直升机的下滑消速是一个过渡飞行状态。为便于分析，把消速过程分为两个阶段。

下滑消速前一阶段的操纵方法是：后拉驾驶杆，同时下放总距杆，并蹬左舵保持方向，使直升机一面下降高度，一面减小速度，保持下降率2～2.5m/s。向后操纵驾驶杆是使旋翼锥体向后倾斜，增大向后的拉力第二分力，结果拉力第二分力与阻力之和大于重力第二分力，而使直升机减速。下放总距杆的原因是：由于这时直升机速度较大，拉杆使旋翼锥体向后倾斜后，旋翼拉力增大，使下滑角减小，所以要适当地下放总距杆，减小拉力才能保持预定的下滑角。

下滑消速的后段（小于经济速度之后）操纵的主要特点是要逐渐上提总距杆。因为随着速度继续减小，下滑所需功率越来越明显增大，下降率会有所增大，为了保持下滑角不变，必须相应地上提总距杆，以增大发动机的功率。同时还要适当向前迎杆，还要蹬右舵保持方向，使直升机匀速下降。

9.4.2.2 接地飞行

直升机下滑消速到一定高度、速度时，就开始转入接地飞行。其操纵方法是上提总距杆以增大拉力，减小下降率，蹬右舵保持方向，略向右压杆保持位置，并且还要适当顶杆，使减速力逐渐减小，直到直升机下降到旗门上空处，高度3～5m，速度减小到零，进入悬停。

9.4.2.3 垂直下降

柔和下放总距杆，减小旋翼拉力，使直升机缓慢下降，轻轻接地。在下放总距杆的同时，还要相应地回舵并向左压杆，以保持横侧和方向平衡，以保持直升机的位置和方向。

9.4.3　其他着陆方式

9.4.3.1　滑跑着陆

（1）滑跑着陆的运动过程

直升机在高原机场、高温地区或载重量较大，如果可用功率不足，不能进行垂直着陆，可以同固定翼飞机一样在坚硬平坦的场地进行滑跑着陆（见图9－12）。

直升机经过下滑消速，以一定的前飞速度在预定地点接地滑跑直到停止的过程叫作滑跑着陆。

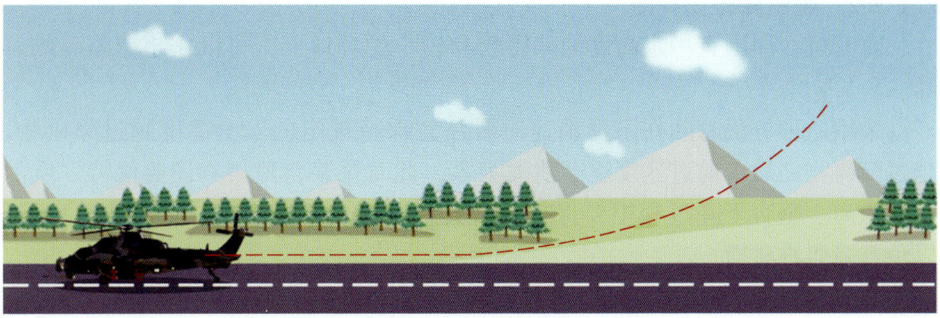

图9－12　滑跑着陆

（2）滑跑着陆的操纵原理

滑跑着陆的目测、消速与垂直着陆的操纵规律基本相同。但因滑跑着陆在接地时具有一定速度（如某型直升机接地速度为40～50km/h），所以有一些特点。它要求下滑线稍低，消速时机稍晚，下滑点也要靠后一些，进入接地飞行时的高度、速度和操纵动作要准确，并保持好着陆方向。

当速度减小到一定数值时，稳住杆、看地面保持直升机着陆姿态继续消速。随着前飞速度减小，必须上提总距杆，旋翼反扭矩也随之增加，要及时用舵保持方向。

经过目测、消速使直升机在距着陆点约100m、高度5m、速度为60～50km/h时，及时稳住杆，摆好落地姿态，继续消速。检查方向，严禁交叉和侧滑。

当速度减小到40～30km/h时，直升机以0.2m/s的下降率缓慢下降，主轮稍早于前轮接地。直升机接地后，迅速柔和地把总距杆放到底，避免跳动和摇晃。随着旋翼反扭矩减小，要注意用舵保持方向。滑跑中，柔和使用刹车减小速度，缩短滑跑距离。

滑跑中容易出现的偏差有：

接地速度大，造成接地后滑跑速度大，若这时仍保持较大的旋翼拉力，滑跑中易受地面不平等外界条件干扰，使直升机姿态不稳，机体摇晃，可能由此产生“地面共振”。

接近地面飞行的方向与着陆方向交叉和带侧滑接地，或在接地时用舵修正偏差的动作粗猛产生侧滑，直升机在侧向力作用下倾斜和翻倒。

接地和接地后滑跑速度大，如果向后拉杆多，旋翼锥体过于后倾，会使直升机的尾橇打地。

滑跑着陆中发生的各种偏差，往往是由于对客观情况判断的误差，以致操纵不当所引起的。因此，在飞行实践中，进一步熟悉各种偏差的现象和产生原因，以便进行正确的修正。

9.4.3.2 超越障碍物着陆

直升机在周围有一定高度的障碍物和较小的场地上，可以作超越障碍物着陆。

采用此种方法着陆在下滑消速时要注意保持规定的安全高度越过障碍物。越过障碍物之后，前进速度逐渐消失为零，此时尾桨与障碍物还要保持一定的安全距离。垂直下降过程中要保持好直升机状态，不能有纵、横向的大移位，以免与障碍物碰撞。

第4专题

直升机特殊情况处置

第 10 章　涡 环 状 态

直升机在垂直下降或下滑角过大的下滑中，旋翼周围形成环状的旋涡流动，而处于不稳定的环形气团中的某种特殊状态，称为涡环状态（见图 10－1）。在发动机工作状态下，直升机作垂直下降或以小速度下滑时，如果操纵不当以致直升机的下降率超过了规定的数值，就会进入涡环状态。直升机进入涡环状态后，对飞行性能、飞行安全影响很大，如果飞行员处置不当，就可能危及飞行安全。

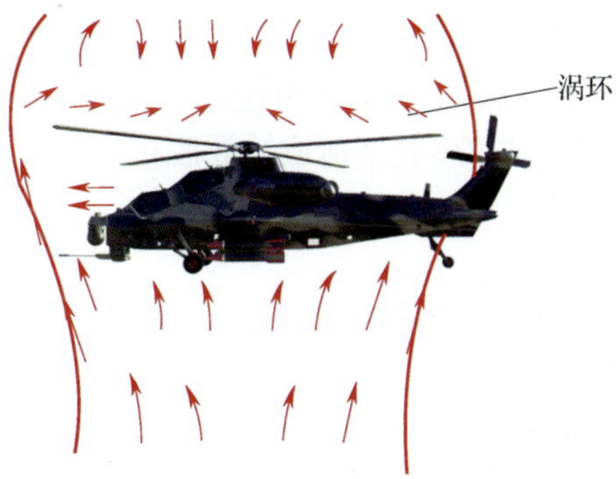

图 10－1　直升机进入涡环状态

10.1　涡环状态的成因

当发动机工作时，旋翼上面的空气被吸入旋转面，受桨叶施加作用力以后，以较大的速度向下排出旋转面。如果直升机处于悬停状态，旋翼向下排压的空气可以向下方扩散，如图 10－2（a）所示，不会形成涡环，但是当直升机作垂直下降时，旋翼向下排压的空气受到自下而上的相对气流的阻挡，会迫使一部分空气绕过旋翼旋转面边缘向上流动。又因旋翼工作时，旋转面上面的气压低，所以这部分向上流动的空气又重新被吸入旋转面，形成少量的涡环，如图 10－2（b）所示。少量的涡环对直升机的飞行影响不大。当直升机的下降率增大到一定程度时，旋翼向下排压的空气，绝大部分被自下而上的相对气流顶回，并绕过旋翼旋转面的外缘，重新被吸入旋转面，这部分气流如此上下循环，就形成了强烈的涡环，如图 10－2（c）所示。这就是所谓的进入了涡环状态。

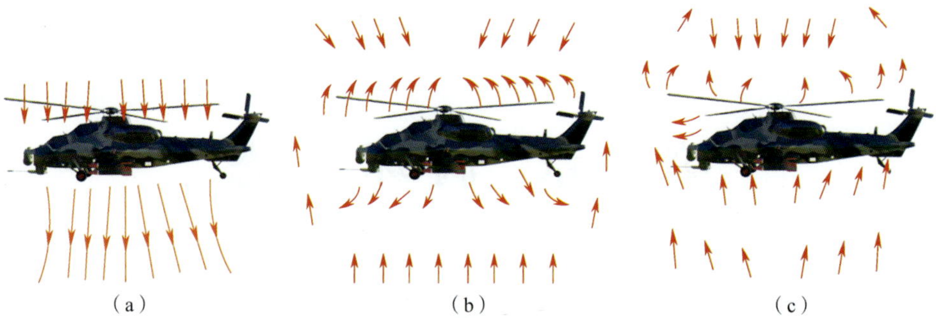

图 10－2　涡环的成因

一般认为，下降率为40%的悬停诱导速度时，开始进入涡环状态。下降率约等于悬停诱导速度时，达到典型的涡环状态。若下降率较小，自下而上的相对气流同旋翼向下排压的空气相遇，其主流还是向下运动的，不至于形成涡环。

在实际飞行中，造成直升机进入涡环状态的直接原因有以下几种：

（1）垂直下降过程中下降率过大；

（2）下滑速度小时下降率大，例如下滑速度小于40km/h，下降率超过3m/s；

（3）操纵不当，频繁推拉驾驶杆造成旋翼脱锥；

（4）直升机进入涡流区。

10.2　防止涡环状态的方法

正常情况下，若飞行员按规定实施操纵，进入涡环状态的可能性不大。若操纵不当，仍存在进入涡环的可能性。实际飞行中，因进入涡环而导致的事故国内外都有。

涡环状态是由正常的飞行状态逐渐过渡发展而来的，不是一个瞬时突变的过程。按照高正/辛宏理论，将直升机水平速度与下降率确定的飞行区域划分为三个区，即安全区、过渡区和危险区（见图10－3），以安全区内的状态飞行不会发生涡环，过渡区说明直升机处于进入涡环状态的过渡过程，以危险区内的状态飞行就会使直升机进入涡环状态，发生危险。由此可见，要防止直升机进入涡环状态，应使直升机飞行状态处于安全区，飞行中应注意以下几点：

（1）在发动机工作状态，操纵直升机作垂直下降或小速度（小于40km/h）下滑时，为防止进入涡环状态，下放总距杆不要过多，以保持较小的下降率（一般不要超过3m/s），若发现下降率有增大趋势，要及时上提总距杆，使其下降率不超过《飞行驾驶守则》规定的范围。

（2）在载重量大、海拔高度高或气温高的情况下，剩余功率小，不宜作垂直上升或勉强在较高的高度上悬停，以免在上提总距杆过多的情况下，因拉力不足而进入涡环状态。

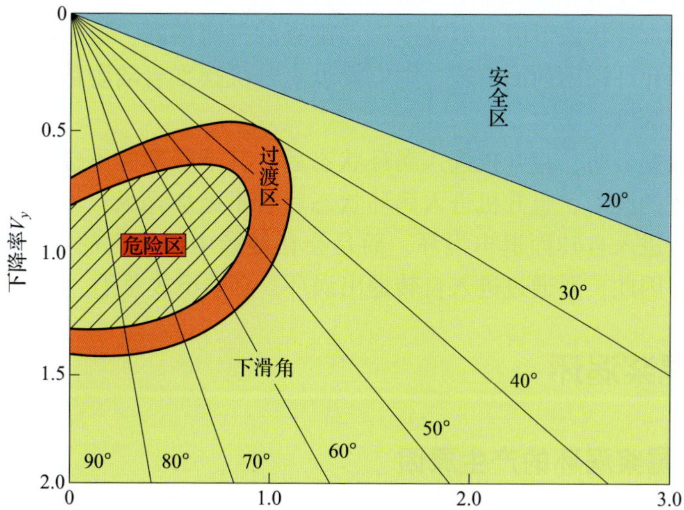

图 10-3　实用涡环边界

（3）在地形复杂、高度较低情况下，没有特殊需要，不要作垂直下降，宜带空速下滑。

10.3　改出涡环状态的方法

直升机进入涡环状态后，发动机的输出功率没有充分地用于产生旋翼拉力，有相当一部分功率被消耗于使空气产生涡环的流动中，所以，旋翼拉力显著减小，使直升机下降率急剧增大。

直升机处于涡环状态时，由于旋翼周围气流十分紊乱，还会不断产生许多小涡流，会显著影响旋翼的正常工作。使旋翼拉力忽大忽小，平均拉力降低。引起直升机抖动和摇晃，下降率也不稳定，使操纵性显著变差，严重时，会出现操纵失效，危及飞行安全。

由图 10-3 可以看出，改出涡环状态的关键是减小下降率和增大前飞速度，退出危险区及过渡区，飞行员应根据当时的飞行高度、发动机剩余功率、进入涡环的程度及操纵是否有效等情况进行恰当的处置。通常的做法是：

（1）如果发现直升机下降率增大，是由于发动机功率不足引起的，应及时上提总距杆，迅速增大发动机功率，以制止下降率继续增大。

（2）如果高度允许，发动机又有剩余功率，下降率小于 4m，应迅速向前推杆并上提总距杆，使直升机产生前飞速度，把涡环吹掉，退出涡环状态。这种措施对改出涡环状态最为有效，损失高度也较少。

（3）如果发动机没有剩余功率，应及时向前推杆，产生前飞速度退出涡环。

（4）采取上述措施无效，或者驾驶杆操纵明显失效时，如果高度允许，可以采用旋翼自转状态下滑，以改变流经旋翼的气流形式，退出涡环状态。如果飞行高度不允许采用前面措施，则应操纵直升机摆平着陆姿势，以减小接地撞击力和不致翻倒。

试飞数据表明，直升机进入涡环状态后，其下降率并不会迅速增加，而是呈现不稳定的波动。直升机进入涡环状态后若不施加操纵，不会因下降率迅速增加而自行进入自转而退出涡环，而是会在颠簸中以较大的下降率一直下降，造成事故。因此，要通过进入自转退出涡环，必须下放总距，减小发动机功率。

10.4 尾桨涡环

10.4.1 尾桨涡环的产生原因

尾桨涡环的产生和旋翼涡环的原理是相同的。当尾桨向尾桨拉力的反方向（顺尾桨诱导速度方向）运动，或有与尾桨拉力方向（尾桨诱导速度的反方向）一致的相对气流时，只要相对气流速度接近于尾桨诱导速度，被尾桨排压出的气流又会被吸入尾桨桨盘，从而在尾桨处形成一个环状的旋转气团，此即为尾桨涡环（见图10－4）。尾桨涡环形成后，尾桨拉力显著减小。

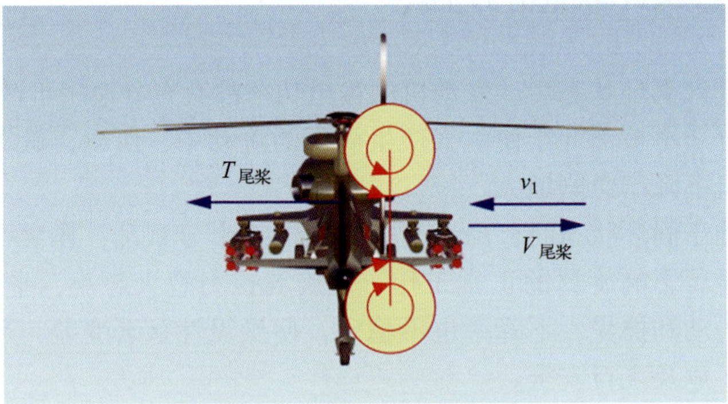

图10－4　直升机的尾桨涡环

在实际飞行中，使尾桨相对气流的速度方向与尾桨诱导速度相反的飞行状态都可能导致尾桨涡环。典型情况有包括在与尾桨拉力方向一致的大侧风中悬停，向尾桨拉力方向一侧作大角速度的悬停回转，向尾桨拉力方向一侧转弯时带相反方向的侧滑大角速度转弯等。

10.4.2 尾桨涡环的现象

直升机进入尾桨涡环以后，会自动向前行桨叶方向持续偏转，同时向这一侧的滚转，下降高度并伴有强烈振动。主要原因是，尾桨涡环形成后，尾桨拉力不足以平衡旋翼的反扭矩，致使直升机向前行桨叶一侧急剧偏转。由于直升机尾桨拉力不仅起方向平衡作用，而且还影响横向平衡，再加上直升机的方向稳定性与横向稳定性又相互影响，尾桨涡环形成后，直升机还将产生滚转，由于坡度变化还会使直升机高度发生变化。此外，涡流中的脉动成分会导致尾桨气动力也呈脉动变化，使直升机发生强烈振动。

尾桨涡环发生后会出现直升机方向偏转并且蹬舵难以制止，很容易被误认为尾桨机械故障造成的尾桨失效。两者最大的区别就是机械故障造成的尾桨失效往往会出现较大的异响，而尾桨涡环则没有这种声音出现。

10.4.3 尾桨涡环的预防与处置

防止直升机进入尾桨涡环状态，在飞行中应注意避免出现使尾桨处于相对气流方向与其诱导速度方向相反的工作状态。避免在后行桨叶来向的大侧风中悬停；控制悬停回转的角速度在规定范围内；防止大角度转弯时出现侧滑，特别要防止向前行桨叶一侧转弯时出现相反方向的侧滑；尽量减少在复杂气流环境中飞行；避免因修正偏差舵量急剧变化。

一旦直升机进入尾桨涡环，基本的处置原则就是尽量改善尾桨的气流环境。试验数据表明，在蹬舵难以制止偏转的情况下，足够的前飞速度可以显著改善尾桨的气流，将尾桨涡环吹除。

因此，在飞行高度较高、净空条件良好的情况下进入尾桨涡环状态时可以通过蹬舵的同时向前顶杆增加前飞速度来改出。对于高置尾桨直升机还要注意向前顶杆的同时向前行桨叶一侧压杆，这是因为高置尾桨直升机的尾桨安装高于其重心，直升机横向平衡由尾桨拉力和旋翼向后行桨叶一方倾斜而产生的侧向分力决定，当尾桨进入涡环状态后，尾桨拉力的减小使直升机向后行桨叶一方滚转，向前顶杆的同时向前行桨叶一方压杆可以防止直升机出现滚转。向前顶杆会造成高度的下降，但是一定切忌因此而粗猛上提总距，此时要把握高度换速度的原则，当机头偏转不明显时方可适当上提总距，以此减小下降率，直到彻底改出尾桨涡环状态。

当直升机在有限场地低空飞行或低高度悬停等无更多可利用高度的情况下进入尾桨涡环状态时，应当下放总距，通过减小旋翼反扭矩来缓解方向自动偏转，但下放总距会造成直升机进入垂直下降，此时要注意用驾驶杆保持好直升机状态。直升机接地时可能带有一定的偏转角速度，要把接地偏转角速度控制得尽可能地小，防止直升机接地后翻倒。接地后立即柔和下放总距到底，轮式起落架还要注意刹住机轮刹车。

除上述方法外，对于方向稳定性好、垂尾能产生足够侧向力的直升机在较大速度飞行时，还可以通过向后行桨叶一侧压杆来改出尾桨涡环状态。压杆后旋翼桨盘会向后行桨叶一方倾斜，在旋翼拉力向后行桨叶一方的水平分力和垂尾的方向安定力共同作用下直升机必然会向后行桨叶方向偏转，这样一来尾桨涡环的相对气流速度就会减小，尾桨涡环特性也能得到一定改善，甚至退出涡环状态。但是这种方法往往要求压杆量很大，甚至是压到底，直升机会产生较大的坡度，不太容易控制，所以一般不要轻易使用这种方法。

第 11 章　旋 翼 失 速

飞行中飞行员如果不注意主客观因素的影响而操纵不当，使桨叶迎角过大超过了临界迎角，桨叶上出现了明显的气流分离，造成旋翼失速。

当旋翼失速时，飞行员会感到旋翼拉力减小，转速下降，直升机振动并下降高度，操纵性变差等不正常的飞行状态。如果处置不当也可能危及飞行安全。

11.1　旋翼失速的原因

11.1.1　大速度失速

直升机在有前飞速度时，桨叶在不同的方位上的周向相对气流速度是不对称的，桨叶处于 0°～180°方位时的周向相对气流速度较大，其中在 90°方位的周向相对气流速度最大；桨叶处于 180°～360°方位时的周向相对气流速度较小，其中在 270°方位的周向相对气流速度最小。由于相对气流速度不同，桨叶在不同方位产生的拉力也不一样，于是桨叶出现挥舞现象。桨叶的挥舞又将引起桨叶迎角发生变化，即在 0°～180°方位桨叶向上挥舞引起迎角减小，在 180°～360°方位桨叶向下挥舞引起迎角增大，如图 11－1 所示。直升机的前进速度越大，上述现象越明显。当前进速度增大到一定程度时，在 270°方位附近部分桨叶迎角就会增大到超过临界迎角而产生气流分离区。如果速度继续增大，气流分离区就会逐渐扩大。当气流分离区扩大到一定程度，就会引起旋翼拉力迅速减小，转速也迅速减小。这种现象称为旋翼失速。由于桨叶气流分离首先从 270°方位开始，所以直升机会出现向 270°方位的倾斜。

所以，各型直升机的最大速度都规定不准超过该型直升机的最大允许速度，例如，米－8 直升机最大速度不允许超过 250km/h，否则会引起旋翼失速。

11.1.2　上提总距杆过猛造成失速

直升机改出下滑时，飞行员如果上提总距杆过猛，也可能使旋翼失速。因为上提总距杆过猛，使安装角迅速增大，阻力迅速增大，旋翼的需用功率迅速增大，但发动机的输出功率增加较慢，于是旋翼转速就会减小，使桨叶迎角增

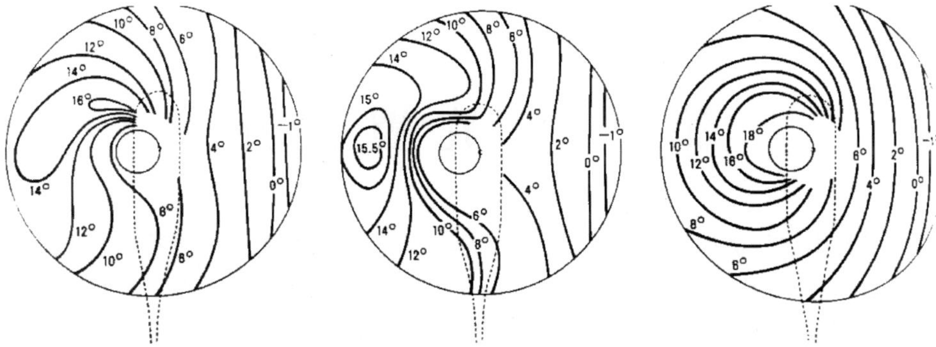

图 11－1　不同飞行状态下旋翼桨叶迎角等值线图

加。此外，旋翼转速减小会引起旋翼拉力减小，于是直升机下降高度，下降中的相对气流也会使桨叶迎角增加。由此可见，上提总距杆过猛容易使桨叶迎角超过临界迎角，引起失速。

11.1.3　超载起飞时，安装角过大造成失速

直升机超载起飞时，为了取得较大的拉力，就需要较大的起飞功率及增大安装角。这时，如果飞行员不注意，就容易将总距杆上提过多过猛而造成失速。

总距杆上提过多，安装角增加较多，使桨叶迎角增加很多。上提总距杆动作过猛，使安装角的增加比发动机进气压力的增加要快一些，发动机的功率来不及增大，造成旋翼转速减小。旋翼转速减小又会引起桨叶迎角增大。这两个原因都容易造成旋翼失速。

11.1.4　高空小速度飞行引起失速

在高空飞行如速度过小，一方面空气密度小，旋翼产生的拉力小，为了得到足够的拉力，就要上提总距杆，用大安装角飞行，使迎角增大；另一方面速度过小，拉力减小，为保持拉力，必须增加诱导速度，又使 $N_{需}$ 增加，使 $N_{可用}$ 小于 $N_{需}$，引起拉力减小，小于重力，直升机下降高度，又使桨叶迎角增加，这就可能使迎角超过临界迎角而发生旋翼失速现象，因此，在高空飞行时速度不宜过小。

11.2　旋翼失速后对直升机飞行的影响

11.2.1　旋翼转速下降

因旋翼失速后，旋转阻力急剧增加，所以旋翼转速明显下降。

11.2.2　直升机掉高度

因旋翼失速后，产生的拉力本来就减小，加上旋翼转速下降，使旋翼拉力更加减小，旋翼拉力小于直升机重力，所以直升机掉高度。

11.2.3　操纵性变差

飞行员操纵驾驶杆后，这时的操纵力矩是旋翼拉力对直升机重心所形成的力矩。旋翼失速后，拉力减小很多，操纵驾驶杆后，拉力对重心形成的力矩小，即操纵力矩小，所以操纵性变差。

11.2.4　振动明显，并向270°方位倾斜

在前飞中旋翼失速，旋翼转到不同位置，时而失速产生大量涡流，时而不失速，空气流动情况变化较大，这种气流的剧烈变化，会使直升机发生明显的振动，由于桨叶在270°方位气流分离最严重，所以直升机要向270°方位倾斜。

11.3　防止和改出旋翼失速的方法

11.3.1　旋翼失速的预防

为预防进入旋翼失速，应注意以下几点：

（1）一般不要作超载起飞。如果必须要作超载起飞时，应尽量利用地面效应起飞或作滑跑起飞。

（2）空速不要超过允许的最大速度，在高空速度不要过小。

（3）总距杆的操纵动作要注意柔和。

11.3.2　旋翼失速的改出方法

飞行中发生旋翼失速后，飞行员应及时沉着地操纵直升机改出失速。既然旋翼失速是由于桨叶迎角大，超过临界迎角而引起的，所以改出旋翼失速就是使桨叶迎角减小，并小于临界迎角，其方法如下：

（1）大速度失速时，应向后拉杆减小速度，使桨叶在270°方位的桨叶迎角减小，改出旋翼失速。大速度失速时，直升机要向270°方位倾斜，这时不能采用向90°方位压杆的方法改平直升机。因为向90°方位压杆，自动倾斜器会使270°方位桨叶迎角会增大，90°方位桨叶迎角减小，结果反而使旋翼失速加剧。当直升机退出旋翼失速后，向270°方位倾斜的趋势自然消失。

（2）起飞中上提总距杆过猛过多引起失速，应适当下放总距杆，以迅速减小桨叶迎角改出失速，但不能用推杆的办法修正。

（3）高空小速度失速，应推杆增速改出失速。

第 12 章　旋翼自转及自转着陆

飞行中旋翼在失去发动机带动之后，利用其原有的旋转动能和直升机的势能，仍可以保持稳定旋转，这种现象称为旋翼自转。飞行员利用旋翼自转中产生的拉力，操纵直升机进行滑翔，这样就能选择合适场地安全着陆。在旋翼自转状态下的着陆称为自转着陆。

12.1　旋翼自转的基本原理

12.1.1　安装角与旋翼的工作状态

以直升机垂直下降为例，来分析旋翼自转的基本原理。

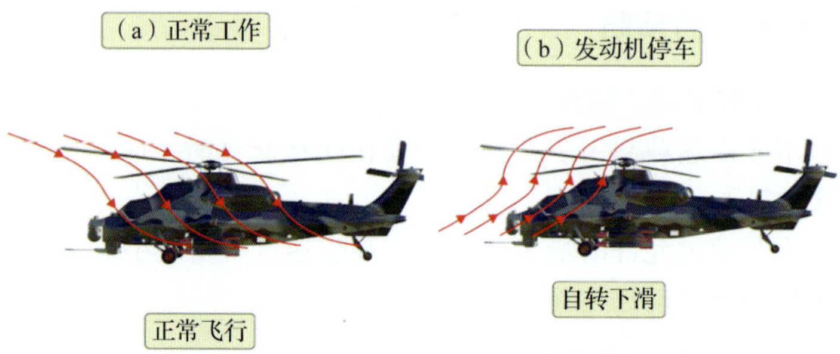

图 12－1　正常飞行与自转下滑旋翼相对气流

发动机带动旋翼工作时，流过桨叶的相对气流合速度（W）与桨毂旋转平面的夹角即来流角（ε）是正值（见图 12－2（a））。桨叶的升力（Y）与空气阻力（X）在桨毂旋转平面上投影分别是 Q_y 和 Q_x，二者的方向相同，其和即为桨叶的旋转阻力（Q），因此，在通常飞行状态下，旋翼桨叶的旋转阻力力矩，必须由发动机传至旋翼轴的扭矩来平衡，才能保证旋翼稳定旋转。

发动机空中停车后，因旋翼突然失去发动机的带动，转速和拉力势必要减小。直升机在重力作用下，飞行高度不断降低。当直升机下降率增大到一定数值后，直升机下降运动形成的自下而上的相对气流，相对气流合速度 W 的方向自下而上斜向吹向桨毂旋转平面，引起桨叶总空气动力 $R_{叶}$ 相对前倾（见图 12－2（b））。因桨叶产生的升力 Y 与相对气流合速度 W 方向垂直，故桨叶

升力 Y 向前倾斜。此时升力 Y 在桨毂旋转平面上的分力 Q_y，由原来在桨毂旋转平面上指向后方变为指向前方，由旋转阻力变成拉着旋翼继续旋转的动力；而这时由空气阻力 X 形成的旋转阻力 Q_x，仍力求阻止旋翼旋转（见图 12－2（b））。当 Q_y 与 Q_x 取得平衡时，桨叶就能保持稳定的自转，桨叶的总空气动力 $R_{叶}$ 在桨毂旋转平面上的投影为零（如图 12－2（c）所示），旋翼在自下而上的相对气流作用下，无须发动机带动而保持稳定旋转，旋翼的这种工作状态称为旋翼自转状态。这就是旋翼能够自转的基本原理。

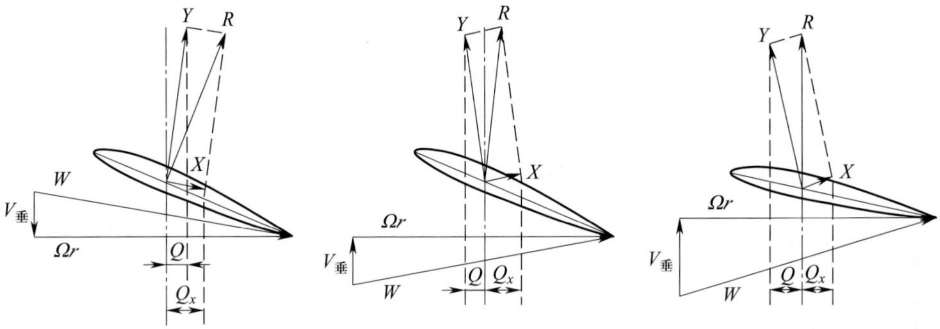

图 12－2　旋翼的自转原因

旋翼自转中，根据桨叶受到的空气阻力不同，自转又可分为稳定自转，加速自转和减速自转。

稳定自转就是旋翼转速保持不变的自转。此时，桨叶的升力和阻力在桨毂平面内的投影为 Q_y 和 Q_x 应彼此相等，见图 12－2（c）。在加速自转中，桨叶的总空气动力 $R_{叶}$ 必须相对于旋转轴向前倾斜一个角度（见图 12－3（a）），在旋转面上就会出现一个分力 Q_R，其方向同桨叶的旋转方向相同，使旋翼加速旋转。在减速自转中，桨叶的总空气动力 $R_{叶}$ 相对于旋转轴向后倾斜一个角度（见图12－3（b）），在旋转平面上出现一个向后的分力 Q_R，使旋翼减速旋转。

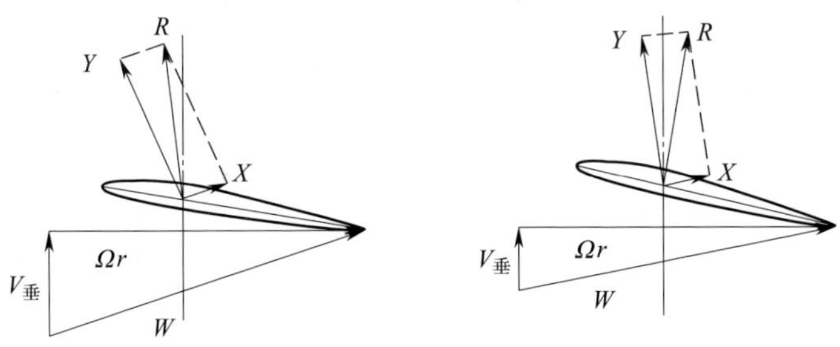

图 12－3　旋翼自转时的转速调节

12.1.2　旋翼自转的基本条件

旋翼自转特性的物理本质，是在较小的安装角下使桨叶的总空气动力前倾一个角度，以使旋翼桨叶靠自身的空气动力克服旋转阻力力矩，实现稳定旋转状态。因此，发动机停车后，为使旋翼进入自转状态，必须减小安装角，所以，飞行员必须及时下放总距杆。

旋翼的挥舞调节装置，有助于旋翼在发动机停车后顺利地进入自转状态。因为当发动机停车后，随着直升机下降，相对气流改由斜下方吹向桨叶，使桨叶迎角增大。它一方面引起旋翼拉力增大，另一方面引起旋转阻力增大，使旋翼转速减小，同时也使桨叶的惯性离心力减小。桨叶拉力增大而惯性离心力减小，都将引起桨叶向上挥舞。当桨叶向上挥舞时，挥舞调节装置能自动减小安装角，于是安装角减小，拉力和旋转阻力也同时减小，从而防止桨叶上挥过高和旋翼转速减小过多。这就保证飞行员能有充裕的时间下放总距杆，转入旋翼自转。

12.2　直升机的旋翼自转下滑

直升机在前飞时，如果发动机停车，或在训练中为练习旋翼自转时的操纵动作，有意脱开发动机与旋翼的连接时，直升机将转入自转下滑状态。

直升机在实际飞行中，垂直自转并不常见，大都表现为下滑自转，即直升机在下滑状态下进入旋翼自转。直升机的下滑自转也叫作滑翔，其下滑自转的性能称为滑翔性能。

前飞中转入自转下滑状态的原理与垂直下降转入自转的原理基本相同，而且相比更容易转入自转状态。同时，直升机有较大的前进速度，旋翼效率较高，所消耗的功率较小，因此对应的自转下降的下降率较小。

直升机在自转状态下滑时，下降率的大小与下滑速度有关。这个问题可利用自转下滑功率曲线（与平飞所需功率曲线相似，见图 12－4）来分析。由图中可以看出：直升机以经济速度（$V_{经济}$）作自转下滑时的所需功率最小，功率差值（即 ΔN）最小，所以对应下降率也最小，大于或小于经济速度做自转下滑，因所需功率均较大，故下降率都会增大。与自转垂直下降（相当于 V 等于零）相比，自转下滑的下降率比垂直下降的要小。例如，某型直升机以经济速度作自转下滑，下降率最小，约为 8m/s；而自转垂直下降时，下降率很大，约为 18m/s。可见在自转下滑中为了获得较小的下降率，应以接近经济速度作下滑。若直升机以有利速度下滑，下滑角最小，下滑距离最远。此外，用稍大于经济速度的有利速度作自转下滑时，直升机具有一定的稳定性和较好的操纵性，这对飞行员的操纵也是有利的。实际飞行中，对于《飞行驾驶守则》中有明确规定的型号的直升机，飞行员应当严格执行；对于没有明确规定的，可按下列原则执行：最小速度不能小于 100km/h；最有利的自转下滑速度是大于经济速度 10 ~ 20km/h。这是因为在自转下滑中，旋翼转速与下滑速度、总距位置、下降率关系是互相影响的，只要保持经济速度或略大于 10 ~ 20km/h 且总距位置合适，旋翼转速就最佳，下降率最小；下滑速度正常，总距位置高、旋翼转速减小，下降率增大；总距位置合适，下滑速度大，下降率增大，旋翼转速易超过规定；总距位置合适，下滑速度小，下降率增大，旋翼转速易小于规定。

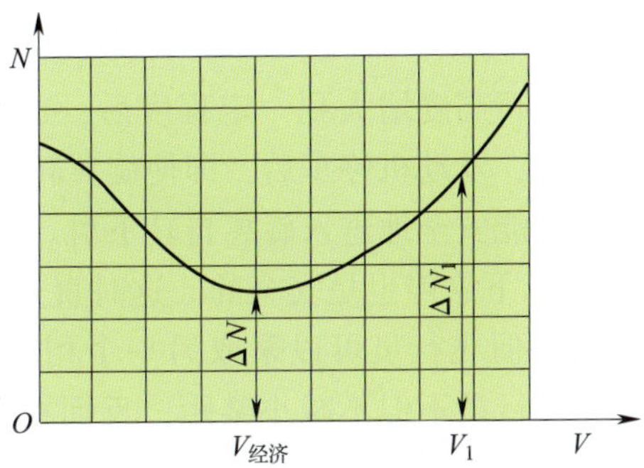

图 12 - 4　自转下滑功率曲线

12.3　自转下滑性能

12.3.1　直升机的安全图线

直升机从发动机停车到进入自转状态，有一个变化过程。为了保证直升机在发动机停车后，能来得及转入以接近经济速度作自转下滑，就需要有一定的高度备份量，否则直升机就会在进入自转以前以很大的下降率触地，而危及飞行安全。通常把直升机来不及进入自转下滑的高度和速度范围的图线称为“安全图线”。该图线表示直升机飞行应该回避的范围。

图 12 - 5 是某型直升机的“安全图线”。纵坐标表示高度（H），横坐标表示飞行速度（V），阴影部分表示直升机在飞行中应该回避的高度和速度范围，称为回避区。在回避区内的高度和速度范围内，不但发动机停车后，飞行员来不及操纵直升机以接近经济速度的速度作滑翔，而且在直升机触地时所受的力会超过结构所能承受的撞击力。所以，飞行员根据“安全图线”可以适当地掌握飞行高度和飞行速度。除非有战术上的需要或在特殊情况下，一般避免在回避区内飞行。

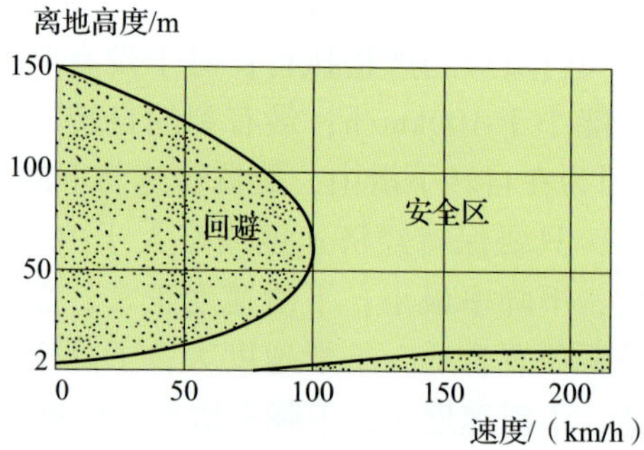

图 12－5　直升机的“安全图线”

从图中可以看出，当飞行高度增大到一定程度后，这种回避区的限制就不存在。因为在一定高度以上，发动机停车后，即使旋翼转速降至规定转速以下，直升机在飞行员的操纵下，能安全地进入旋翼自转下滑。

直升机在 10m 的高度以下悬停也是安全的。这时直升机虽然来不及进入以经济速度作旋翼自转下滑，但飞行员可以采取另一个相应的措施来保证安全。即在此高度以下停车时，飞行员不但不减小桨距，反而在直升机接地前迅速地上提总距杆以增大桨距，使旋翼瞬时增大拉力，以减小下降率。当转速没有大量减小以前，直升机已缓慢地接地了。

随着飞行速度增大，不安全高度的范围越来越小，当直升机以经济速度飞行时，不安全区的范围就不存在了。这是因为此时飞行速度较大，旋翼效率较高，所需功率很小，直升机很容易转入以经济速度作自转下滑的缘故。例如，某型直升机以 100km/h 的速度飞行时，即使发动机在较低的高度（20m 以下）停车，飞行员也有条件操纵直升机安全着陆。

12.3.2　自转下滑其他性能

（1）滑空比、下滑角

滑空比是指直升机前进水平距离与下降高度的比值。

按自转有利下滑速度与下降率计算滑空比。

大多数直升机稳定自转下滑的滑空比为 4°。

获得最小自转下滑角的速度，有的机型给出了数据，如某型直升机，高度 2000m 以下 $V_{表}$ 为 180km/h。对于没有给出数据的直升机，可按比经济速度大 50～60km/h 掌握。

（2）自转下滑状态最大允许坡度

按《飞行驾驶守则》规定执行。有的机型没有明确给出规定，也应当从坡度增大，下降率必然增大，若向后行桨叶方向转弯，坡度大，不利于保持直升机横侧平衡考虑，尽量采取小坡度，不要超过正常飞行中最大允许坡度的一半。

(3) 侧风对自转着陆的影响

对于无垂尾直升机，主要从驾驶杆横侧操纵余量考虑，自转着陆时左旋旋翼直升机右侧风比左侧风有利。

对于左旋旋翼有垂尾直升机，左侧风使垂尾产生向右的侧力，同时相对气流方向与尾桨排出气流方向相反，使尾桨桨叶迎角向零度迎角接近，一方面尾桨向右的拉力减小，正好由垂尾的侧力来平衡（有可能垂尾侧力还要大些）；另一方面尾桨桨叶迎角减小，所需功率减小，旋翼功率相对增加，下降率相对减小。因此左侧风着陆比右侧风有利。

12.4　直升机旋翼自转状态下滑时的操纵原理

飞行员利用旋翼自转产生的拉力，操纵直升机滑翔，就能实现安全着陆。在旋翼自转状态下的着陆，称为自转着陆。

12.4.1　进入自转的实施方法

以某型直升机为例，飞行中当发动机停车时，应柔和一致地下放总距杆，蹬左舵，用驾驶杆调整并保持速度 140～150km/h。放总距杆时，逐渐向左压杆，以保持横向平衡。操纵原理如下：

飞行中当发动机停车时，因为这时的安装角较大，桨叶的总空气动力后倾，使旋翼转速减小，不适合旋翼自转的需要。为使直升机迅速进入自转状态，飞行员应下放总距杆，减小安装角。停车时的高度不同，进入自转状态所需下放总距杆的位置也不同。这是因为高度不同，空气密度也不同，旋翼进入自转所需桨叶迎角不同的缘故。值得强调的是，停车瞬时，为旋翼尽快进入自转，以减小旋翼转速的损失，必须迅速放总距到底，而后按上述规律调整总距，保持适宜的旋翼转速。

旋翼进入自转后，直升机力矩的平衡关系发生变化，飞行员要相应地操纵杆舵，保持力矩的平衡。

(1) 方向平衡的变化及修正

直升机在发动机双发停车（或传动机构脱开）的瞬间，旋翼反作用力矩突然消失，机头将急剧向右偏转，飞行员应及时蹬左舵，以保持方向平衡。

(2) 横向平衡的变化及修正

由于蹬左舵后，尾桨拉力 $T_{尾桨}$ 方向改变，$T_{尾桨}$ 由向左变为向右，对重心形成向右滚转的力矩，所以要保持侧力及力矩平衡，应向左压杆，使旋翼锥体向左倾斜，使向左的拉力第三分力 T_3 与 $T_{尾桨}$ 平衡，以保持横向平衡。

（3）俯仰平衡的变化及修正

旋翼进入自转后，相对气流自下而上流过直升机，机身、尾梁、平尾等部位产生向上的附加空气动力，并作用于重心之后，对直升机形成下俯力矩，直升机将出现下俯趋势，应适当地带杆修正，以保持俯仰平衡。

12. 4. 2　自转着陆的实施方法

直升机在旋翼自转状态条件下着陆，要求以最小的下降率和较小的前飞速度平衡接地。着陆瞬间下降率越小，接地撞击越小；前飞速度越小，着陆后的滑跑距离越短，所需场地越小。

直升机在旋翼自转状态有两种动能可以利用，一种是直升机的运动动能，它与下滑速度的平方成正比，下滑速度越大，直升机的运动动能越大；另一种是旋翼的旋转动能，它与旋翼转速的平方成正比，旋翼转速越大，旋转动能越大。为了使直升机在接地前获得尽可能小的下降率，关键是如何最大限度地利用这两种动能，将其转化为旋翼拉力。

在实际飞行中，根据不同情况，可以采取以下三种着陆方法。

（1）利用运动动能着陆法

这种方法是在直升机具有较大速度的条件下，在适当的高度上，飞行员向后拉驾驶杆，增大旋翼迎角，将直升机运动动能转化成旋翼旋转动能，以增大旋翼拉力，减小下降率。在下降率减小的同时，前飞速度也将减小，旋翼拉力也很快减小。因此，飞行员要及时保持好着陆姿态选择平坦场地接地。采用此法着陆的缺点是，不能充分利用旋翼旋转动能，需要良好的净空条件和较长的平坦场地。

（2）利用旋转动能（增大旋翼总距）着陆法

当下滑速度过小时，应采用在适当时机增大旋翼总距的方法，利用旋翼的旋转动能来增加旋翼拉力，减小下降率，进行着陆。采用此方法，可以在短时间内增大旋翼拉力，减小下降率，使直升机退出下滑和以较小的下降率接地。

必须指出，总距增大后，旋翼转速在空气阻力作用下将很快减小，拉力也很快减小。因此，选择增大总距的时机很重要。如果高度较高就上提总距杆，结果过早地消耗了旋翼动能，再继续下降就无储备能可用，直升机将粗猛接地，可能造成事故。这种方法的缺点是：没有充分利用直升机所具有的运动动能。但若迫降场地狭小，此方法是唯一可用的方法。

（3）综合着陆法

综合着陆法，是在适当的高度上，通过拉杆减小飞行速度，把直升机的运动动能转化为旋翼的旋转动能，增大旋翼拉力，减小下降率。而后再利用旋翼的旋转动能，在接近地面时，瞬间增大旋翼总距，充分利用旋翼的旋转动能，进一步减小下降率，充分利用了前两种着陆方法的优点，故称为综合着陆法。在一般情况下，直升机以旋翼自转状态着陆都应该采用这种方法。

现以某型直升机为例，来说明自转着陆的操纵方法和操纵原理。

当直升机自转下滑到高度 35 ~ 25m 时，开始拉杆消速。拉杆以后旋翼锥体向后倾斜，拉力分出向后分力（T_2），用以减速。旋翼锥体向后倾斜可以增大旋翼迎角，这时桨叶截面迎角也将增大，使旋翼拉力增大，可以减小下降率。

高度 25 ~ 15m 时，柔和上提总距杆，减小下降率，在接地前把总距杆提到最大。因为提总距杆以后，旋翼的总桨距增大，这时可以充分利用旋翼的转速，产生较大的拉力，使下降率减小，为飞机较轻地接地创造条件。

高度 6 ~ 5m 时，向前顶杆，这是为了摆好着陆姿态以便接地。

最后，及时柔和地把总距杆下放到底。放总距杆过晚则旋翼转速减慢，桨叶在离心力减小而拉力较大的情况下，旋翼锥角会急剧增加。放总距杆过猛，则桨叶的离心力和拉力都急剧减小，桨叶会迅速下垂。这两者都可能损坏旋翼。

第 13 章　双发直升机的单发飞行

双发直升机在飞行中，可能会因为发动机供油和进气不良、发动机机械故障或者云中积冰及防冰系统使用不当等原因，发生一台发动机停车；还可能会因为发动机失火、滑油压力损失、喘振等原因，被迫关闭故障发动机；从而造成双发直升机的单发飞行。为正确研究、训练及处置“飞行中一台发动机停车”（简称一发停车）的特殊情况。

13.1　一发停车时直升机飞行状态的变化

双发直升机飞行中一台发动机停车后，直升机飞行状态发生变化的普遍现象是方向不稳、姿态倾斜、抖动和掉高度。这些现象对于不同型号直升机或者同一型号直升机的不同单发时机，表现的程度是有所不同的。单发停车后对直升机飞行状态的影响，主要取决于发动机技术性能和停车当时直升机的飞行状态（重量和速度）。现代双发直升机上的涡轴发动机都装有功率协调装置，双发正常飞行时，总功率自动地均衡分配给两台发动机，当一台发动机停车，另一台发动机随即会自动增加功率。这是分析单发停车后对飞行状态影响时的一个重要因素。

（1）方向不稳定

飞行中单发停车后，直升机方向先是偏转，随后是因为正常工作发动机自动增加功率又使直升机回转。方向不稳定的程度，取决于故障发动机停车的快慢、停车当时的直升机状态、发动机的加速性能、旋翼所需功率与单发中间应急功率的差值、垂直尾翼的作用和飞行员的判断与操纵。

（2）姿态倾斜

飞行中单发停车后，直升机横向姿态可能会倾斜（左旋旋翼为右倾），其原因与直升机以旋翼自转状态下降时的平衡同理。在多数飞行状态下发生单发停车后，直升机横向姿态出现倾斜的可能性较小。只是当单发中间应急功率远不能满足直升机当时飞行状态（飞行高度、重量、速度等）的旋翼所需功率的情况下，直升机姿态会出现倾斜。

（3）直升机抖动

飞行中单发停车后，直升机抖动的根本原因是发动机输出功率、旋翼桨叶安装角和旋翼转速三者关系由匹配变为不相匹配，造成旋翼转速波动，直升机状态不稳定所致。只要飞行员对旋翼转速、直升机状态和发动机工作状态控制及时适当，那么抖动现象就会不明显或很快消失。

（4）直升机掉高度

单发停车瞬时直升机掉高度的原因，主要是单台发动机自动增加的功率，甚至使用最大应急功率仍然满足不了当时飞行状态的旋翼所需功率。在单发动升限以下，保持经济速度飞行，应当能够保持飞行高度，如果不能保持高度，可能是飞行员调整控制发动机工作状态，旋翼转速和飞行状态（速度）不够及时正确；还可能是发动机性能达不到给定性能。

需要指出，自动驾驶仪有助于克服方向不稳定和姿态倾斜，如果方向、高度、速度（升降速度）保持功能接通的情况下，反而会加剧抖动和影响操纵。因此发生单发停车后，如何使用自动驾驶仪，要严格遵守有关规定。

13.2　单发飞行对飞行性能的影响

（1）平飞性能

一发停车后，单发最大连续功率所能保持的最小平飞速度增大，最大速度减小，即平飞速度范围减小。

（2）上升性能

一发停车后可用功率减小，在所需功率不变的情况下，剩余功率减小，所以爬升角和上升率都要减小。

（3）起飞着陆性能

①起飞临界决策速度（V_1）

所谓起飞临界决策速度就是依据起飞场地长度和风的情况，决策起飞中一旦单发停车时何时中止起飞，何时继续起飞的速度界限。显然，确定临界决策速度的实用意义，是防止处置单发停车的决策失误，防止该中止起飞时不中止起飞而造成被动，不该中止起飞时错误地中止起飞使直升机冲出场地边界。

②安全起飞或着陆速度（V_{TOSS}）

在起飞增速转上升前一旦单发停车，若要继续起飞，同时要满足上升轨迹和加速到经济速度的需要是困难的，首先要满足飞越场地边界障碍物所必须的上升轨迹的需要。当飞行重量和可用功率（最大应急功率）一定时，上升轨迹取决于上升速度、上升率和上升时间三者之间的关系，根据理论计算和试飞验证，满足上升轨迹需要的速度要小于经济速度且与起飞临界决策速度有关。同理，在单发进场着陆过程中，消速时要满足着陆方式（滑跑速度）的需要，目测时要兼顾飞越场地边界障碍物所必需的下滑轨迹，在飞行重量、可用功率一定时，同样要考虑进场速度（飞越场地边界时的速度）、下降率和下滑时间三者之间关系。进场速度偏大，可以满足下滑轨迹的需要，但不利于着陆；进场速度偏小，下降率大（无功率可调整）满足不了下滑轨迹的需要，且目测消速不成功时将失去复飞的机会。因此安全进场速度也与临界决策速度有关。顾名思义，可以保证单发安全起飞的速度称为安全起飞速度；既可保证单发正常目测消速着陆，又可保证目测消速偏差过大时的安全复飞的速度称为安全着陆速度。$V_{TOSS} = V_1 + 10\text{km/h}$。开阔场地的 V_{TOSS} 为 100km/h。

13.3 单发飞行操纵

一发停车后，可用功率降低，使旋翼转速下降。为保持旋翼转速，应下放总距杆。而下放总距杆后，旋翼的反作用力矩减小，机头右偏，应及时蹬左舵保持方向，同时还应向左压杆保持横向平衡。保持好飞行状态后，再根据情况作单发飞行。

单发飞行操纵的重点环节是旋翼转速、发动机工作状态和飞行状态的控制。

（1）旋翼转速的控制

现代直升机双发正常飞行时，旋翼转速是自动恒定的。这是因为发动机的燃油调节系统保证发动机在最小负荷和最大负荷之间始终恒定发动机自由涡轮转速在规定值；与总桨距 - 油门互连的旋翼转速调节器能够补偿调速器的静下垂和减小燃调的响应时间。但有时单发飞行状态不同，旋翼所需功率不同，飞行时可根据发动机和旋翼功率的使用情况控制旋翼转速：

①对于旋翼所需功率小于可用功率的单发飞行状态，旋翼转速同样按双发正常飞行时最佳转速范围控制。

②对于有的单发飞行状态（如上升、小速度飞行），所需功率可能会大于可用功率，在此情况下，要使用最大功率，可能会导致旋翼转速下降；为保持旋翼转速，需适当下放总距，又可能会导致发挥不出最大可用功率。为解决这一矛盾，允许适当减小旋翼转速。

（2）发动机工作状态的控制

双发起飞功率、最大连续功率和单发最大应急功率的最大允许扭矩值，都是为保护主减速器不受疲劳损伤限制的。有时间限制的双发和单发各状态的最大允许发动机转速和无时间限制的单发最大允许扭矩都是为保护发动机而限制的。双发正常飞行时，由于发动机剩余功率较多，往往不容易使扭矩和发动机转速超出最大允许值。单发飞行的多数飞行状态，发动机可用功率与所需功率相当，甚至可用功率不足，往往容易使扭矩和发动机转速超出最大允许值。因此单发飞行比双发飞行更要关注发动机工作状态的控制。

单发最大允许扭矩的控制方法，只需按仪表指示直接监控即可，不需要根据飞行高度和环境温度核算（查表）。但是要注意，空气密度越大（低温、低高度）扭矩越容易达到限制；相同总距值，如果操纵动作粗，改变状态急剧，扭矩值增大。

单发最大应急状态的最大允许发动机转速的控制方法，发动机燃油调节系统能够自动地保证发动机转速不超过最大应急状态的限制。但是要注意，一般直升机给定的工作参数是指海平面、气温 30℃以下的最大值，当地面大气温度高于 30℃时，每升高 1℃，发动机转速（N_g）要减小 0.05%。

单发中间应急状态的最大允许发动机转速的控制方法，要根据飞行高度和环境温度查图（《飞行驾驶守则》或驾驶舱）得出。其规律是气温高、高度高，N_g 要比工作参数给定值减小。

（3）单发飞行状态的控制

操纵单发飞行状态需更加及时、柔和、协调。在控制飞行状态时要注意以下几点：

①要把握单发停车瞬时直升机状态变化的特点。停车的判断、飞行姿态的控制和飞行速度的调整越及时正确，越有利于飞行状态的控制。

②要避免直升机侧滑。侧滑会导致发动机可用功率下降，旋翼所需功率增加。

③要控制转弯坡度。坡度大所需功率增加，操纵复杂。单发飞行的转弯坡度通常为双发飞行最大值的二分之一。

④要防止下降率偏大。下降率过大，易导致旋翼转速大；下降率大，退出下滑的所需功率大。

总之，单发飞行操纵中，控制飞行状态，旋翼转速和发动机工作状态是相互关联相互影响的，只有合理控制飞行状态，才能正确使用发动机工作状态；只要把飞行状态和发动机工作状态控制好了，旋翼转速就易控制了；而旋翼转速保持合适，又有利于直升机状态和发动机工作状态的控制。

第14章　尾桨故障

尾桨故障一般分为两种类型：一种是尾桨传动系统故障，如内部疲劳或者外部撞击等导致的传动轴的损坏，造成尾桨拉力完全丧失，该类故障通常称为尾桨失效；另一种是尾桨操纵系统故障，指飞行员对尾桨力操纵的能力消失，如内部的摩擦或外部的撞击导致操纵线系故障，可能导致尾桨变距自由波动，或者固定在任何一个介于高低桨距之间的一个位置，包括当前的配平尾桨距位置，该类故障通常称为尾桨卡滞。

14.1　尾桨失效

尾桨失效包括由尾传动系统故障导致的尾桨不工作或尾桨结构损坏脱落。发生这些情况的时候，直升机通常会由于旋翼反扭矩的作用导致直升机偏转。左旋直升机向左偏，右旋直升机向右偏。

直升机的偏转的程度和当时使用的功率和空速有关。由于空速较大时垂尾的方向稳定作用可以替代部分尾桨功能，减小甚至消除偏转，有利于保持方向。所以直升机在大功率小空速状态下尾桨失效会产生非常严重的偏转。在小功率大空速状态时，偏转会较小。

另外，如果尾桨失效是由尾桨结构损坏脱落引起的，除了会发生直升机偏转外，由于直升机重心的变化，还会引起直升机的急剧下俯。

一旦发生了尾桨失效，必须减小或停止使用发动机功率，以减小或消除旋翼反扭矩。根据直升机的飞行状态，采取的方法有所区别，通常需要进行自转着陆，但对于有较大垂尾、方向稳定性较好的直升机一般可以采用滑跑着陆。

如果在悬停时发生尾桨失效，通过关闭发动机或转动油门环来进入悬停自转。通过驾驶杆保持直升机以正确的姿态接地。在接地前尽可能地增大总距，减小接地速度，进行缓冲。

如果发生在直升机前飞状态，通过降低总距及调节发动机功率来进入正常的自转。如果故障发生时直升机具有足够的前飞速度（接近巡航速度），安装有垂直安定面的直升机，由于其垂直安定面可以提供足够侧向力来平衡旋翼的反扭矩，在使用发动机功率时，直升机并不会出现大的偏转，可以保持速度，这样允许控制直升机在更大的范围选择着陆场地，并有利于建立更理想的着陆航线。

尾桨失效时可以通过向偏转方向相反方向压杆，通过横向与方向稳定性的耦合来补偿部分的偏转。这样有助于进行方向控制，但同时也增加了阻力，可能会使直升机速度降低。因为垂尾的方向稳定性会随着空速的减小而降低，所以利用驾驶杆操纵克服直升机偏转时，一定要特别注意保持直升机的速度，一旦速度减小到一定程度，直升机将加速偏转，并且难以恢复。并且这种方法也不能在前飞时尾桨失效的初始阶段使用，因为初始阶段，随着尾桨拉力消失，直升机发生偏转，会产生较大的侧滑，速度下降非常快，如果在向偏转反方向压杆，速度下降会更快，很有可能没有机会进入自转。

14.2　尾桨操纵卡滞

所谓尾桨操纵卡滞，是指由于某种原因，如尾桨操纵线系被卡住、变距拉杆脱落等，使尾桨叶安装角固定在某一角度上，蹬舵操纵不动，或蹬舵直升机没反应。直升机的方向操纵遭到破坏。

14.2.1　尾桨卡滞分类与特点

从飞行的角度可将尾桨卡滞位置分为低距位置、中立位置和高距位置。以左旋旋翼直升机为例，如图 14 – 1 所示为不同卡滞位置尾桨拉力状态。

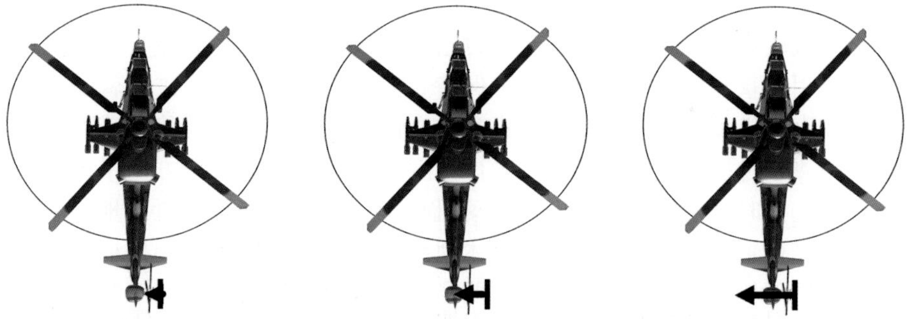

图 14 – 1　不同卡滞位置尾桨拉力

（1）低距位置卡滞

低距位置卡滞是指尾桨叶偏离中间位置较多，卡滞在较小安装角上，尾桨的桨叶迎角较小，甚至产生负迎角。飞行中出现尾桨低距位置卡滞通常出现在直升机所需功率很小的飞行状态下，如下滑、盘旋下降等，其特点主要表现在若需上提总距增大功率飞行，机头向前行桨叶方向偏转较敏感。

如在下滑飞行时，直升机所需功率小，旋翼反扭矩很小，尾桨需要较小的桨距角，以产生的力矩平衡旋翼的反扭矩。此时，尾桨卡滞，直升机需要改平飞或转入爬升等增大功率飞行时，旋翼反扭矩增加，必然造成直升机向前行桨叶方向偏转。

（2）中立位置卡滞

中立位置是指尾桨叶位于中间安装角位置附近，稍高或稍低，此时尾桨还能够提供一部分拉力。飞行中出现尾桨中立位置卡滞通常出现在直升机所需功率较小的飞行状态下，对于一般的飞行课目（如巡航状态），尾桨要平衡旋翼产生的反扭矩，桨叶安装角大都在中立位置附近，座舱内表现为左、右舵基本为平舵，这是尾桨卡滞概率最高的区域。

（3）高距位置卡滞

高距位置是指尾桨叶偏离中间位置较多，卡滞在较大安装角上，尾桨的桨叶迎角较大。飞行中出现尾桨高距位置卡滞通常出现在直升机所需功率较大的飞行状态下，如悬停、起飞、爬升等。其特点主要表现在若需下放总距减小功率飞行，机头向后行桨叶方向偏转敏感。

如直升机作大功率起飞时，飞行员需上提很多的总距量来增大旋翼功率以满足直升机起飞或爬升要求，旋翼反扭矩很大，尾桨需较大的正桨距角，才能产生很大的平衡旋翼的反扭矩，以保持直升机飞行方向。此时，尾桨卡滞，直升机需要改平飞或转入下滑等减小功率飞行时，尾桨产生的偏转力矩必然大于旋翼反扭矩，造成直升机向后行桨叶方向偏转。

14.2.2　尾桨卡滞处置原理

直升机尾桨卡滞时，由于尾桨拉力已不能通过操纵进行改变，只能通过调整其他作用在直升机上的方向力矩来保持直升机的方向平衡，主要就是旋翼的反扭矩和直升机垂尾产生的侧力对机身重心的力矩。所以，尾桨卡滞处置的基本思路是：通过控制发动机功率、飞行速度和侧滑保持直升机方向平衡建立稳定下滑，选择时机通过调整速度及发动机功率，减小或消除侧滑接地。尾桨不同位置卡滞处置方法的不同，主要是体现在接地前的飞行状态和接地时的飞行速度不同。而如果尾桨卡滞发生在较低高度的悬停位置，最好的解决办法就是在直升机偏转速度增加之前立即着陆。

此外，对于中立、低距位置尾桨卡滞，尾桨桨距很小甚至为零，可以采用很小的旋翼反扭矩甚至消除旋翼反扭矩的方式保持方向平衡，所以，在着陆阶段对正着陆区后，可采用半自转或自转着陆方式，这种方法在国外也经常采用。采用半自转或自转着陆方式，可尽量减小接地速度，对于着陆场地条件不足情况下（如野外迫降）着陆是唯一选择，不足之处在于接地前在偏差较大的情况下没有复飞余地。

14.2.3　尾桨卡滞处置方法

（1）交叉角法

消速着陆过程中，飞行轨迹及航向均与跑道呈一定交叉角，随着速度的较小以及高度的降低，顺势减小交叉角，并保证直升机接地时航向、轨迹刚好顺正，接地后总距迅速到底，滑跑过程中使用机轮刹车减速。

此方法较早，接地时机把握要求高、难度大。

（2）延长线法（侧滑法）

消速着陆过程中，无轨迹交叉，航向略带右交叉，即控制直升机“左侧滑右交叉”接地，接近地面时，开始上提总距，逐渐消除交叉角，当直升机机头与跑道方向一致且状态较平稳时，操纵直升机接地，接地点为跑道左侧，接地后总距柔和到底，使用机轮刹车减速。

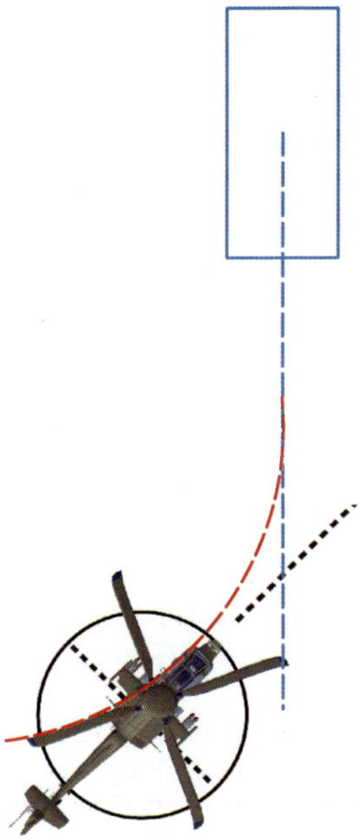

图14－2　交叉角法

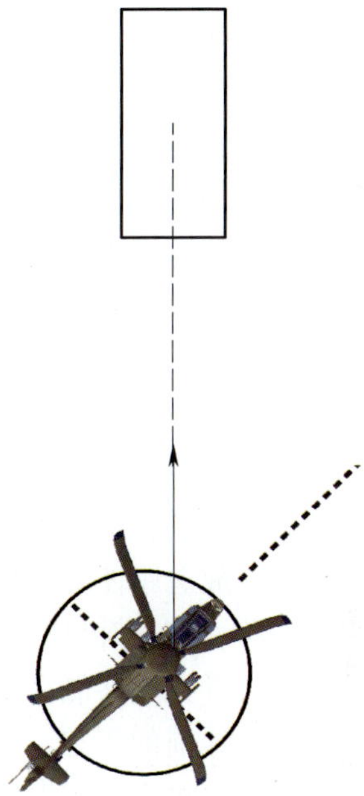

图14－3　延长线法

高距卡滞。调整到经济速度，保持平飞，然后建立较低下滑线，保持右交叉左侧滑，利用侧滑控制直升机的方向偏差，下滑时消速时机可适当提前，稍放总距消速，控制好下降率，接近地面时，开始上提总距，逐渐消除交叉角，当直升机纵轴方向与着陆方向一致且状态较平稳瞬间，操纵直升机接地，然后立即使用机轮刹车减速。

低距卡滞。调整到较大速度，尽可能利用垂尾的风标效应，保持平飞。然后先适量放总距杆引导直升机目测下滑，采用带左交叉右侧滑目测，接近地面一定高度柔和下放总距，机头方向从左交叉回正，进而产生右交叉，再带右交叉左侧滑进一步目测消速，接近地面柔和上提总距杆，刚好顺正方向接地。

高距卡滞与低距卡滞两者之间的区别在于接地速度的大小，高距卡滞接地速度较小，低距卡滞所需接地速度较大。尾桨低距卡滞处置过程中，容易在下滑时消速过快，使垂尾的风标效能降低，直升机方向和姿态出现偏差，偏差较小时可采取调整速度与提放总距来控制方向和姿态进行着陆，偏差较大时要果断复飞。

此种方法，消速着陆轨迹在跑道延长线上，相比交叉角法更有利于飞行员判断着陆状态和接地时机。

（3）总距三段法

此方法在延长线法的基础上进行改进，沿跑道中线下滑，无轨迹和航迹交叉，接地点跑道中线，接地后依然沿跑道中线行进，不使用机轮刹车。

前期与延长线法一致，而后随高度降低逐渐柔和补总距控制下沉量，高度1m以下，总距不动，稍带杆用动能去换取势能，保持一个上仰的状态，关注好直升机的下沉量，当感觉直升机快要接地时在原有基础上再稍带杆，让直升机保持当前高度持续消速。当直升机快要接地时要关注好直升机的方向情况，发现直升机一旦有左偏的趋势，及时柔和下放总距，使直升机尽量较轻地略带左交叉接地。因为接地以后就是消速放总距，消速时，随速度减小，垂尾侧力减小，会使直升机左偏；而放总距会使机头右偏，且速度对方向的控制比较迟缓，而总距比较灵敏，所以使机头保持一个左交叉，这样方便控制。

接地瞬间总距不动，保持好现有姿态（略带上仰角2°～3°），即前机轮稍微离地，再柔和稍放总距使方向顺正，同时稍抻杆（飞行术语）保持住上仰姿态不变，视线前移，若直升机有轨迹上的变化趋势，及时通过驾驶杆横侧快速小量的修正，使直升机始终能沿着跑道中心线行进。同时兼顾好直升机的俯仰变化，始终保持接地前的姿态。由于略带上仰姿态，消速较快，随速度的减小所需功率不断增加，机头会有下俯趋势，继续柔和抻住杆保持住上仰姿态，速度继续减少至较小时，机头会再次下俯造成前轮轻微弹地，若继续带杆极限灯就会亮了，此时再稍放总距使直升机不弹即可，若有轨迹的变化通过总距和驾驶杆共同协调配合修正。直升机停稳后，总距到底、舵平、杆中立。

此方法在延长线法的基础上经过长时间的摸索实践改进而来，整个接地过程总距分为三段：刚接地时放总距使方向顺正为第一段，速度减小过程中为了控制方向而进行调整这是第二段，停立后完全到底，共三段，所以称为总距三段法。

与以往方法相比此方法有以下几个优点：

①降低了操纵难度，简化了注意力分配；

②视觉冲击小、侧向力小，初学者心理压力小；

③整个过程平稳流畅，对装备损伤小；

④接地后仍然能控制直升机轨迹，且消速快，有利于确保直升机不冲出跑道，保证飞行安全。

14.3　尾桨的工作限制

尾桨同旋翼一样，都是产生交变气动载荷的部件。由于尾桨的转速比旋翼高得多，而且大部分直升机尾桨又都是在旋翼尾流的范围内工作，容易同旋翼发生气动干扰，再加上尾桨自身的结构特点，在实际操纵中，必须对尾桨的工作加以限制。飞行中，直升机尾桨还可能发生各种失效现象，这会对直升机的操纵带来严重影响，甚至危及飞行安全。

（1）对尾桨变距速率的限制

过快地改变尾桨桨距，将在尾桨桨叶上形成巨大的科氏力，由于多数尾桨没有垂直铰和减摆器，这种力就会直接作用在尾桨桨毂上，可能造成尾桨桨毂的损坏。为此，不少直升机都规定了从一个方向蹬满舵，到另一方向蹬满舵的最短时间，以此来限制尾桨的变距速率。现代直升机多采用在脚蹬操纵机构中增加阻尼的方法，来实现对尾桨变距速率的限制。

（2）对尾桨变距范围的限制

直升机飞行中，旋翼反扭矩的变化幅度是比较大的，因此，尾桨的变距范围比旋翼桨叶的变距范围大得多。但是，在低空、低温条件下，由于大气密度增加，尾桨效率很高，过大的变距范围会造成尾桨负荷过重，从而损坏尾桨桨毂或尾桨传动机构。为此，有些直升机专门安装了脚蹬活动范围限制器，目的就是解决这一问题。

（3）对直升机方向机动的限制

为了保证尾桨的正常工作，许多直升机都对最大偏转角速度作了限制。这既有结构方面的原因，也有气动方面的原因。从结构方面讲，直升机急剧地进入或改出侧滑时，尾桨桨叶的大幅度挥舞可能使桨叶根部或万向接头式尾桨桨毂壳体撞击限动块，造成结构损坏，在大速度飞行时，这种危害是很严重的。气动方面的原因，主要是过大的偏转角速度，可能导致尾桨的效能降低，甚至进入尾桨涡环。

不同型号的直升机对最大偏转角速度的限制是不同的。一般执行常规任务的通用型和大型直升机，其最大偏转角速度较小，而对机动性要求较高的武装直升机，其最大偏转角速度则要大得多。如“松鼠”直升机《飞行驾驶守则》规定，在悬停和垂直上升中不得作角速度大于20（°）/s的偏航运动。而RAH-66“科曼奇”武装直升机的最大偏转角速度达40（°）/s。

第 15 章　直升机振动

直升机在飞行中会发生各种形式的振动，即使在地面，只要发动机或旋翼在工作，直升机也会有振动。振动轻微，对飞行影响不大。振动过大，不仅会使飞行员疲劳，影响飞行操纵，还迫使机体结构承受重复载荷，提前疲劳损坏。某些强烈振动，如“地面共振”、桨叶颤振等，可能使直升机在短时间内损坏，危及安全。

15.1　直升机的强迫振动

直升机的振源较多。所谓振源，就是作用于结构、系统的激振力的来源。直升机的振源，主要有旋翼、尾桨和发动机。其中，旋翼是最主要的振源，在旋翼产生的激振力的两种成因中，前飞引起的激振力又是基本的。

15.1.1　旋翼、尾桨和发动机在正常工作中引起的振动

这类振动是由旋翼、尾桨和发动机的工作特性所决定的激振力引起的。

前飞中，旋翼桨叶的运动十分复杂。它一面旋转，一面前进，还一面上下挥舞。由于挥舞产生的科氏力，会使桨叶绕垂直关节前后摆动，用驾驶杆操纵旋翼时，桨距还会产生周期性变化。如前所述，桨叶挥舞的轨迹，好像一个倒立的锥体。然而这种比方是做了许多简化的。其实由于前飞时桨盘上气流不对称、桨叶前后摆振、桨盘上返流区的影响，以及桨叶本身的弹性振动等原因，桨叶还要相对其旋转锥面再叠加沿桨叶展向和圆周方向的微小波动，考虑到这些因素，桨叶的运动轨迹就好像一把倒立倾斜着的、表面具有波状的雨伞。

桨叶的运动和受力情况是极其复杂的。由于桨盘上气流不对称和桨叶在各方位上下挥舞速度不同，所以，桨叶在不同方位的迎角和相对气流速度也各不相同，桨叶的升力和阻力将随方位的变化而产生周期性的脉动。这种周期脉动变化的升力和阻力，分别称为交变升力和交变阻力。旋翼每转一圈变化一次的交变升力，称为一阶交变升力；每转变化二次的，称为二阶交变升力；每转变化三次或四次的，分别称为三阶或四阶交变升力。

作用在各片桨叶上的各阶交变升力和阻力，一方面通过桨叶在挥舞平面和旋转平面内的刚体振动与弹性振动（桨叶的挥舞运动就是一种刚体振动），传

至水平关节和垂直关节并在桨毂上合成，构成作用在桨毂上的交变力和力矩，引起直升机振动。另一方面，通过桨叶绕轴向关节的刚体振动和桨叶本身的弹性扭转振动，传至自动倾斜器的变距连杆，并在自动倾斜器上合成，传给操纵系统，使驾驶杆抖动（断开助力器就可以感觉到），还通过操纵系统中的各支座和助力器传给机身，也引起直升机振动。

应该指出，上述各交变力在桨毂上和在自动倾斜器上合成时，有些阶次的交变力互相抵消了，只剩有阶次为桨叶片数的整数倍的交变力和力矩，传给机身和操纵系统。从这个意义上说，桨毂实质上起到了“滤波器”的作用，通过它滤掉了旋翼上某些阶次的激振力。

尾桨的情况也相似，只是其激振力要比旋翼小得多。

如果直升机上各构件、附件系统和设备的固有频率与由旋翼、尾桨或发动机所能传递过来的各阶激振力频率相接近或重合时，就会发生共振。为避免发生危险的共振，通常在发动机使用转速范围内，构件和设备等的固有频率不应与旋翼、尾桨、发动机的低阶激振力频率相一致。这在设计、制造时已经解决，所以在正常情况下，直升机的振动是在允许范围之内。

15.1.2　飞行状态引起的振动

飞行中，良好的直升机在某些情况下也会发生一些比较明显的振动。

15.1.2.1　飞行速度过大时的振动

飞行速度过大，会引起从旋翼传来的激振力和力矩增大，使直升机强烈振动。飞行速度越大，旋翼相对气流不对称越严重，其挥舞和摆振运动就会相应地加大。此时，处于270°方位附近的桨叶，由于向下挥舞速度过大，桨尖部分的迎角将会超过临界迎角而出现严重的气流分离。飞行速度过大，这种气流分离的区域会扩大；与此同时，桨根部分返流区也要增大，这样不但会引起桨叶拉力降低，而且由于每片桨叶的空气动力有周期性的剧烈变化，将引起直升机强烈振动和倾斜，造成操纵困难（见图 15 -1）。

此外，以过大的速度飞行，前行桨叶的桨尖部分，会因速度过大而接近声速。在桨尖部分的表面出现超声速区和激波，也将导致气流分离和空气动力性能恶化，引起直升机振动，甚至操纵失效。

15.1.2.2　“过渡速度”的振动

直升机在起飞增速和着陆消速阶段，在某一飞行速度范围内，会出现明显的抖动现象，这个出现抖动的飞行速度范围，习惯上称为“过渡速度”。“过渡速度”的抖动，是直升机所特有的一种现象。各型直升机都有其不同的“过渡速度”，它的实质是由于旋翼的激振力增大所引起的一种强迫振动，来源于前一桨叶气流对后一桨叶的影响。

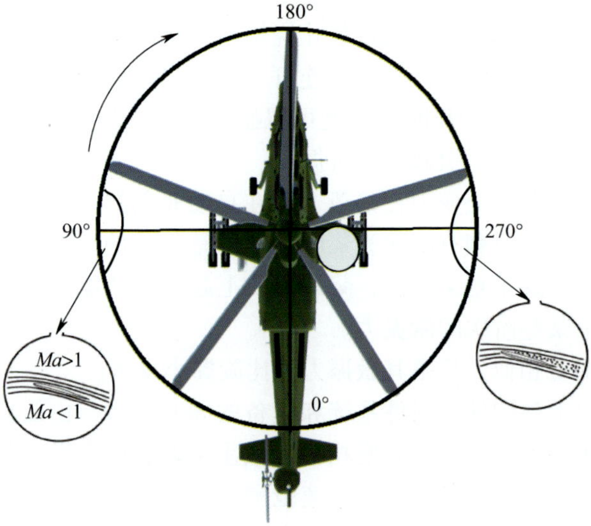

图 15－1　大速度飞行中的振动原因

旋翼的桨叶与机翼相类似，桨叶产生拉力时，在桨叶的桨尖和桨根也有涡流存在，特别是桨尖部分的涡流对旋翼的空气动力影响甚大。旋翼各种工作状态的翼尖涡流轨迹，如图 15－2 所示。翼尖涡流的偏流角，是桨叶的圆周速度与桨尖截面气流合速度之间的夹角，悬停时较大，也只有 3°～4°，但为了看清涡流的轨迹，图中画得要大一些。

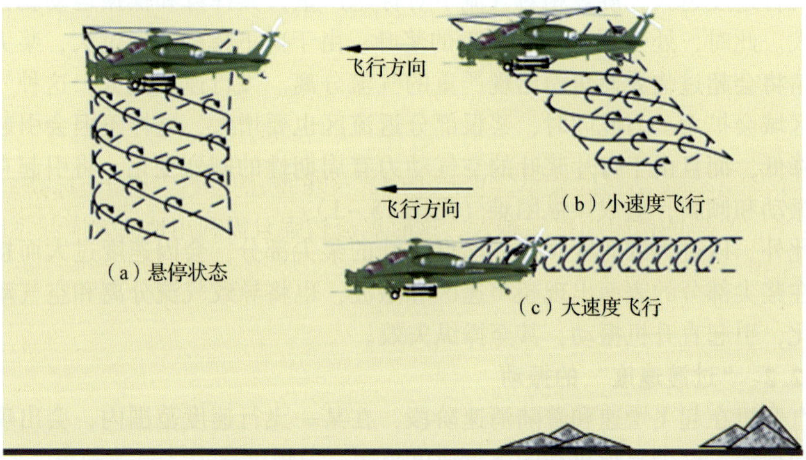

图 15－2　不同飞行状态下的旋翼涡系

每片桨叶的尾涡大致是一条螺旋线（见图 15－2（a）），其形状以及相对于旋转平面的位置同旋翼的转速、直升机运动的相对气流速度的大小和方向、旋翼诱导速度三个因素都有关系。也就是说，同旋翼的工作状态系数（μ）、旋翼的迎角（α）有关。

某一桨叶的尾涡与其后随桨叶的干涉作用称为桨涡干涉，如图15－2（b）所示。桨涡干涉的瞬间会引起桨叶的升力突变。当涡流与桨叶相交或强涡从桨叶附近通过，有关的桨叶截面由于涡流的作用，将改变桨叶上下表面气流的流速。若涡流的旋转方向如图15－2（c）所示，则在桨叶上表面涡流方向与原来气流方向一致，涡流作用使流速增加，压力减小；桨叶下表面，涡流方向与原来气流方向相反，涡流作用使流速减小，压力增大，于是该截面的升力由原来的Y_1增加到Y_2，从而使桨叶的拉力在桨涡干涉的瞬间突然增大。

正如上面所指出的那样，只有桨叶尾涡的螺旋线与其后随桨叶相交或强涡流从桨叶附近通过，才形成桨涡干涉。试验表明，四片桨叶的旋翼当$\mu=0.05$左右，旋翼迎角$\alpha=\pm10°$，桨叶尾涡不仅较强，且其螺旋线最容易与后随桨叶相交，这特别对应于某型直升机的速度为30km/h的下滑消速状态。下滑消速中，“过渡速度”内的振动就是由桨涡干涉所引起的，每当桨叶与尾涡干涉的瞬间，桨叶的拉力就发生一次突变。对某型直升机的实测结果表明，“过渡速度”振动的频率为12次/s，即对应于旋翼每转一圈有4次的交变力。

直升机在起飞增速过程中，旋翼的整个涡系随μ值的增大越来越向桨盘平面倾斜（见图15－2）。加之距离地面较近，地面效应的作用使整个涡系向上抬，有时也会形成桨涡干涉。显然地面效应作用越大，涡线上抬越高，桨涡干涉可能性越大，振动越明显。因此，直升机在起飞增速中，在“过渡速度”之内有时也出现抖动现象。

通过上面的分析可以看出，影响“过渡速度”振动强烈的程度，有下列几方面的因素：

（1）悬停剩余功率的大小。直升机的起飞重量越大或起飞场地标高、大气温度越高，悬停的诱阻功率就越大，这时涡流较强且需利用地面效应起飞增速，容易形成桨涡干涉，起飞“过渡速度”的振动越明显；反之，振动就越不明显。

（2）起飞时风速的大小。逆风风速越大，振动越不明显。第一，逆风起飞所需功率小，特别是诱阻功率小，且风速越大地面效应作用越弱、不易形成桨涡干涉。第二，风速越大，直升机稍有前飞速度（地速）就已越出了“过渡速度”的范围。因此，振动就越不明显，甚至感觉不到有振动。

（3）振动的强弱还与飞行员的操纵有关。如果飞行员操纵得当，能迅速而柔和地通过“过渡速度”范围，或者能削弱形成桨涡干涉的条件，振动就越不明显；反之，操纵不当，处在“过渡速度”的时间越长，或者陷入严重的桨涡干涉的飞行状态，振动就越强烈。例如，下滑消速时，飞行员上提油门变距杆不及时，由于下降率过大，相应地提高了涡线，如又粗猛上提油门变距杆，这时旋翼转速增大，拉力增大，桨叶的尾涡强度随之增大；同时机头上仰，使旋翼迎角增大，也容易形成桨涡干涉，处于“过渡速度”的直升机的振动就越强烈。因此，要求飞行员在下滑消速过程中，应及时、柔和地上提油门变距杆，避免在“过渡速度”范围作粗猛的操纵。如已进入上述飞行状态，应柔和带杆迅速通过这一速度范围。

15.1.2.3 飞行中在发动机非工作转速出现的振动

直升机的振源多，其中许多的激振力频率不止一个，因而激振力频率分布在一个相当宽的范围（低的几赫［兹］，高的几十甚至几百赫［兹］）内。另外，直升机有很多构件、附件、系统和设备，它们的固有频率也同样分布在一个相当宽的范围内。通常，飞行中只能尽力避免在发动机的工作转速范围内（如某型直升机的发动机工作范围为 2100～2600rps/min 的共振。对于发动机在非工作转速时出现的共振，则无法避免，只好规定在飞行中禁止使用此转速，该型直升机《飞行驾驶手册》规定：在空中，发动机的转速不允许使用 2000rps/min。因为此时旋翼转速约为 148rps/min，即 2.47rps/min，旋翼产生的四阶激振力频率为 9.88Hz（赫兹，即次/秒，r/s）。而尾梁的固有振动频率为 9.85Hz（赫兹，即次/秒，r/s），与旋翼产生的四阶激振力频率非常接近。这样，在空中如长时间使用 2000rps/min 就会引起尾梁共振，可能导致尾梁在空中断裂，造成严重事故。直升机发生尾梁共振，飞行员会感到直升机出现大的点头抖动。应立即加大油门，提高转速，改变四阶激振力频率，使之不与尾梁的固有振动频率重合，就能很快地消除共振。

无风条件下地面试车或悬停，不会发生上述情况，因为旋翼上没有不对称气流，不产生交变的激振力。

15.2 直升机的“地面共振”

“地面共振”是直升机在地面试车、滑行、垂直起落和滑跑起落中，受一定的初始干扰之后突然发生摇晃，振幅迅速增大的一种强烈振动现象。“地面共振”属于自激振动。对于多数单旋翼带尾桨的直升机来说，发生“地面共振”时，常常可以明显地感到横向振动迅速扩大，但振动频率比较低（如某型直升机为 2～3Hz（赫兹，即次/秒，r/s），有时机轮交替离地并撞击地面。如不及时处置，一般在不到 10s 的时间，就可以打坏桨毂，折断尾梁、斜梁，甚至机体翻倒、旋翼打地，造成严重事故。可见，“地面共振”是最强烈和最危险的一种振动。

15.2.1 “地面共振”产生的原因

直升机发生“地面共振”的内因，是它存在着相互关联的两个振动系统，即桨叶绕垂直关节的前后摆振和整个机身在起落架上的振动。外因是直升机受到某种初始干扰（例如，在滑行中有较大的阵侧风，粗猛蹬舵或在不平的地面上滑跑颠簸等）。

多数直升机为了提高旋翼寿命，桨毂都带有垂直关节。在外界力的作用下（例如，阵风、着陆接地时动作粗猛受到侧向冲击力等），桨叶便绕垂直关节摆振。各桨叶摆振不可能均匀，旋翼重心就偏离了桨毂旋转中心（见图15-3（a）），出现不平衡的惯性离心力，此力方向不断变化，引起直升机在起落架上发生振动（见图15-3（b））。

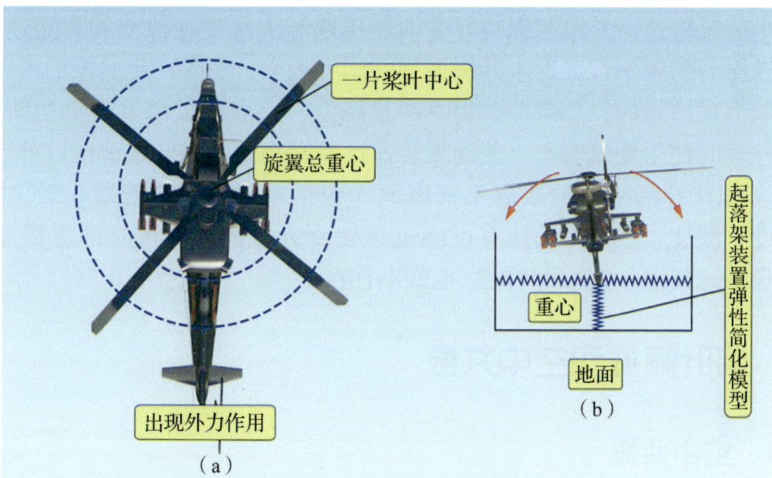

图15-3 直升机上的两个振动系统

直升机在起落架上的振动共有六种振动型态，即上下、左右、前后、俯仰、横滚和偏转六种振型。

直升机产生“地面共振”的原因，就是在地面运转状态，如在试车台试车、滑行、垂直起落和滑跑起落等，当受到外界初始干扰后，桨叶会不均匀地进行摆振，产生不平衡的惯性离心力。此不平衡的惯性离心力就是直升机在起落架上振动的激振力，引起全机在起落架上的振动，这一振动又反过去影响桨叶的摆振。如果旋翼在某一转速，两个振动系统具有如下关系，即惯性离心激振力的频率（这个由桨叶摆振引起的激振力的频率不等于旋翼转速）与整个直升机在起落架上的某个振型的固有频率相同或相近，而桨毂减摆器和缓冲器的阻尼又不足，旋翼的摆振和机身在起落架上的振动就会互相加剧，激振力一次比一次强，振幅一次比一次大，这就是“地面共振”。

发生“地面共振”要有三个条件：①上述两个振动系统的频率相接近；②旋翼减摆器和起落架的阻尼不足；③有足够的外界干扰力。

“地面共振”的能量是由发动机提供的。发生“地面共振”时，发动机的部分功率使直升机的振动急剧扩大，而使结构遭到破坏。

15.2.2 发生“地面共振”时的处置

直升机在起落架接地的情况下运转时，要有发生和处置“地面共振”的思想准备，这是及时判断和正确处置的前提。

不同型的直升机，发生“地面共振”的情况不同，即使同型直升机也不都完全一样，应当按照不同情况，采用不同的处置方法。

（1）一般情况下，如果确认“地面共振”已经发生，应立即把总距杆放到底，减小旋翼转速，并蹬舵保持好方向。迅速和大幅度地改变旋翼转速，使惯性离心激振力的频率远离发生共振振型的固有频率，消除产生共振的内因。

采取上述措施后，如果振动仍不明显降低，应立即关闭发动机切断共振的能源，并及时使用旋翼刹车，使旋翼转速迅速减小到共振转速范围以外。

（2）如在着陆刚接地或起飞快离地（包括垂直和滑跑起落）时，根据标高、温度、湿度、载重等确认有可能迅速使直升机离地，可立即上提总距杆，使直升机迅速离地，“地面共振”也就不存在了。

15.3 桨叶颤振和空中共振

15.3.1 空中共振

空中共振是直升机在飞行中发生的共振。与地面共振相比，空中共振要复杂得多，它是直升机动力学分析中最复杂的问题。分析空中共振时，必须考虑桨叶的挥舞、摆振，甚至扭转（变距），还要考虑机体的运动，而这些运动自由度之间又存在着复杂的耦合关系。除此以外，空气动力的作用使得问题更加复杂。

空中共振是随无铰旋翼的应用才出现的一种比地面共振要新得多的现象。在铰接式旋翼系统中，因为旋翼系统的挥舞刚度低，相应的机体固有频率也低，所以空中共振一般不会发生。空中共振时，由无铰旋翼倾斜而出现的很大的桨毂力矩会引起机身振动，尽管直升机在空中时有很大的阻尼，但不足以满足稳定状态的要求，其振动频率接近桨叶的摆振频率，产生耦合。这种耦合运动比地面共振的运动更复杂，它的不稳定性具有不同的特点。

飞行中防止空中共振主要避免直升机受到过大的外界干扰力，并且操纵动作要柔和，往复操纵不宜过多过碎，应尽量准确、适度。

当直升机发生空中共振时，采用下列原则进行处置。

（1）断开自动驾驶仪或增稳装置；

（2）稳住驾驶杆和总距杆，这样可消除振动系统的激振力，也就是要保持驾驶杆、脚蹬及总距杆的基本位置；

（3）破坏激振条件或减弱振动能量，如操纵直升机减速或转入下滑；

（4）外挂飞行时，如由于外挂物摆动参与，造成整个系统强烈振荡，应投掉外挂物。

15.3.2　桨叶颤振

直升机桨叶颤振和“地面共振”一样，都属自激振动。

飞行中桨叶一旦发生颤振，先是旋翼锥体混乱，机身摇晃，继则整个直升机和操纵系统出现剧烈振动。仪表板振得模糊不清；飞行员感觉到驾驶杆有大振幅、低频率的振动，并可听到旋翼发出一种不正常的拍打空气的“呼呼”声。此时，应立即减小旋翼总距，并带杆减小飞行速度，寻找适当场地降落。实践证明，桨叶颤振的发生和发展的过程要比“地面共振”缓和，飞行员要迅速而果断采取措施，减小飞行速度和降低旋翼总距。

第5专题

直升机不同条件下的飞行

第 16 章　野外场地起降飞行

16.1　野外场地起降飞行概况

直升机在没有机场设施的场地实施起飞和着陆的飞行称为野外场地起降飞行。

在某些特殊情况下，执行飞行任务的直升机难以获得理想的起降场地。如直升机执行地震救援、战场转运后送伤病员、运输人员物资到前线等任务时，只能在野外没有理想场地和保障条件的情况下起降，面临的起降难度和安全风险都会大大增加。

因此，进行野外场地起降训练，对于提高飞行技能、增加野外起降经验和确保飞行安全都是十分必要的。

16.2　假设野外特殊场地起飞着陆

为了模拟野外特殊场地起飞着陆，而在机场范围内实施的、假设有障碍物情况下的特殊起降方法，称为小面积起飞着陆。小面积起飞着陆，是在场地狭小、不能充分利用地面效应的情况下实施的起飞和着陆。例如，直升机在高楼平台、舰船平台、野外狭小场地等较小的场地上起飞和着陆。这种特种勤务飞行是经常遇到的情况。

16.2.1　小面积起飞着陆的意义和特点

16.2.1.1　小面积起飞着陆的意义

直升机野外飞行时，飞行高度低，危及飞行安全的障碍物多，为了确保飞行安全，顺利完成野外飞行任务，开展小面积起飞着陆训练就显得尤为必要。直升机执行任务多数是在野外场地进行，而野外场地起飞、着陆条件复杂，为了打好野外场地起飞着陆的技术基础，提高飞行员超越障碍物和定点落地的能力，必须进行“小面积”场地起降训练。

16.2.1.2　小面积起飞着陆的特点

（1）要求有较大的剩余功率。剩余功率的大小直接决定直升机的机动能力和上升率的大小，而小面积起飞着陆对上升率要求较高，要求具备较大的剩余功率。与此相对应，小面积起飞着陆，飞行载重量就比较小。

（2）不能利用地面效应。场地小，净空条件差，悬停高度高，因此，小面积起飞着陆基本上不能利用地面效应。

（3）实施飞行时，要考虑到直升机超越障碍物的能力，要满足上升率要求。

（4）小面积起飞着陆飞行要求起降过程中超越障碍物的高度不小于5m，所以小面积起飞着陆的增速线、消速线比正常起落的增速线、消速线高。

16.2.2　小面积起飞

以左旋直升机为例，小面积起飞的操纵方法同正常的垂直起飞相似，但要求飞行员的操纵动作更为准确柔和。特别是上提总距杆时，杆舵动作要协调一致。在超越障碍物时，要在超出障碍物一定高度再进行悬停或增速上升，考虑到一台发动机停车后的中断起飞问题，一般起飞初段上升轨迹应略为向后倾斜，以便在中断起飞时，飞行员能看见接地点。

垂直上升时，应保持直升机不进入“高度—速度曲线”的回避区。

以超越障碍物起飞为例，分析小面积起飞。如图9－7所示，飞行员柔和上提总距，操纵直升机在一定高度上进行悬停，检查发动机工作情况及桨距值。确认检查发动机工作正常、桨距值合适后，再继续上提总距杆，并注意用舵和杆保持方向和位置，上升到8～12m处稍作悬停（如起飞场地周围有障碍物，悬停应高出障碍物10m），然后以较小俯角增速。当速度和高度达到一定值时，再柔和顶杆，保持增速角。增速时直升机如有下沉现象，可提总距，但注意不要超过最大总距值。当速度达到规定速度时，带杆转入上升。

16.2.3　小面积着陆

小面积着陆时，消速目测更要准确。超越障碍物时，除了要保持安全高度外，还要保持一定的水平安全距离。在垂直下降过程中，要严格保持垂直下降状态，不能有纵、横向大量的移位，以防止与障碍物相撞，这就要求操纵动作特别柔和协调。另外，小面积飞行的消速线在高度50m以前的下滑线与有地效悬停的着陆点的下滑线基本相同，下滑速度略小。

以目测减速超越障碍物着陆方法为例，分析小面积着陆。如图16－1所示。改出四转弯后，对正下滑点，保持规定速度和下降率，注意修正下滑方向，及时调整目测。当高度下降到50m时，柔和放总距带杆减速。根据高度、速度、距离，进一步调整目测。当直升机通过障碍物顶部时，高度不得低于5m，通过障碍物后，逐渐下降高度。高度在8～12m将直升机准确地悬停在着陆点上空，柔和放总距，使直升机无任何方向移位和偏转，垂直落地。

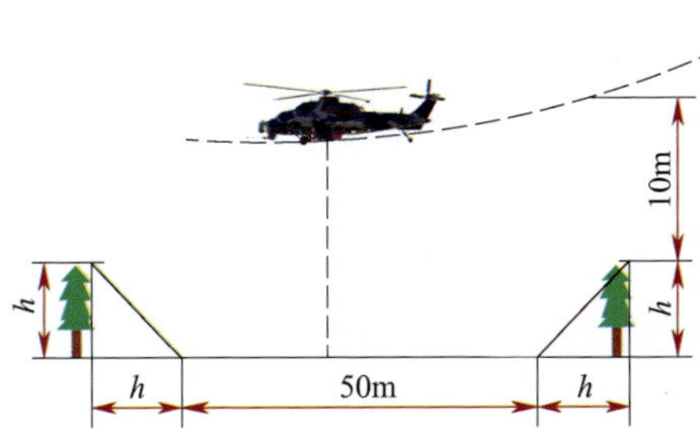

图 16－1　超越障碍物着陆

16.3　野外特殊场地的起飞着陆

直升机的特殊机动性，决定了其能够完成固定翼飞机所不能完成的任务，能到达其他交通工具无法到达的地方。而其机动性的发挥，取决于直升机能否在那些特殊野外场地进行起飞着陆。

16.3.1　野外场地起降飞行的特点

（1）飞行高度低，危及安全的障碍物多，观察地面的范围大大缩小，飞行中要加强对外观察。

（2）着陆场地风向、风速不易判断，场地环境陌生。在进入野外着陆场地前要确实判明风向、风速，避免顺风和大侧风着陆，切忌盲目着陆。

（3）野外场地的不确定性决定了野外场地的净空情况、着陆场地的松软程度、地表的平整情况等不够熟悉。所以在落地之前首先对场地进行勘察，要随时应变各种不利着陆情况的发生。

16.3.2　野外特殊场地起飞着陆的特点

野外特殊场地起飞着陆一般包括泥泞场地（耕地、深雪、沼泽）起飞着陆，新雪层、沙尘、浮土地带起飞着陆，深草中着陆，倾斜地面起飞着陆等。

16.3.2.1　泥泞场地起飞着陆

直升机在泥泞场地起飞，其操纵技术同正常起飞基本一样。其特点是：

（1）使直升机严格对准风向；

（2）保持垂直离地，直到起落架机轮离开地面。

直升机在泥泞场地着陆，与在坚固地面上着陆比较，其下滑、消速和悬停同一般着陆完全一样，只是接地有些不同。飞行员无法判断着陆场地的坚硬程度是否能承受直升机重量。如果强行落地可能会导致直升机落地时下陷，状态变化大，甚至翻倒，从而危及飞行安全。所以在泥泞场地着陆，应采用试探性着陆的方法。下放总距要柔和谨慎，接地后，一般不能放总距到底，随时做好上提总距离开的准备。

16.3.2.2 新雪层、沙尘、浮土地带起飞着陆

直升机在新雪层、沙尘、浮土地带悬停、起降时，由于旋翼尾流对地表产生冲击、卷扬作用，使得能见度显著变差，影响降落的现象，称为“采矿效应”，如图 16-2 所示。为了避免尘土、吹雪的影响，直升机悬停时，一定要选择好风向，逆风起飞、着陆。

图 16-2 直升机的“采矿效应”

低能见度是造成飞行事故的主要原因，据美军方统计数据显示，在沙漠地区，直升机的发动机每工作 50h 就可吸入 36.3kg 的细沙，造成 15% 的动力损失和 10% 的燃料损失。美军 2001—2008 年期间，由于扬沙引起的直升机着陆事故已经损失了 20 架直升机和 50 条生命。在这些事故中，飞行员被包围在旋翼桨叶下洗扬起的沙尘旋涡中，根本看不见地面的状况，或直接撞在障碍物上坠毁，或碰到了地面的凸起物引起直升机侧翻。

尘土不仅影响能见度，而且大量的尘土进入发动机和机体内部，会造成机体磨损、油路堵塞、电路接触不良等故障。据统计，尘土是造成直升机发生发动机地面停车的主要原因之一。沙尘环境对直升机旋翼不利影响还表现为桨叶外段的磨损。直升机在沙尘环境中飞行时，沙尘颗粒撞击桨叶前缘表面，撞击力沿桨叶半径而增大，因而，桨叶的磨损主要集中于桨尖，尤其是桨尖前缘下表面磨损最为严重。

沙漠地区起飞着陆注意事项：

（1）在沙漠地起飞，加大发动机功率要迅速，离地要快。如功率允许，尽力升高迅速脱离沙尘范围增速起飞，为此，载重量减小的程度以计算出的额定起飞重量减少 20% 为宜。

（2）野外着陆应选择那些无汽车轧过，无人活动过的沙漠地，因为这样的沙地往往地表有一层薄薄的硬壳，可以较少扬起沙尘；或是选择在干河床，或是选择在颜色较深（黑或红色）的地面，这样的地面往往也比较硬；或选择在有草滩、灌木丛以及道路附近较平坦、较硬的地面。

（3）着陆前1min必须打开防尘装置。

（4）多机飞行跟进着陆时，应注意互相间观察。由于沙尘大、停空时间长、能见度差，直升机之间的着陆间隔距离应大于100m×100m。

（5）由于沙漠地面松散，沙面不固定，主轮接地后应柔和试探性放变距杆。接地后，地勤人员先下机观察地质情况决定是否关车，由于地质松散，防止着陆后地面与机腹互压变形，损坏机体和底部各种设备。停放时防止直升机下陷，搞好系留和密封，罩好各种防尘布罩，防止大风和吹沙。

以某型直升机为例，在多尘土地区着陆前和起动发动机后，应立即打开防尘装置引射器，起飞后关闭，而滑行到停机坪关车前应在慢车状态关闭引射器；在积雪场地进行垂直着陆时，应在卷起的雪花层之上悬停，悬停后直升机平缓下降，要保证直升机在水平方向看不见、垂直方向能看见时接地。当积雪厚度在50cm以下可以进行垂直起降，在表面未经压平的积雪场地进行滑跑起降，积雪厚度不能超过15cm，此时需要确信积雪下面没有障碍物。禁止在没有垂直和平视能见度的情况下进行悬停、飞移和进行垂直起飞着陆。多机飞行跟进着陆时，应注意互相间观察。由于能见度差、停空时间长、直升机之间的着陆间隔距离应大于100m×100m。

16.3.2.3 深草中着陆

直升机在深草中着陆，如图16－3所示。由于飞行员对草的高度不易判断，不易判断离地高度，导致对接地准确性的判断降低。深草中着陆时，由于草比较高，在直升机旋翼气流的影响下，摆动幅度较大，容易影响飞行员的视线，不易做好着陆。同时，深草中的着陆场地被草覆盖，着陆前飞行员无法判断地面坚硬程度、是否平整、是否倾斜等，因此深草中着陆要有随时提总距离开地面的思想准备。同时深草中着陆对低置尾桨直升机来说容易造成尾桨打草，所以在着陆前要充分考虑尾桨的离地高度。

另外，地面比较干燥的地区，还容易吹起杂草和扬尘。

这里要说明的是，如果不是情况特别紧急，而且机组有三人以上时，着陆可以先在离地1～2m高度悬停，在确保安全的前提下派一人下到地面实地观察，以便确定地面的平整度和坚硬程度，再决定是否着陆以及采取什么样的方式着陆。

16.3.2.4 倾斜地面上起飞着陆

（1）在倾斜地面上着陆

图 16－3 直升机在深草中着陆

野外起降对场地的坡度要求是逆坡 10°以内、顺坡 6°以内、横坡 8°以内，所以在倾斜地面上着陆应尽量采用逆坡着陆的方法。

在倾斜地面上着陆过程中，由于直升机旋翼所在平面与着陆场地平面不平行，所以旋翼各方位离地高度是不同的。会导致旋翼各方位所受的地面效应有所不同。从而影响直升机的气动性和飞行员的操纵。一般来说，逆坡着陆容易产生抬头力矩，顺坡着陆容易产生低头力矩，横坡着陆容易产生向左或向右的滚转力矩。横坡着陆具体操纵要领如下：

①一般使机头同倾斜地面保持直角实施着陆；

②着陆接地时一定要动作准确，一面进入，一面使机头相对倾斜平面保持 90°实施悬停；

③横向通过倾斜地面，柔和下放总距，使直升机垂直下降，保持机体水平，先使一边主轮在上坡接地，而后，再是另一边主轮在下坡接地，此时机体有向下坡滑动趋势，应向倾斜地面上坡压杆。

注意：当驾驶杆已压到底，另一方机轮仍未接地，而且倾斜地面的坡度有超过规定的趋势，这时应拉起直升机，寻找新的着陆点着陆。

（2）在倾斜地面起飞——同着陆相反

①首先使下坡的主轮离开地面，机体保持水平状态。为使桨盘旋转面处于水平状态，要向上坡的侧方压杆，且柔和地上提总距。

②另一侧（上坡）的主轮离开地面时，同时柔和地向下坡侧方压杆，保持桨盘旋转面始终处于水平。

③驾驶杆中立，柔和上提总距杆，机体安全离地起飞。

注意：训练此课目时，主驾驶应在左主轮和上坡一侧，这样便于操纵。

第 17 章　环境对飞行的影响

直升机所具有的独特性能，使它成为唯一能够抵达任何区域的运输工具和火力点。因此，直升机需要经常在不同气象条件和不同地区环境下飞行，执行诸如运输、救护、抢险救灾、侦察通信、机降伞降、火力支援等任务。不同的气象条件和不同地区环境飞行对直升机的飞行性能、飞行操纵产生不同的影响，甚至会危及直升机的安全。

17.1　不同气象条件对飞行的影响

直升机是依靠空气动力飞行的、重于空气的飞行器。不同的天气条件对直升机的飞行产生直接的影响，甚至会威胁到飞行安全。

17.1.1　降雨、积冰和云对飞行的影响

17.1.1.1　降雨对飞行的影响

（1）气动性能变差。

雨水进入直升机各部件内部，影响重心位置、气动力，诱发桨叶颤振等。

（2）损坏直升机部件。

（3）着陆困难——能见度变坏，影响目测。

17.1.1.2　积冰对飞行的影响

积冰是指机体表面某些部位聚积冰层的现象。它多发生于机体凸出的迎风部位，如旋翼桨叶、尾桨桨叶、空速管、发动机进气口、炮口等处。

飞行积冰会使飞机的气动性能变坏，影响到飞机稳定性、操控性，严重时会危及飞行安全，跟固定翼飞机相比，直升机对积冰的反应更为敏感，危害也更大。

直升机的积冰部位及对飞行的影响：

（1）直升机的旋翼是多发生积冰的部位，旋翼发生积冰时，桨叶上的积冰是不均匀的，在根部或返流区内，积冰强度不大，向叶尖方向积冰强度急剧增大，在桨叶中部附近往往最强。积冰破坏了旋翼固有的平衡，会引起直升机剧烈振动，使操纵困难，稳定性变坏。

（2）发动机进气道也是经常积冰部位，积冰厚时，进气量减小，影响发动

机正常工作。加温装置是由里向外加温的，如果加温装置接通晚，脱落下来的冰块会被吸入发动机，使发动机温度骤降和进气量瞬时减小，也可能打坏发动机叶片，导致发动机停车。由积冰导致的发动机停车，曾发生多次，这种积冰对直升机的安全影响最大。

（3）直升机上的凸出部位，如空速管、天线、起落架等也会积冰。

另外，如果地面温度低，直升机在地面也会发生积冰，积冰部位多是在直升机机身顶棚、旋翼桨叶的上表面等。

17.1.1.3 云对飞行的影响

由于直升机的飞行高度有限，高云基本不对直升机的飞行产生影响，对直升机影响最大的主要是低云。

低云中，浓积云内上升气流和湍流都比较强烈，在云中及云下飞行，均会遇到中度或强烈的颠簸。如图 17－1 所示，下滑时由于垂直方向下降气流的影响，造成下滑轨迹出现波动。另外，浓积云中能见度恶劣，仅为 10～20m。在浓积云中飞行，会发生积冰。飞行中遇有浓积云应从旁绕过。

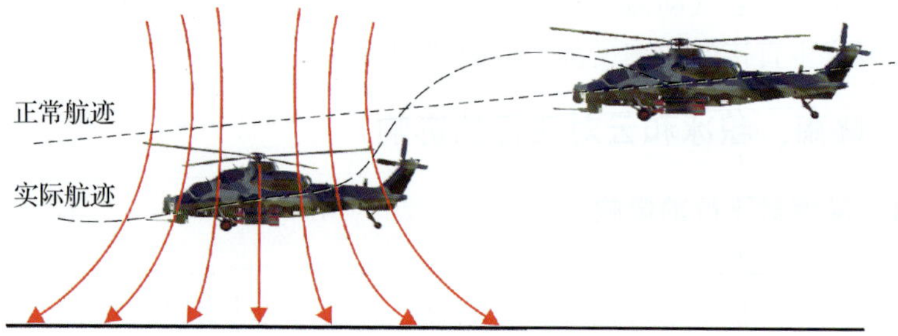

图 17－1　下降气流对飞行的影响

积雨云中，升降气流和湍流比浓积云还强烈，上升气流和下降气流都可达到 20m/s 以上，在积雨云中飞行可能用最大功率上升，也不足以克服其影响；由于其中湍流强烈，在云中飞行会遇到很强烈的颠簸；积雨云对直升机飞行影响最大。

层积云高度较低，云中气流比较乱，飞行其中会遇到颠簸或积冰。层云的云高很低，一般为 50～500m，它多形成于逆温层下，在冬季北方地区的层云中飞行，也可能产生积冰。碎层云云底高度低，由别处移来，出现突然，云量增加迅速，往往在很短时间内就铺满全天，碎层云出现时，天空湍流强烈，直升机会产生强烈的颠簸。此外，层状云也会对直升机的飞行产生一定的影响。

总之，直升机在云中飞行，为了克服云的不利影响，飞行员特别注意与飞行操纵有关的几个问题：①要充分考虑升降气流的影响；②机上气象雷达，可以探测云中的含水量，当判明前方为积雨云等有害云体时，不应该接近雨区；③飞行中遇到颠簸，飞行员应果断接通自动驾驶仪和增稳系统；④冰晶云对阳光反射强烈，刺眼的阳光对飞行员视力影响很大，会产生不可抑制的疲劳，尽量避免在冰晶云中飞行。

17. 1. 2 扬沙和吹雪对飞行的影响

由于直升机悬停时会产生“采矿效应”。因此，为了避免扬沙、吹雪的影响，直升机悬停时，一定要选择好风向，逆风起飞、着陆。扬沙和吹雪对飞行的影响，具体可参见本书第 16 章 16. 3. 2. 2 节新雪层、沙尘、浮土地带起飞着陆的相关内容。

17. 1. 3 高温对飞行的影响

（1）由于气温高、空气密度小，旋翼拉力和发动机的可用功率减小，气温每升高 10℃，涡轴发动机的输出功率会下降 5% 左右（减少的都是可用功率），直升机的载重量也随之明显减小，因此应严格计算和控制最大起飞重量。

（2）在表速一定的情况下，真空速较大，因而易造成目测下滑时高度高、速度大，特别在高原飞行时尤为明显。

（3）高温天气一般出现在夏季，气象多变，飞行中要注意观察和判断天气，防止误入雷区和冰雹区。

（4）夏季扰动气流较强烈，影响操纵，飞行员容易疲劳，飞行中要注意扰动气流的影响。

（5）高温情况下直升机所需功率较大，大功率使用发动机时要注意发动机的使用限制时间。

（6）天气多变和不稳定的特点，在转场飞行时应留有充分的备份油量。

17. 2 不同地理环境对飞行的影响

直升机不仅要在多变的天气条件下飞行，而且也在复杂的地理环境下飞行，例如，经常在高楼林立的城市、地形复杂的山区、海拔数千米的高原、条件恶劣的沙漠等环境下完成各类飞行任务。不同的飞行环境和条件，对直升机的飞行带来的影响也各不相同。

17. 2. 1 城市环境飞行

城市的急剧膨胀，对直升机的需求量越来越大，直升机执行的城市飞行任务也呈现出多样化的特点。比如，在城市上空执行巡逻、处突反恐、运输、消防、应急救援、商务、旅游、航拍、重型设备吊装等飞行任务。

直升机在城市环境中飞行时，会遇到一些在自然环境中遇不到的新问题。

17.2.1.1 城市的环境特点

通常所说的城市飞行是指城区的低空、超低空飞行，可以说城区飞行是超低空飞行中的一个特例，因此，超低空飞行的特点也适应于城区飞行。除此之外，城区飞行还有如下特点：

（1）城市与郊区之间热力环流形成“城市风”，对飞行有较大影响。

在现代大、中城市中，因为工业生产、汽车尾气、居民生活燃烧等释放出大量热量等原因，造成城区排出的热气流不断上升而笼罩在城市上空，形成城区的热岛效应。当大气环流微弱时，由于城市热岛效应的存在，引起空气在城市上升，在郊区下沉，在城市与郊区之间形成了小型的热力环境，如图 17－2 所示。城市中，风被高楼阻挡并抬升，在迎风面形成上升气流，在背风面则是倒卷的下沉气流，产生“树列效应”。这两种效应共同作用所形成的城市特有的风，被称为“城市风”。“城市风”的特点就是风速大，风向不稳定，对飞行员来说，既看不见也摸不着，它能使几吨甚至十几吨重的直升机瞬时失去平衡，变成受惊的烈马而无法驾驭，直升机受到“城市风”强烈冲击时，甚至会像断线的风筝，直接撞向附近的建筑物。可以这样说，“城市风”堪称直升机城市飞行的危险杀手，是飞行安全的巨大威胁。

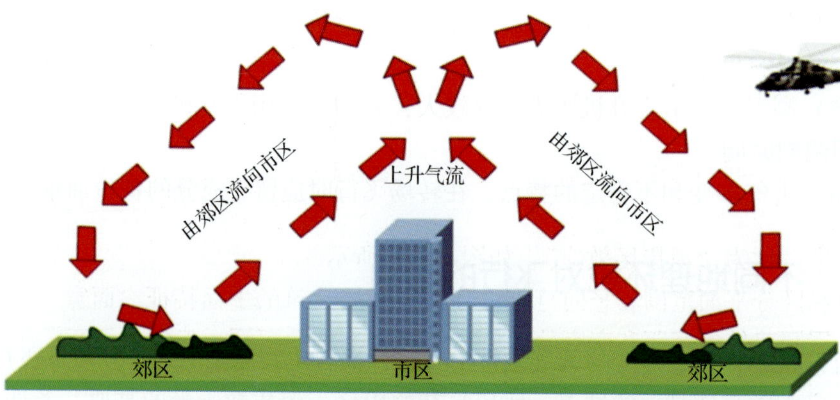

图 17－2 城市与郊区之间热力环流形成的“城市风”

飞行中遇到上升气流或者下降气流都是比较危险的，直升机在城区郊区间飞行时，需要特别注意此类气流的影响。

（2）由于地形变化大，城区飞行一般难以利用地面效应。

（3）城市中建筑物、街道、广场起伏变化大，扰动气流强烈。

在直升机靠近建筑物附近飞行或执行吊运、灭火等任务时，必须要考虑到风引起的复杂气流影响。尤其在靠近建筑物执行任务时，必须与建筑物保持足够的距离，以避免风速风向的突然变化，导致直升机状态不稳、位移过大而撞到建筑物，引发事故。

高层建筑的气流环境特点，将在后面的内容中单独介绍。

（4）城区起飞着陆时，起落面积小，净空条件差。

城市中的建筑物高低起伏，高楼林立、建筑工地塔吊耸立，尤其是大城市，高大建筑通常都在50m以上，现在30层以上的居民楼有很多，都在100m左右，有的建筑甚至超过几百米，而且分布也没有规律，形成了城市复杂的地形和恶劣的净空条件。这就造成城区飞行起飞着陆时场地受限，起飞着陆场地面积小。一方面，这些建筑可以作为显著地标加以利用，以判断飞行方向和位置；另一方面，这些密布的建筑又对直升机飞行构成威胁，是危及飞行安全的重大隐患，使得直升机每一次城市飞行都是艰险之旅。

此外，现代城市有大量电线电缆，还有大量用于加固发射天线、铁塔的钢索或钢筋在空中纵横交错。线缆绳索也是直升机城市飞行的杀手之一。

（5）禁区和限飞区限制，使飞行器的飞行活动受到限制。

此外，现代城市的污染物多种多样，由于执行城市飞行任务高度低，大气污染、光污染、电磁污染带来的不利影响也要注意。

17.2.1.2　高层建筑的气流环境特点

（1）高层建筑“梯度风效应”

一定高度范围内，作用在建筑外表面的室外风速及风压随高度增加而逐渐增强。据统计，在5层楼面处，风速能够比地面处高出20%左右；在16层楼面处，风速能够增加50%；在35层楼面处，风速甚至能够增加120%。

（2）高层建筑“风影区效应”

垂直于建筑外界面气流遇到障碍物后，在建筑背风向一定距离内产生很长的风影区。风影区内，风向改变，形成涡流，风速减小到约为遇到障碍物前风速的一半，称为“风影区效应”，如图17-3所示。

风影区分平面范围和竖向范围，分别与高层建筑的平面特征、面宽、来流方向及周围建筑的间距和高度的比值有关。来流方向不同，建筑负压区范围及风速大小也不同。在相同建筑底面积的情况下，假定建筑外围护完全封闭，圆形体量对气流运动具有一定的引导作用，使气流沿圆形建筑外围平滑移动，在背风面形成的风影区范围及风压最小。另外，建筑外轮廓对气流流经的通畅度决定建筑迎风面与背风面的压力差，并与建筑背风面形成的风影区范围及风速成反比关系。

（3）气流横向流经街道或高层建筑群形成的“下行风效应”

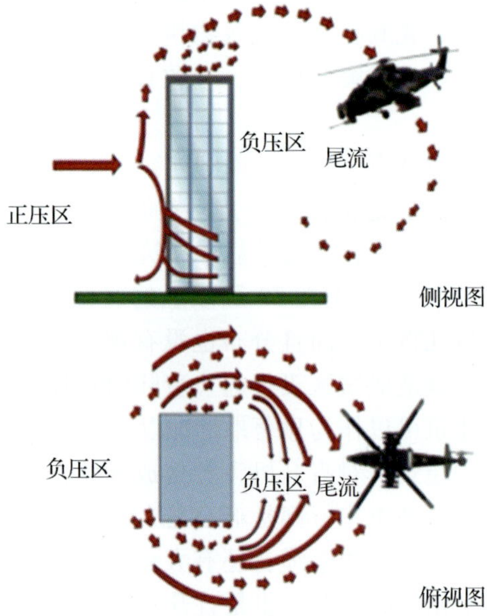

图 17－3　高层建筑“风影区效应”

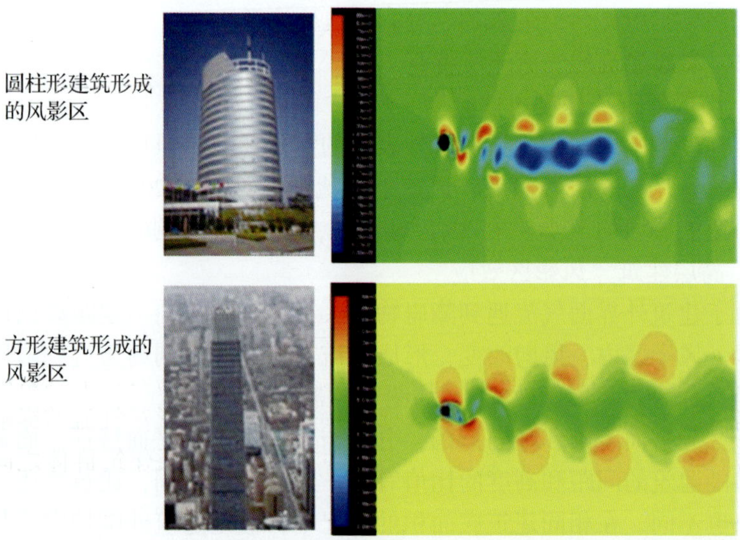

图 17－4　圆柱形和方形建筑附近速度云图模拟结果

气流横向流经街道或高层建筑群形成的“下行风效应”，如图 17－5 所示。在理想状态下，气流横向流经街道或高层建筑群，流动受阻后沿前一座高层建筑上升至顶部，而后下降。下降气流遭遇后一座高层建筑后，形成向上流动和向下流动的两路支流。其中，上升支流继续沿后一座高层建筑上升至顶部，而后下降；下降支流沿后一座高层建筑下降后遇到地面阻碍，形成向后流动与向前流动的两路二次支流。其中，向后流动的二次支流，之前的向下流动的支流，构成回流，在整个街道峡谷的内部生成了一个顺时针大旋涡，大旋涡中心位于峡谷中央上方；向前流动的二次支流，遇到后一座高层建筑的阻挡，可能在峡谷底部靠近迎风墙的角落里形成一个较小的逆时针旋转的次生旋涡。受大旋涡的驱动，在峡谷底部靠近背风墙的角落里，也可能形成一个较小的逆时针旋转的次生旋涡。

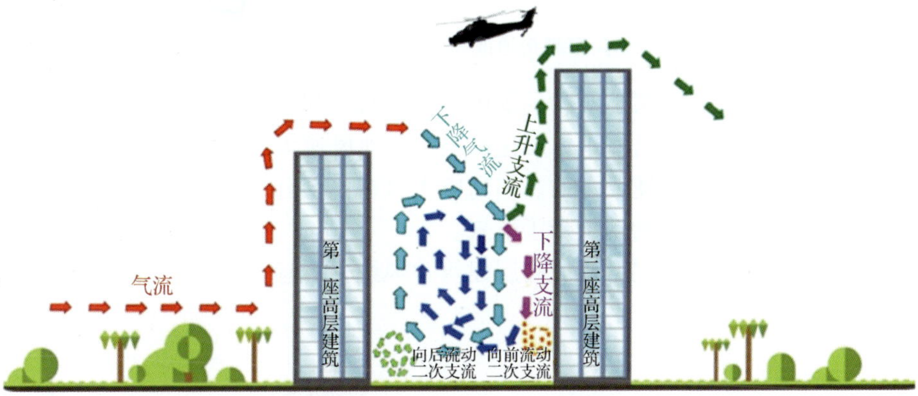

图 17－5　气流横向流经街道或高层建筑群形成的“下行风效应”

据研究，气流在经过高层建筑时，在 1/3 高度处，气流遇到建筑的阻挡后运行方向视建筑形体特征而定，方形体量将使气流向上及向下移动，在下移过程中风速加快，与地面水平方向的气流相遇，在建筑底部产生强大的涡流。

（4）气流纵向穿越街道或高层建筑群形成的“狭谷效应”

根据连续性方程，流体在流管中流动，经过狭窄处时流速会加快。同样，气流在地面流经狭窄地形时，流速也会加快。

当气流由开阔地带流入峡谷时，空气被压缩，风速增大，空气会加速流过峡谷。当流出峡谷时，空气流速又会减缓。这种峡谷地形对气流的影响，称为“峡谷效应”，也称为“狭管效应”。城市中，街道及高层建筑群体之间，就像山区中的风口，流线密集，风速加大，形成类似峡谷的气流运动。气流通过纵向的街道峡谷，运行的截面骤然缩小，在气流量不变的情况下，通过单位截面面积的风力及风速增加，可以在本无大风的情况下制造出局地大风，称为“城市峡谷效应”，如图 17－6 所示。由峡谷效应而局部增大、增强的风，称为峡谷风或穿堂风。

（5）街道及高层建筑群底部的湍流

气流在高层建筑上部受阻，转而顺建筑表面向下运动，到达建筑底部。

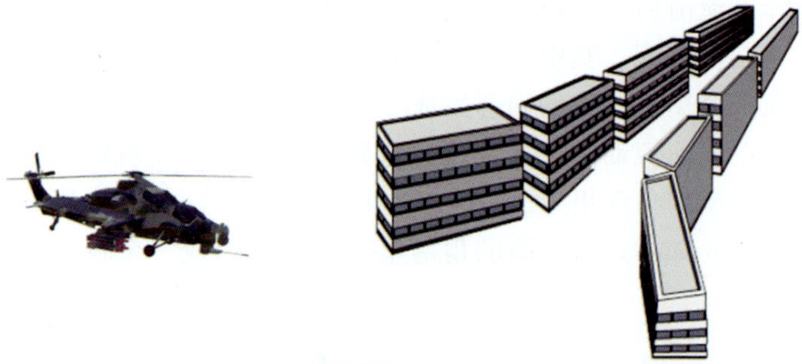

图 17－6　气流纵向穿越街道或高层建筑群体形成的“狭谷效应”

据风洞试验，在高层建筑物的周围也能出现大风区，即高楼前的涡流区和绕大楼两侧的尾流区。这些地方风速都要比平地风速大 30% 左右。这是因为风速是随高度的升高而迅速增大的。当高空大风在高层建筑上部受阻而被迫急转直下时，也把高空大风的动量带了下来。

建筑高度及体量不同，造成高层建筑“风影区效应”不同，如图 17－7 所示。

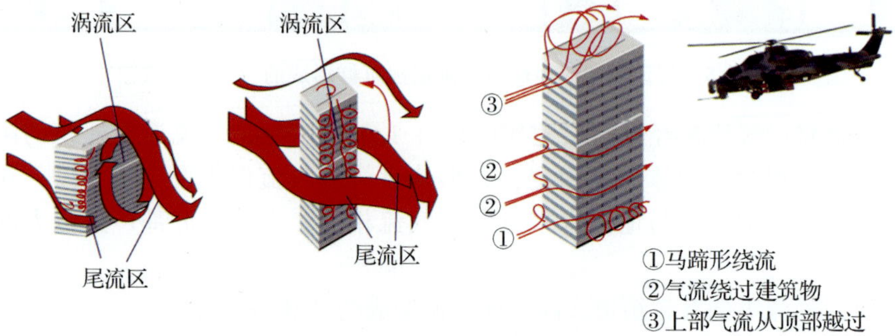

图 17－7　不同形体高层建筑的气流环境

上部气流遇到高层建筑后受阻向下部移动，又与纵向峡谷风相遇，在街道空间底部产生强大湍流，如图 17－8 所示。

17.2.1.3　城区飞行需要注意的问题

（1）由于起飞着陆面积小，净空条件差，多采用垂直起飞着陆，起飞增速曲线和着陆下滑线都比较高。这就要求直升机剩余功率大，飞行载重要小一些，目测要更准确，操纵要更柔和。

例如，直升机在城市楼顶起降应注意以下问题：一是直升机不好悬停。一般楼顶平台都不大，直升机悬停时，目光所及的地方，很可能是楼下，这样一高一低，就不好确定直升机的位置和距地高度。这就要求机组协同、分工明确，一人看天地线，以保持直升机状态为主；一人看位置，以保持直升机位置为主。

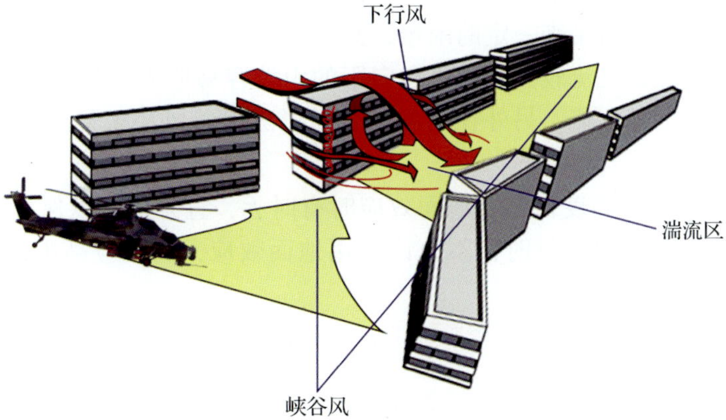

图17－8　街道及高层建筑群底部的湍流

显然，楼顶悬停属于直升机的精确悬停。二是直升机在楼顶起飞增速后，机头飞离楼顶，飞行员视线看到楼下地面，可能产生高度增高的感觉，如果此时下放总距修正，就可能导致尾梁、尾桨碰撞到楼体，进而发生事故。

（2）选好飞行高度和航线。

一般要求，直升机飞越小城镇上空，应高于最高建筑物50m；飞越城市上空则应高于最高建筑物100m；飞越特大城市上空必须高于最高建筑物200m。实际上，在执行城市上空飞行任务时，直升机的飞行高度远低于以上高度，甚至出现负高度差，即低于最高建筑物高度飞行的情况。这就必须选择好飞行高度和航线。城市飞行选择航线一般是沿街道飞行。因为街道的相对高度较低，且便于识别地标。

（3）要注意大风天高大建筑物下风侧的风影区影响，靠近建筑物作业时尤其要注意风速风向的突然变化，保持好安全距离。在高大建筑物后面往往有下降气流区，在街道拐弯和出口处有涡流区存在。所以，在绕过高大建筑物时和在街道拐弯处，不宜立即转弯。

（4）街道上空，往往风速较大，应注意风速变化。

（5）遇到电视塔、摩天大楼等超高建筑时，应提前转弯避开，一般不要飞越。

（6）遇有强烈的升降气流时，应上升高度。

17.2.2　山地环境飞行

直升机经常要在山区执行各种战斗任务和其他任务，由于标高和地形的变化，将影响直升机的飞行性能和操纵动作。

17.2.2.1　山地环境特点

山地飞行由于地形起伏变化，主要有以下特点：

（1）山区地形复杂，天气多变，当风速较大或气温较高时，容易产生强烈的升降气流，给飞行带来一定的困难，甚至会危及飞行安全。山区多扰流和雷雨，夏季午后往往气流较大，迎风和向阳的山坡容易形成上升气流，背风和阴面则容易形成下降气流。另外在山谷间容易形成山谷风和峡谷风，见图 17－9 和图 17－10。

（2）山地飞行高度低时，地面效应时有时无，直升机难以保持稳定高度，在这些地带进行低空飞行时，不允许利用地面效应，高度应高出地物 30m 以上。

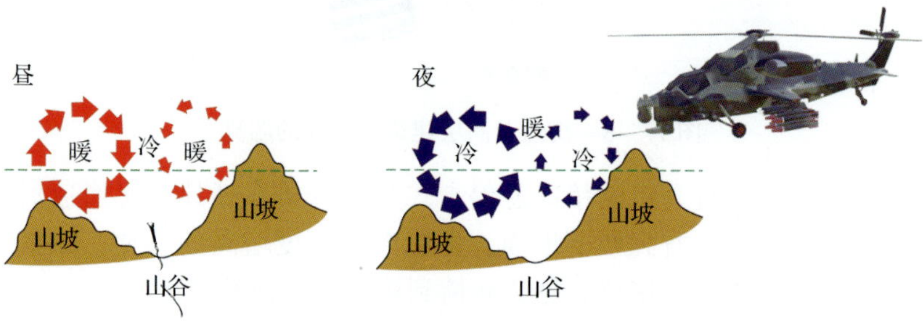

图 17－9　山谷风

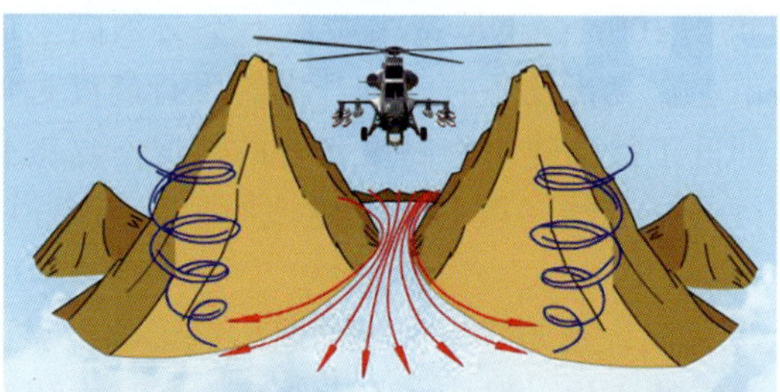

图 17－10　峡谷风

（3）需要在狭小场地起飞、着陆，因此，要准确计算出最大起飞重量。

特别注意山地湍流和背风波对直升机的影响，一般主要有以下三个方面的影响：①引起直升机强烈颠簸，使飞行员操纵困难。②当直升机坠入背风波时，其轨迹随背风波起伏不定。③由于气流旋涡内部为低压区，直升机在旋涡的作用下，可能发生与山体靠近而产生危险。

17.2.2.2　山地飞行需要注意的问题

（1）直升机在山地飞行时，要特别注意风和气流的影响。

平行山脊飞行时，尽量不要靠近山坡，必要时应在迎风坡或向阳坡一侧飞，通常这些地方常有上升气流，这样可以避开下降气流区域。如果需要越过山脊，最好使航向与山脊成 45°角，以便在高度突然下降时，能迅速转弯避开危险区。

飞过山头后，不应立即下降高度，以免坠入山后涡流之中。有风时短的山脊或者孤立山峰气流特点，见图17－11。大部分气流从山两侧绕过，小部分从山顶越过。所以短的山脊或孤立小山头附近升降气流相对较弱，对飞行影响较小。

如果风垂直于山谷吹，应离开背风坡而靠近迎风坡飞行；如果风顺着山谷吹，飞出山口时不要过早转弯以免误入两旁的涡旋气流中；如果要穿越山谷飞行时，最好使航向与山脊交角保持45°左右，这样，一旦出现危险，就比较容易脱离危险。

图17－11 有风时山地气流特点

（2）在山顶起飞和着陆时，应注意高度、距离和速度的变化。山顶场地标高应在静升限之下。由于山头能见度好，容易产生距离错觉，误远为近，地速感觉不明显，消速时机和快慢不易掌握，容易造成前段速度偏小，临近场地速度又偏大。要求以稍高的下滑线和随时能控制的速度接近着陆场地，消速时机较平原机场略早一些。机轮接地后缓慢下放总距杆，确认场地平坦可靠，方可将总距杆放到底。

（3）进入山谷前，应先勘察山谷的走向、地形情况，熟记飞行路线，确信直升机能顺利进出方可实施。山谷中多湍流，当风向与山谷平行时，谷底会形成湍流，不要贴近谷底飞行；山谷出口处有涡流区存在，飞出山谷后，不要立即转弯，以免由于峡谷风影响在出口两侧形成的涡流危及飞行安全。当风向与山谷垂直时，则应接近迎风坡飞行。

（4）在山谷场地着陆时，必须判明场地情况，需要建立航线时要特别注意谷宽。必要时，可在山谷上空建立航线，直线下滑进入山谷。在口袋形山谷面向山峰着陆时，由于无法复飞，要准确目测。在山谷干河床上着陆要慎重仔细，判明情况，以防直升机倾倒或陷入坑内。

（5）山地地带不适合贴地飞行，需贴地飞行时，根据机型不同保持相应的安全高度和速度，以防地面效应时有时无而危及安全。

17.2.3 高原环境飞行

高原飞行，标高高、空气密度小，发动机性能、直升机的操纵性都将受到影响。

17.2.3.1 高原环境的特点

（1）受气压、大气密度变化等因素的影响，直升机的操纵性、稳定性、机动性都将降低，操纵反应时间明显增长。高原环境下直升机发动机功率降低、加速性显著变差，旋翼、尾桨性能也显著下降，拉力减小，各空气动力面的效能降低。

图 17－12　直升机高原飞行

（2）按照一般规律，直升机每爬升 1000m，配装的涡轴发动机输出功率会下降 10% 左右，在同一总距条件下，高原环境旋翼拉力较海平面环境约减小 30%；

（3）随着高度升高，发动机可用功率减小，致使起飞重量随之减小。飞行前应根据当地标高、气温等从《飞行驾驶手册》上精确查出或计算出载重量。

资料显示，在低海拔平原地区标准载重 4t 的“黑鹰”早期型号，当转到海拔 4000m 以上的高原地区执行任务时，最大载重量不足 1t，性能下降非常剧烈。

17.2.3.2 高原地区飞行需要注意的问题

（1）起飞

高原飞行发动机功率减小，旋翼拉力也减小，起飞时应对正风来方向，以提高旋翼拉力，并且要充分利用地面效应。由于直升机的操纵性差，操纵动作要准确，协调。

由于高原空气密度小、速度增加慢，增速距离长，必须防止顶杆过多而造成直升机机头触地。在场地许可的条件下，应尽量采用滑跑起飞的方法，在滑跑后段，可采取前轮单独接地滑跑的姿势，以充分利用地效和增速。

（2）着陆

高原空气密度小，当直升机表速一定时真速较大，容易造成目测高，因此，消速时机要适当提前。下滑后段以参照地速为主，防止下滑线过高、下滑速度和下降率过大。

（3）功率下降

由于海拔高、空气密度小，发动机功率会下降较多，直升机的机动能力降低，操控变差，最大载重降低。在夏季，温度高这一特点会更明显。在飞行中，操控要稳，动作尽量柔和，尤其悬停时要注意格外小心。

17.2.4　丛林环境飞行

丛林地区的独特地貌特点以及丛林飞行的任务特点，都对直升机的飞行有一定的影响。

17.2.4.1　丛林环境特点

（1）丛林起降场地狭小

起降场往往是林中平地，或临时伐倒树木腾出的场地，或灌木丛生的废弃场院。因此，一般比较狭小。

（2）场地周围有高大障碍物

起降场周围往往有高山、高大树木等高大障碍物。

（3）缺少助航设备

丛林起降场周围没有导航台站，也没有更多的人工地标可以利用。

17.2.4.2　丛林飞行需要注意的问题

（1）多数要使用小面积起飞、着陆的方法。因为场地狭小，要求上升、下滑曲线较高，在安全高度以上悬停，然后垂直下降接地，或垂直上升到安全高度再转入增速爬升。这样，直升机采用无地效悬停，需要减小载重量。同时要求目测准确、操纵柔和。

（2）保持足够的越障高度。往往起降场地周围有障碍物，为了尽量避免树丛对飞行安全的影响，丛林起降的越障高度应取 5m 以上。特殊条件下，可选择 1m 的越障高度飞行。

（3）应着陆在场地中心。如果在狭小场地中心着陆，可以最大限度地避免地形扰流的影响，防止直升机撞上障碍物。

（4）要考虑地形扰流的影响。大风时要留足够的机动余量，因为丛林地区气流较乱，风大时，可能产生严重扰流。

图 17－13　丛林飞行

17.2.4.3　火场救援飞行

（1）火场上空热力对流强烈

火场周围温度很高，火场上空有强烈的上升气流，这就引起火场周围的热力对流强烈，使流场非常复杂，这就要求在火场附近飞行，要留有足够的机动余量，防止直升机进入复杂状态。

（2）热气中二氧化碳和烟尘影响发动机的输出功率

火场上空的热气中富集了大量的二氧化碳和烟尘，使空气中的含氧量降低，飞行速度慢，高度过低，会影响发动机的输出功率，甚至可能导致发动机停车。国内之前发生过直升机火场上空小速度飞行导致坠毁的事故。

图 17－14　直升机火场救援飞行

（3）尽量避免在火场的下风区飞行

发生森林大火时，大火的蔓延的方向正是风的去向，在火场的下风区，废气、烟尘富集，气流紊乱，因此，要尽量避免在火场下风区飞行。

需要说明的是，夜间火场明艳的火焰和黑暗的背景，形成强烈的对比，飞行员容易产生错觉，也不好保持飞行状态，所以，直升机不宜在夜间执行灭火任务。

17.2.5　海洋环境飞行

17.2.5.1　海洋环境的特点

（1）靠近海岸附近，会形成海陆风。天气晴朗时，白天涌向岸边的海浪会越来越强烈，这就是海风造成的现象。白天，由于陆地增热比水面快，陆地气温高于海面，陆地上空气产生上升运动，海面上空气产生下沉运动。由于空气运动的连续性，低层空气将从海上吹向陆地，形成海风，而上层空气将从陆地流向海洋，形成一个完整的热力环流。晚上的情形与此相反，形成陆风，海陆风的形成如图 17－15所示。

（2）由于浪涌的运动，近地飞行时，地面效应时大时小，海上飞行不允许利用地面效应。

（3）海上飞行难以迫降，处置特殊情况余地很小。

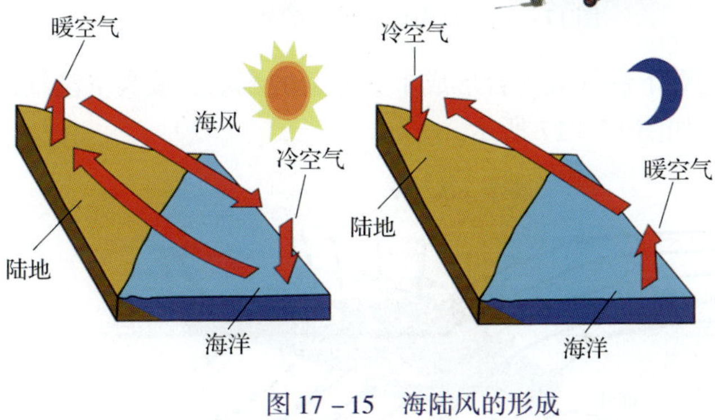

图 17－15　海陆风的形成

17.2.5.2　海上飞行需要注意的问题

（1）要保持好悬停高度。如果高度较低，一方面，浪花有可能溅到机身上，旋翼下洗气流卷起的水雾也有可能会打到座舱挡风玻璃上，影响视线；另一方面，地面效应随浪涌的运动而变化，将影响到直升机的气动力和平衡，不利于飞行安全。

(2) 保持好悬停的位置。海上悬停时，因海面颜色一样且动荡不定，加之旋翼吹起的浪花向外扩散，所以不易保持位置。往往会产生向右后方移位的错觉。在无风或小风时，旋翼吹起的水花圈呈圆形，风大时呈椭圆形。直升机前移位，水花圈向后退且变形；右移位，水花圈向左退且变形。可参照这些检查悬停位置。

(3) 风速较大或有较大涌浪时，不宜作悬停。

17.2.5.3　直升机海上着舰

直升机在吨位较大的航母上起降时，由于航母平台相对较大，起降还是比较安全的。但在吨位相对较小的舰艇、滚装船上起降时，由于用于起降的机库后舰尾甲板空间狭窄，加之舰船受浪涌影响摇摆起伏较大，舰上气流复杂，所以在着舰时危险系数急剧增加。着舰过程中由于气流场的变化比较剧烈，有两个阶段是较为危险的：一个就是接近机库着陆阶段，另一个就是由水面过渡到甲板的过程。下面我们结合着陆过程的气流场变化来进行分析。

(1) 甲板/机库连接区域的陡壁效应

舰载直升机一般都在舰艇尾部建有直升机机库，舰船正常前行时产生相对气流，在机库后面甲板上方会形成扰动涡流，如图 17－16 所示。

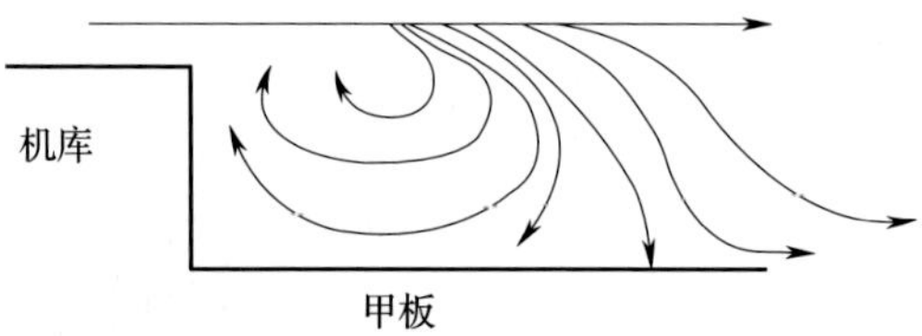

图 17－16　机库后甲板上的涡流

扰动涡流与旋翼下洗气流混合形成十分复杂的流场，旋翼下洗气流/载舰陡壁效应合成流场，如图 17－17 所示。

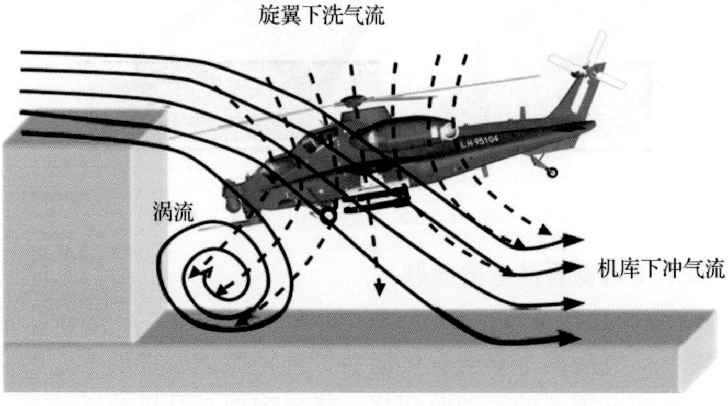

图 17－17　旋翼下洗气流/载舰陡壁效应合成流场

直升机在该区域内飞行，拉力脉动幅度加大，姿态不稳定，操纵困难，不能及时纠正姿态偏差。此外，受直升机着舰过程中旋翼诱导速度的干扰，旋翼诱导气流与舰船尾流形成更为复杂的复合流场。

在复合流场中，下冲气流分量所占的比例较大，超过旋翼的垂向诱导速度。因此，下冲气流还将使直升机有“前冲”的趋势。如果此时机库门是打开的，那么下冲气流将增大，会加剧直升机前冲撞壁的危险。而当机库门关闭时，由于进入地效影响区，在涡流区范围压力升高，又会导致桨盘后倾，直升机有明显的“上仰”现象。因此，直升机着舰时，机库门是关闭的，在靠近机库这一过程中，应该先稍向后带杆，再略前顶杆稳住，同时蹬舵保持好方向，待悬停基本稳定后，再柔和放总距着陆。

（2）水面/甲板连接区域的舰面 – 水面效应

直升机在甲板表面飞行时，旋翼下洗气流撞击甲板，会产生类似于直升机地面效应的舰面效应，称为舰面 – 水面效应，如图 17 – 18 所示。而在直升机接近舰尾的过程中，受舰面效应影响，旋翼前部突然出现地面效应升力增大，而旋翼后部仍处于水面上方，由于距离水面较高无地面效应，因此舰面 – 水面效应将使直升机旋翼前后产生的升力严重不平衡，使直升机产生突然“上仰”现象。

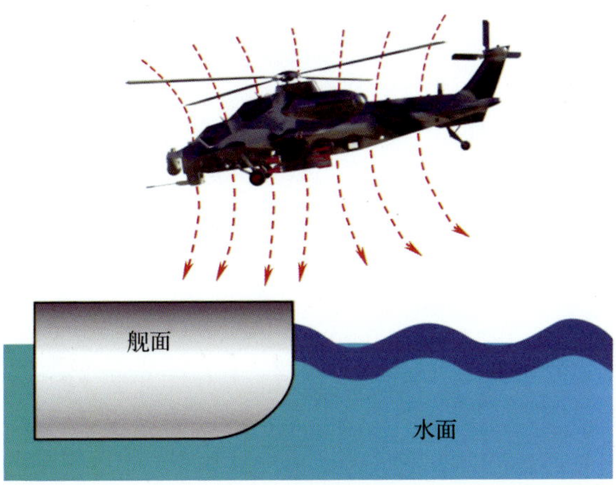

图 17 – 18　舰面 – 水面效应

舰面 – 水面效应产生的不稳定气流，会使直升机处于危险状态。着舰时直升机进入甲板前如果高度过低，容易受甲板后端下洗气流影响，机身下沉甚至低于甲板高度发生危险。美国海军就曾经发生一起 CH – 46 着舰时机身尾部下沉过多，导致失败坠海的事故，如图 17 – 19 所示。

图 17－19　舰面－水面效应引发 CH－46 着舰失败